# 绿色超级稻的构想与实践

Strategies and Practice for Developing Green Super Rice

张启发　主编

科学出版社
北　京

## 内 容 简 介

本书是集水稻基因组研究、品种资源研究、分子技术育种和常规育种研究为一体的学术著作。全书由13章组成，围绕培育"少打农药、少施化肥、节水抗旱、优质高产"的绿色超级稻这一战略构想，全面、系统地阐述了绿色超级稻的概念、实践思路、相关进展和未来发展趋势。重点介绍了国内外在水稻功能基因组学、重要农艺性状基因的分离和功能鉴定、种质资源研究、水稻遗传改良和栽培领域所取得的最新研究进展，集中展示了我国水稻工作者在绿色超级稻的创新研究中所取得的重要科学成果，深入分析了培育绿色超级稻的可行性和实践思路，并从社会、经济、环境效益等多方位、多角度对绿色超级稻进行了需求分析和展望。

本书可供从事水稻和其他农作物研究的科研工作者、科技管理者及高等院校师生等参考使用。

---

图书在版编目（CIP）数据

绿色超级稻的构想与实践/张启发主编. —北京：科学出版社，2010
ISBN 978-7-03-026308-7

Ⅰ. 绿… Ⅱ. 张… Ⅲ. 水稻-栽培-无污染技术 Ⅳ. S511

中国版本图书馆 CIP 数据核字（2009）第 241419 号

---

责任编辑：甄文全 刘俊来 席 慧 / 责任校对：刘小梅
责任印制：张 伟 / 封面设计：北极光视界

科 学 出 版 社 出版
北京东黄城根北街16号
邮政编码：100717
http://www.sciencep.com

**北京虎彩文化传播有限公司** 印刷

科学出版社发行 各地新华书店经销
\*

2009年12月第 一 版　开本：787×1092 1/16
2023年 1 月第四次印刷　印张：18 1/2
字数：500 000

**定价：198.00元**
（如有印装质量问题，我社负责调换）

# 编写人员
（以章序排列作者）

前　言　张启发
第1章　张启发
第2章　林拥军　何光存　华红霞　陈　浩
第3章　胡珂鸣　王石平
第4章　熊立仲
第5章　练兴明　胡承孝
第6章　何予卿　王令强　刘文俊
第7章　邢永忠
第8章　余四斌　王重荣
第9章　吴昌银
第10章　牟同敏　陈　浩　何予卿
第11章　黄见良　曹凑贵
第12章　齐振宏　喻宏伟　王培成
第13章　张启发

# 前　言

　　2008年12月23日，"湖北省绿色超级稻工程技术研究中心"成立，并在华中农业大学举行了揭牌仪式暨学术研讨会，标志着绿色超级稻正式有了自己的培育基地。郭生练副省长亲自莅会揭牌并发表了热情洋溢的讲话，代表省政府对绿色超级稻的培育提出了殷切的希望。参加会议的多学科专家围绕绿色超级稻的目标、就相关领域的研究进展进行了交流和研讨，会上提出了出版一本专著以固化研讨会成果的设想，并对写作内容进行了分工，该书就是这次与会专家集体智慧的结晶。

　　1998年，在国家"973"计划启动之际，李振声院士提出农业科研领域的主要目标之一是为"第二次绿色革命"准备基因资源。在其后一年多的时间里，许多农业专家纷纷参与到对"第二次绿色革命"的定义和内涵的讨论和辩论中，最后就其目标凝练成10个字的共识："少投入、多产出、保护环境"。其意蕴主要是针对在过去半个世纪风靡世界的"绿色革命"（即第一次绿色革命）所带来的负效应，即主要作物中大量矮秆、耐肥的高产品种的培育和大面积推广，在全球范围内用于作物生产的化肥、农药、水及劳动力的投入激增，产量增长与环境污染和资源消耗不成比例。而这种以高投入换取高产量，同时带来高消耗、高污染的粗放式增产方式在中国表现得尤其突出。"第二次绿色革命"的基本出发点就是要逆转这一趋势。通过具有新的优良性状的品种培育和技术推广，减少化肥、农药、水及劳动力的投入，做到资源节约、环境友好，从而实现水稻生产方式的根本转变、实现农业的可持续发展、保证国家粮食的生产安全。

　　稻米是我国人民的主要粮食。水稻是我国第一大作物，其常年种植面积接近我国耕地面积的1/4，稻谷产量约占我国粮食产量的40%，水稻生产中的农药、化肥、水资源及劳动力等各项投入均在各作物之首。因此，要实现我国农业的"第二次绿色革命"，水稻生产必须率先实现"第二次绿色革命"。针对这一重大命题，我国的水稻科研工作者们以高度的历史责任感，进行了多年的讨论和探索，在对我国水稻生产、品种改良的相关科研现状和发展趋势充分分析的基础上，提出了绿色超级稻的构想，并付诸实践。绿色超级稻的目标致力于提高产量，改良品质，大幅度地减少农药、化肥、灌溉和劳动力的投入，即培育的新品种不但要高产优质，而且要具备抗多种主要病虫害、营养高效、抗逆境等多种优良性状。

　　我国是水稻传统育种的大国和强国，源于我国的矮化育种和杂交稻育种引领了世界水稻育种的潮流，成功地提高了我国的稻谷产量。与传统育种相比，绿色超级稻的培育则要更多地依赖多学科的发展和整合。绿色超级稻育种体系需要以功能基因组和生物技术最新成果为引擎，充分有效地利用大自然恩赐的极为丰富的稻种资源，整合作物遗传育种、植物病理、植物营养、植物生理、作物栽培与田间管理、昆虫学、植物保护等多领域的研究成果。其研发和推广还需要不断地进行社会经济效益的分析来提供原动力。

　　幸运的是，绿色超级稻目标的提出恰逢其时。20世纪的最后十年里，水稻转基因技术臻于成熟，多种分子标记高密度连锁图构建与发表，大量的基因和数量性状位点（QTL）被鉴定和定位。21世纪初，水稻全基因组高质量测序完成，并不失时机地启动了水稻功能基因组研究计划，构建了较为完善的功能基因组研究的技术和资源平台，分离克隆了一大批控制重要农艺性状的功能基因。水稻已成为植物生物学和遗传育种研究中名副其实的模式生物。近十年来，绿色超级稻所涉及的诸多性状及其生物学基础研究在我国的一些大型科研计划中均有体现。这些研究成果为绿色超级稻的培育奠定了坚实的科学、技术、基因和种质资源基础。

近十年来，在国家自然科学基金和农业部"948"项目的持续支持下，我国已有11家农业科研单位参与了绿色超级稻的培育研究。通过参加"全球水稻分子育种合作计划"，引进了200余份国外优异的品种资源；以我国各稻区的优良品种为受体进行杂交回交，构建了数以万计的近等基因导入系；针对目标性状进行评价筛选，获得了一大批导入性状各异、综合表现优良的新材料；育出了若干初步具有绿色超级稻性状的新品种，并进入了示范推广阶段。

基于上述各方面的研究进展，笔者于2007年在 PNAS 上发表了题为《绿色超级稻培育的策略》一文，系统地阐述了绿色超级稻的背景、目标、培育策略以及前景展望，受到了国内外同行的广泛关注。最近，比尔-美琳达·盖茨基金会决定资助由我国科学家主导的"为非洲和亚洲培育绿色超级稻"的重大国际合作项目，不仅为绿色超级稻培育注入了新的动力，也标志着绿色超级稻已开始在国际上成为水稻育种新目标。应该指出的是，绿色超级稻的培育是一个复杂的系统工程，其产品将是集国内外相关领域中大量研究成果之大成、是知识和技术含量都极高的系列品种；同时，它又是一个动态发展的过程，其目标和指标都将随着科学技术的进步和研究的深入而逐步发展和完善。

本书旨在基于现阶段对绿色超级稻的认识，对其目标和培育策略奠定框架，对绿色超级稻培育已取得的相关进展、现有可资利用的基因资源和技术成果进行必要的归纳和总结，为国内外同行提供参考，并希望借此促进绿色超级稻的培育和相关研究。本书的作者都为长期从事相关领域研究工作的专家，有较高的学术造诣和较丰富的实践经验。

由于时间仓促和作者水平所限，书中的错误和缺点在所难免，敬请各位读者及同仁批评指正。

张启发

2009年5月于武汉

# 目 录

前言
第 1 章 绿色超级稻的概念 ··· 1
  1.1 我国水稻育种和生产取得的巨大成就以及面临的新挑战 ··· 1
  1.2 绿色超级稻的概念 ··· 3
  1.3 绿色超级稻培育的策略 ··· 3
  参考文献 ··· 5

第 2 章 水稻抗虫基因资源和遗传改良 ··· 7
  2.1 水稻害虫 ··· 7
  2.2 作物抗虫性 ··· 9
  2.3 抗虫资源 ··· 12
  2.4 抗虫遗传及抗虫基因 ··· 14
  2.5 抗虫育种 ··· 17
  2.6 Bt 转基因抗虫水稻研发 ··· 21
  2.7 小结 ··· 28
  参考文献 ··· 29

第 3 章 水稻抗病基因资源和遗传改良 ··· 35
  3.1 水稻主要病害 ··· 35
  3.2 植物的抗病性分类 ··· 36
  3.3 抗性基因分类 ··· 36
  3.4 可用于水稻抗性改良的抗病主效基因及其最佳利用途径 ··· 37
  3.5 具有广谱和持久抗性特征的 QTL 基因及其最佳利用途径 ··· 44
  3.6 小结 ··· 51
  参考文献 ··· 52

第 4 章 水稻抗旱性的分子机制与遗传改良 ··· 58
  4.1 植物抗旱性机制概述 ··· 58
  4.2 水稻抗旱性的遗传学基础 ··· 62
  4.3 水稻抗旱相关基因的鉴定和功能分析 ··· 67
  4.4 水稻抗旱性遗传改良策略 ··· 73
  4.5 小结 ··· 77
  参考文献 ··· 78

第 5 章 水稻氮磷营养代谢调控基因和利用效率改良 ··· 83
  5.1 我国水稻大田生产中氮、磷肥施用现状和存在的问题 ··· 83
  5.2 氮高效利用基因的研究探索 ··· 85

5.3 磷高效利用基因的研究探索 ································· 92
5.4 其他途径发掘新的氮磷高效基因资源 ····················· 95
5.5 小结 ··············································································· 99
参考文献 ·············································································· 100

## 第 6 章 稻米品质性状和遗传改良 ································· 107
6.1 稻米品质概述 ······························································ 107
6.2 稻米外观品质研究进展 ·············································· 108
6.3 稻米蒸煮与食味品质研究进展 ··································· 111
6.4 稻米营养品质的遗传研究进展 ··································· 119
6.5 稻米品质的遗传改良策略 ·········································· 126
6.6 小结 ············································································· 128
参考文献 ·············································································· 129

## 第 7 章 水稻产量性状基因和提高产量潜力的途径 ········ 136
7.1 水稻产量性状和杂种优势的遗传基础 ······················· 136
7.2 株型的遗传基础 ·························································· 146
7.3 QTL 的标记辅助选择育种 ········································· 148
7.4 水稻高产育种策略 ······················································ 150
7.5 小结 ············································································· 154
参考文献 ·············································································· 155

## 第 8 章 绿色超级稻性状的基因资源发掘 ······················· 161
8.1 水稻种质资源的鉴定利用 ·········································· 161
8.2 水稻有利基因资源 ······················································ 165
8.3 水稻基因的发掘策略 ·················································· 169
8.4 小结 ············································································· 179
参考文献 ·············································································· 180

## 第 9 章 水稻功能基因组和绿色超级稻培育 ··················· 184
9.1 水稻功能基因组研究内容和意义 ······························· 184
9.2 水稻大型突变体库的创制 ·········································· 186
9.3 基因的全长 cDNA 文库 ············································· 193
9.4 基因表达谱的制作 ······················································ 196
9.5 水稻重要农艺性状的功能基因 ··································· 200
9.6 小结 ············································································· 204
参考文献 ·············································································· 206

## 第 10 章 水稻育种的新趋势和绿色超级稻的技术集成 ··· 213
10.1 水稻生产的历史成就 ················································ 213
10.2 水稻育种技术及其主要发展阶段 ····························· 214
10.3 水稻育种新技术和新趋势 ········································ 220
10.4 绿色超级稻育种进展 ················································ 226

10.5　绿色超级稻的技术集成……………………………………………………………234
　　10.6　小结………………………………………………………………………………237
　　参考文献…………………………………………………………………………………237
第11章　绿色超级稻的生态适应性与高产高效栽培…………………………………………240
　　11.1　水稻的生物学特性及其对生态环境的要求……………………………………240
　　11.2　绿色超级稻的营养特性和养分高效管理………………………………………242
　　11.3　绿色超级稻的生态适应性………………………………………………………249
　　11.4　绿色超级稻高产高效栽培技术…………………………………………………251
　　11.5　小结………………………………………………………………………………256
　　参考文献…………………………………………………………………………………256
第12章　绿色超级稻的经济效益、生态效益、社会效益分析………………………………259
　　12.1　问题的提出………………………………………………………………………259
　　12.2　研究内容与方法…………………………………………………………………262
　　12.3　水稻生产中关键性要素的投入情况……………………………………………264
　　12.4　绿色超级稻的投入产出期望效益………………………………………………277
　　12.5　水稻投入性要素的变动趋势分析………………………………………………278
　　12.6　小结………………………………………………………………………………279
　　参考文献…………………………………………………………………………………280
第13章　绿色超级稻发展展望…………………………………………………………………283
　　13.1　绿色超级稻的培育和应用均富有挑战性………………………………………283
　　13.2　功能基因组研究将为绿色超级稻提供基因、知识和技术基础………………283
　　13.3　绿色超级稻育种应充分利用种质资源的遗传潜力……………………………284
　　13.4　新的挑战…………………………………………………………………………284
　　参考文献…………………………………………………………………………………285

# 第1章 绿色超级稻的概念

## 1.1 我国水稻育种和生产取得的巨大成就以及面临的新挑战

稻米是世界半数以上人口的主食。我国是世界上稻米的主要生产国和消费国之一。国际水稻研究所"世界水稻统计数据"（IRRI World Rice Statistics）（http://beta.irri.org/statistics/index.php?option=com_frontpage&Itemid=1）显示，2007年我国水稻种植面积为2923万hm$^2$，占世界稻作面积的18.7%，居世界第二位；稻谷产量18 549万t，占世界稻谷总产量的28.5%，居世界第一位。

在过去的半个世纪中，我国水稻产量增长迅速。1961年我国的稻谷单位面积产量为2.08t/hm$^2$，1998年的稻谷单产是1961年的3.05倍，达到6.35t/hm$^2$（http://beta.irri.org/statistics/index.php?option=com_frontpage&Itemid=1）。这种大幅度的增产在很大程度上归功于两次重要突破：第一次是在20世纪60年代开始的矮秆品种的培育和应用，不但提高了收获指数，同时具备了抗倒伏和耐肥特性，产量潜力大幅度增加；第二次是20世纪70年代开始的杂交稻的培育与应用，使产量在矮秆良种的基础上又大幅度增长。此外，农田水利基础设施的建设、灌溉面积的增加、农药和化肥的增施，都在增产中都发挥了重大作用。

进入新世纪，我国水稻生产又面临着严峻的挑战。预计到2030年，我国人口将达到16亿。21世纪初有分析认为，在未来的30年中，我国的粮食总产必须较当时增产60%才可满足届时的需求；但由于经济发展和城市化建设必然带来耕地的减少，我们只能通过提高单产来实现粮食总产的增加。然而，近十年来，我国水稻产量出现了徘徊不前的局面，无论是单产还是总产自1998年来无明显增加（图1-1）。新育出的超级稻品种虽然在小面积试验示范表现出很高的产量，但大面积生产水平上增产效果并不明显。

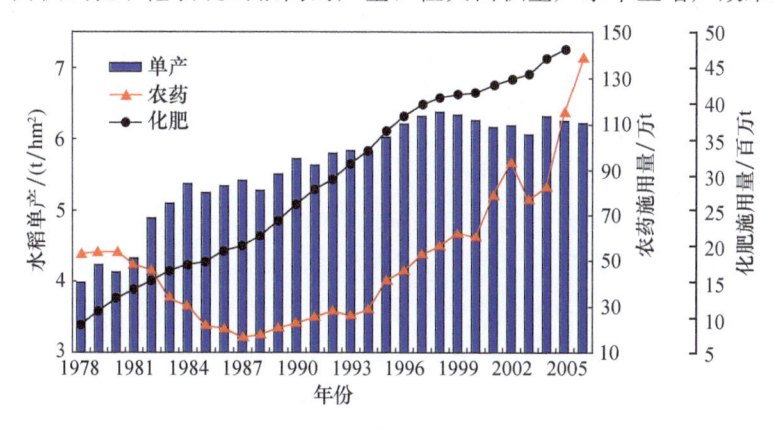

图1-1 1978年以来我国的化肥、农药和稻谷产量

数据来源：国家统计局（http://www.stats.gov.cn/）

综合各方面，对我国水稻生产现状分析表明，造成我国水稻产量徘徊不前的原因主要有以下几个方面。

第一，病虫害造成的损失严重。长期以来，我国水稻主要受稻瘟病、水稻白叶枯病、水稻纹枯病等病害及稻飞虱、二化螟、三化螟、稻纵卷叶螟等害虫的危害，产量损失严重。近年来，又出现一些新的病害，如稻曲病、水稻条纹叶枯病等，在部分稻区也可造成重大损失。例如，据盛承发等（2003）估算，我国每年二化螟、三化螟的发生面积达 1500 万 hm$^2$，防治面积 3800 万 hm$^2$，防治代价连同残虫损失合计 115 亿元（以当时价格计）。目前我国病虫害治理以药剂防治为主，据统计，近 20 年来我国农药用量呈逐年递增趋势，近 10 年更是增速惊人（图 1-1）。虽然喷药量大、次数多，但效果不佳，增施农药并未带来稻谷产量的增加。同时，喷施大量农药还产生一系列的负效应：①害虫抗药性增加，害虫天敌遭杀害，进一步导致害虫暴发；②破坏人类赖以生存的生态环境，还造成食物中的农药残留，危害人类健康；③加重农民的负担。

第二，施肥的增产效果已不再明显。1998 年，我国的总施肥量为 1961 年的 42 倍（http://faostat.fao.org/default.aspx），其增速远远大于作物产量的增加；近 10 年化肥用量虽持续增加，但粮食却没有增产。据统计，2002 年，我国以占世界约 8% 的耕地面积，施用了世界 28% 的各种肥料，其中氮肥用量更是高达世界总用量的 31%。彭少兵等（2002）的分析表明，我国水稻生产中氮肥用量较世界其他水稻主要生产国高出约 75%，但利用率很低。在我国很多地区，稻田的肥料用量已经超过了土地的承受能力。过量施肥也会产生一系列的负效应：①引起水稻倒伏而减产；②降低稻米的食味和蒸煮品质；③土壤退化、江河湖海的富营养化；④加重农民的负担。不仅如此，氮肥生产是高耗能、高排放；磷是不可再生的矿产资源，世界上的磷矿资源难以维持到 21 世纪末（Vance et al., 2003）。因此，过量施肥与农业和环境可持续发展存在尖锐的矛盾。

第三，水资源的制约。据唐登银等（2000）估计，我国总用水量为 5570 亿 m$^3$，其中农业用水约 3920 亿 m$^3$，占 70.4%，而水稻的用水约占农业用水的 70%。尽管如此，缺水仍然是我国各稻区减产的主要原因之一（Lin and Shen，1996）。我国是世界上人均水资源较少的国家之一。西北长期缺水、华北旱灾频繁，由于雨量分布在季节上不均衡，旱灾在长江流域和华南稻区的发生频率也很高。近年来，我国主要稻区的旱灾有加剧的趋势，伏旱和秋旱的频繁发生造成了水稻大幅减产。

第四，中低产田。我国仍有不少稻田为中低产田，其共同特点是肥力低、基础设施差、易受自然灾害影响、投入水平低、产量低。

此外，我国水稻生产中对稻米品质改良也有迫切需求。由于历史上迫于产量的压力，长期以来我国在水稻育种中关注产量较多而关注品质不够，育出的一些高产品种和杂交稻品质品质不很理想，与人民生活水平提高后对稻米品质的需求尚有差距。近年来，水稻育种中品质改良逐渐放到了重要位置。

综上所述，作为主食粮食作物，水稻品种的改良和生产，应该适应和满足人民生活水平不断提高的需求，既要高产优质，又必须考虑节约资源以及与自然环境和谐相处，方能做到可持续发展。

## 1.2 绿色超级稻的概念

针对上述水稻生产所面临的挑战，为保障我国水稻生产的可持续发展，我们提出了开展"绿色超级稻"培育的构想，即水稻遗传改良目标除要求高产、优质外，还应致力于减少农药、化肥和水的用量，使水稻生产能"少打农药、少施化肥、节水抗旱、优质高产"。要实现这些目标，绿色超级稻应在高产优质的基础上具备下述性状：

（1）绿色超级稻应具备对多种病虫的抗性。长期以来，螟虫（稻纵卷叶螟、二化螟、三化螟）、稻飞虱、稻瘟病、水稻白叶枯病和水稻纹枯病对我国水稻生产危害严重。近年来，稻曲病、水稻条纹叶枯病在很多稻区有加重的趋势，局部地区甚至造成严重减产。绿色超级稻应能针对不同稻区的病虫害发生特点，对各稻区主要病虫害具有抗性。近十几年来，通过对苏云金芽孢杆菌（*Bacillus thuringiensis*，Bt）的抗虫基因（*cry*）的利用，我国已经应用转基因技术培育出高抗螟虫（稻纵卷叶螟、二化螟、三化螟）的多种转基因水稻，且已进行多年的田间实验，抗性和农艺性状均表现良好。国内外多年的研究发现和积累了一大批可利用的抗稻飞虱、稻瘟病、水稻白叶枯病等重要病虫害的稻种资源，鉴定、定位和分离了多个抗病基因和数量性状位点（QTL），通过转基因和基因聚合，已培育出带有多种抗性基因组合的水稻新材料和新品系。但对于水稻纹枯病、稻曲病和水稻条纹叶枯病等病害，目前还缺乏可利用的抗性资源。

（2）绿色超级稻应能对营养元素高效吸收和利用。可持续农业要求施肥量大幅度减少。随着施肥量的减少，田间营养元素的浓度将逐渐降低。因此，从长远的角度看，绿色超级稻应能在田间营养元素浓度较低的情况下保证足够的吸收，即有高的吸收效率。对已吸收的营养元素能充分利用，即高的利用效率。根据我国稻田肥力的现状，营养高效品种的培育可分两步进行：第一步以提高利用效率为主，即培育高效利用的品种，使品种单位养分的产出达到较经济的水平；第二步以提高吸收效率为主，以保证在土壤养分水平降低之后，植株仍有能力获得高产所需的养分。目前国内外在营养高效基因的研究方面已经有了较好的基础（Yan et al.，2006），在提高氮、磷利用效率基因的分离克隆方面也取得了一定的进展，培育出了转基因株系；还筛选出了一批营养高效吸收利用的种质资源，并通过遗传分析的方法，鉴定了一些氮、磷高效基因（或 QTL）。但总体看来，尤其是在氮的吸收和利用方面，还缺乏可直接利用的主效基因。

（3）绿色超级稻应有较强的抗旱性。大田稻作的抗旱涉及两种主要机制：避旱（drought avoidance）和耐旱（drought tolerance）。水稻在生育后期（孕穗期、开花期和灌浆期）需水量大，此阶段缺水对产量影响很大。绿色超级稻应针对我国主要稻区在水稻生育后期干旱频发导致减产的问题，培育具有避旱性和耐旱性的品种，减少灌溉，提高产量。近年来，国内外已鉴定出多份抗旱性强且农艺性状优良的资源，已鉴定分析了大量抗旱性状的 QTL。在水稻及拟南芥的研究中，已鉴定出一批耐旱基因，用其中一些耐旱基因培育的转基因水稻已表现出较强的抗旱性。

## 1.3 绿色超级稻培育的策略

Zhang（2007）阐述了绿色超级稻培育的策略，其基本思路是（图 1-2）：以目前最优良的品种为起点，综合应用品种资源研究和功能基因组研究的新成果，充分利用水稻和非水稻来源的各种基因资源，在基因组水平上将分子标记技术、转基因技术、杂交选育技术有机整合，培育大批抗病、抗虫、抗逆、营养高效、高产、优质的新品种。近年来，相关方面的研究进展为应用上述策略培育绿色超级稻奠定了坚实的基础。

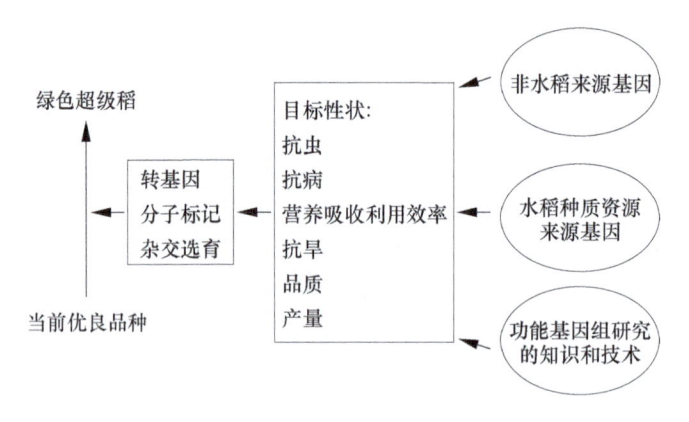

图 1-2　绿色超级稻培育的技术路线

在全球范围内，稻种的遗传资源极为丰富。栽培稻分为两个种：亚洲栽培稻（*Oryza sativa* L.）和非洲栽培稻（*O. glaberrima* Steud.）。亚洲栽培稻又含籼稻（*O. sativa* L. ssp. *indica*）和粳稻（*O. sativa* L. ssp. *japonica*）两个亚种。稻属（*Oryza*）中还有约 20 个野生稻种（Vaughan，1994）。在国际水稻研究所的品种资源库中，有 105 000 余份从世界各地收集的两个栽培稻种资源以及约 5000 份野生稻（http：//www.irri.org/GRC/GRChome/Home.htm）。此外，各水稻主要生产国都建立了水稻的品种资源库，其中我国水稻遗传资源库中所保存的栽培稻达 60 000 余份，并在一些野生稻原产地建立了保护圃。这些品种资源遗传多样性丰富，是培育绿色超级稻的主要基因资源。

水稻已成为单子叶植物基因组研究的模式植物。水稻在农作物中基因组最小，目前籼稻和粳稻分别有一个品种完成了全基因组测序。根据最新基因组注释的结果，粳稻品种日本晴的全基因组为 389Mb（International Rice Genome Sequencing Project，2005），编码 32 000 个基因（The Rice Annotation Project，2007，2008）。比较基因组研究表明，禾本科植物具有广泛的共线性，因此对水稻基因组的深入研究既可揭示禾本科植物的演化又有助于其他物种基因的分离克隆。此外，经过近二十年的努力，目前已建立了水稻的高效实用的遗传转化系统。

水稻功能基因组研究成果丰硕。近十年来，国内外水稻功能基因组研究十分活跃，取得了大量成果（Han and Zhang，2008；Zhang et al.，2008）。建立了比较完整的功能基因组研究的技术和资源体系，包括大型突变体库、全基因组-全生育期表达谱、全长 cDNA 库和表观基因组技术等，大大提升了对水稻功能基因的研究能力。分离克隆了调控抗病、抗逆、营养高效、产量、品质、生长发育等性状的大量功能基因，加深和丰富了对性状的遗传和分子生物学基础的认识，丰富了绿色超级稻培育的基因资源和科学技术基础。

此外，为进一步提高品种的产量潜力，我国的水稻育种界于20世纪90年代中期提出以利用水稻亚种间杂种优势和株型改良为主要目标的超级（杂交）稻育种计划。通过十多年的努力，取得了重大进展，培育出的超级稻新品种的产量潜力有较大的突破（Yuan，2001）。

绿色超级稻的培育涉及大量性状的改良，Zhang（2007）提出绿色超级稻培育两步走的建议：第一步，将绿色超级稻所涉及的基因通过分子标记辅助选择或转基因单个地导入到最优良品种中，培育一系列遗传背景相同、单性状改良的近等基因系；第二步，将这些近等基因系相互杂交，实现基因聚合，培育聚大量优良基因于一体的绿色超级稻。他还建议，因为杂交稻有两个亲本，将两个亲本基因组按一定的性状设计，分别导入不同的基因组合，用经过改良的亲本配制"绿色超级杂交稻"，应该是一个高效率的培育策略。

(作者：张启发)

## 参 考 文 献

彭少兵，黄见良，钟旭华，杨建昌，王光火，邹应斌，张福锁，朱庆森，Buresh R，Witt C. 2002. 提高中国稻田氮肥利用率的研究策略. 中国农业科学，35：1095-1103

盛承发，王红托，盛世余，高留德，宣维健. 2003. 我国稻螟灾害的现状及损失估计. 昆虫知识，40：289-294

唐登银，罗毅，于强. 2000. 农业节水的科学基础. 灌溉与排水，19：1-9

Han B，Zhang Q F. 2008. Rice genome research: current status and future perspectives. Plant Genome，1：71-76

International Rice Genome Sequencing Project. 2005. The map-based sequence of the rice genome. Nature，436：793-800

Lin J Y，Shen M. 1996. Rice production constraints in China. In: Evenson R E，Herdt R W，Hossain M. Rice research in Asia: progress and priorities. Wallingford UK: CABI Publishing. 161-178

The Rice Annotation Project. 2007. Curated genome annotation of *Oryza sativa* ssp. *japonica* and comparative genome analysis with *Arabidopsis thaliana*. Genome Res，17：175-183

The Rice Annotation Project Consortium. 2008. The rice annotation project database (RAP-DB): 2008 update. Nucleic Acids Res，36：D1028-D1033

Vance C P，Uhde-Stone C，Allan D L. 2003. Phosphorus acquisition and use: critical adaptations by plants for securing a nonrenewable resource. New Phytologist，157：423-447

Vaughan D A. 1994. The wilde relatives of rice: a genetic resource handbook. Manila，Philippines: International Rice Research Institute

Yan X L，Wu P，Ling H Q，Xu G H，Xu F S，Zhang Q F. 2006. Plant nutriomics in China: an overview. Ann Bot，98：473-482

Yuan L P. 2001. Breeding of super hybrid rice. In: Peng S，Hardy B. Rice research for food security and poverty alleviation. Manila, Philippines: International Rice Research Institute. 143-149

Zhang Q F. 2007. Strategies for developing green super rice. Proc Natl Acad Sci USA, 104: 16402-16409

Zhang Q F, Li J Y, Xue Y B, Han B, Deng X W. 2008. Rice 2020: a call for an international coordinated effort in rice functional genomics. Mol Plant, 1: 715-719

# 第 2 章 水稻抗虫基因资源和遗传改良

虫害历来是影响水稻生产的一个重要因素，每年因此造成的产量损失高达 15% 左右，对我国粮食生产安全构成重大威胁。当前对农作物害虫的防治措施主要还是依赖化学农药，而化学农药的大量使用，不仅增加了农民生产成本、减少了种粮收益，还造成了环境污染、农药残留、害虫抗药性增强以及杀伤天敌等一系列生态环境问题。因而水稻虫害生物防治的方法日益受到重视，生物防治方法主要包括生物杀虫剂、生态防治及培育抗虫新品种等几种手段，但这些方法也各有利弊。生物杀虫剂作用时间短、见效慢、成本高、容易产生抗药性。生态防治受许多因素制约，不易控制，且防治效果有限，难以作为主要措施。相比较而言，培育抗虫品种是控制水稻虫害的最经济有效的生物防治手段。绿色超级稻应该具备的特征之一是能够抵抗主要虫害（Zhang，2007）。长期以来，相对水稻抗病性研究，抗虫性研究比较落后；但随着转 Bt 基因水稻抗虫育种研究工作的深入开展，水稻抗虫性研究取得了一些重大突破，培育了一批具有重要利用价值的新材料和新品种，从而为绿色超级稻的推广应用打下了坚实的基础，并表现出良好的生产应用价值和发展前景。

## 2.1 水稻害虫

水稻是遭受虫害最多的粮食作物，在各个生育期均可遭受害虫的侵害。水稻的害虫种类很多，严重地危害水稻的生长。据统计，国内有记载的水稻害虫有 385 种，其中约 20 种为主要害虫。根据水稻产中和产后阶段的不同，可将水稻害虫分为稻作害虫和仓储害虫。根据危害部位的不同，可将水稻主要稻作害虫做如下分类（表 2-1）。

表 2-1 水稻主要害虫

| 危害部位 | 害 虫 |
| --- | --- |
| 钻蛀茎秆 | 二化螟、三化螟、大螟、稻秆蝇、稻瘿蚊 |
| 刺吸、锉吸茎叶 | 褐飞虱、白背飞虱、灰飞虱、黑尾叶蝉、白翅叶蝉、稻蓟马 |
| 食害叶片 | 稻纵卷叶螟、稻苞虫、稻螟蛉、粘虫、稻负泥虫、稻小潜叶蝇、稻蝗 |
| 刺吸穗部 | 稻黑蝽、稻褐蝽 |
| 食害根部 | 稻根叶甲、稻象甲 |
| 食害稻种 | 稻水蝇、稻摇蚊 |

水稻的稻作害虫在不同时期表现出不同的种类和危害程度，呈现出动态发展性。20 世纪五六十年代，水稻上的最主要害虫为三化螟；70 年代以来，稻飞虱和稻纵卷叶螟的危害程度大大超过三化螟；70 年代后期，由于恢复稻麦两熟制，二化螟危害相应上升；杂交稻推广后，大螟、二化螟等虫害发生日渐频繁；80 年代后三化螟在局部地区有回升现象；当前，迁飞性害虫如褐飞虱、稻纵卷叶螟的危害仍然十分严重，而钻蛀性

害虫如二化螟、三化螟等已有赶超之势。

### 2.1.1 螟虫

三化螟（*Scirpophaga incertulas*）是长江流域及以南稻区的重要害虫。它是单食性害虫，以幼虫蛀茎危害，使稻株分蘖期形成枯心、孕穗期至抽穗期形成枯孕穗和白穗。由于水稻是三化螟唯一的寄主和栖息场所，研究发现水稻栽培制度成为决定三化螟发生量和危害程度的关键因子。

二化螟（*Chilo suppressalis*）以长江流域及以南各省的丘陵山区发生较重。它是多食性害虫，寄主除水稻外，还有茭白、玉米、甘蔗、稗草和芦苇等禾本科植物。以幼虫蛀食水稻的叶鞘或茎，造成水稻枯鞘、枯心、白穗、枯孕穗和虫伤株等症状。近20年培育推广的高产品种具有株型较大、茎秆粗、叶宽大、叶色浓绿以及茎秆含硅量低的特点，为二化螟提供了很好的营养条件，既能吸引成虫产卵，又有利于幼虫侵蛀和成活，幼虫、蛹重增加，成虫繁殖力强，是引起二化螟虫量上升的重要原因之一。

### 2.1.2 稻纵卷叶螟

稻纵卷叶螟（*Cnaphalocrocis medinalis*）是东南亚和东北亚危害水稻的一种迁飞性害虫。20世纪70年代以来，稻纵卷叶螟在我国主要稻区发生的频率明显增加，目前已经成为影响水稻生产的常发性害虫之一。稻纵卷叶螟能在多种禾本科、莎草科植物上完成世代发育，但在自然条件下偏嗜水稻，其他寄主有小麦、甘蔗、粟、稗、雀稗、游草、马唐以及狗尾草等。该虫以幼虫吐丝纵卷叶尖为害，危害时幼虫躲在苞内取食上表皮和绿色叶肉组织，形成白色条斑，受害重的稻田一片枯白，影响株高和抽穗，使千粒重降低、空秕率增加，导致严重减产。

### 2.1.3 褐飞虱

褐飞虱（*Nilaparvata lugens*）属同翅目、飞虱科，有远距离迁飞习性，是我国和许多亚洲国家当前水稻生产上的主要高致害性重大害虫。褐飞虱为单食性害虫，只能在栽培稻和普通野生稻上取食与繁殖后代。常年在长江流域及其以南地区频繁暴发。它的成虫、若虫群集于稻丛基部刺吸韧皮部汁液，消耗稻株养分，轻者引起粒重下降，造成严重减产；重者稻株枯死，呈虱烧状，有可能造成颗粒无收的损失。刺吸取食时分泌的凝固性唾液形成"口针鞘"，阻碍稻株体内水分和养分输导。虫量大、受害严重时引起稻株下部变黑，腐烂发臭，瘫痪倒伏，俗称"冒穿"、"透天"，导致严重减产或失收。褐飞虱产卵时刺伤稻株茎叶组织，形成大量伤口，使得水分和养分由刺伤点向外散失，致使输导组织破坏，同化作用减弱，加速稻株倒瘫。褐飞虱还能传播水稻病毒病——草状丛矮病和齿叶矮缩病。另外，取食及产卵时造成的大量伤口有利于水稻纹枯病、小球菌核病病原菌的侵染危害；取食危害时排泄的"蜜露"富含各种糖类、氨基酸类，覆盖在稻株上易招致病菌的滋生。

## 2.2 作物抗虫性

植物对害虫危害有不同程度的防卫能力，而害虫对其寄主植物也有相应的适应性。如果植物的防卫能力较强，使害虫不能适应，既而避免或减轻受害，即表现出抗虫性。植物抗虫性是植物在长期进化过程中形成的抵抗昆虫破坏的能力。通常把植物的抗虫性描述为影响昆虫最终危害程度的可遗传特性。在农业生产上，它表现为某一品种在相同虫口下与其他品种的比较生产力。

人们对作物抗虫性的科学研究始于 20 世纪初。第二次世界大战前是其初级发展阶段，这一时期的研究促进了植物育种家与昆虫学家合作去培育抗虫品种。战后，由于广谱性有机杀虫剂的广泛使用，人们的研究重心已转向有机化学农药的开发与应用，从而导致了作物抗虫性研究的停滞。直至 20 世纪 60 年代后期，由于昆虫对农药产生了抗性以及化学农药引起环境污染，人们才又重新努力研究防治害虫的各种方法，包括作物抗虫性。

作物品种间抗虫能力差异很大，抗性一般是以同一种作物的感虫品种作对照来衡量的。根据害虫的危害程度，可将作物品种抗虫性的强度划分为免疫（immune）、高抗（high resistance）、低抗（low resistance）、易感（susceptible）、高感（highly susceptible）5 个级别。①免疫是指在任何已知条件下，某一特定害虫从不取食或危害该品种。一般来说，寄主植物有或多或少的抗虫性，但不免疫，免疫的植物一般是非寄主。②高抗是指一个品种在特定条件下，受某种害虫危害很轻。③低抗是指一个品种受害虫危害的程度低于该作物的平均值。④易感是指一个品种受害虫危害的程度相当于或高于该作物的一般受害程度或平均值。⑤高感是指一个品种表现出高度敏感性，受害程度远远高于平均受害水平。这些级别是根据田间观察进行的分类，并不涉及机制的分析。在具体的品种抗虫性鉴定筛选工作中，抗虫性级别的划分会有所不同。例如，国际水稻研究所根据水稻受螟虫危害后表现的枯心率或白穗率，将抗性划分为 0、1、3、5、7、9 这 6 个等级，分别与免疫、高抗、抗、中抗、感虫、高感这 6 个抗性水平相对应（表 2-2）。这个等级的划分也适用于其他水稻害虫抗性的评价。

表 2-2　水稻对螟虫抗性级别的划分

| 级　别 | 枯心率/% | 白穗率/% |
| --- | --- | --- |
| 0（免疫） | 0 | 0 |
| 1（高抗） | 10～20 | 1～10 |
| 3（抗） | 21～40 | 11～25 |
| 5（中抗） | 41～60 | 26～40 |
| 7（感虫） | 61～80 | 41～60 |
| 9（高感） | 81～100 | 61～100 |

注：0、1、3 为抗虫，5 为中抗，7、9 为感虫。下同。

褐飞虱抗性常采用苗期鉴定法，评价标准见表 2-3。

表 2-3　褐飞虱抗性评价标准

| 级别/抗性水平 | 受害程度（植株症状） |
|---|---|
| 0（免疫） | 无明显受害 |
| 1（高抗） | 第 1 片叶部分发黄 |
| 3（抗虫） | 第 2 片叶和第 3 片叶部分发黄 |
| 5（中抗至中感） | 植株明显黄化或矮缩 |
| 7（感） | 植株仅有 1 片叶未枯死，并严重矮小 |
| 9（高感） | 植株全部叶片萎蔫或枯死 |

## 2.2.1　抗虫机制

抗虫机制是指作物抗虫的内在作用机制。根据抗虫机制的不同，作物抗虫性可分为驱避性（或拒虫性）（antixenosis）、抗生性（antibiosis）和耐害性（tolerance）三种。①驱避性（或拒虫性）是指作物具备使害虫不喜欢在该作物上取食、产卵或栖居的特性，它直接导致抗虫品种上害虫的虫口密度明显低于感虫品种。例如，褐飞虱通过触角感应水稻挥发出来的气味进行寄主定位，感虫品种的气味对褐飞虱具有引诱作用，而抗虫品种的气味具有驱避作用。驱避性也可由物理因素引起，如寄主某些形态特征能阻止害虫危害，如在植物叶或茎表面的毛、刺、加厚的表皮等。②抗生性是指作物针对害虫的侵害做出不利于害虫的生理反应，合成一些具有抗生性的次生物质，或者降低害虫食物的营养价值，使害虫活动困难、食量减少、生殖力降低、生长发育迟缓、体躯变小、体重减轻以及死亡率增高等，从而抑制害虫的种群数量。这些抗生性物质包括生物碱、类黄酮、木质素、单宁、植物保幼激素、光活化毒素、非蛋白氨基酸和消化酶抑制剂等。③耐害性是指作物能耐受害虫侵害的特性。其不减少害虫数量也不显著降低产量和品质。这类作物被昆虫取食后，具有很强的补偿生长能力，如分裂组织从新激活、光合能力增强、营养吸收能力增强等，从而使产量不显著降低。以上三种抗虫机制彼此之间并不是孤立的，一种作物可能同时具有两种甚至三种抗虫机制，还有一些抗虫机制不能明确地划归为三种抗虫类型之一。另外，一些作物可能因为物候原因而避免受害，如某些早熟品种由于其易受害的危险生育期与害虫盛发期错开，因而避免或减轻受害，这称为避害性（host evasion），也叫假抗虫性（pseudoresistance）。

水稻对昆虫的抗性是多方面的，可能以驱避性、抗生性、耐害性三者其中之一为主，也可几种同时兼而有之。表 2-4 对水稻的主要害虫的抗虫机制进行了粗略分类，进一步描述了它们的抗虫机制。

表 2-4　水稻主要害虫抗虫机制的分类

| 害　虫 | 抗虫性 | 抗性机制 |
|---|---|---|
| 褐飞虱 | 驱避性 | ① 植株表面蜡质层中的羟基化合物和羰基化合物对褐飞虱有忌避作用<br>② 褐飞虱通过触角感应水稻挥发出来的气味进行寄主定位，感虫品种的气味对褐飞虱具有引诱作用，而抗虫品种的气味具有忌避作用。对褐飞虱进行寄主定位具引诱作用的化合物有 20 多种，主要为酯类、醇类、羰基化合物 |
| | 抗生性 | ① 抗性植株缺乏足够的刺激取食的物质，如天冬酰胺、天冬氨酸、谷氨酸、丙氨酸、缬氨酸。抗虫品种中这 5 种氨基酸的含量明显低于感虫品种<br>② 抗虫品种含有较高浓度的抑制取食的化合物或有毒的致死物质。例如，草酸以及固醇类中的 β-谷甾醇、豆甾醇、菜油甾醇对褐飞虱取食有强烈的抑制作用 |

续表

| 害 虫 | 抗虫性 | 抗性机制 |
|---|---|---|
| 褐飞虱 | 耐害性 | 抗虫植株受害后的补偿能力较强。例如，仍能固定较多的 $CO_2$，具有较强的光合作用，最终干物质积累较多，植株损失较小。而感虫品种受害后 $CO_2$ 吸收量显著下降 |
| 二化螟、三化螟 | 驱避性 | ① 叶片表面具毛的品种受害较轻；植株高大、剑叶宽而长的品种会吸引更多的螟蛾产卵<br>② 稻株中的稻酮对螟蛾及其幼虫具有明显的引诱作用 |
| 二化螟、三化螟 | 抗生性 | ① 抗虫品种的茎具有多层厚壁细胞，对初孵幼虫的入侵造成障碍<br>② 抗虫品种的节间包有紧密的叶鞘，而感虫品种的叶鞘疏松。初孵幼虫最初在叶鞘与茎之间活动，叶鞘的紧密程度影响幼虫的取食活动和入侵率<br>③ 茎腔小的品种受害轻。髓腔大的茎更适合幼虫取食和活动，生存率高<br>④ 含硅量高的品种对二化螟生存不利，使取食幼虫的上颚缺损，并且硅质对螟虫的消化酶有抑制作用<br>⑤ 含草酸、苯甲酸、水杨酸、苯酚多的品种具有抗螟性<br>⑥ 二化螟幼虫需要大量的碳水化合物和蛋白质作为营养。抗虫品种植株的含氮量和淀粉明显低于感虫品种，且碳氮比率较高 |
| 二化螟、三化螟 | 耐害性 | 分蘖力强的品种受害程度低 |
| 稻纵卷叶螟 | 驱避性 | ① 抗虫品种的着卵量明显比感虫品种低<br>② 四至五龄幼虫对抗虫品种和感虫品种的叶片具有明显的选择性 |
| 稻纵卷叶螟 | 抗生性 | ① 叶片长而窄、叶片质地较硬的品种不利于幼虫卷叶和取食，造成幼虫大量死亡<br>② 一些抗虫品种的叶脉内及叶表沉积有大量的硅，对幼虫的取食造成障碍<br>③ 抗虫品种含有某些有毒的化学活性物质 |

### 2.2.2 作物抗虫性与其他因素的关系

作物虽然演化出了对害虫的抗性，但这种抗性不是一成不变的，因为害虫不会坐以待毙，而是不断地适应作物对它的抗性，于是就有了生物型的分化。生物型（biotype）是指同种昆虫的不同群体，它们在特定寄主上表现出不同的致害能力。这与植物病原菌的生理小种具有相似的含义。危害水稻的害虫中，双翅目的瘿蚊和同翅目飞虱等昆虫出现了生物型的分化。这些害虫生活周期短、繁殖能力强、每年发生的世代数多，有利于生物型的分化。

至今对褐飞虱生物型研究的报道较少，当前研究者将褐飞虱归为 4 种不同的生物型，其来源及地理分布见表 2-5。不同褐飞虱生物型对水稻抗褐飞虱基因有不同的反应：生物型 1 不能危害具有任何抗虫基因的水稻品种；生物型 2 可以危害具 $Bph1$ 抗虫基因的品种，但不能危害具 $bph2$ 抗虫基因的品种；生物型 3 可以危害具 $bph2$ 抗虫基因的水稻品种；生物型 4 可以同时危害具 $Bph1$ 抗虫基因和 $bph2$ 抗虫基因的水稻品种。

表 2-5 褐飞虱生物型来源及地理分布情况

| 生物型 | 地理分布 | 来源 |
|---|---|---|
| 生物型 1 | 东亚和东南亚 | 野生型（产生于东亚和东南亚） |
| 生物型 2 | 东亚和东南亚 | 在菲律宾由取食带有 $Bph1$ 水稻品种后演变而来 |
| 生物型 3 | 东亚和东南亚 | 在日本和菲律宾的实验室中产生 |
| 生物型 4 | 南亚 | 南亚 |

随着抗虫品种的广泛应用，有可能产生更多的生物型。一般来说，抗生性的品种容易促使新生物型产生，而属驱避性、耐害性的抗性品种不易产生新的生物型。

水稻的抗虫性与害虫的食性和取食方式有一定关系。水稻对单食性害虫（褐飞虱等）表现抗性的较多，抗性程度也较高；对寡食性害虫（白背飞虱等）次之；对多食性害虫（灰飞虱、二化螟等）再次之。水稻对刺吸性害虫（飞虱、叶蝉）表现抗性的较多，抗性程度也较高；对钻蛀性害虫（螟虫）次之；对食叶性害虫（稻纵卷叶螟、粘虫等）再次之。

## 2.3 抗虫资源

目前，在水稻害虫的综合治理中，利用抗虫品种控制害虫种群、保护天敌、减少杀虫剂施用以及降低生产成本是最有效的措施。而抗虫种质资源（抗源）的鉴定是水稻抗虫育种的基础。

抗虫种质资源可来自原作物品种及其近缘种，也可来自其野生近缘种，甚至近缘属——虽然远缘杂交并不常常作为抗虫育种的手段。

抗虫性鉴定方法因害虫和作物种类不同而异。一般的做法是让作物品种接受一定数量害虫群体的危害，根据作物品种受害后的损失程度或对害虫生理及行为的影响程度来评价其抗虫性的强弱。

维持一定数量、均匀一致的害虫群体是准确鉴定的先决条件。鉴定时需要根据害虫种类、试验要求等条件确定最适的害虫群体，以便使侵害水平在基因型间产生最适的差异。虫源可分为田间自然种群和室内饲养种群两类。由于环境条件的影响，田间自然种群数量、龄期、生物型等不易控制，为了保证田间害虫种群的数量，一般可以采取以下措施：①将供试品种种植于害虫的常发区，在试验田周围种植感虫材料，并在供试材料中套种感虫品种。②在试验田内种植诱虫植物以引诱害虫产卵和危害。③利用引诱剂来增加害虫的发生量。④喷施特殊的杀虫剂控制其他害虫或天敌，而不杀死测试害虫，以维持适当的害虫群体。例如，鉴定水稻品种对稻飞虱的抗性时，宜用苏云金杆菌排除螟虫的干扰，不宜用溴氰菊酯、甲基1605，它们对稻飞虱的毒性较低，而对稻飞虱的天敌杀伤力强，且有刺激稻飞虱生殖的作用。⑤田间人工接虫。室内害虫种群的数量、龄期等容易控制，但是长期的人工饲养又会使害虫群体衰退、致害力降低。因此，间隔一定的时间必须复壮室内饲养的害虫种群，以免影响鉴定结果。

抗虫性鉴定大体可分为室内（温室）鉴定和田间鉴定。田间鉴定受到虫源的限制，如虫口密度不均匀或虫口密度太低，其他病虫鸟兽的干扰，工作量也相对较大。由于抗虫品种最终将种于大田，所以田间鉴定能更准确地反映出品种抗性的本质。结合农艺性状的考察，还可以为抗源利用及品种选育提供重要依据。室内鉴定相对节省劳力和时间，并可在一定范围内控制供试害虫的质和量，排除其他非试验因素的干扰。因此，对一个抗性材料的鉴定，一般先进行室内鉴定，再将抗性表现好的品种进行田间鉴定。总之，不能完全依赖田间鉴定，也不能完全用室内鉴定来取代田间鉴定。

抗虫性鉴定一般在寄主对目标害虫的易感期进行。例如，对水稻螟虫的鉴定在分蘖盛期和孕穗期进行，稻蓟马在苗期进行。对于某些在苗期和成株期都能造成危害的害虫，应分别进行苗期和成株期抗性鉴定，因为一些苗期不表现抗性的品种在成株期却具有抗性。例如，一些水稻育种工作者发现部分高产、优质的水稻品种苗期不抗稻飞虱，而在成株期对稻飞虱的抗性水平达到中抗或抗，这种抗性称为成株期抗虫性。相反，苗期抗性显著而成株期抗性减弱的抗性称为苗期抗虫性。一般认为垂直抗性最易在作物幼苗期看出，而水平抗性在成株期表现明显。

抗性鉴定时，除供试品种外，应设置感虫和抗虫品种对照，并根据供试害虫的不同生物型而改变感虫和抗虫品种。

判断作物是否抗虫及其抗性水平，可直接按照作物受害后的反应或损失程度来评价，称为直接法；也可根据作物品种对害虫的生理及行为的影响程度进行评估，称为间接法。例如，测定水稻品种对螟虫的抗性，可根据受害后表现的枯心率和白穗率来划分抗性水平。飞虱、叶蝉类害虫取食后可分泌蜜露，可根据蜜露量来估测品种的抗生性强度。

通过抗虫性鉴定可以从供试材料中筛选出所需的抗性资源。筛选分初筛和复筛。初筛意在浓缩大量供试材料，可不设重复。对初筛中表现 0、1、3、5 抗级的材料进行复筛。复筛是定性试验，常设 4~6 次重复。需要说明的是，抗性筛选中，不应一味追求高抗而忽视中抗的抗源。

我国是水稻抗虫性研究较早的国家之一，早在 20 世纪 30 年代即开始进行水稻抗螟虫的研究。国际水稻研究所（IRRI）自 1960 年成立以来，致力于抗虫育种的研究工作，已取得显著的成绩。国际热带农业研究所自 1973 年在非洲也开始了这方面的研究工作。一大批有用的水稻抗虫资源已被鉴定出来。值得一提的是，野生稻是抗虫种质的重要来源（表 2-6）。有一些对三化螟、稻水蝇、稻纵卷叶螟中抗和高抗的野生稻种，其抗性强度在栽培稻中尚未发现。

表 2-6　具有抗虫性的野生稻资源

| 害　虫 | 野生稻种 |
| --- | --- |
| 褐飞虱 | 根茎野生稻（*O. rhizomatis* Vaughan） |
|  | 紧穗野生稻（*O. eichingeri* Peter） |
|  | 普通野生稻（*O. rufipogon* Griff） |
|  | 药用野生稻（*O. officinalis* Wall ex Watt） |
|  | 小粒野生稻（*O. minuta* Presl. et Presl.） |
|  | 澳洲野生稻（*O. australiensis* Domin） |
|  | 宽叶野生稻（*O. latifolia* Desv.） |
|  | 尼瓦拉野生稻（*O. nivara* Sharma et Shastry） |
|  | 马来野生稻（*O. ridleyi* Hook. f.） |
|  | 高秆野生稻（*O. alta* Swallen） |
|  | 短药野生稻（*O. brachyantha* Chev. et Rochr.） |
| 二化螟、三化螟 | 东乡野生稻（*O. rufipogon* Griff） |
|  | 高秆野生稻（*O. alta* Swallen） |
|  | 短药野生稻（*O. brachyantha* Chev. et Rochr.） |
|  | 马来野生稻（*O. ridleyi* Hook. f.） |

续表

| 害虫 | 野生稻种 |
|------|---------|
| 稻纵卷叶螟 | 东乡野生稻（*O. rufipogon* Griff）<br>普通野生稻（*O. rufipogon* Griff）<br>尼瓦拉野生稻（*O. nivara* Sharma et Shastry）<br>斑点野生稻（*O. punctata* Kotshy ex Steud.）<br>短药野生稻（*O. brachyantha* Chev. et Rochr.）<br>药用野生稻（*O. officinalis* Wall ex Watt） |

## 2.4 抗虫遗传及抗虫基因

作物抗虫性是作物品种的一种可遗传特性，可以由单基因控制，也可以由多基因控制。由单一基因控制的抗性称为单基因抗性（monogenic resistance），由少数基因控制的抗性称为寡基因抗性（oligogenic resistance），由较多基因控制的抗性称为多基因抗性（multigenic resistance）。

抗性基因可以是显性的，也可以是隐性的。不同抗虫基因之间可以有互补、累加、上位等相互作用。上述为细胞核内基因所控制的性状。也有细胞质因素控制的抗虫性，表现为母性遗传，如有些水稻品种对稻瘿蚊的抗性属于细胞质遗传。

作物对昆虫具有抗虫性，由抗虫基因控制。相应的，害虫对植物也具有致害性，由致害基因控制。如果害虫具有非致害基因，具有抗虫基因的作物品种就表现为抗虫。这和植物病理学上的"基因对基因"学说有些类似。例如，稻瘿蚊的不同生态型与水稻的抗稻瘿蚊基因之间也符合"基因对基因"相互作用（Sardesai et al., 2001）。一般来说，由单基因和寡基因介导的垂直抗性与害虫生物型致害性之间存在"基因对基因"的关系；而由多基因控制的水平抗性与害虫生物型致害性之间不存在"基因对基因"的关系。

抗虫性遗传分析常用抗虫品种和感虫品种杂交与测交。利用 $F_1$ 确定其显隐性关系，根据 $F_2$ 和 $F_3$ 的抗性表现判断是数量性状还是质量性状，然后对控制抗性的主基因进行基因等位性测定和基因定位。随着水稻基因组测序的完成以及功能基因组学的发展，人们已能用现代分子生物学的方法研究水稻对害虫的抗性，对由多基因控制的数量性状进行遗传分析也成为可能。

### 2.4.1 褐飞虱

水稻抗褐飞虱基因的研究始于 20 世纪 70 年代初，迄今为止，已先后发现和鉴定了 19 个抗褐飞虱的主基因（表 2-7）。抗褐飞虱基因资源主要存在于籼稻和野生稻中，且大多数抗虫品种来自斯里兰卡和印度。前 9 个基因（$Bph1 \sim Bph9$）是 20 世纪七八十年代人们用经典的遗传学方法鉴定的，后来人们用分子遗传学方法对其中 5 个基因（$Bph1$、$bph2$、$Bph3$、$bph4$ 和 $Bph9$）进行了分析。其他 10 个基因（$Bph10 \sim Bph19$）是自 20 世纪 90 年代以来人们用分子遗传学方法鉴定的。近年来，利用分子生物学技术还鉴定了一批抗性相关基因。但至今，人们还没有克隆到一个抗褐飞虱的基因。

表 2-7  已经报道的水稻抗褐飞虱基因（Zhang，2007）

| 水稻资源 | 基因 | 染色体 | 对生物型的反应 ||||
|---|---|---|---|---|---|---|
| | | | 1 | 2 | 3 | 4 |
| Mudgo | $Bph1$ | 12 | R | S | R | S |
| ASD7 | $bph2$ | 12 | R | R | S | S |
| Rathu Heenati | $Bph3$ | 6 | R | R | R | R |
| Babawee | $bph4$ | 6 | R | R | R | R |
| ARC 10550 | $bph5$ | — | S | S | S | R |
| Swarnalata | $Bph6$ | — | S | S | S | R |
| T12 | $bph7$ | — | S | S | S | R |
| Chin Saba | $bph8$ | — | R | R | R | — |
| Balamawee | $Bph9$ | 12 | R | R | R | — |
| O. australiensis | $Bph10$ | 12 | R | R | R | — |
| O. officinalis | $Bph11$ | 9 | — | — | — | — |
| O. officinalis | $bph12$ | 3 | — | — | — | — |
| O. eichinger | $Bph13$ | 2 | R | R | — | — |
| B5 | $Bph14$ | 3 | R | R | — | — |
| B5 | $Bph15$ | 4 | R | R | — | — |
| O. officinalis | $bph16$ | 4 | — | — | — | — |
| B14 | $Bph17$ | 4 | R | R | — | — |
| O. officinalis | $Bph17$ | 3 | — | — | — | R |
| O. australiensis | $Bph18$ | 12 | — | — | — | — |
| AS20-1 | $bph19$ | 3 | — | R | — | — |

注：R 表示抗；S 表示敏感；1、2、3、4 表示褐飞虱的生物型种类；— 表示没有确定。

#### 2.4.1.1 栽培稻来源的抗褐飞虱基因

表 2-7 所列的抗褐飞虱主基因中，$Bph1 \sim Bph9$ 都是从栽培水稻资源中筛选出来的，其特点是每个基因的抗性谱不同，或只抗一种生物型，或抗多种生物型。值得注意的是，由于褐飞虱种群的变异，目前这些抗源品种在中国的抗性表现发生了变化。本项目组曾在武汉对 9 份材料进行了抗性鉴定，发现只有 4 份材料的抗性较好；一些高抗的品种一般含有 2 个或 2 个以上抗性位点。因此，抗性基因聚合是提高品种抗性的有效手段。QTL 对于抗性的稳定性和持久性非常重要。例如，国际水稻研究所培育的抗虫品种 IR64 含有 $Bph1$ 基因，但比其他含 $Bph1$ 基因的水稻品种表现出更长久的抗性。Alam 和 Cohen（1998）的研究结果显示，IR64 除了含主效基因 $Bph1$ 外，还在其基因组上检测到 7 个抗褐飞虱 QTL 位点，其贡献率分别为 5.1%～16.6%。

水稻栽培地域广阔，在水稻与褐飞虱协同进化的过程中，不同地方的水稻品种中可能进化出不同的抗性基因。我国栽培种质资源保藏量丰富，坚持不懈地从栽培稻资源中筛选抗稻飞虱基因并加以利用，是取得水稻品种持久抗性的必要途径。

#### 2.4.1.2 野生稻来源的抗褐飞虱基因

在自然条件下，一些野生稻也是褐飞虱的寄主植物。野生稻长期处于野生状态，常年经受褐飞虱的自然选择，是抗褐飞虱重要的遗传资源。对我国野生稻资源进行抗褐飞虱筛选中，在广西发现药用野生稻中抗性资源的比例高达94%，远远高于栽培稻和普通野生稻（Li et al., 2002）。到目前为止，已经分别从普通野生稻、药用野生稻、紧穗野生稻、小粒野生稻和澳洲野生稻等中获得了抗褐飞虱材料，有的抗虫基因已经通过杂交导入到栽培稻之中。从表2-7的资料可以看出，*Bph10*～*Bph19*是野生稻来源的抗褐飞虱基因。从野生稻资源中发掘抗褐飞虱基因是近年来的一个研究热点。

野生稻抗褐飞虱基因的转育和利用比较困难。由于杂交不结实和杂种不育，需要采用胚拯救、花药培养，或选择亲和力高的品种进行复交等方法得到可育后代。本项目组从野生稻与栽培稻杂交后代中筛选了多个抗性材料。在对宽叶野生稻杂交后代株系B14的褐飞虱抗性研究中发现，$F_2$群体中抗虫植株与感虫植株的分离比符合3:1，说明野生稻转育后代B14携带一个显性的抗褐飞虱基因。采用分离集团分析法（BSA）筛选与抗褐飞虱基因连锁的SSR标记，发现第4号染色体上的SSR标记RM335、RM261和RM185在两亲本和两集团间呈现多态性。用第4号染色体上的SSR和RFLP标记对B14/TN1的重组自交系群体进行分析，从而将B14的抗褐飞虱基因定位于第4号染色体短臂上，命名为*Bph12*（Yang et al., 2002）。采用同样的方法，将药用野生稻转育后代B5的抗褐飞虱基因定位在水稻的第3号染色体长臂端分子标记C2540和R1925之间及第4号染色体短臂端标记R1854和C820之间，分别命名为*Qbp1*（后正式命名为*Bph14*）和*Qbp2*（后正式命名为*Bph15*）。利用明恢63/B5重组自交系（RIL）进行全基因组扫描和4次抗虫鉴定，证实*Bph14*和*Bph15*是两个抗虫效应稳定的主效基因。此外，分别在第9号（*Qbp3*）、第2号（*Qbp4*）、第4号（*Qbp5*）染色体上鉴定出3个效应值较小的QTL（Huang et al., 2001；Wang et al., 2001；Ren et al., 2004）。上述基因中，*Bph14*和*Bph15*已被精细定位，有紧密连锁的分子标记，应用于育种中效果良好，特别是两个基因聚合时抗性效果更佳。

#### 2.4.1.3 水稻对褐飞虱取食的应答基因

水稻抗褐飞虱的基因组学与蛋白质组学研究是阐明抗虫反应机制、鉴定抗虫反应中重要基因的有效手段。本项目组应用SSH（抑制差减杂交）与cDNA microarray技术，研究被褐飞虱取食前后的水稻基因表达情况，筛选了受褐飞虱取食调控的基因154个，运用MIPS功能分类系统对这些基因做了功能预测，发现这些基因参与了包括大分子合成、代谢、能量、细胞防卫以及信号传导等多种途径。由此可见，褐飞虱取食诱导了水稻多种基因的表达变化，多种应答途径被激活。研究结果显示，抗虫品种受褐飞虱危害后，通过提高代谢水平和激活褐飞虱响应基因的表达来抵御褐飞虱侵害；而感虫品种中，褐飞虱抗性反应的关键基因不表达以及基因组转录水平的差异是造成对褐飞虱敏感的重要因素（Wang et al., 2003, 2004；Weng et al., 2003；Yuan et al., 2004；Yuan et al., 2005；Wang et al., 2005；Wang et al., 2008）。经激素、干旱、伤害、病原生物处理后表达分析筛选到一些褐飞虱诱导特异表达的重要基因。其中，*Bphi8*基因已经转入感虫水稻品种中，明显提高了转基因水稻对褐飞虱的抗性。持续筛选、验证将获得更多的可以提高水稻抗虫性的基因。

#### 2.4.1.4 与抗虫机制相关联的基因

到目前为止的研究表明,不同的抗褐飞虱水稻品种在抗虫机制上不尽相同。褐飞虱是以刺吸式口器刺入水稻筛管取食水稻汁液,水稻筛管汁液中的氨基酸组成、营养平衡状况或某些代谢产物,都可能对褐飞虱产生不良作用而导致抗虫性。本项目组最近的研究结果表明,水稻筛管是否通畅是抗虫的重要机制之一。试验以带有不同抗褐飞虱基因(*Bph14* 和 *Bph15*)的抗虫水稻为材料,以感虫水稻 TN1 为对照,用电子刺吸仪(EPG)研究了褐飞虱的取食行为。数据表明,褐飞虱在抗性品种 B5 的韧皮部取食时间仅为感性品种的 1/10,而且取食过程经常被阻断。$^{14}$C-蔗糖标记实验证明,褐飞虱在抗虫水稻 B5 取食的韧皮部汁液量不足感虫品种 TN1 的 1/40,取食受抑制的程度与抗褐飞虱基因的多少成比例。从水稻组织的病理变化上看,在褐飞虱口针插入的筛管中,筛板上会有更多的胼胝质沉积,筛板被明显加厚。对致密胼胝质的计数结果显示,褐飞虱取食后 3 天,抗虫 B5 中的胼胝质化的筛板远比感虫对照 TN1 中的多。褐飞虱取食诱导了水稻筛管细胞中胼胝质合成酶基因的表达,在筛板上大量积累胼胝质堵塞了筛管,使褐飞虱不能顺利取食。而在感虫水稻中,褐飞虱则特异地诱导了胼胝质降解酶基因的表达,消除胼胝质的堵塞,从而使褐飞虱顺利取食,最后导致水稻植株的养分耗尽而死亡(Hao et al.,2008)。水稻的胼胝质降解酶,即 β-1,3-葡萄糖苷酶的表达分析结果表明,*Osg1* 和 *Gns5* 两基因在消除感虫水稻胼胝质堵塞中起重要作用。根据 *Gns5* 的序列构建了 RNAi 载体转化感虫水稻,抑制其 *Gns5* 的表达,明显提高转基因植株的抗虫性。

### 2.4.2 二化螟、三化螟、稻纵卷叶螟

水稻品种资源中,对螟虫的抗源较少,且多为低抗或中抗材料。对稻纵卷叶螟等虽已发现抗性材料,但抗性低而不稳定(邱小辉等,1998)。

另外,由于转 Bt 的水稻对鳞翅目害虫具有较好的抗性,且其他转 Bt 作物的商业化应用也从生产上证明了这种防治策略的可行性,因而造成关于水稻对二化螟、三化螟、稻纵卷叶螟的抗性遗传和内源抗性基因的研究很少。

## 2.5 抗虫育种

多年来,人们也一直在努力培育抗虫品种,并取得了不小的成就。国内外也有一些较大面积成功应用抗虫品种的实例。例如,1973 年国际水稻研究所育成高抗褐飞虱的品种 IR26 在东南亚一些国家推广后,有效地控制了褐飞虱的危害。当前水稻抗虫育种主要采用常规育种和分子标记辅助选择育种为主,但可以预期,随着害虫基因组研究的深入以及外源抗虫基因的不断发掘,转基因育种将成为未来主要的技术方法。

### 2.5.1 常规育种

目前,用于作物常规抗虫育种的方法和途径很多,常用的方法主要有杂交育种、远缘杂交育种和人工诱变育种三种方法与途径。

#### 2.5.1.1 杂交育种

杂交育种是指将抗源的抗虫性杂交转育到农艺性状和经济性状优良的品种中去，是农作物抗虫育种最常用的方法之一，包括单交、复交和回交等。即使人们尚未充分了解抗虫的机制，也能成功地育出抗虫品种。目前人们主要采用杂交育种来获得抗性品种或品系，如褐飞虱的抗性育种。

1973 年 IRRI 推出了具有 $Bph1$ 基因的抗虫品种 IR26，1976 年育成了 IR36 等具有 $bph2$ 的抗虫品种，目前这些品种的抗性均已丧失。1982 年 IRRI 又育成了 IR56 等具有 $Bph3$ 的抗虫品种，但近年的调查表明，褐飞虱已适应了具 $Bph3$ 基因的抗性品种。

我国目前已经育成许多抗褐飞虱的品种或品系。育成的籼稻品种（系）有湘抗 32 选 5、HA361、HA79317-4、HA79317-7、248-2、浙丽 1 号、嘉农籼 11、台中籼试 329、台中籼试 338、台中籼试 339、南京 14、新惠占和 83-12 等。佛山市农科所育成的"籼优 89"抗褐飞虱、中抗稻瘟病和白叶枯病，推广面积已达 40 万 $hm^2$；育成的粳稻品种（系）有 JAR80047、JAR80079、沪粳抗 339、台南 68、秀水 620 和南粳 36 等。秀水 620 和秀水 644 在太湖流域稻区的种植面积达 5 万～7 万 $hm^2$。水稻新品种粳籼 89 既抗褐飞虱生物型 1 又抗生物型 2。抗褐飞虱的杂交稻组合有汕优 6 号、汕优 30 选、汕优 54 选、汕优 56、汕优 64、汕优 85、汕优 177、汕优 6161-8、汕优桂 32、汕优桂 33、汕优竹恢早、南优 6 号、威优 35、威优 64 和六优 30 等。江苏省种植近 13 万 $hm^2$ 的 88B122 中抗褐飞虱和白叶枯病。但是，基本上没有对这些品种进行抗虫性遗传分析，因此对这些品种抗原缺乏了解。

#### 2.5.1.2 远缘杂交育种

野生稻是重要的抗虫种质资源，将其抗性基因导入栽培稻有利于扩大品种抗性遗传的异质性，还可获抗多种生物型的杂种后代，能有效防止新生物型的出现，对抗虫育种具有重要的战略意义。

然而野生稻与栽培稻分属不同的种，其抗虫性难以直接利用，必须首先通过遗传学的方法将野生稻的抗虫基因转育到栽培稻，培育出抗虫的栽培种材料再在育种中应用。本项目组以普通野生稻、宽叶野生稻、药用野生稻和小粒野生稻为基因供体，对野生稻抗虫基因的转育进行了研究，获得了大量的野生稻与栽培稻的杂交后代。Jena 和 Khush（1990）用栽培稻和药用野生稻杂交，经胚拯救和回交得到了具有药用野生稻抗褐飞虱和抗白背飞虱基因的异源单体附加系。钟代彬等（1997）以高产优质的栽培稻中 86-44 为母本，高抗褐飞虱的广西药用野生稻为父本，远缘杂交结合胚拯救，获得农艺性状优良、高抗褐飞虱的株系。张良佑等（1998）采用感虫栽培稻雄性不育株为母本，与高抗稻褐飞虱的野生稻进行杂交，成功地获得了抗褐飞虱的杂种后代，为培育抗虫性稳定的水稻品种奠定了基础。

#### 2.5.1.3 人工诱变育种

江西省农业科学院用 5450/印尼水田谷的 $F_1$ 经 30kR（$1R=2.58×10^4 C/kg$）的 γ

射线处理育成耐寒抗白背飞虱的高产品种 M112（段灿星等，2003）。PelitaⅠ/1 本来是感虫品种，用 γ 射线处理，通过筛选获得了抗褐飞虱生物型 1 的株系（Ismachin，1980）。用同样方法处理 PelitaⅠ/1，还选育出抗或中抗生物型 1 或生物型 3 的 Atomita1、Atomita2、627/4-E/PsJ、A227/2/PsJ、A227/3/PsJ、A227/5/PsJ 6 个品系（Mugiono et al.，1984）。

### 2.5.2 分子标记辅助选择育种

标记辅助选择可以加速培育具多基因抗虫性的作物，还可以将野生种中的有利抗虫特性转入栽培品种中，增加作物抗虫的持久性和遗传多样性。另外，依赖大田的表型筛选，通常要在虫害流行的环境下进行抗性鉴定。如果气候和农业生产条件不适宜虫害的流行，抗性品种的选育将要延迟，或者要投入更多的经费在温室条件下进行抗性筛选。对于具有不同生物型抗性品种的选育也将比较困难，因为很难从形态上直接区分生物型，需借助专门的鉴别寄主进行区分。分子标记的发展为改变这种费时、费工的选育方法提供了可能，利用分子标记辅助选择抗虫基因可绕过繁杂的表型抗性鉴定，直接从基因型着手，既能准确、快速地确定抗性株系，又避免了外界因素的影响。

巴太香占是一个具有香味的优良水稻品种，但对稻瘿蚊不具有抗性。为了选出一个既具有香味又有抗稻瘿蚊的优良水稻新品种，肖汉祥等（2005）利用与 $Gm6$ 基因紧密连锁的 PSM 标记 PSM101，从 197 株巴太香占/KG18 的 $F_2$ 家系中鉴定出 48 个抗稻瘿蚊株系，经用稻瘿蚊生物型 1 和生物型 4 的种群接虫进行抗性表现型测定，结果 48 个株系均表现抗性，与分子标记选择的结果一致。王春明等（2003）以综合性状好但对黑尾叶蝉敏感的品种台中 65 作为轮回亲本，与抗性品种 DV85 连续回交得到回交高代 $BC_6F_2$ 群体，在进行表型选择的同时，利用 CAPS 标记对 $BC_6F_2$ 进行标记辅助选择，将抗叶蝉基因 $Grh2$ 快速导入台中 65，表现出对稻叶蝉的抗性。Sharma 等（2004）利用与 $Bph1$ 和 $Bph2$ 紧密连锁的 6 个分子标记（em24G、em5814N、em32G for $Bph1$；KPM2、KAM4、KPM3 for $Bph2$）将这两个基因聚合在一起，但是两个基因聚合的效果与只有 $Bph1$ 时的抗虫效果一样，比只有 $Bph2$ 时的抗虫效果好。

### 2.5.3 转基因育种

通过常规育种技术培育抗虫新品种需要较长的时间，而且对于某些虫害尚无基因资源可用。因此，最有希望和前途的生物防治是利用转基因技术把外源抗虫基因引入农作物中使其表达，并使其稳定遗传，从而创造出新的抗虫品种。目前，人们已发现并克隆到了许多有用的抗虫基因，一些抗虫基因已转入水稻获得了转基因抗虫品系，而且有一些已进行了大田试验，展现出美好的应用前景。

#### 2.5.3.1 微生物来源的抗虫基因

Bt 毒蛋白基因是目前世界上应用最为广泛的抗虫基因，已经被转入多种作物中并得到表达，包括水稻。其中，棉花、玉米、马铃薯等转 $Bt$ 基因抗虫作物已经商品化生产，并创造了可观的经济效益。

Bt 是一种革兰氏阳性菌，在芽胞形成期，可形成大量伴胞晶体，由叫做 δ-内毒素的原毒素亚基组成。这是一种具特异性杀虫活性的蛋白质，又称为 Bt 毒蛋白或杀虫晶体蛋白。在 Bt 中，δ-内毒素以无毒的原毒素形式存在，在昆虫取食过程中，杀虫结晶包含体随之进入昆虫的消化道内，并释放出 δ-内毒素。它在昆虫中肠道的碱性环境和蛋白酶的作用下被水解成有活性的小分子多肽，从而具有了杀虫活性。有杀虫活性的毒素分子与中肠上皮细胞表面的糖蛋白结合，其 N 端插入细胞膜形成小孔，破坏 $K^+$ 通道，从而改变了 $K^+$ 正常的流向，引起细胞内外渗透压失衡，细胞因膨胀而破裂，最终导致昆虫停止取食而死亡。随着对 Bt 菌及其所产生的杀虫晶体蛋白研究的逐步深入，人们已从不同的 Bt 菌的亚种中分离出对不同昆虫（如鳞翅目、鞘翅目和双翅目等）和无脊椎动物（如螨类、寄生线虫和原生动物等）有特异毒杀作用的杀虫晶体蛋白。至今已克隆的 Bt 杀虫晶体蛋白基因已达 400 多种（http://www.lifesci.sussex.ac.uk/home/Neil_Crickmore/Bt/toxins2.html）。然而，自然的野生型 Bt 杀虫晶体蛋白基因在转基因植物中表达水平很低，一般不到叶片可溶性蛋白的 0.001%。为了获得高效抗虫的转基因植物，就要对野生型 Bt 蛋白基因进行改造和修饰，或部分合成甚至全合成 *cry* 基因。在相关的植物中，这类改造的 Cry 蛋白可达到叶片可溶性蛋白的 0.02%～1%，从而大大提高了转基因植株的抗虫能力。

目前，转入水稻的 Bt 基因包括 *cry1Ab*（Fujimoto et al.，1993；Wünn et al.，1996；Cheng et al.，1998；Datta et al.，1998；舒庆尧等，1998；Wang et al.，2001；Ye et al.，2001；Wu et al.，2002）、*cry1Ac*（Nayak et al.，1997；Cheng et al.，1998；Khanna and Raina，2002；Loc et al.，2002；Zeng et al.，2002；李永春等，2002）、*cry1B*（Breitler et al.，2001）、*cry2A*（Maqbool and Christou，1999；Gahakwa et al.，2000；Chen et al.，2005）、*cry1C*（Tang et al.，2006）、*cry1Ab/cry1Ac* 融合基因（Tu et al.，2000；Ramesh et al.，2004；Ho et al.，2006）、*cry1Ab-1B* 融合基因（Ho et al.，2006）。转 Bt 水稻大多都表现对二化螟、三化螟和稻纵卷叶螟具有不同程度的抗性，高者可达 100% 的杀虫活性。Mehlo 等（2005）将 Cry1Ac 与蓖麻毒蛋白 B 链的半乳糖结合结构域构建成融合蛋白，在水稻和玉米中表达，结果表明与仅含 Cry1Ac 的植株相比，有融合蛋白的植株在生测实验中表现出更强的杀虫毒性和更广的抗虫性。

#### 2.5.3.2 植物来源的抗虫基因

植物源抗虫蛋白包括蛋白酶抑制剂、淀粉酶抑制剂、植物凝集素和几丁质酶等。

采用农杆菌介导法和基因枪等方法，已成功导入水稻的蛋白酶抑制剂基因有：马铃薯蛋白酶抑制剂基因 *pin*II（Duan et al.，1996；丁玉梅等，2003）、豇豆胰蛋白酶抑制剂基因 *cpti*（Xu et al.，1996；李永春等，2002）、大豆胰蛋白酶抑制剂基因的 cDNA（Lee et al.，1999）、玉米巯基蛋白酶抑制剂基因（Irie et al.，1996）、水稻巯基蛋白酶抑制剂基因（Vain et al.，1998）和大麦胰蛋白酶抑制剂基因 BTI-CMe（Alfonso-Rubi et al.，2003）等。这些转基因植株对褐飞虱、二化螟、稻纵卷叶螟以及线虫等有一定抗性。

转凝集素基因的水稻也研究较多（Rao et al.，1998；Sudhakar et al.，1998；Maqbool and Christou，1999；Tang et al.，1999；Tinjuangjun et al.，2000；Sun et al.，2001；Loc et al.，2002；Nagadhara et al.，2004；Saha et al.，2006）。有多种凝集素应用于转基因抗虫育种，如豌豆凝集素（P-lec）、麦胚凝集素（WGA）、半夏凝集素（PTA）和雪花莲凝集素（GNA）等。其中雪花莲凝集素运用的较多，它具有较强的抗虫性，尤其是对具刺吸式口器的吸汁性害虫，如褐飞虱、蚜虫和叶蝉等同翅目害虫（Maqbool and Christou，1999；Tang et al.，1999；Tinjuangjun et al.，2000；Loc et al.，2002）。

近年来，考虑到转单基因抗虫品种容易导致害虫产生抗性的风险，人们开始将不同类型的抗虫基因转入同一品种中，以增加转基因作物抗性的有效性和持久性，目前已取得了一定的进展。Maqbool 等（2001）将 *cry1Ab*、*cry2A* 及 *gna* 分别构建在不同载体上通过基因枪同时转入水稻中，转基因植株可以抗褐飞虱、三化螟和稻纵卷叶螟。卫剑文等（2000）将 *Bt* 和 *SBTi* 基因同时导入籼稻品种中，转双基因的植株比转单基因的植株对稻纵卷叶螟具有更强的抗性。李桂英等（2003）获得了转 *gna*＋*SBTi* 双价基因且对褐飞虱和稻纵卷叶螟抗性增强的籼稻株系。

#### 2.5.3.3 动物来源的抗虫基因

在这一类抗虫基因中，应用较多的是来自哺乳动物和烟草天蛾的丝氨酸蛋白酶抑制剂基因、蝎和蜘蛛的产毒基因及昆虫几丁质酶基因。

Huang 等（2001）将蜘蛛杀虫基因（*SpI*）转入水稻品种 Xiushui11 和 Chunjiang 11，获得的转基因植株对二化螟、稻纵卷叶螟具有抗虫性。

#### 2.5.3.4 昆虫自身基因

利用昆虫自身基因，通过 RNAi 技术抑制昆虫的关键基因表达来控制害虫是近年来发展的一种新趋势，已经在抗棉铃虫转基因棉花培育上取得成功（Baum et al.，2007；Mao et al.，2007）。本项目组的研究结果也显示出利用双链 RNA 技术抑制褐飞虱重要基因表达能达到控制褐飞虱的目的（未发表）。结果表明，喂食双链 RNA 24h 后就表现出显著的杀虫作用；其后，将其转化水稻，让褐飞虱取食 $T_0$ 转基因水稻植株，一周后大部分褐飞虱死亡（未发表）。利用双链 RNA 技术培育抗虫水稻的关键是找到昆虫特异基因作为靶标，确保对其他昆虫、植物、动物和人类的安全。

## 2.6 Bt 转基因抗虫水稻研发

### 2.6.1 一个接近商品化生产的 Bt 转基因抗虫水稻——华恢 1 号

华恢 1 号是无选择标记基因抗虫转基因水稻品系。其原始转化事件为 TT51（Tu et al.，2000），同为华恢 1 号的无标记基因株系为 TT51-1。转化受体品种是杂交稻恢复系明恢 63，所用的目的基因是 *cry1Ab/Ac* 融合蛋白基因，它的表达产物能够专一而且有效地控制二化螟、三化螟和稻纵卷叶螟等水稻鳞翅目害虫；所用的选择标记基因为潮霉素磷酸转移酶基因 $hph$。目的基因和标记基因是经基因枪介导的双质粒共转化法导入受体品种的，由于发生了独立整合，使抗潮霉素的选择标记基因因自交分离从而选育华恢 1 号。经对整合位点的侧翼序列进行的克隆和测序分析证实，TT51-1 转基因株中留存的 $Bt$ 基因拷贝的整合位点位于水稻第 10 号染色体上。

Western 分析结果估算，转基因植株中 Cry1Ab/Ac 杀虫蛋白总表达量约占可溶性蛋白的 0.01%；而有效成分约为可溶性蛋白的 0.04%。

1999 年和 2000 年的大田抗虫性试验结果表明：在人工接虫和自然发虫条件下，华恢 1 号及其杂交组合 Bt 汕优 63 受螟虫危害的枯心率和白穗率均不到 4%，极显著地低于汕优 63 对照 20%～100% 的水平；受稻纵卷叶螟危害的叶片数每株少于 0.5 片，也极显著地低于对照的每株 10～31 片。华恢 1 号的田间抗性表现见图 2-1。产量比较试验结果显示，无论在全生育期打药还是不打药，华恢 1 号及其杂种 Bt 汕优 63 比对照都显著或极显著增产。

图 2-1 华恢 1 号的田间抗虫性表现
A. 抗稻纵卷叶螟的表现；B. 抗螟虫的表现

环境安全性试验分析表明，华恢 1 号与明恢 63 相比，在生存竞争能力、向野生稻和杂草稻发生基因漂流、对稻飞虱等非靶标害虫、对稻田蜘蛛等天敌和有益昆虫、对稻田节肢动物多样性等的影响方面，其环境安全性水平没有发现明显的改变（未发表数据）。

食用安全性分析表明，华恢 1 号稻米关键营养成分和抗营养因子具有与传统大米等同的营养价值；用 Cry1Ab/Ac 蛋白经口灌胃小鼠和经 90 天喂养含高剂量、中剂量、低剂量华恢 1 号稻谷的大鼠未观察到生长异常；Cry1Ab/Ac 蛋白在体外模拟胃肠液中易消化，其氨基酸序列与已知过敏原的氨基酸序列无同源性，潜在过敏性低。现有数据还表明，华恢 1 号稻米对农药、重金属没有富集作用（未发表数据）。

根据中国科学院农村政策研究中心黄季焜研究组对 2001～2002 年在湖北省执行的华恢 1 号的杂交组合 Bt 汕优 63 的生产性试验的调查，种植抗虫转基因水稻每公顷可节省 16.77kg 农药，相当于节省 80% 的农药使用量；比原杂种增产 6%～9%（Huang et al.，2005）。

### 2.6.2 新型 $Bt$ 基因的开发和转基因抗虫水稻培育

Bt 转基因作物商业化使用已有十多年，但使用的基因多为 cry1A 类（$cry1Ab$、

*cry1Ac* 或 *cry1Ac/cry1Ab* 融合基因）（Fujimoto et al.，1993；Wünn et al.，1996；Nayak et al.，1996；Ghareyazie et al.，1997；Wu et al.，1997；Cheng et al.，1998；Tu et al.，2000；Ramesh et al.，2004）。许多研究结果显示，Cry1Ab 和 Cry1Ac（同源性＞90%）有很强的交叉抗性；因此，一旦某种昆虫对其中的一种蛋白产生了抗性，则 Cry1Ab、Cry1Ac 和 Cry1Ac/Cry1Ab 将都失去效应。*cry1C*、*cry2A* 与 *cry1A* 的同源性很低，但它们编码的毒蛋白都能毒杀水稻的主要害虫——鳞翅目昆虫。Cry2A 和 Cry1C 之间的同源性也很低，大量试验显示，Cry2A 和 Cry1C 之间不存在交叉抗性，以及它们与 Cry1A 也不存在交叉抗性。至今，没有任何试验结果表明 Cry2A 和 Cry1C 蛋白对人和牲畜具有毒性或过敏原性。因此，开发 *cry1C* 和 *cry2A* 基因应用于抗虫转基因水稻培育将有巨大的生产利用价值。

### 2.6.2.1 *cry2A\** 和 *cry1C\** 的人工改造合成

*cry2A\** 基因是以野生型 *cry2Aa* 基因为蓝本，*cry1C\** 基因以野生型 *cry1Ca5* 基因为蓝本，在消除基因内 ATTTA、AATGAA 等富含 AT 序列的前提下，根据水稻密码子使用的偏爱性设计出新的编码序列，在其 5′端添加提高基因表达效率的引导序列和在 3′端添加加尾识别序列，然后进行人工合成（中国专利 02139000.2 和中国专利 02139081.9）。

### 2.6.2.2 转 *cry2A\** 抗虫水稻的培育

Chen 等（2005）以我国优良水稻恢复系明恢 63 为受体，利用农杆菌介导的遗传转化的方法，通过对转基因植株的分子检测结合田间考察，筛选出 4 个候选转基因株系，分别命名为 T2A-1、T2A-2、T2A-3 和 T2A-4。

室内离体茎秆喂饲一龄三化螟和一龄二化螟的试验结果表明，4 个转 *cry2A\** 基因候选株系均表现出优良的杀虫效果。所有转基因水稻的茎秆均可以在 5 天内完全杀死接种的一龄三化螟，部分杀死［(84.6±4.3)%～(92.9±6.6)%］接种的一龄二化螟；而相应的对照中三化螟和二化螟的死亡率很少，且存活螟虫生长正常并发育为二龄幼虫（图 2-2）。

随后，对 4 个转 *cry2A\** 水稻株系进行了田间的抗虫性鉴定。试验采取自然发虫和人工接虫两种处理。田间调查结果表明，在自然发虫条件下，对照明恢 63 的枯心率为 $(8.65±0.81)\%$，每株卷叶数为 $8.93±1.22$；而转基因株系的枯心率仅为 $(0.50±$

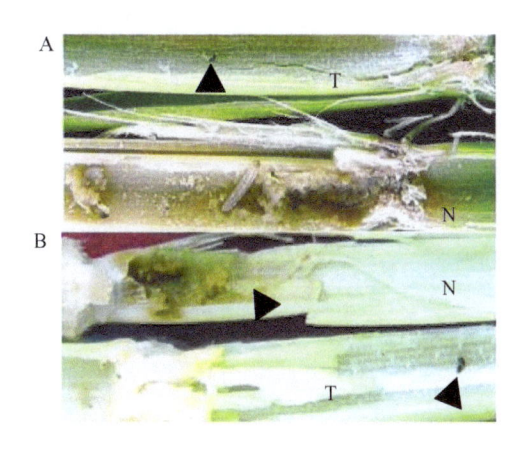

图 2-2 转 *cry2A\** 基因水稻对两种螟虫的室内抗性检测（喂饲 5 天后）

A. 对一龄三化螟室内抗性检测；B. 对一龄二化螟室内抗性检测。T 为转基因植株。N 为原品种明恢 63 对照。转基因水稻茎秆内的螟虫被杀死了，死亡的螟虫个体很小，身体褐化，和接种时比较体形没有任何增长。转基因茎秆也未受到任何明显危害，茎秆内没有发现虫粪。阴性对照茎秆内，接种的一龄幼虫生长良好，体形明显增大，如图所示侵入的螟虫喜欢聚集在水稻茎秆的节间部位危害，并产生大量的粪便

0.15)%～(1.72±0.88)%，卷叶数为 0.20±0.08～0.55±0.39。在人工接种一龄三化螟的情况下，对照明恢 63 的危害程度大大加重，接虫两周后其枯心率达到 (48.04±4.21)%。此时由于将近一半的分蘖已经枯死，不能准确调查稻纵卷叶螟危害的情况。但是在人工接虫的条件下，转基因水稻的受危害程度基本上与自然发虫处理下的一致，并未因为人工接虫而表现出更严重的危害症状（图 2-3）。

图 2-3 自然发虫条件下的田间表现（A）及人工接虫条件下的田间表现（B）

转 $cry2A^*$ 基因株系（T）在自然发虫和人工接虫条件下都表现出高抗性。而种植在人工接虫田块的原品种明恢 63（N）的受害程度要明显高于种植在自然发虫田块的原品种明恢 63 的受害程度

$Cry2A^*$ 蛋白含量的测定结果显示，4 个候选 $Cry2A^*$ 株系的叶片中 $Cry2A^*$ 蛋白的绝对含量为 84.94±2.34μg/g～138.75±4.32μg/g FW，占叶片总可溶蛋白的 0.22%～0.32%。不同组织中 Bt 蛋白表达的绝对量的高低顺序大致为叶片（灌浆期）＞未成熟种子及颖壳＞根（灌浆期）＞茎秆（灌浆期）。

经过多代田间种植，挑选出 1 个最好的转 $cry2A^*$ 基因纯合家系 T2A-1 进行了转基因生物安全性评价的中间试验和环境释放试验，目前正在进行生产性试验。

#### 2.6.2.3 转 $cry1C^*$ 抗虫水稻的培育

Tang 等（2006）以优良水稻恢复系明恢 63 为受体，利用农杆菌介导法获得 120 个 $T_0$ 独立转基因植株。通过分子检测和表型初步观察，筛选出 5 个转 $cry1C^*$ 基因候选株系：$T_{1C}$-3、$T_{1C}$-4、$T_{1C}$-7、$T_{1C}$-11 和 $T_{1C}$-19。

采用前面所述的离体茎秆室内人工喂饲一龄三化螟和一龄二化螟的方法，对转基因水稻株系进行了抗虫性的初步鉴定。结果表明，转 $cry1C^*$ 基因的水稻株系表现出优良的杀虫效果，5 个转 $cry1C^*$ 基因候选株系均表现出对二化螟和三化螟高度抗性。接入一龄二化螟和三化螟 5 天后，幼虫的死亡率为 100%；转基因株系的茎秆没有受到危害，而非转基因对照明恢 63 茎秆的危害严重。剥开茎秆，里面存活幼虫活动性强，虫体比接虫时明显增大，且产生大量的虫粪（图 2-4）。

在全生育期不喷施任何杀虫剂自然感虫的条件下，转基因纯合株系及其杂种的田间抗虫性鉴定结果表明：对照明恢 63 所有的分蘖均受螟虫和稻纵卷叶螟的危害（图 2-5），

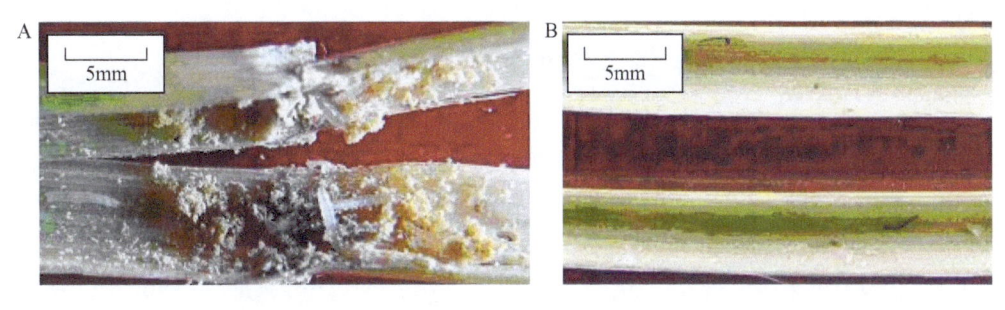

图 2-4 在室内人工接虫条件下，转基因植株对一龄三化螟的抗性表现
A. 对照明恢 63，茎秆内表面可见大量的虫粪及活力强、虫体大的三化螟幼虫；
B. 转 $cry1C^*$ 基因植株（$T_{1C}$-19），茎秆基本保持原样，未见任何螟虫危害状，表面可见死虫

平均每个分蘖有 3.8 片叶受害，其枯心率和白穗率分别为 17.3% 和 11.6%；而 5 个候选的转基因株系的叶片和分蘖完全没有受害，它们的杂种与其亲本表现基本一致。

图 2-5 在自然条件下，转 $cry1C^*$ 基因水稻在田间的抗虫性表现
A. 明恢 63 对照，受稻纵卷叶螟危害严重，有的整片叶被吃成白色条状；B. 转基因植株，没受螟虫危害；
C. 非转基因对照，可见大量的白穗；D. 转基因植株，未见白穗

在分蘖初期和拔节期，对 $cry1C^*$ 纯合株系的叶片进行了 Bt 蛋白含量的测定。结果表明，不同转基因株系的 Bt 蛋白表达量有些差异，其中株系 $T_{1C}$-19 的蛋白表达量最高，为 1.42μg/g FW。同一株系中，分蘖初期与拔节期的蛋白含量没有太大的差别。此外，转基因株系与其杂种的外源基因表达水平具有一致性，即转基因亲本株系外源蛋白表达量高，其相应的杂种的外源蛋白表达量也高。

为了进一步检测转基因株系的抗虫性及其农艺性状，评价其商品化潜力，Tang 等（2006）着重对综合性状表现最好的转基因纯合株系 $T_{1C}$-19 进行了自然感虫试验、打药试验及人工接虫试验。结果表明，在自然感虫处理中，对照明恢 63 的分蘖受害率、单株受害叶片数、枯心率和白穗率分别为 91.9%、20.0%、11.5% 和 8.1%，而转基因株系没有任何损害。而在人工大量接虫的条件下，对照明恢 63 受害程度大大加重了，其枯心率为 100%，而 $T_{1C}$-19 的枯心率和白穗率分别只有 2.3% 和 1.7%。

目前，$T_{1C}$-19 已经完成转基因生物安全性评价的中间试验和环境释放试验，正在进行生产性试验；同时进行的食用和饲用安全性检测工作已近完成，显示出很好的应用价值。

### 2.6.3 双价 Bt 转基因抗虫水稻培育

与其他化学杀虫剂或抗虫作物品种一样，大规模地使用 Bt 作物可能会导致昆虫对其产生抗性，从而影响 Bt 作物的持续利用。虽然，目前在自然条件下田间还没有演化出对 Bt 作物具有抗性的昆虫群体，但一些昆虫已经对喷洒的 Bt 制剂产生了抗性，小菜蛾是第一例被发现在田间对 Bt 制剂产生抗性的昆虫（Tabashnik，1994），随后在其他昆虫中，如烟芽夜蛾（Gould et al.，1995）和棉红铃虫（Liu et al.，1999）也发现了对 Bt 毒素产生抗性的例子。在温室和实验室内经过选择也发现了多种抗 Bt 毒素的抗性虫系，有的甚至能在 Bt 作物上生存（Bates et al.，2005）。这些都说明了昆虫在田间产生抗性群体的风险是存在的。

针对昆虫对 Bt 作物产生抗性的潜在风险，人们提出并采用了一些昆虫抗性治理策略（insect resistance management，IRM）来延缓昆虫抗性的产生，延长 Bt 作物的使用寿命。目前在 Bt 作物种植中比较常用的 IRM 主要有两种，即高剂量/庇护所策略和基因聚合策略。高剂量/庇护所策略是目前美国、澳大利亚等发达国家主要采用的一种策略。高剂量是指转 Bt 作物中表达的 Bt 蛋白的浓度足够高（大于杀死敏感群体所需蛋白浓度的 25 倍以上），能完全杀死目标昆虫。庇护所是由一些非转基因的作物构成的植物群体。目标昆虫可以在这些非转基因作物上取食，以减轻 Bt 作物对目标昆虫的选择压力。庇护所存在的目的是保护一定数量的敏感昆虫群体。而高剂量可以保证杀死绝大部分由抗性个体（RR）与庇护所中敏感个体（SS）交配产生的抗性杂合的子个体（RS），最大可能地避免抗性基因传递给后代群体，从而延缓昆虫对 Bt 作物产生抗性的时间（Frutos et al.，1999；Ferre and van Rie，2002；Shelton et al.，2002）。然而，由于我国的主要目标害虫、种植制度、农户规模等生态和社会环境具体情况与发达国家国家还有很大差异，在发达国家普遍采用的高剂量/庇护所策略在我国难以严格执行，因而大力发展基因聚合策略可能更符合我国的国情（贾士荣等，2001）。

基因聚合，是指在同种作物品种中转入两个不同的抗虫基因，这两个基因可以是一种 Bt 基因和一种非 Bt 抗虫基因配合使用；也可以是两种不同的 Bt 基因的联合使用，但要求害虫对这两种 Bt 毒蛋白的识别必须存在较大差异，即不存在交叉抗性。这样，昆虫同时对两种不同杀虫基因同时产生抗性的概率会大大低于对单个抗虫基因产生抗性的概率，从而提高抗虫品种的使用寿命。

用分别转 1Ab（$cry1Ab$）、1Ac（$cry1Ac$）、1C（$cry1C^*$）和 2A（$cry2A^*$）4 个基因单价转明恢 63 抗虫株系作为亲本，以 5 种组合方式（1Ab+1C、1Ab+2A、1Ac+1C、1Ac+2A、1C+2A）分别正反交，将不同的 Bt 基因两两聚合在一起，获得 10 种双价 Bt 株系：1Ab/1C、1C/1Ab、1Ab/2A、2A/1Ab、1Ac/1C、1C/1Ac、1Ac/2A、2A/1Ac、1C/2A 和 2A/1C（1Ab/1C 表示双价 Bt 水稻的母本为 1Ab，父本为 1C；而 1C/1Ab 则反之）。最后，通过 PCR 检测的方法筛选得到纯合的双价 Bt 株系。

取拔节期的茎秆进行的室内抗虫性检测结果显示，单价 1C 和 2A 株系对二龄二化螟和二龄三化螟的抗性相对其他 Bt 株系较弱，而双价 Bt 材料的抗性普遍强于单价 Bt 材料。某些幼虫虽然能在 Bt 茎秆中存活，但是个体很小，活动能力较弱，造成的危害也很轻微。

在自然发虫和人工接虫两种处理下评价了上述 15 种材料的抗性。结果表明，在接虫和自然发虫的处理下，各单价转基因株系和聚合株系与对照明恢 63 相比，对二化螟、三化螟和稻纵卷叶螟的抗性极显著增强。转 $cry2A^*$ 的株系受到轻微的稻纵卷叶螟危害，但与其他 Bt 基因聚合后所得的双价材料均表现出对稻纵卷叶螟更好的抗性。

为了评价双价 Bt 纯合株系在水稻生产中的应用潜力，杨宙等（未发表数据）以前面的 15 种材料为父本，与珍汕 97A 杂交配组并考察了相应杂种在田间的抗虫性。结果表明，在人工接虫和自然发虫的处理下，对照汕优 63 受到较严重的枯心和卷叶危害，而各 Bt 杂交种受螟虫的危害极其轻微，表现出与恢复系亲本一致的抗性。部分双价 Bt 杂交种完全未受危害。在全生育期喷施杀虫剂的条件下，考察各杂种的主要产量的结果显示，双价 Bt 水稻杂交种的产量性状中，有效穗数和每穗实粒数的变异较少，一些材料的结实率和千粒重与对照相比仍然存在差异，但所有双价 Bt 材料的单株产量与对照之间都没有显著的差异。

### 2.6.4 组织特异性表达的 Bt 抗虫水稻

虽然转 Bt 基因水稻研究在近几年中取得了较大进展，但仍存在一些问题。例如，一个突出的问题就是以前的研究中驱动 Bt 基因表达的启动子多为组成型启动子，如 CaMV 35S 启动子（Cheng et al.，1998；Alam et al.，1999）、Ubiquitin1 启动子（Chen et al.，2005；Tang et al.，2006）或 Actin1 启动子（Wu et al.，1997；Tu et al.，2000）等。这些组成型启动子驱动外源基因在植物体内高丰度、组成型的表达也会带来一些负面效应，如增加代谢负担、加速昆虫抗性的产生等。此外，Bt 蛋白在水稻胚乳中的积累也会带来人们对其食品安全性方面的担忧。这些问题也会为 Bt 水稻的商品化应用带来不利的影响。利用一些组织特异性表达的启动子或诱导性表达的启动子驱动 Bt 基因的表达可能是解决上述问题的有效途径之一。

Cai 等（2007）利用 microarray 技术分离克隆了一个绿色组织特异表达的启动子 $P_{D540}$，将其与 $cry1Ac$ 表达序列构建融合基因，转化水稻。结果显示，转基因水稻植株表现出 Cry1Ac 蛋白在绿色组织中特异表达的特点，田间试验表现较好的抗螟虫和稻纵卷叶螟。但其表达强度与 35S CaMV 启动子相比稍低，对于驱动毒性相对较低蛋白的基因表达则不适用。

1,5-二磷酸核酮糖羧化/加氧酶（Rubisco）存在于所有的高等植物和自养细菌中，是所有光合生物进行碳同化的关键酶（Miziorko and Lorimer，1983）。这种酶是叶绿体内含量最高的一种蛋白，由 8 个大亚基和 8 个小亚基组成。其小亚基（rbcS）由核基因编码，其表达受光调节，同时还具有组织表达的特异性（Schaffner and Scheen，1991；Kyozuka et al.，1993；Nomura et al.，2000）。rbcS 基因的这种高表达特性及表达的组织特异性使其启动子在转基因新品种的培育过程中有很好的应用潜力。

Ye 等（2009）采用根癌农杆菌介导法，将粳稻品种"日本晴"来源的 rbcS 基因启动子驱动下的 $cry1C^*$ 基因导入粳稻品种中花 11，获得了高效抗虫且 Bt 蛋白仅在绿色组织中高效表达的 6 个候选纯合株系，分别命名为 RJ-2、RJ-3、RJ-4、RJ-5、RJ-6 和

RJ-7。

田间抗虫性试验结果表明,在人工接虫的条件下,对照中花 11 中有 37.41% 的分蘖受稻纵卷叶螟危害,平均每单株有 4.25 片叶受害;三化螟危害(枯心和白穗)率为 36.25%。而 6 个转基因纯合株系受害极为轻微,只有极少量的卷叶、枯心和白穗,表现出很好的抗虫性。

叶片 Cry1C* 蛋白含量的检测结果显示,6 个纯合转基因株系均能正常地表达 Cry1C* 蛋白。在分蘖期,不同转基因株系的表达量为 0.87~3.13μg/g FW。对比 Tang 等(2006)的结果,rbcS 启动子在叶片里的表达量比 Ubiquitin1 高约 3 倍;而在蜡熟期,转基因株系的胚乳中仅检测到极微弱的表达,最高的为 0.011μg/g FW(RJ-7),最低只有 0.0008μg/g FW(RJ-6)(图 2-6),只相当于 Ubiquitin1 表达量的 1‰~1%。培育的这种组织特异性表达 Bt 水稻显示了很好的运用前景。

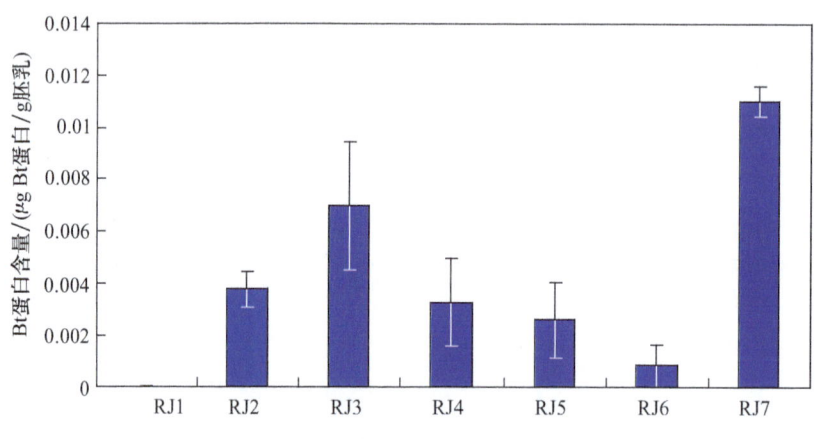

图 2-6　各株系在蜡熟期胚乳 Cry1C* 蛋白含量测定

## 2.7　小　结

虫害一直是造成水稻生产损失的重要原因,加之化学农药的长期大量使用以及稻田生态环境的恶化,害虫危害面积不断增加,危害程度不断加重,危害损失不断加大。培育抗虫的水稻品种已成为改善水稻生产条件、保障粮食安全的重要举措和必由之路。围绕抗虫水稻培育,国内外科技工作者曾做过大量努力,并培育出一些有价值的品种供生产使用;但由于许多害虫群体属多个生物型的混合群体,单一抗虫基因品种难以取得很好效果。近年来,褐飞虱、白背飞虱、稻瘿蚊等水稻主要害虫的基因定位研究取得了长足进步,定位了一批有较大利用价值的基因,为利用分子标记辅助选择进行多基因聚合培育高效抗虫品种奠定了很好的基础,已显示出很好的应用前景。

转基因抗虫育种已经在棉花、玉米和马铃薯等作物上取得了很大成功,一大批品种在生产上得以广泛应用。本项目组已相继培育出去标记转 Bt 抗虫水稻、新型 Bt 抗虫水稻、双价 Bt 抗虫水稻和胚乳不含 Bt 蛋白的抗虫水稻等转基因水稻品系,并均表现出良好的生产应用前景。一旦获得安全证书,就可以迅速应用于水稻生产。本项目组的初步试验已经显示,利用 RNAi 技术在培育抗虫转基因水稻上有很好的应用价值和发展前景,可以预期在不远的将来它们将可以解决绿色超级稻规定的抗虫性这一重要性状问题。

(作者：林拥军　何光存　华红霞　陈　浩)

## 参 考 文 献

丁玉梅，曾黎琼，程在全，黄兴奇. 2003. 高效抗虫基因 pin II 转化水稻的研究. 西南农业学报，16：27-32

段灿星，王晓鸣，朱振东. 2003. 作物抗虫种质资源的研究与应用. 植物遗传资源学报，4：360-364

贾士荣，郭三堆，安道昌. 2001. 转基因棉花. 北京：科学出版社. 19-23

李桂英，许新萍，夏嫱，傅家谟，盛国英. 2003. 转 gna+SBTi 双价基因抗虫水稻的遗传分析及抗虫性研究. 中山大学学报（自然科学版），42：37-41

李永春，张宪银，薛庆中. 2002. 农杆菌介导法获得大量转双价抗虫基因水稻植株. 农业生物技术学报，10：60-63

邱小辉，薛锐，李西明. 1998. 水稻转基因技术的现状及其在育种上的应用. 生物工程进展，18：45-49

舒庆尧，叶恭银，崔海瑞，项友斌，高明尉. 1998. 转基因水稻"克螟稻"选育. 浙江农业大学学报，24：579-580

王春明，安井秀，吉村醇，苏昌潮，翟虎渠，万建民. 2003. 水稻叶蝉抗性基因回交转育和 CAPS 标记辅助选择. 中国农业科学，36：237-241

卫剑文，许新萍，陈金婷，张良佑，范云六，李宝健. 2000. 应用 Bt 和 SBTi 基因提高水稻抗虫性的研究. 生物工程学报，16：601-608

肖汉祥，黄炳超，张扬. 2005. 与 Gm6 基因连锁的 PSM 标记在水稻抗稻瘿蚊育种中的应用. 广东农业科学. 3：50-53

张良佑，萧鏊玉，吴洪基，黄巧云，潘大建. 1998. 野生稻与栽培稻的杂种后代对褐稻虱的抗性机制初探. 植物保护学报，25：321-324

钟代彬，罗利军，郭龙彪. 1997. 栽野杂交转移药用野生稻抗褐飞虱基因. 西南农业学报，10：5-9

Alam M F, Datta K, Abrigo E, Oliva N, Tu J, Virmani S S, Datta S K. 1999. Transgenic insect resistant maintainer line (IR68899B) for improvement of hybrid rice. Plant Cell Rep, 18：572-575

Alam S N, Cohen M B. 1998. Detection and analysis of QTLs for resistance to the brown planthopper, Nilaparvata lugens, in a double haploid rice population. Theor Appl Genet, 97：1370-1379

Alam S N, Cohen M B. 1998. Durability of brown planthopper, Nilaparvata lugens, resistance in rice variety IR64 in greenhouse selection studies. Entomol Exp Appl, 89：71-78

Alfonso-Rubi J, Ortego F, Castanera P, Carbonero P, Diaz I. 2003. Transgenic expression of trypsin inhibitor CMe from barley in indica and japonica rice, confers resistance to the rice weevil Sitophilus oryzae. Transgenic Res, 12：23-31

Bates S L, Zhao J Z, Roush R T, Shelton A M. 2005. Insect resistance management in GM crops: past, present and future. Nat Biotechnol, 23：57-62

Baum J A, Bogaert T, Clinton W, Heck G R, Feldmann P, Ilagan O, Johnson S, Plaetinck G, Munyikwa T, Pleau M, Vaughn T, Roberts J. 2007. Control of coleopteran insect pests through RNA interference. Nat Biotechnol, 25：1322-1326

Breitler J C, Cordero M J, Royer M, Meynard D, Segundo B S, Guiderdoni E. 2001. The −689/+197 region of the maize protease inhibitor gene directs high level, wound-inducible expression of the *cry1B* gene which protects transgenic rice plants from stemborer attack. Mol Breed, 7: 259-274

Cai M, Wei J, Li X H, Xu C G, Wang S P. 2007. A rice promoter containing both novel positive and negative *cis*-elements for regulation of green tissue-specific gene expression in transgenic plants. Plant Biotechnol J, 5: 664-674

Chen H, Tang W, Xu C G, Li X H, Lin Y J, Zhang Q F. 2005. Transgenic indica rice plants harboring a synthetic *cry2A\** gene of *Bacillus thuringiensis* exhibit enhanced resistance against lepidopteran rice pests. Theor Appl Genet, 111: 1330-1337

Cheng X, Sardana R, Kaplan H, Altosaar I. 1998. *Agrobacterium*-transformed rice plants expressing synthetic *cry1A* (*b*) and *cry1A* (*c*) genes are highly toxic to striped stem borer and yellow stem borer. Proc Natl Acad Sci USA, 95: 2767-2772

Datta K, Vasquez A, Tu J, Torrizo L, Alam M F, Oliva N, Abrigo E, Khush G S, Datta S K. 1998. Constitutive and tissue specific differential expression of the *cry1A* (*b*) gene in transgenic rice plants conferring resistance to rice insect pest. Theor Appl Genet, 97: 20-30

Duan X L, Li X G, Xue Q Z, Abo-El-Saad M, Xu D P, Wu R. 1996. Transgenic rice plants harboring an introduced potato proteinase inhibitor II gene are insect resistant. Nat Biotechnol, 14: 494-498

Ferré J, Van Rie J. 2002. Biochemistry and genetics of insect resistance to it *Bacillus thuringiensis*. Annu Rev Entomol, 47: 501-533

Frutos R, Rang C, Royer M. 1999. Managing insect resistance to plants producing *Bacillus thuringiensis* toxins. Crit Rev Biotechnol, 19: 227-276

Fujimoto H, Itoh K, Yamamoto M, Kyozuka J, Shimamoto K. 1993. Insect resistant rice generated by introduction of a modified δ-endotoxin gene of *Bacillus thuringiensis*. Nat Biotechnol, 11: 1151-1155

Gahakwa D, Maqbool S B, Fu X, Sudhakar D, Christou P, Kohli A. 2000. Transgenic rice as a system to study the stability of transgene expression: multiple heterologous transgenes show similar behaviour in diverse genetic backgrounds. Theor Appl Genet, 101: 388-399

Ghareyazie B, Alinia F, Menguito C A, Rubia L G, de Plamal J M, Liwanag E A, Cohen M B, Khush G S, Bennett J. 1997. Enhanced resistance to two stem borers in an aromatic rice containing a synthetic *cry1A* (*b*) gene. Mol Breed, 3: 401-414

Gould F, Anderson A, Reynolds A, Bumgarner L, Moar W. 1995. Selection and genetic analysis of a *Heliothis virescens* (Lepidoptera: Noctuidae) strain with high levels of resistance to *Bacillus thuringiensis* toxins. J Encon Entomol, 88: 1545-1559

Hao P Y, Liu C X, Wang Y Y, Chen R Z, Tang M, Du B, Zhu L L, He G C. 2008. Herbivore-induced callose deposition on the sieve plates of rice: an important mechanism for host resistance. Plant Physiol, 146: 1810-1820

Ho N H, Baisakh N, Oliva N, Datta K, Frutos R, Datta K S. 2006. Translational fusion hybrid *Bt* genes confer resistance against yellow stem borer in transgenic elite vietnamese rice (*Oryza sativa* L.) cultivars. Crop Sci, 46: 781-789

Huang J K, Hu R F, Rozelle S, Pray C. 2005. Insect-resistant GM rice in farmers' fields: assessing productivity and health effects in China. Science, 308: 688-690

Huang J Q, Wel Z M, An H L, Zhu Y X. 2001. *Agrobacterium tumefaciens*-mediated transformation of rice with the spider insecticidal gene conferring resistance to leaffolder and striped stem borer. Cell Res, 11 (2): 149-55

Huang Z, He G C, Shu L H, Li X H, Zhang Q F. 2001. Identification and mapping of two brown planthopper resistance genes in rice. Theor Appl Genet, 102: 929-934

Irie K, Hosoyama H, Takeuchi T, Iwabuchi K, Watanabe H, Abe M, Arai S. 1996. Transgenic rice established to express corn cystatin exhibits strong inhibitory activity against insect gut proteinases. Plant Mol Biol, 30: 149-157

Ismachin M. 1980. Resistance against brown planthopper in rice. Mutant Breed Newslett, 15: 6-7

Jena K K, Khush G S. 1990. Introgression of genes from *Oryza officinalis* Wall ex Watt to cultivated rice, *O. sativa* L. Theor Appl Genet, 80: 737-745

Khanna H K, Raina S K. 2002. Elite Indica transgenic rice plants expressing modified Cry1Ac endotoxin of *Bacillus thuringiensis* show enhanced resistance to yellow stem borer (*Scirpophaga incertulas*). Transgenic Res, 11: 411-423

Kyozuka J, McElroy D, Hayakawa T, Xie Y, Wu R, Shimamoto K. 1993. Light-regulated and cell-specific expression of tomato *rbcS-gusA* and rice *rbcS-gusA* fusion genes in transgenic rice. Plant Physiol, 102: 991-1000

Lee S I, Lee S H, Koo J C, Chun H J, Lim C O, Mun J H, Song Y H, Cho M J. 1990. Soybean Kunitz trypsin inhibitor (SKTI) confers resistance to the brown planthopper (*Nilaparvata lugens* Stål) in transgenic rice. Mol Breed, 5: 1-9

Li R B, Qin X Y, Wei S M, Huang F K, Li Q, Luo S Y. 2002. Identification and genetics of resistance against brown planthopper in a derivative of wild rice, *Oryza rufipogon* Griff. J Genet Breed, 56: 29-36

Liu Y B, Tabashnik B E, Dennehy T J, Patin A L, Bartlett A C. 1999. Development time and resistance to Bt crops. Nature, 400: 519

Loc N T, Tinjuangjun P, Gatehouse A M R, Christou P, Gatehouse J A. 2002. Linear transgene constructs lacking vector backbone sequences generate transgenic rice plants which accumulate higher levels of proteins conferring insect resistance. Mol Breed, 9: 231-244

Mao Y B, Cai W J, Wang J W, Hong G J, Tao X Y, Wang L J, Huang Y P, Chen X Y. 2007. Silencing a cotton bollworm P450 monooxygenase gene by plant-mediated RNAi impairs larval tolerance of gossypol. Nat Biotechnol, 25: 1307-1313

Maqbool S B, Riazuddin S, Loc N T, Gatehouse A M R, Gatehouse J A, Christou P. 2001. Expression of multiple insecticidal genes confers broad resistance against a range of different rice pests. Mol Breed, 7: 85-93

Maqbool S B, Christou P. 1999. Multiple traits of agronomic importance in transgenic indica rice plants: analysis of transgene integration patterns, expression levels and stability. Mol Breed, 5: 471-480

Mehlo L, Gahakwa D, Nghia P T, Loc N T, Capell T, Gatehouse J A, Gatehouse A M R, Christou P. 2005. An alternative strategy for sustainable pest resistance in genetically enhanced crops. Proc Natl Acad Sci USA, 102: 7812-7816

Miziorko H M, Lorimer G H. 1983. Ribulose-1, 5-bisphosphate carboxylase-oxygenase. Annu Rev Biochem, 52: 507-535

Mugiono P S, Heinrichs E A, Medrano F G. 1984. Resistance of Indonesian mutant lines to the brown planthopper *Nilaparvata lugens*. Int Rice Res Newslett, 9: 8

Nagadhara D, Ramesh S, Pasalu I C, Rao Y K, Sarma N P, Reddy V D, Rao K V. 2004. Transgenic rice plants expressing the snowdrop lectin gene (*gna*) exhibit high-level resistance to the whitebacked planthopper (*Sogatella furcifera*). Theor Appl Genet, 109: 1399-1405

Nayak P, Basu D, Das S, Basu A, Ghosh D, Ramakrishnan N A, Ghosh M, Sen S K. 1997. Transgenic elite Indica rice plants expressing CryIAc δ-endotoxin of *Bacillus thuringiensis* are resistant against yellow stem borer (*Scirpophaga incertulas*). Proc Natl Acad Sci USA, 94: 2111-2116

Nomura M, Katayama K, Nishimura A, Ishida Y, Ohta S, Komari T, Miyao T M, Tajima S, Matsuoka M. 2000. The promoter of *rbcS* in a C3 plant (rice) directs organ-specific, light-dependent expression in a C4 plant (maize), but does not confer bundle sheath cell-specific expression. Plant Mol Biol, 44: 99-106

Ramesh S, Nagadhara D, Pasalu I C, Kumari A P, Sarma N P, Reddy V D, Rao K V. 2004. Development of stem borer resistant transgenic parental lines involved in the production of hybrid rice. J Biotechnol, 111: 131-141

Rao K V, Rathore K S, Hodges T K, Fu X, Stoger E, Sudhakar D, Williams S, Christou P, Bharathi M, Bown D P, Powell K S, Spence J, Gatehouse A M R, Gatehouse J A. 1998. Expression of snowdrop lectin (GNA) in transgenic rice plants confers resistance to rice brown planthopper. Plant J, 15: 469-477

Ren X, Wang X L, Yuan H Y, Weng Q M, Zhu L L, He G C. 2004. Mapping quantitative trait loci and expressed sequence tags related to brown planthopper resistance in rice. Plant Breed, 123: 342-348

Ren X, Weng Q M, Zhu L L, He G C. 2004. Dynamic mapping of quantitative trait loci for resistance to brown planthopper in rice. Cereal Res Commun, 32: 31-38

Saha P, Majumder P, Dutta I, Ray T, Roy S C, Das S. 2006. Transgenic rice expressing *Allium sativum* leaf lectin with enhanced resistance against sap-sucking insect pests. Planta, 223: 1329-1343

Sardesai N, Rajyashri K R, Behura S K, Nair S, Mohan M. 2001. Genetic, physiological and molecular interactions of rice and its major dipteran pest, gall midge. Plant Cell Tissue Organ Cult, 64: 115-131

Schäffner A R, Scheen J. 1991. Maize *rbcS* promoter activity depends on sequence elements not found in dicot *rbcS* promoters. Plant Cell, 3: 997-1012

Sharma P N, Torii A, Takumi S, Mori N, Nakamura C. 2004. Marker-assisted pyramiding of brown planthopper (*Nilaparvata lugens* Stål) resistance genes *Bph1* and *Bph2* on rice chromosome 12. Hereditas, 140: 61-69

Shelton A M, Zhao J Z, Roush R T. 2002. Economic, ecological, food, safety and social consequence of the deployment of Bt transgenic plants. Annu Rev Entomol, 47: 845-881

Sudhakar D, Fu X D, Stoger E, Williams S, Spence J, Brown D P, Bharathi M, Gatehouse J A, Christou P. 1998. Expression and immunolocalisation of the snowdrop lectin, GNA in transgenic rice plants. Transgenic Res, 7: 371-378

Sun X F, Tang K X, Wan B L, Qi H X, Lu X G. 2001. Transgenic rice homozygous lines expressing GNA showed enhanced resistance to rice brown planthopper. Chinese Science Bulletin, 46: 1108-

1113

Tabashnik B. 1994. Evolution of resistance to *Bacillus thuringiensis*. Annu Rev Entomol, 39: 47-79

Tang K X, Tinjuangjun P, Xu Y A, Sun X F, Gatehouse J A, Ronald P C, Qi H X, Lu X G, Christou P, Kohli A. 1999. Particle-bombardment-mediated co-transformation of elite Chinese rice cultivars with genes conferring resistance to bacterial blight and sap-sucking insect pests. Planta, 208: 552-563

Tang W, Chen H, Xu C G, Li X H, Lin Y J, Zhang Q F. 2006. Development of insect resistant transgenic indica rice with a synthetic $cry1C^*$ gene. Mol Breed, 18: 1-10

Tinjuangjun P, Loc N T, Gatehouse A M R, Gatehouse J A, Christou P. 2000. Enhanced insect resistance in Thai rice varieties generated by particle bombardment. Mol Breed, 6: 391-399

Tu J M, Zhang G A, Datta K, Xu C G, He Y Q, Zhang Q F, Khush G S, Datta S K. 2000. Field performance of transgenic elite commercial hybrid rice expressing *Bacillus thuringiensis* δ-endotoxin. Nat Biotechnol, 18: 1101-1104

Vain P, Worland B, Clarke M C, Richard G, Beavis M, Liu H, Kohli A, Leech M, Snape J, Christou P, Atkinson H. 1998. Expression of an engineered cysteine proteinase inhibitor (Oryzacystatin-IΔD86) for nematode resistance in transgenic rice plants. Theor Appl Genet, 96: 266-271

Wang B N, Huang Z, Shui L H, Ren X, Li X H, He G C. 2001. Mapping of two new brown planthopper resistance genes from wild rice. Chinese Science Bulletin, 46: 1092-1095

Wang X L, He R F, He G C. 2005. Construction and identification of brown planthopper-induced suppression subtractive hybridization library of rice. J Plant Physiol, 162: 1254-1262

Wang X L, Ren X, Zhu L L, He G C. 2004. *OsBi1*, a rice gene encodes a novel protein with a CBS-like domain and its expression is induced in responses to herbivore. Plant Sci, 166: 1581-1588

Wang X L, Weng Q M, You A Q, Zhu L L, He G C. 2003. Cloning and characterization of rice *RH3* gene induced by brown planthopper. Chinese Science Bulletin, 48: 1976-1981

Wang Y C, Tang M, Hao P Y, Yang Z F, Zhu L L, He G C. 2008. Penetration into rice tissues by brown planthopper and fine structure of the salivary sheaths. Entomol Exp Appl, 129: 295-307

Wang Y Y, Wang X L, Yuan H Y, Zhu L L, He R F, He G C. 2008. Responses of two contrasting genotypes of rice to brown planthopper. Mol Plant-Microbe Interaction, 20: 122-132

Wang Z H, Wu G, Cui H R, Altosaar I, Xia Y W, Shu Q Y. 2001. Genetic analysis of *cry1Ab* gene of Bt rice. Yi Chuan Xue Bao, 28: 846-851

Weng Q M, Huang Z, Wang X L, Zhu L L, He G C. 2003. *In situ* localization of proteinase inhibitor mRNA in rice plant challenged with brown planthopper. Chinese Science Bulletin, 48: 979-982

Wu C, Fan Y, Zhang C, Oliva N, Datta S K. 1997. Transgenic fertile *japonica* rice plants expressing a modified *cry1A* (*b*) gene resistant to yellow stem borer. Plant Cell Rep, 17: 129-132

Wu G, Cui H, Ye G, Xia Y, Sardana R, Cheng X, Li Y, Altosaar I, Shu Q. 2002. Inheritance and expression of the *cry1A* (*b*) gene in Bt (*Bacillus thuringiensis*) transgenic rice. Theor Appl Genet, 104: 727-734

Wünn J, Klöti A, Burkhardt P K, Biswas G C G, Launis K, Iglesias V A, Potrykus I. 1996. Transgenic indica rice breeding line IR58 expressing a synthetic *cry1A* (*b*) gene from *Bacillus thuringiensis* provides effective insect pest control. Nat Biotechnol, 14: 171-176

Xu D P, Xue Q Z, McElroy D, Mawal Y, Hilder V A, Wu R. 1996. Constitutive expression of a cowpea trypsin inhibitor gene *Cpti* in transgenic rice plants confers resistance to two major rice insect pests. Mol Breed, 2: 167-173

Yang H Y, Ren X A, Weng Q M, Zhu L L, He G C. 2002. Molecular mapping and genetic analysis of a rice brown planthopper (*Nilaparvata lugens* Stål) resistance gene. Hereditas, 136: 39-43

Ye G Y, Shu Q Y, Yao H W, Cui H R, Cheng X Y, Hu C, Xia Y W, Gao M W, Altosaar I. 2001. Field evaluation of resistance of transgenic rice containing a synthetic *cry1A* (*b*) gene from *Bacillus thuringiensis* Berliner to two stem borers. J Econ Entomol, 94: 271-276

Ye R J, Huang H Q, Yang Z, Chen T Y, Liu L, Chen H, Lin Y J. 2009. Development of insect-resistant transgenic rice with Cry1C*-free endosperm. Pest Manag Sci, 65: 1015-1020

Yuan H Y, Chen X P, Zhu L L, He G C. 2004. Isolation and characterization of a novel rice gene encoding a putative insect-inducible protein homologous to wheat *Wir1*. J Plant Physiol, 161: 79-85

Yuan H Y, Chen X P, Zhu L L, He G C. 2005. Identification of genes responsive to brown planthopper *Nilaparvata lugens* Stål (Homoptera: Delphacidae) feeding in rice. Planta, 221: 105-112

Zeng Q C, Wu Q, Zhou K D, Feng D J, Wang F, Su J, Altosaar I, Zhu Z. 2002. Obtaining stem borer-resistant homozygous transgenic lines of Minghui 81 harboring novel *cry1Ac* gene via particle bombardment. Yi Chuan Xue Bao, 29: 519-524

Zhang Q F. 2007. Strategies for developing green super rice. Proc Natl Acad Sci USA, 104: 16402-16409

# 第3章 水稻抗病基因资源和遗传改良

病害是水稻生产的主要限制因素之一。尤其是一些优质高产品种，更易受病害侵害，潜在的产量优势受到制约。当病害盛行时，经常会导致水稻减产，严重时甚至绝收。传统的病害防治一般通过药物来控制，它不仅成本高，还易造成环境污染。绿色超级稻应该具备的特征之一是能够抵抗主要病害（Zhang，2007）。采用各种技术途径（如基因工程技术和分子标记辅助选择技术），利用优良抗性基因资源改良水稻品种是减轻病害损失最经济有效而又环保的措施。培育对病原微生物具有广谱和持久抗性的水稻一直是水稻改良的主要目标之一。目前已经分离克隆的水稻抗性基因为培育绿色超级稻提供了一批可供选择的基因资源。

## 3.1 水稻主要病害

水稻的主要病害根据致病原的不同类型，可分为细菌性病害和真菌性病害两大类。

### 3.1.1 水稻主要细菌病害

由稻黄单胞杆菌的致病变种白叶枯病菌（*Xanthomonas oryzae* pv. *oryzae*）引起的维管束病害——白叶枯病，是世界水稻生产中最严重的细菌性病害（过崇俭，1995）。自然条件下，白叶枯病菌通常经由伤口或水孔等进入寄主维管束而建立寄生关系，然后在木质部内大量增殖，沿叶脉产生灰白色病斑，最后蔓延至整个植株，导致病害不断扩大和加重（Mew，1989）。田间常在分蘖期观察到病症，并随植株的生长而发展，至抽穗期达到高峰。水稻遭受白叶枯病危害后，一般减产20%～30%（Reddy，1989），严重时甚至绝收。

水稻细菌性条斑病由稻黄单胞杆菌的另一致病变种条斑病菌（*Xanthomonas oryzae* pv. *oryzicola*）引起，主要危害水稻叶片，在秧苗期即可出现典型的条斑型症状。近十多年来，细菌性条斑病已上升为我国华南、中南稻区的主要细菌病害，对籼稻的危害程度超过白叶枯病。该病发生时，蔓延迅速，导致稻叶变黄枯死、空秕粒增多、产量下降，严重时损失达到40%～60%（唐定中和李维明，1998）。

### 3.1.2 水稻主要真菌病害

稻瘟病和纹枯病一直是我国最严重的真菌性水稻病害，近年来，由真菌引起的稻曲病也成为我国水稻优质、高产的重要限制因素之一（周永力等，2004）。

稻瘟病一般在水稻的各生育期、各个部位均可发生；稻瘟病菌（*Magnapothe grisea*）生理小种多且容易变异，生产中的抗性品种一般3～5年后就可能丧失抗性。

纹枯病由纹枯病菌（*Rhizoctonia solani*）引起，该病原菌是典型的土壤寄生菌，寄主范围极广。水稻纹枯病从秧苗期至穗期均可发生，以抽穗期前后为甚，主要危害叶鞘、叶片；一般形成暗黄色雾状斑，引起鞘枯和叶枯；严重时可侵入茎秆并蔓延至穗部，造成白穗，使水稻结实率下降、秕谷率增加、粒重减轻，一般减产10%～30%；发生更严重时，减产超过50%（胡春锦等，2004）。

稻曲病是由稻曲菌（*Ustilaginoidea virens*）引起的水稻穗部病害（Ou，1985）。稻曲菌危害穗部的稻粒时，会形成墨绿色或黑色的稻曲病病粒，造成减产，同时影响稻谷的外观品质；此外，稻曲病菌还可以产生对人畜有毒的毒素。目前，我国大多数高产优质的常规稻品种、杂交组合及其亲本都对稻曲病表现感病，甚至高度感病（黄世文和余柳青，2002）。

## 3.2 植物的抗病性分类

植物的抗病性依据不同的划分标准，有很多分类，但究其本质，即植物抗病性的遗传表现及其对环境条件的敏感性，可以划分为质量抗性和数量抗性（van der Plank，1968；Ou et al.，1975；Parlevliet，1979）。

质量抗性通常也被描述为完全抗性、垂直抗性、单基因抗性或小种专化性抗性等。这类抗病性的遗传表现相对简单，基本不受或较小受到环境条件的影响，对其抗病机理以及抗病信号途径等现在有较深入的认识。质量抗病性是由单个或少数几个抗病基因调控。这种抗性的特点是高效快速，但是有病原生理小种特异性或抗谱，即具有质量抗性的植物只对某种病原微生物的部分生理小种具有抗性；另外，具有这类抗病性的植物，通常会对病原施加较大的选择压，加速病原种群内致病因子的变异，导致其自身的抗病性丧失。

植物的数量抗性通常也被称为部分抗性、水平抗性、多基因抗性或基础抗性等。由多基因控制，表现出典型的数量遗传特征。遗传分析中将调控数量性状的每一个基因称为数量性状位点（QTL）。数量抗性通常伴随着与环境和遗传背景的广泛互作。因为人们检测到的某种植物对不同病原的抗病QTL在遗传连锁图上的位置经常重叠，所以推测抗病QTL一般具有广谱抗性。广谱抗性可以分为病原特异性的广谱抗性（即对一种病原菌的所有生理小种都具有抗性）和非病原特异性的广谱抗性（即对多种病原菌都具有抗性）。另外，在同种植物不同个体中经常检测到染色体位置相对应的抗病QTL，由此推测抗病QTL一般具有持久抗性。因此，育种家们一直期望将抗病QTL应用于育种实践。但是由于以下原因，这一实践实施难度大：①绝大多数抗病QTL的基因未知，无法采用基因工程技术利用这类抗性基因资源；②通常每个抗病QTL对抗性的贡献率小，由于数量抗性的复杂性，很难精确定位抗病QTL，所以采用分子标记辅助选择技术利用抗病QTL容易将遗传连锁累赘引入需改良的品种。

## 3.3 抗性基因分类

植物的抗性基因分为两大类：抗病（主效）基因（disease resistance gene 或 *R* gene）和抗病相关基因（defense response gene）。

抗病基因调控质量抗性。在植物的抗病反应中，抗病基因编码的抗病蛋白作为受体，直接或间接识别病原，启动抗病信号传导路径，使植物抵抗病原的侵袭。抗病基因调控的抗病反应抗性强、反应快,是很好的抗性基因资源。但是这类基因介导的抗病反应具有抗谱;另外,抗病基因也常因为病原的变异在使用几年或若干年后功能丧失(McDonald and Linde,2002)。

除抗病主效基因外,调控抗病反应的其他所有基因统称为抗病相关基因。它们包括传导抗病信号的基因、防卫反应基因等。这类基因调控的抗病反应虽然通常没有抗病主效基因的抗病性好,但是根据以下原因它们是值得深入研究并用于农作物改良的重要基因资源。①至少部分抗病相关基因编码的蛋白质在抗病信号传导路径中发挥功能的位置处于抗病蛋白的下游;因为在抗病反应中这些抗病相关基因的编码产物不参与病原的识别,不会因为病原的变异而丧失调控抗病反应的功能,因而它们是具有持久抗性的基因资源。②根据人们对抗病 QTL 的有限认识,它们可能属于抗病相关基因的范畴。虽然目前绝大多数作物的抗病 QTL 的基因尚不清楚,但抗病 QTL 通常被认为没有病原种类和病原生理小种特异性,是一类具有广谱抗性的基因资源。

## 3.4 可用于水稻抗性改良的抗病主效基因及其最佳利用途径

抗病基因的精细定位和分离克隆,为我们采用分子标记辅助选择技术育种提供了紧密连锁的分子标记,也为采用基因工程技术育种提供了基因资源。通过基因工程直接将抗病基因转移到栽培品种中可以克服常规育种中籼-粳亚种间杂交出现的不育和栽培稻-野生稻种间杂交的不亲和;另外还可以改变抗病基因的表达方式,使其最充分地发挥抗病功能。

目前,水稻中共鉴定了 32 个抗白叶枯病主效基因(章琦,2007;Wang et al.,2009),其中 6 个抗病基因($Xa1$、$Xa3/26$、$xa5$、$xa13$、$Xa21$ 和 $Xa27$)已经被分离克隆,另外多个抗病基因[$Xa4$、$Xa7$、$Xa10$、$Xa22(t)$、$Xa23$、$xa24$、$Xa25(t)$、$Xa31(t)$]被精细定位(储昭晖和王石平,2007;Wu et al.,2008;Wang et al.,2009)。目前在水稻中已鉴定了 60 多个抗稻瘟病主效基因(鄂志国等,2008),其中 10 个基因($Pib$、$Pi$-$d2$、$Pikm$、$Pi$-$ta$、$Pizt$、$Pi2$、$Pi5$、$Pi9$、$Pi36$、$Pi37$)已被分离克隆,另外多个基因被精细定位(Wang et al.,1999;Bryan et al.,2000;Chen et al.,2006;Qu et al.,2006;Zhou et al.,2006;Lin et al.,2007;Liu et al.,2007;Ashikawa et al.,2008;杨红等,2008;Lee et al.,2009)。这些抗白叶枯病基因和抗稻瘟病基因的抗谱各不相同;通常人们提及的广谱抗白叶枯病基因或广谱抗稻瘟病基因并非对白叶枯病菌或稻瘟病菌的所有生理小种都具有抗性,而是相对抗谱窄的抗病基因而言。目前在水稻中还没有鉴定出抗纹枯病、抗稻曲病和抗细菌性条斑病的主效基因。

### 3.4.1 抗白叶枯病主效基因 $Xa3/Xa26$ 和 $Xa21$

显性抗病基因 $Xa3/Xa26$ 和 $Xa21$ 都已经被分离克隆,它们都位于水稻第 11 号染色体,编码受体激酶类细胞膜蛋白质。但是这两个基因对不同白叶枯病菌生理小种具有不同的抗谱。育种工作者可以利用基因的分子标记或者与目标基因紧密连锁的分子标记,采用分子标记辅助选择途径利用这两个基因改良水稻对白叶枯病的抗性。在高等植物基因组中，每一个基因都有自己的启动子，它控制基因表达（转录）的起始时间和表达量。研究发现，能够使 $Xa3/Xa26$ 和 $Xa21$ 基因以最大功效发挥抗病功能的改良水稻的途径是采用强启动子调控它们的表达。

#### 3.4.1.1　$Xa3/Xa26$ 基因

$Xa3/Xa26$ 基因曾分别被命名为 $Xa3$ 和 $Xa26$。$Xa3$ 基因首先在粳稻早生爱国3中被发现（Ezuka et al.，1975），随后被给予该编号命名（Ogawa，1987）；该基因长期以来是我国和日本等地粳稻育种中的主要抗白叶枯病主效基因。$Xa26$ 基因是在籼稻明恢63中被发现和命名的（Yang et al.，2003），然后被分离克隆（Sun et al.，2004）。明恢63是我国过去二十多年中推广面积最大的杂交组合的恢复系。用明恢63作为恢复系配制的杂交组合除了产量高外，还有适应性强的特征，其中就包括较强的抗病性。最近的研究确定 $Xa3$ 和 $Xa26$ 是同一个基因，故命名为 $Xa3/Xa26$（Xiang et al.，2006）。从以上描述可知 $Xa3/Xa26$ 基因是在水稻生产中有重要贡献的基因。

$Xa3/Xa26$ 基因的抗谱不同于 $Xa21$ 基因，其区别之一是前者抗白叶枯病菌菲律宾生理小种10（PXO341），而后者不抗 PXO341（Zhao et al.，2009）。$Xa3/Xa26$ 基因对部分白叶枯病菌株（如中国菌株JL691）具有全生育期抗性，而对另外的白叶枯病菌株只有成株期抗性（Yang et al.，2003；Sun et al.，2004；Cao et al.，2007）。另外，遗传背景也影响 $Xa3/Xa26$ 基因的功能，该基因在粳稻背景中能够更好地发挥其抗病功能（图3-1；Cao et al.，2007）。进一步研究发现 $Xa3/Xa26$ 基因具有剂量效应，其

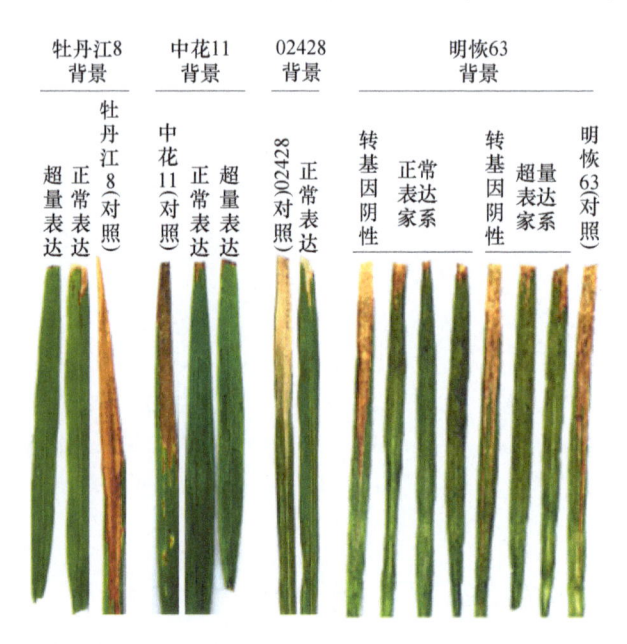

图3-1　具有不同遗传背景、携带 $Xa3/Xa26$ 基因的转基因水稻材料对菲律宾白叶枯病菌生理小种1（PXO61）的反应

"正常表达"表示转基因株系携带单拷贝，由其自身启动子调控的 $Xa3/Xa26$ 基因。"超量表达"表示转基因株系携带的 $Xa3/Xa26$ 基因由玉米泛素基因启动子调控。"对照"为转基因的受体材料

表达量越高，水稻植株的抗性越好（图 3-1）；$Xa3/Xa26$ 基因在粳稻中的表达量显著高于其在籼稻中的表达量；利用玉米泛素（ubiqiutin）基因的组成型强启动子调控 $Xa3/Xa26$ 基因，无论是在粳稻还是籼稻背景，转基因株系的抗性进一步增强，抗谱拓宽（图 3-1；Cao et al.，2007）。观察过量表达 $Xa3/Xa26$ 基因的转基因株系，没有发现明显的生长发育和株型的变化。因此，育种工作者可以利用强启动子调控 $Xa3/Xa26$ 基因，改良水稻对白叶枯病的抗性。

目前，作者所在的作物遗传改良国家重点实验室已经采用 Bar（bialaphos resistance，双丙氨膦抗性）基因作为筛选标记，遗传转化获得了具有粳稻牡丹江 8 遗传背景、过量表达 $Xa3/Xa26$ 基因的转基因株系，作为水稻育种的基础材料。该系列转基因株系既抗白叶枯病也抗有机膦类除草剂。同时我们采用共转化技术获得了分别具有牡丹江 8 和粳稻中花 11 遗传背景、过量表达 $Xa3/Xa26$ 基因的转基因水稻；目前正在转基因植株的后代中选择无遗传转化的筛选标记而且高抗白叶枯病的株系，创建育种基础材料。育种工作者可以根据不同的育种需求选择不同的抗病育种基础材料，采用分子标记辅助选择技术将过量表达的 $Xa3/Xa26$ 基因导入需要改良的水稻品种中；可以通过检测调控 $Xa3/Xa26$ 基因的玉米泛素基因启动子（PCR 引物序列：5′-TCGAGTAGATAATGCCAGCC-3′ 和 5′-CAAACCAAACCCTATGCAAC-3′）跟踪目标基因。

### 3.4.1.2 $Xa21$ 基因

$Xa21$ 基因是水稻中第一个被分离克隆的抗病基因。它来源于长药野生稻（*Oryza longistaminata*），通过杂交转入籼稻品种 IR24，经过与 IR24 不断回交获得携带 $Xa21$ 基因的近等基因系 IRBB21（Khush et al，1990）。研究者从 IRBB21 中分离克隆了 $Xa21$ 基因（Song et al.，1995）。该基因抗谱广，它对来自中国、哥伦比亚、印度、印度尼西亚、韩国、尼泊尔、泰国等国家的 20 个不同的白叶枯菌株均表现为高抗（Wang et al.，1996）。但是，$Xa21$ 基因的功能受水稻发育阶段调控；携带 $Xa21$ 基因的水稻在九叶期后完全抗病，在五叶期时只具有成株期抗性的 75%，在二叶期时则完全感病（Century et al.，1999）。最近的研究发现 $Xa21$ 基因也具有剂量效应；与基因供体 IRBB21 的抗性相比，在转基因植株中，当 $Xa21$ 基因的表达量提高了 7~18 倍后，水稻的抗性明显增强，而且具有全生育期抗性（图 3-2）（Zhao et al.，2009）。因此，利用 $Xa21$ 基因改良水稻抗性的最佳途径是采用遗传转化技术，使用强启动子增强 $Xa21$ 基因的表达量。

## 3.4.2 抗白叶枯病主效基因 $xa13$

$xa13$ 基因是一个完全隐性的抗白叶枯病主效基因，它调控生理小种特异性抗病反应。$xa13$ 基因对我国白叶枯病菌的抗谱还不清楚，但是该基因是印度水稻生产中抗谱最宽的基因。与其他抗白叶枯病主效基因相比，$xa13$ 基因可抵抗印度 18 个主要稻区的 350 个白叶枯病菌株中的 85% 的菌株，并且表现出全生育期抗性（Mishra et al.，2007）。而过去公认的抗谱宽的 $Xa21$ 基因只对其中 50% 的菌株有抗病效果；其他抗白叶枯病主效基因 $xa8$、$xa5$、$Xa7$、$Xa4$ 对这 350 个白叶枯病菌株的抗病效果依次下降，

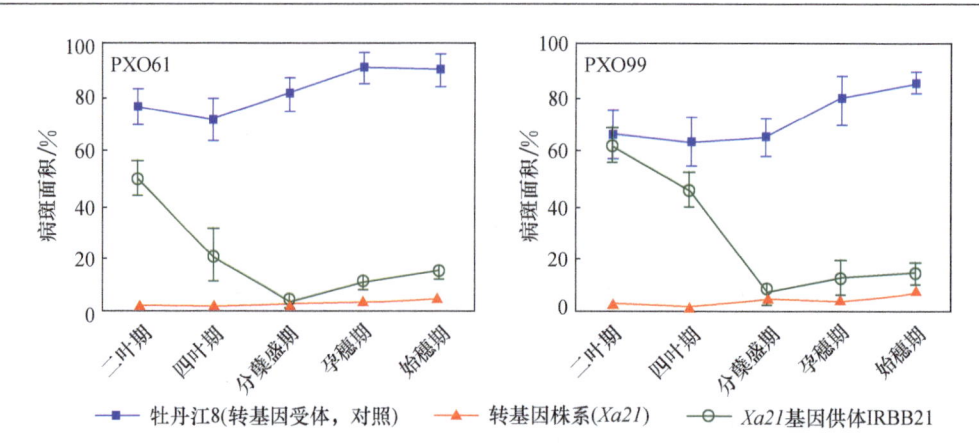

图 3-2　携带 *Xa21* 基因的转基因株系对菲律宾白叶枯病菌生理小种 1（PXO61）和 6（PXO99）的反应

与 *Xa21* 基因供体 IRBB21 相比，*Xa21* 基因表达量提高的转基因株系不仅具有全生育期抗性，而且抗性增强

分别只对其中 42%、24%、12% 和 7% 的菌株有抗性。另外，*xa13* 基因与其他抗白叶枯病主效基因（如 *Xa4*、*xa5* 或 *Xa21*）互作时，水稻对白叶枯病菌的抗谱比 *xa13* 基因和 *Xa4*、*xa5* 或 *Xa21* 基因单独存在时的抗谱之和要宽（Li et al., 2001）。这些结果显示 *xa13* 基因在水稻抗病育种中具有广阔的应用前景。

隐性抗病基因 *xa13* 和它的等位显性（感病）基因 *Xa13* 可以编码氨基酸序列完全相同的细胞膜蛋白质或有 1~3 个氨基酸不同的细胞膜蛋白质；但是因为核苷酸的插入、缺失或替换，隐性基因 *xa13* 和显性基因 *Xa13* 的启动子不同（Chu et al., 2006）。显性基因 *Xa13* 是白叶枯病菌在水稻中生长繁殖所需要的基因。白叶枯病菌侵染水稻后诱导显性基因 *Xa13* 的表达量迅速升高，从而使水稻感病。而病原侵染后隐性基因 *xa13* 不被诱导表达，从而水稻不感病（Chu et al., 2006）。抑制显性基因 *Xa13* 的表达，感病水稻变为抗病；抑制隐性基因 *xa13* 的表达可进一步增强水稻的抗性（Chu et al., 2006）。当转基因植株中显性基因 *Xa13* 的表达量是非转基因（对照）水稻的 30%~60% 时，表现出高抗白叶枯病（最抗病植株的病斑长度大约是 0.2~0.5cm，非转基因对照水稻的病斑长度大约是 5cm）；而当转基因植株中隐性基因 *xa13* 的表达量是非转基因（对照）水稻的 10%~30% 时，被侵染叶片的病斑长度只有 0.1~0.3cm（非转基因对照的病斑长度大约是 0.8cm）（图 3-3）。

隐性基因 *xa13* 或显性基因 *Xa13* 除了在水稻—白叶枯病菌互作中发挥作用外，它们也是花粉发育所必需的基因（Chu et al., 2006）。另外，它们还在水稻叶鞘、茎、根等多种组织的部分细胞中表达；过量表达 *xa13* 或 *Xa13* 基因造成转基因植株生长发育停止，提示它们可能还参与调控水稻的营养生长（Yuan et al., 2009）。

鉴于 *xa13* 和 *Xa13* 基因功能的多样性，育种工作者除了可以采用分子标记辅助选择技术利用隐性抗病基因 *xa13* 改良水稻抗性外，高效利用 *xa13* 或 *Xa13* 基因改良水稻抗性的途径是采用 RNA 干扰（RNA interference，RNAi）技术，利用病原诱导的强启动子抑制隐性基因 *xa13* 或显性基因 *Xa13*。作者所在的研究团队正在准备利用白叶枯病菌诱导的强启动子，采用共转化技术，在牡丹江 8 和中花 11 水稻品种中抑制显性感病基因 *Xa13* 的表达，创建育种基础材料。育种工作者可以利用这一基础材料，采用分

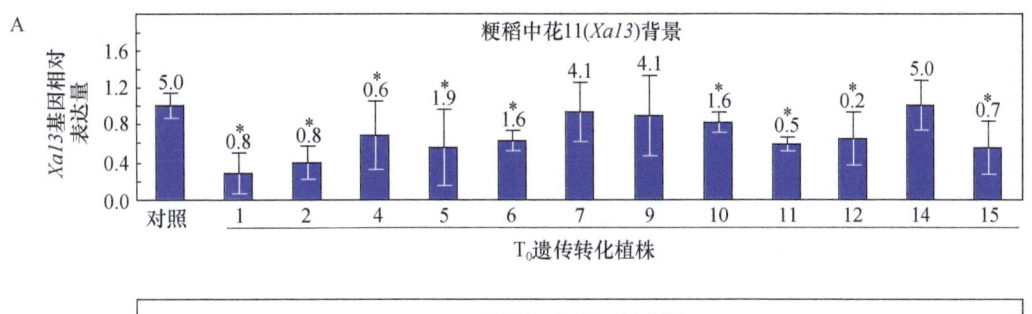

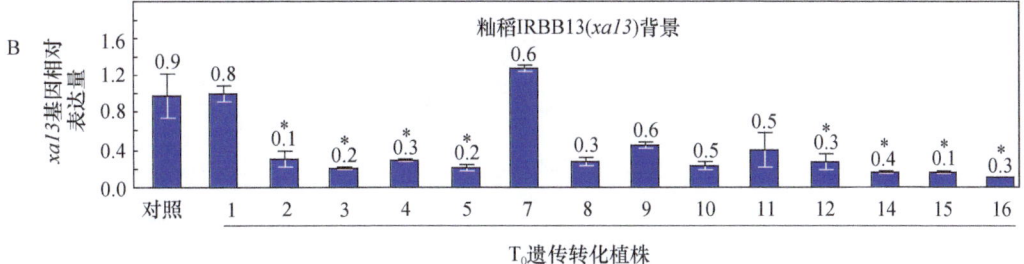

图 3-3 转基因植株对菲律宾白叶枯病菌生理小种 6（PXO99）的抗性增强与显性基因 Xa13 的表达量（A）或隐性基因 xa13 的表达量（B）降低相关

柱条上方的数字表示病斑长度（cm）；星号（*）表示与非转基因对照相比，病斑长度显著减短（$P<0.05$）

子标记辅助选择技术将抑制 Xa13 或 xa13 基因的构件转入待改良水稻品种中，抑制其中显性基因 Xa13 或隐性基因 xa13，培育高抗白叶枯病的水稻品种。

### 3.4.3 抗白叶枯病主效基因 Xa4、xa5、Xa7、Xa23、xa24 和 Xa27

Xa4、xa5、Xa7、Xa23、xa24 和 Xa27 都是抗谱较宽但抗谱不同的抗病基因，育种工作者可以根据需求选择不同抗病基因用于水稻改良。虽然 xa5 和 Xa27 基因已经被分离克隆了，但是尚未见这两个基因在抗病反应中具有剂量效应的报道，因此育种工作者可以采用分子标记辅助选择技术，利用目标基因标记在待改良的水稻品种中跟踪目标基因。Xa4、Xa7、Xa23 和 Xa24 都被精细遗传定位了。育种工作者可以采用分子标记辅助选择技术，利用与目标基因两侧紧密连锁的分子标记在待改良的水稻品种中跟踪目标基因。

显性抗病基因 Xa4 是一个在我国和其他亚洲国家的育种中广泛应用的基因，它具有全生育期抗性，主要抗白叶枯病菌菲律宾生理小种 1、5、7、8 和 10 以及我国 7 个白叶枯病菌生理小种中的 6 个小种（生理小种 1、2、3、4、6 和 7）。该基因被认为具有持久抗性（Reddy and Bentur，2000）。Xa4 基因位于水稻第 11 号染色体，与 Xa4 两侧紧密连锁的分子标记是限制性片段长度多态性（RFLP）标记 M196-1 和 X4-88［GenBank 核苷酸数据库（http://www.ncbi.nlm.nih.gov）注册号：AF521904］；这两个分子标记之间的物理距离大约是 47kb（Sun et al.，2003）。

隐性抗病基因 xa5 在孟加拉和尼泊尔地区的水稻中出现的频率比其他地区高，它编码转录因子 IIA 的 γ 小亚基。隐性抗病基因 xa5 和它的等位显性（感病）基因 Xa5

编码的蛋白质只有一个氨基酸的差别（Iyer and McCouch，2004）。隐性基因 $xa5$ 调控水稻全生育期抗性。它对白叶枯病菌菲律宾生理小种 1、2、3、5、7、9 和 10 具有抗性。另外，该基因对韩国近年来出现的新的白叶枯病菌株（K1、K2、K3 和 K36）有抗性（Kim et al.，2007）。育种工作者在利用 $xa5$ 基因改良水稻时，可以利用区别隐性基因 $xa5$ 和显性基因 $Xa5$ 的酶切扩增多态性（cleaved amplification polymorphism，CAP）分子标记 S5（PCR 引物序列：5'-CTCTCTACTTTTGTCTGG-3' 和 5'-CCAAACACAGATGAGCAG-3'，用 Nco I 限制性内切核酸酶消化 PCR 产物）跟踪目标基因（Jiang et al.，2006）。

源于孟加拉国水稻品种 DV85 的显性抗病基因 $Xa7$ 也是一个抗性持久但却只具有成株期抗性的基因。它能抗白叶枯病菌菲律宾生理小种 1、2、3、5、7、8 和 10，对我国白叶枯病菌 7 个生理小种都表现抗性（章琦，2007；Ogawa，1993）。$Xa7$ 基因位于水稻第 6 号染色体，在 $Xa7$ 基因两侧与它紧密连锁的分子标记是基于 PCR 技术的 SSR（simple sequence repeat）标记 M3（PCR 引物序列：5'-CAGCAATTCACTGGAGTAGTGGTT-3' 和 5'-CATCACGGTCACCGCCATATCGGA-3'）和 M5（PCR 引物序列：5'-CGATCTTACTGGCTCTGCAACTCTGT-3' 和 5'-GCATGTCTGTGTCGATTCGTCCGTACGA-3'），这两个分子标记之间的物理距离大约是 109kb（Porter et al.，2003）。育种工作者可以利用这对 SSR 标记在育种过程中跟踪目标基因。

显性抗病基因 $Xa23$ 来自野普通生稻（Oryza rufipogon），它具有全生育期抗性，可以抗白叶枯病菌菲律宾生理小种 1～10、中国生理小种小种 1～7、日本生理小种 1～3 以及 8 个朝鲜白叶枯病菌株（章琦，2007）。$Xa23$ 基因位于水稻第 11 号染色体，与它紧密连锁的分子标记是 RFLP 标记 69B 和表达序列标签（EST）标记 CP02662（PCR 引物序列是 5'-AAGGGAGAAGAGTAGAGCGG-3' 和 5'-CAGTTTAGCGGCCAATATGC-3'）；这两个分子标记之间的遗传图距约 1.4cM（王春连等，2005，2006）。育种工作者可以利用这对分子标记在育种过程中跟踪目标基因。

隐性抗病基因 $xa24$ 首先在水稻 DV86 中被鉴定（Mir and Khush，1990），随后被给予该命名（Khush and Angeles，1999）。$xa24$ 基因具有全生育期抗性，它至少对白叶枯病菌菲律宾生理小种 4、6、10 和中国菌株 JL691、Zhe173、KS-1-21 均有很强的抗性（Wu et al.，2008）。$xa24$ 基因位于水稻第 2 号染色体，与它紧密连锁的分子标记是基于 PCR 技术的 SSR 标记 RM14222（PCR 引物序列是 5'-AATGGACATGGGCACATACATACC-3' 和 5'-CCGCTTCCCTTTGTTAGTTAAGC-3'）和 RM14226（PCR 引物序列是 5'-AAACCTCCACGACGATGACG-3' 和 5'-GGGTTACATCACAATCATCCTTCC-3'）；这两个分子标记之间的物理距离大约是 71kb（Wu et al.，2008）。育种工作者可以利用这对 SSR 标记在育种过程中跟踪目标基因。

$Xa27$ 基因是从四倍体野生稻 Oryza minut 和栽培稻 IR31917-45-3-2 的种间杂交后代中鉴定的（Amante-Bordoes et al.，1992），它抗白叶枯病菌菲律宾生理小种 2、3、5 和 6；对孟加拉生理小种 2 和 5 也具有抗性（Lee et al.，2003）。显性抗病基因 $Xa27$ 和它的等位隐性（感病）基因 $xa27$ 的 DNA 序列完全相同，但是感病基因 $xa27$ 的启动子区的两处分别存在 10 个核苷酸和 25 个核苷酸的插入，使得白叶枯病菌可以诱导抗病基

因 *Xa27* 的表达，但是不能够诱导感病基因 *xa27* 的表达（Gu et al.，2005）。育种工作者在利用 *Xa27* 基因改良水稻时，可以利用区别抗病基因 *Xa27* 和感病基因 *xa27* 启动子的 PCR 引物（5′-ACTAAAGTTAAGTCCCTGGAT-3′ 和 5′-GCTTCTTGGGTGTCTCAG-3′）跟踪目标基因。

### 3.4.4 抗稻瘟病主效基因 *Pi2*、*Pi9*、*Piz-t* 和 *Pi-d2*

与水稻白叶枯病菌有所不同，稻瘟病菌更易出现新的生理小种，导致很多抗性品种在种植几年后就逐渐丧失抗病性。因此，一些已经分离克隆的抗稻瘟病主效基因（如 *Pib*、*Pi-ta*）由于抗谱较窄而在水稻生产中的应用价值不大（Wang et al.，1999；Orbach et al.，2000）。而另外一些已分离克隆的抗稻瘟病主效基因（如 *Pi9*、*Piz-t*、*Pi2* 和 *Pi-d2*）是抗谱较宽的抗病基因，目前尚没有报道这些基因具有剂量效应，因此育种工作者可以利用目标基因的分子标记，采用分子标记辅助选择技术将这些基因用于水稻抗性改良。

#### 3.4.4.1 *Pi2*、*Pi9* 和 *Piz-t* 基因

编码核苷酸结合位点 NBS（nucleotide-binding site）-富亮氨酸重复 LRR（leucine-rich repeat）类细胞质蛋白质的 *Pi9*、*Piz-t* 和 *Pi2* 基因均位于水稻第 6 号染色体上，互为等位关系，是稻瘟病抗病育种中很好的抗性资源。

*Pi2* 基因具有很宽的抗谱。携带 *Pi2* 基因的水稻近等基因系 C101A51（*O. sativa* ssp. *indica*）对我国南方主要稻区的 792 个病原分离物中的大约 93% 都有抗性（Chen et al.，2001）；另外，携带 *Pi2* 的近等基因系 C101A51 高抗来自 13 个国家的 43 个稻瘟病菌株中的 36 个，对其中 1 个表现中抗（Liu et al.，2002）。此外，*Pi-2* 基因与其他抗稻瘟病主效基因（如 *Pi1*、*Pi4*）聚合时，可以提高改良水稻的抗稻瘟病频率，在抗叶瘟的同时，抵御穗瘟的程度也有明显改善，但不改变原有农艺性状和配合力（Chen et al.，2001；刘士平等，2003；柳武革等，2008）。因此，该基因对于改良水稻对稻瘟病抗性有广阔的应用前景。育种工作者在利用 *Pi2* 基因改良水稻时，可利用该基因的 PCR 标记（PCR 引物序列：5′-TCTATAGAAGTGCAAACAGC-3′ 和 5′-TTAGGTACGAACAT GAGTAG-3′）（Zhou et al.，2006）或与该基因紧密连锁的 SSR 标记 SSR140（PCR 引物序列：5′-AAGGTGTGAAACAAGCTAGCAA-3′ 和 5′-TTCTAGGGGAGGGGTGTA GAA-3′）和 AP22（PCR 引物序列：5′-GTGCATGAGTCCAGCTCAAA-3′ 和 5′-GTG TACTCCCATGGCTGCTC-3′）跟踪目标基因（Jiang and Wang，2002；吴金红等，2002）。

源自小粒野生稻（*Oryza minuta*）的 *Pi9* 基因也具有很宽的抗谱，它的携带株系 75-1-127（*O. sativa* ssp. *indica*）对国际水稻研究所收集的 100 多个菲律宾稻瘟病菌株都表现抗性，并高抗来自中国、韩国等 13 个国家的全部 43 个供试菌株（Liu et al.，2002）。育种工作者在利用 *Pi9* 基因改良水稻时，可以利用该基因的 PCR 标记（PCR 引物序列：5′-ATGGTCCTTTATCTTTATTG-3′ 和 5′-TTGCTCCATCTCCTCTGTT-3′）跟踪目标基因（Qu et al.，2006）。

*Pi-zt* 基因对日本的 7 个稻瘟病生理小种表现抗性（Nagai et al.，1970），对菲律宾

的多个稻瘟病生理小种表现出较强的叶瘟抗性（Zhou et al.，2006）。该基因的 DNA 序列与 *Pi2* 基因的序列高度同源，这对等位基因编码的蛋白质只有 8 个氨基酸的差异，包含在三个连续的 LRR 重复内，由此可能决定了两个基因抗谱的差别（Zhou et al.，2006）。育种工作者在利用 *Pi-zt* 基因改良水稻时，可以利用该基因的 CAP 标记（PCR 引物序列：NBS2P3 5′-GATTTAGTTCAGGAAAACACTC-3′ 和 NBS2R 5′-TG-GAAGCCTCATTGATCATC-3′，*Eco*R Ⅰ 酶切 PCR 产物）跟踪目标基因（Zhou et al.，2006）。

#### 3.4.4.2 *Pi-d2* 基因

源自籼稻品种地谷（*O. sativa* ssp. *indica*）的抗病基因 *Pi-d2* 编码含膜外 B-凝集素（lectin）结构的细胞膜受体蛋白激酶。*Pi-d2* 基因与它的等位感病基因只有一个核苷酸的差别，这一核苷酸差别造成这对等位基因编码的蛋白质存在一个氨基酸的差别（Chen et al.，2006）。*Pi-d2* 也是一个抗谱较宽的基因，除抗稻瘟病生理小种 ZB15 外，对中国农业科学院收集的 58 个稻瘟病菌株中的 81.48% 表现抗性，而且抗穗颈瘟的能力也有大幅增强（Chen et al.，2006）。育种工作者在利用 *Pi-d2* 基因改良水稻时，可以利用该基因的衍生型酶切扩增多态性（derived cleaved amplification polymorphism，dCAP）标记 dCAPS1 或者 dCAPS2 跟踪目标基因（Chen et al.，2006）。

## 3.5 具有广谱和持久抗性特征的 QTL 基因及其最佳利用途径

在绿色超级稻的抗病育种中，除了可利用抗病主效基因外，还可以利用数量抗性的基因。越来越多的证据显示，调控数量抗性的基因可用于培育具有广谱和持久抗性的水稻品种，使抗病性改良一劳永逸。对于某些病害，如水稻纹枯病、稻曲病和细菌性条斑病，目前还未在水稻中发现抵抗这些病害的主效基因，只鉴定了一些抗病 QTL。因此，针对这类病害的抗性育种，人们只能利用抗病 QTL。

目前已经鉴定的水稻抗病 QTL 中的绝大多数是微效 QTL，单个抗病 QTL 对水稻抗病表型的贡献率较小。加之数量抗性的复杂性，QTL（尤其是微效 QTL）的遗传定位一般不精确，一个 QTL 通常是位于分子标记遗传连锁图的一个区段内（图 3-4）。因此，采用分子标记辅助选择技术，利用微效抗病 QTL 改良水稻抗性的可操作性较差。在过去几年中，作者所在的研究团队采用一套整合的分离克隆抗病 QTL 基因的策略，成功分离克隆了多个水稻抗病 QTL 基因，丰富了水稻抗性基因资源的多样性；同时，也率先用实验证明抗病 QTL 基因可以具有广谱抗性（Hu et al.，2008）。另外，通过人工改变抗病 QTL 基因的表达，发现单个微效抗病 QTL 基因就可以用于水稻抗性改良。通过分析这些抗病 QTL 基因发挥功能的分子机理，推测它们编码的蛋白质在水稻抗病反应中不需要直接与病原因子互作；病原的变异不会影响这些 QTL 基因在抗病反应中的功能。因此，这些抗病 QTL 基因也是具有持久抗性的基因资源。这些研究结果为培育具有广谱和持久抗性的绿色超级稻奠定了理论基础，提供了基因资源和高效利用这些基因资源的途径。

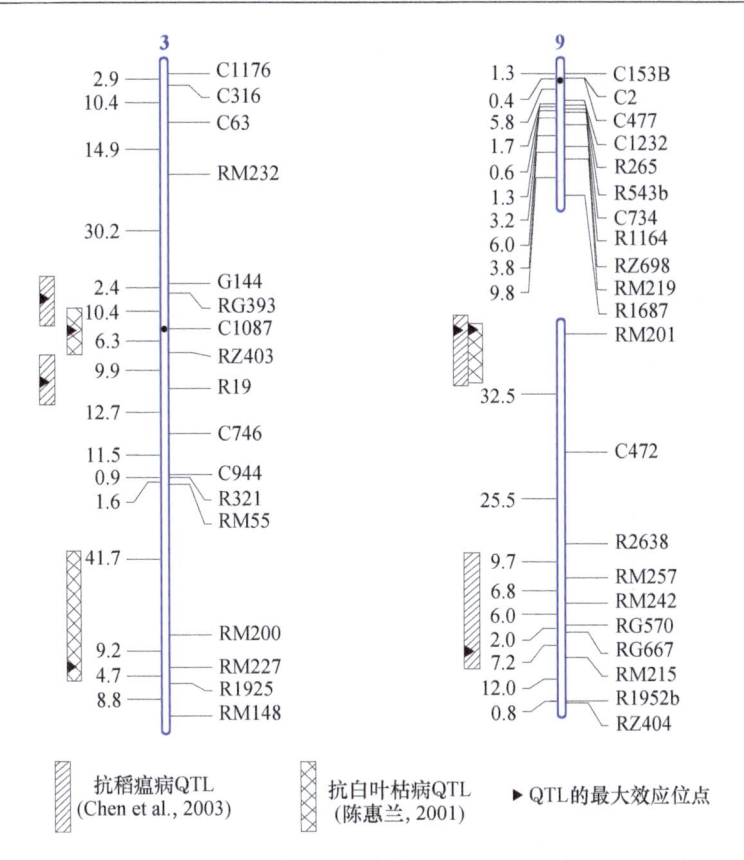

图 3-4 位于水稻第 3 号和第 9 号染色体上的抗白叶枯病与抗稻瘟病 QTL

### 3.5.1 抗白叶枯病和稻瘟病的抗病相关基因 OsWRKY13

位于水稻第 1 号染色体的抗病相关基因 OsWRKY13 是一个微效抗病 QTL 基因 （Hu et al., 2008）。在水稻品种珍汕 97（*O. sativa* ssp. *indica*）和明恢 63 为亲本的重组自交系群体中，它对水稻抗白叶枯病和抗稻瘟病的贡献率分别为 4.5% 和 3.3%（陈惠兰, 2001; Chen et al., 2003; Hu et al., 2008）。在白叶枯病菌和稻瘟病菌侵染水稻后，OsWRKY13 基因表达量升高，说明它可能正向调控水稻抗白叶枯病和抗稻瘟病反应（Zhou et al., 2002; Wen et al., 2003）。遗传转化研究验证了这一推测：利用玉米泛素基因启动子在感病水稻中过量表达 OsWRKY13 基因，转基因水稻对白叶枯病菌的抗性显著增强（图 3-5），与感病对照（病斑面积 62%）相比，转基因株系的病斑面积（24%~49%）减少了 21%~61%，而且具有全生育期抗性（Qiu et al., 2007）。转基因水稻对稻瘟病的抗性也显著增强（图 3-5）：与感病对照（病级: 4~5）相比，转基因株系的病级为 0~3 级（稻瘟病的 5 级鉴定方法: 0~3 级为抗病，其中 0 级抗性最强; 4~5 级为感病，其中 5 级最感病; Chen et al., 2003）（Qiu et al., 2007）。这些结果说明 OsWRKY13 基因是一个病原非特异性的广谱抗病 QTL 基因。

OsWRKY13 基因编码 WRKY 类转录因子，它通过激活水杨酸信号传导路径上抗病相关基因的表达，同时抑制茉莉酸信号传导路径上的抗病相关基因的表达发挥抗病功

**图 3-5 过量表达 OsWRKY13 基因的水稻增强对白叶枯病和稻瘟病的抗性**
A. 人工接种白叶枯病菌株 PXO61；B. 湖北省远安县的稻瘟病自然发病圃中感染稻瘟病

能（Qiu et al., 2007）。根据 OsWRKY13 蛋白发挥功能的分子机制，推测它调控抗病反应的功能不会因为病原的变异而丧失。因此，OsWRKY13 也是一个具有持久抗性特征的基因。利用强启动子过量表达 OsWRKY13 是利用该基因改良水稻抗性的最有效途径。

OsWRKY13 基因除了调控抗病反应外，还调控水稻的生长发育。利用玉米泛素基因启动子组成性过量表达 OsWRKY13 基因，转基因水稻的株高减少了大约 6cm，抽穗期推迟了大约 7 天，但对产量性状没有明显影响（Qiu et al., 2008）。

作者所在的研究团队已经采用共转化技术获得了分别具有牡丹江 8 和中花 11 遗传背景、组成型过量表达 OsWRKY13 基因的转基因水稻，目前正在转基因植株的后代中选择无遗传转化筛选标记、高抗白叶枯病的株系，创建育种基础材料。如果在改良水稻抗病性的同时需要改良株高和抽穗期，育种工作者可以利用该系列基础材料，采用分子标记辅助选择技术将过量表达的 OsWRKY13 基因导入需要改良的水稻品种中；可以通过检测调控 OsWRKY13 基因的玉米泛素基因启动子（PCR 引物序列：5′-TCGAG TAGATAATGCCAGCC-3′ 和 5′-CAAACCAAACCCTATGCAAC-3′）跟踪目标基因。作者所在的研究团队也计划利用非特异性病原诱导的强启动子过量表达 OsWRKY13 基因，创建仅仅用于抗病性改良的育种基础材料。

### 3.5.2 抗白叶枯病、细条病和稻瘟病的抗病相关基因 OsMPK6

位于水稻第 10 号染色体的抗病相关基因 OsMPK6 也是一个微效抗病 QTL 基因（Hu et al., 2008）。在水稻品种珍汕 97（*O. sativa* ssp. *indica*）和明恢 63 为亲本的重组自交系群体中，它对水稻抗稻瘟病的贡献率为 4.2%（Chen et al., 2003；Hu et al., 2008)。在白叶枯病菌和稻瘟病菌侵染水稻后，*OsMPK6* 基因表达量升高，说明它可能正向调控水稻抗白叶枯病和抗稻瘟病反应（袁斌，2007）。遗传转化研究验证了这一推测：利用玉米泛素基因启动子在感病水稻中过量表达 *OsMPK6* 基因，转基因水稻对白叶枯病菌的抗性显著增强，与感病对照（病斑面积38%）相比，转基因株系的病斑面积（4%~5%）减少了87%~89%（袁斌，2007）。转基因水稻对细菌性条斑病菌的抗性也显著增强；与对照相比，转基因株系的病斑长度减短了28%~30%（沈祥陵和王石平，未发表数据）。过量表达 *OsMPK6* 基因的转基因水稻对稻瘟病菌的抗性也显著增强；与感病对照（病情指数：52）相比，转基因株系的病情指数为12（稻瘟病的9级鉴定方法：感病，45<病情指数≤60；抗病，5<病情指数≤15）（沈祥陵和王石平，未发表数据）。由此可见，*OsMPK6* 基因也是一个具有病原非特异性的广谱抗病 QTL 基因。该基因对白叶枯病和稻瘟病的抗性高于 *OsWRKY13* 基因。

*OsMPK6* 基因编码一种丝裂原激活的蛋白激酶（mitogen-activated protein kinase）(Yuan et al., 2007)。丝裂原激活的蛋白激酶在抗病反应中的一般作用是使宿主中的靶蛋白质磷酸化，激活或抑制靶蛋白质的功能，调控抗病反应（Zhang and Klessing, 2001; Asai et al., 2002; Pedley and Martin, 2004, 2005）。鉴于这一功能特点，OsMPK6 蛋白在抗病反应中不与病原因子互作。因此，*OsMPK6* 基因也是一个具有持久抗性特征的抗病 QTL 基因。

组成型过量表达 *OsMPK6* 基因虽然显著提高水稻对白叶枯病、细菌性条斑病和稻瘟病的抗性，但是转基因水稻的叶片上产生类病斑（袁斌，2007）。因此，利用该基因改良水稻抗性的最佳途径是利用非特异性病原诱导的强启动子过量表达 *OsMPK6* 基因，培育抗病水稻品种。

### 3.5.3 抗白叶枯病和稻瘟病，同时促进维生素 B$_1$ 合成的基因 *OsDR8*

位于水稻第 7 号染色体的抗病相关基因 *OsDR8* 是一个微效抗病 QTL 基因（Hu et al., 2008）。在水稻品种珍汕 97（*O. sativa* ssp. *indica*）和明恢 63 为亲本的重组自交系群体中，它对水稻抗白叶枯病和抗稻瘟病的贡献率分别为 3% 和 2.1%（陈惠兰，2001；Chen et al., 2003；Hu et al., 2008）。在白叶枯病菌和稻瘟病菌侵染水稻后，*OsDR8* 基因表达量升高，说明它可能正向调控水稻抗白叶枯病和抗稻瘟病反应（Zhou et al., 2002; Wen et al., 2003）。遗传转化研究间接证明了这一推测：利用 RNA 干扰技术抑制 *OsDR8* 基因的表达，转基因水稻对白叶枯病和稻瘟病的感病性增强，说明 *OsDR8* 基因正向调控抗病反应，是一个广谱抗病 QTL 基因（Wang et al., 2006）；提高 *OsDR8* 基因表达量应该可以增强水稻对白叶枯病和稻瘟病的抗性。

序列分析显示 *OsDR8* 基因可能编码一个维生素 B$_1$ 合成酶基因。*OsDR8* 基因被抑制的转基因植株中的维生素 B$_1$ 的含量比对照显著降低，也证明 *OsDR8* 基因参与调控维生素 B$_1$ 的合成（Wang et al., 2006）。而用维生素 B$_1$ 处理喷洒水稻后，无论是 *OsDR8* 基因被抑制的水稻植株，还是未转基因的对照，其抗病水平显著提高（图 3-6），这说明维生素 B$_1$ 可以激活水稻抗病反应（Wang et al., 2006）。因为 *OsDR8* 基因通过促进维生素 B$_1$ 的合成增强抗病反应，该基因在抗病反应中的功能也不会因为病原的变异而丧失，它也是一个具有持久抗性特征的基因。

维生素 $B_1$ 是人类生命活动中很重要的辅酶。谷粒中的维生素 $B_1$ 主要集中在糊粉层和胚中，胚乳中的维生素 $B_1$ 含量非常低；而碾米后谷粒的糊粉层和胚都丢失了，故以大米为单一主食的人群容易患维生素 $B_1$ 缺乏症。利用组成型启动子过量表达 OsDR8 基因应该可以改良水稻的抗病性，同时提高维生素 $B_1$ 在胚乳中的含量，改良水稻的营养品质。

### 3.5.4 广谱抗白叶枯病的抗病相关基因 OsDR10

位于水稻第 8 号染色体的抗病相关基因 OsDR10 的染色体位置与一个微效抗病 QTL 相对应（Zhang et al.，2005），提示它可能是一个微效抗病 QTL 基因。在白叶枯病菌和稻瘟病菌侵染水稻后，OsDR10 基因表达量降低，说明它

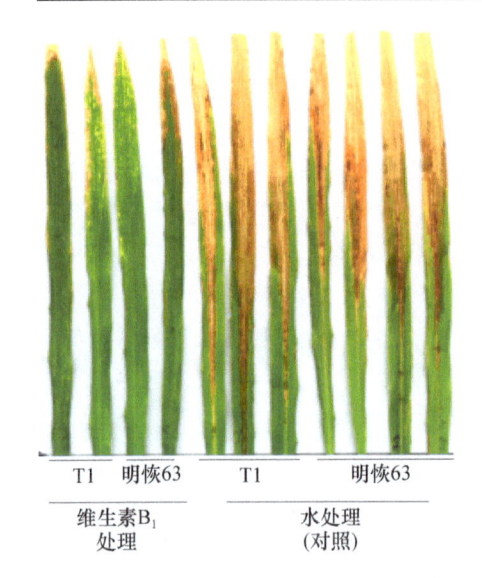

图 3-6 用维生素 $B_1$ 喷洒水稻后可显著增强水稻对白叶枯病菌株 PXO61 的抗性
转基因水稻（T1）中的 OsDR8 基因表达被抑制；明恢 63 是未转基因的对照

可能负向调控水稻抗白叶枯病和抗稻瘟病反应（Zhou et al.，2002；Xiao et al.，2009）。遗传转化研究验证了这一推测：利用 RNA 干扰技术抑制 OsDR10 基因的表达，转基因水稻对不同白叶枯病菌株的抗性显著增强，与未转基因的对照明恢 63（病斑面积 22%～51%）相比，抑制 OsDR10 基因表达的转基因株系的病斑面积（3%～27%）减小了 31%～92%（图 3-7）（Xiao et al.，2009）。这些转基因株系对某些白叶枯病菌生理小种的抗性甚至比携带抗白叶枯病主效基因 Xa4 的水稻还要强（图 3-7），提示 OsDR10 是一个有应用前景的抗病相关基因。

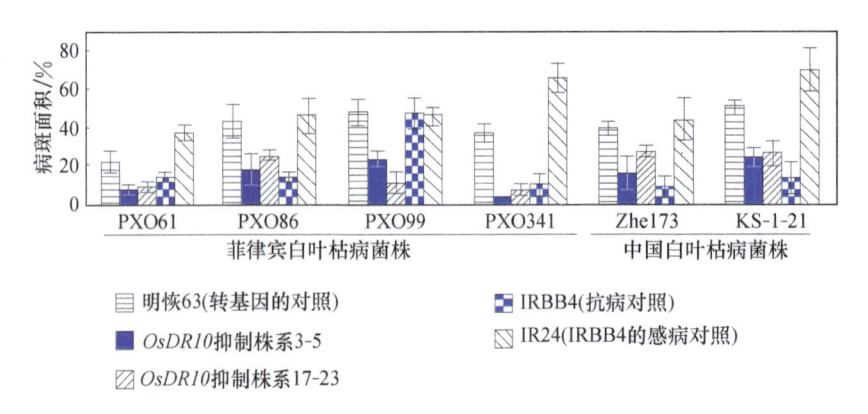

图 3-7 在水稻品种明恢 63 中抑制 OsDR10 基因表达显著增强对白叶枯病的广谱抗性
IRBB4 携带抗白叶枯病主效基因 Xa4，IR24 是 IRBB4 的感病近等基因系

OsDR10 基因在抗白叶枯病主效基因 Xa3/Xa26 调控的抗病信号传导路径上位于 Xa3/Xa26 基因的下游；它是抗白叶枯病反应的负调控因子（Xiao et al.，2009）。但是

抑制 OsDR10 基因表达的转基因株系的抗谱明显宽于携带 Xa3/Xa26 基因的明恢 63，提示 OsDR10 基因可能有利于所有白叶枯病菌侵害水稻；换言之，抑制 OsDR10 基因表达可能可以培育至少是对白叶枯病具有广谱抗性的水稻。OsDR10 基因在水稻营养生长阶段的各种组织中表达量都非常低，但是水稻开花抽穗后在小花和谷粒中的表达量逐渐升高，至谷粒成熟其在谷粒中的表达量达到最高峰（肖文斐，2009）。OsDR10 基因的这种表达模式提示它除了负调控抗病反应或促使感病外，可能还调控其他生理功能。因此，用 OsDR10 基因改良水稻抗性的最佳途径是采用 RNA 干扰技术，利用绿色组织特异性启动子（Cai et al.，2007）或病原诱导的启动子抑制 OsDR10 基因的表达。

### 3.5.5 抗生长素分泌型病原的抗病相关基因 GH3-8

位于水稻第 7 号染色体的抗病相关基因 OsDR8 是一个微效抗病 QTL 基因（Hu et al.，2008）。在水稻品种珍汕 97（*O. sativa* ssp. *indica*）和明恢 63 为亲本的重组自交系群体中，它对水稻抗白叶枯病的贡献率为 2.1%（陈惠兰，2001；Hu et al.，2008）。在白叶枯病菌和稻瘟病菌侵染水稻后，GH3-8 基因表达量升高，说明它可能正向调控水稻抗白叶枯病和抗稻瘟病反应（Zhou et al.，2002；Wen et al.，2003）。遗传转化研究验证了这一推测：利用玉米泛素基因启动子在感病水稻中过量表达 GH3-8 基因，转基因水稻对白叶枯病菌的抗性显著增强，与感病对照（病斑面积 78%）相比，转基因株系的病斑面积（24%~54%）减少了 31%~69%，感染叶组织中白叶枯病菌的细菌数减少为原先的 1/28~1/5（图 3-8）（Ding et al.，2008）。

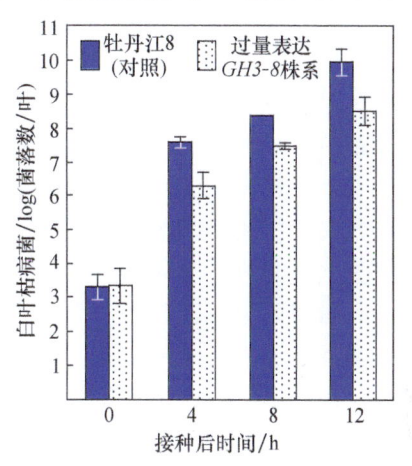

图 3-8 在感病水稻牡丹江 8 中过量表达 GH3-8 基因显著抑制白叶枯病菌 PXO61 的生长繁殖

GH3-8 基因编码生长素酰胺合成酶，该酶催化在水稻细胞中形成生长素-氨基酸复合物，从而抑制生长素的功能（Ding et al.，2008）。人们早就知道有些植物病原菌可以分泌生长素，并利用生长素作为毒性因子侵害植物。白叶枯病菌也可以分泌生长素，生长素可以帮助白叶枯病菌侵害水稻（Ding et al.，2008）。GH3-8 蛋白通过抑制生长素的功能发挥抗病作用，因此 GH3-8 基因至少对白叶枯病具有广谱抗性。虽然目前我们尚不知道水稻的其他病原是否也分泌生长素，但是推测 GH3-8 基因对其他也利用生长素作为毒性因子的病原也有抗病效果。根据 GH3-8 基因在抗病反应中发挥功能的机理，它不会因为病原效应蛋白的变异而丧失其抗病功能。因此，对于分泌生长素的病原而言，GH3-8 也是一个具有持久抗性特征的基因。

生长素是植物生长发育所必需的激素。在不同的生长发育时期，植物不同组织中的生长素含量差别很大。根据 GH3-8 基因的功能特点，用该基因改良水稻抗性的最佳途径是采用病原诱导的强启动子调控它的表达，培育对生长素分泌型病原具有广谱和持久抗性的水稻。

### 3.5.6 抗细菌性条斑病、水稻纹枯病和稻曲病的基因资源

目前，国内外还没有报道能够抵抗细菌性条斑病、水稻纹枯病和稻曲病的抗病主效基因，但有关于对这三种重要病害的抗病 QTL 的报道。因此，现阶段改良水稻对这三种病害抗性的主要基因资源是水稻中的数量抗性基因。但是，目前国内外对水稻抵抗这三种病害的分子机制的研究远远落后于对抗白叶枯病和抗稻瘟病分子机制的研究，可用于改良水稻抵抗这三种病害的基因资源非常有限。

#### 3.5.6.1 可抵抗细菌性条斑病的 QTL 基因

水稻抗细菌性条斑病 QTL 的研究报道较少。Tang 等（2000）鉴定了 11 个抗细菌性条斑病 QTL，分布于水稻第 1 号、第 2 号、第 3 号、第 4 号、第 5 号和第 12 号染色体上。在水稻第 11 号染色体也检测到一个效应较大的抗细菌性条斑病 QTL（Chen et al.，2006）。

虽然目前还没有根据抗细菌性条斑病的 QTL 分离抗病 QTL 基因的报道，作者所在的研究团队发现多个已经被分离的抗白叶枯病和（或）抗稻瘟病 QTL 基因也调控抗细菌性条斑病反应。除了上述的广谱抗病 QTL 基因 *OsMPK6* 能够增强水稻的细菌性条斑病的抗性外，还有其他抗病 QTL 基因也可以用于水稻抗细菌性条斑病的改良。改变这些基因的表达量后，转基因株系除了对白叶枯病和（或）稻瘟病的抗性显著增强外，对细菌性条斑病的抗性也显著增强；与未转基因的对照相比，转基因株系接种不同细菌性条斑病菌株后的病斑长度减短了 30%～67%，进一步证实利用单个基因同时改良水稻对白叶枯病、稻瘟病和细菌性条斑病的抗性是可以实现的。

#### 3.5.6.2 可抵抗水稻纹枯病和稻曲病的基因资源

目前已经报道了多个抗水稻纹枯病 QTL，它们分布于水稻的所有 12 条染色体（Li et al.，1995；Pan et al.，1999；Zhou et al.，2000；国广泰史等，2002；韩月澎等，2002；Che et al.，2003；Sato et al.，2004；丁秀兰等，2005；Pinson et al.，2005；谭彩霞等，2005）。其中两个抗水稻纹枯病主效 QTL *qSB-9* 和 *qSB-11* 在不同的研究中有较好的重复性，*qSB-11* 的存在置信区间已被缩小到分子标记 Z405（PCR 引物序列：5′-TACTTCCCGGTACTGAGAC-3′ 和 5′-CTTTGGTTTAGGTGCTGTT-3′）与 Z286（PCR 引物序列：5′-TTGCGACTGATTACTTTGA-3′ 和 5′-CATTGCTCCATTGTTTGAC-3′）之间，物理距离约为 1041kb（左示敏等，2007）。育种工作者可以采用分子标记辅助选择技术利用这对标记选择 *qSB-11* 改良水稻对纹枯病的抗性。作者所在的研究团队发现了影响水稻-纹枯病菌互作的基因，有望通过改变目标基因的表达量增强水稻对纹枯病的抗性。

抗稻曲病 QTL 的研究相对较抗纹枯病 QTL 研究进展缓慢。已经报道在水稻多条染色体上鉴定了抗稻曲病 QTL（徐建龙等，2002；李余生等，2008）。但是还未见利用这些抗病 QTL 改良水稻抗性的可行性报道。作者所在的研究团队也发现了影响水稻-稻曲病菌互作的基因，有望通过改变目标基因的表达量增强水稻对稻曲病的抗性。

### 3.5.7 微效抗病 QTL 基因的聚合-培育具有广谱和持久抗性的高抗水稻品种

植物的抗病反应由多条目前尚未被完全弄清的信号传导路径调控，不同信号传导路径相互作用，组成复杂的抗病信号传导网络。一个抗病主效基因可能调控多条抗病信号传导路径，因此一旦抗病主效基因的功能被启动，植物可产生快速和高效的病原特异性抗病反应（图 3-9）。另外，植物的基础抗性可能也是由多条信号传导路径调控，其信号传导路径可能也与质量抗性的信号传导路径互作（图 3-9）。虽然基础抗性的水平远不如抗病主效基因调控的质量抗性的水平高，但它调控的抗病反应是病原种类或病原生理小种非特异性的。根据前文描述的抗病 QTL 基因的功能，这类基因可能在抗病主效基因启动的信号传导路径上发挥功能，也可能在调控基础抗性的信号传导路径上发挥功能（图 3-9）。因此，多数抗病 QTL 基因单独发挥作用时调控的抗病反应的水平有限。如果我们聚合在不同抗病信号传导路径上发挥功能的抗病 QTL 基因，可以培育具有广谱和持久抗性特征的高抗水稻品种。

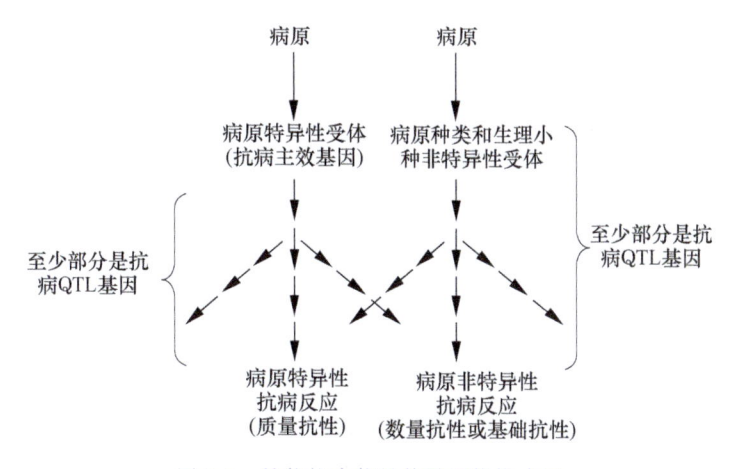

图 3-9 植物抗病信号传导网络模式图

## 3.6 小　　结

水稻抗病改良的趋势是创建广谱持久的抗病性。因此，抗性资源的积累，尤其是分离克隆参与调节植物抗病信号网络的关键基因将有利于培育具有广谱和持久抗性的绿色超级稻。随着分子生物学的发展，越来越多的优良抗白叶枯病和抗稻瘟病主效基因被精细定位或分离，为水稻抗性改良提供了可供选择的目标基因克隆或与目标基因紧密连锁的分子标记，为采用基因工程技术或者分子辅助选择技术改良水稻抗病性奠定了基础。对水稻抗病 QTL 基因的分离工作虽然才开始，但是通过对有限数量基因的研究和对它们在水稻抗病反应中发挥功能的分子机理的认识，已经显示我们具备了可以用于培育对白叶枯病、细菌性条斑病和稻瘟病具有广谱和持久抗性的基因资源。利用这些具有广谱和持久抗性特征的基因改良水稻,将可以实现水稻抗性改良一劳永逸。

(作者:胡珂鸣 王石平)

## 参 考 文 献

陈惠兰. 2001. 我国南方稻区稻瘟病菌群体结构及水稻和大麦抗病 QTL 的比较作图. 华中农业大学博士学位论文

储昭晖,王石平. 2007. 抗性基因分离克隆、结构与功能和分子进化. 见:章琦. 水稻白叶枯病抗性的遗传及改良. 北京:科学出版社. 349-377

丁秀兰,江玲,张迎信,孙黛珍,翟虎渠,万建民. 2005. 利用回交重组自交群体检测水稻条纹叶枯病抗性位点. 作物学报,31:1041-1046

鄂志国,张丽靖,焦桂爱,程本义,王磊. 2008. 稻瘟病抗性基因的鉴定及利用进展. 中国水稻科学,22:533-540

过崇俭. 1995. 水稻白叶枯病. 见:中国农业科学院植物保护研究所. 中国农作物病虫害. 北京:中国农业出版社. 14-24

国广泰史,钱前,佐藤宏之,滕胜,曾大力,藤本宽,朱立煌. 2002. 水稻纹枯病抗性 QTL 分析. 遗传学报,29:50-55

韩月澎,邢永忠,陈宗祥,顾世梁,潘学彪,陈秀兰,张启发. 2002. 杂交水稻亲本明恢 63 对纹枯病水平抗性的 QTL 定位. 遗传学报,29:622-626

胡春锦,李扬瑞,黄思良. 2004. 水稻抗纹枯病的研究新进展. 中国农学通报,20:186-189

黄世文,余柳青. 2002. 国内稻曲病的研究现状. 江西农业学报,14:45-51

李余生,张亚东,朱镇,赵凌,王才林. 2008. 利用重组自交系分析水稻稻曲病抗性位点及效应. 中国水稻科学,22:472-476

柳武革,王丰,金素娟,朱小源,李金华,刘振荣,廖亦龙,朱满山,黄慧君,苻福鸿,刘宜柏. 2008. 利用分子标记辅助选择聚合 $Pi$-1 和 $Pi$-2 基因改良两系不育系稻瘟病抗性. 作物学报,34:1128-1136

刘士平,李信,汪朝阳,李香花,何予卿. 2003. 基因聚合对水稻稻瘟病的抗性影响. 分子植物育种,1:22-26

唐定中,李维明. 1998. 水稻细条病的抗性遗传. 福建农业大学学报,27:133-137

谭彩霞,纪雪梅,杨勇,潘兴元,左示敏,张亚芳,邹军煌,陈宗祥,朱立煌,潘学彪. 2005. 水稻回交世代中两个抗纹枯病主效数量基因的鉴定与标记辅助选择. 遗传学报,32:399-405

王春连,戚华雄,潘海军,李进波,樊颖伦,章琦,张开军. 2005. 水稻抗白叶枯病基因 $Xa23$ 的 EST 标记及其在分子育种上的利用. 中国农业科学,38:1996-2001

王春连,陈乐天,曾超珍,张群宇,刘丕庆,刘耀光,樊颖伦,章琦,赵开军. 2006. 利用基因组文库加速 $Xa23$ 基因定位的染色体步移. 中国水稻科学,20:355-360

吴金红,蒋江松,陈惠兰,王石平. 2002. 水稻稻瘟病抗性基因 $Pi$-$2(t)$ 的精细定位. 作物学报,28:505-509

肖文斐. 2009. 两个水稻抗病相关基因的分离克隆与功能鉴定. 华中农业大学博士学位论文

徐建龙,薛庆中,罗利军,黎志康. 2002. 近等基因导入系定位水稻抗稻曲病数量性状位点的研究初报. 浙江农业学报,14:14-19

杨红,储昭晖,傅晶,王石平. 2008. 抗稻瘟病主效 QTL $rbr2$ 是 $Pib$ 的等位基因. 分子植物育种,

6: 213-219

袁斌. 2007. *OsMPK6* 双向调控水稻抗病反应. 华中农业大学博士学位论文

章琦. 2007. 水稻白叶枯病质量抗性遗传和抗病主基因鉴定. 见: 章琦. 水稻白叶枯病抗性的遗传及改良. 北京: 科学出版社. 130-177

左示敏, 殷跃军, 张丽, 张亚芳, 陈宗祥, 潘学彪. 2007. 水稻抗纹枯病 QTL *Qsb-11* 的育种价值及其进一步定位. 中国水稻科学, 21: 136-142

周永力, 樊金娟, 曾超珍, 刘小舟, 王疏, 赵开军. 2004. 稻曲病菌遗传多样性与群体结构的初步分析. 植物病理学报, 34: 436-445

Amante-Bordoes A, Sitch L A, Nelson R, Dalmacio R D, Oliva N P, Aswidinnoor H, Leung H. 1992. Transfer of bacterial blight and blast resistance from the tetraploid wild rice *Oryza minuta* to cultivated rice, *Oryzae sativa*. Theor Appl Genet, 84: 345-354

Asai T, Tena G, Plotnikova J, Willmann M R, Chiu W L, Gomez-Gomez L, Boller T, Ausubel F M, Sheen J. 2002. MAP kinase signaling casade in *Arabidopsis* innate immunity. Nature, 415: 977-983

Ashikawa I, Hayashi N, Yamane H, Kanamori H, Wu J Z, Matsumoto T, Ono K, Yano M. 2008. Two adjacent nucleotide-binding site-leucine-rich repeat class genes are required to confer *Pikm*-specific rice blast resistance. Genetics, 180: 2267-2276

Bryan G T, Wu K S, Farrall L, Jia Y L, Hershey H P, McAdams S A, Faulk K N, Donaldson G K, Tarchini R, Valent B. 2000. A single amino acid difference distinguishes resistant and susceptible alleles of the rice blast resistance gene *Pi-ta*. Plant Cell, 12: 2033-2045

Cai M, Wei J, Li X, Xu C, Wang S. 2007. A rice promoter containing both novel positive and negative *cis*-elements for regulating green-tissue-specific gene expression in transgenic plants. Plant Biotechnol J, 5: 664-674

Cao Y L, Ding X H, Cai M, Zhao J, Lin Y J, Li X H, Xu C G, Wang S P. 2007. The expression pattern of a rice disease resistance gene *Xa3/Xa26* is differentially regulated by the genetic backgrounds and developmental stages that influence its function. Genetics, 177: 523-533

Century K S, Lagman R A, Adkisson M, Morlan J, Tobias R, Schwartz K, Smith A, Love J, Ronald P C, Whalen M C. 1999. Short communication: developmental control of *Xa21*-mediated disease resistance in rice. Plant J, 20: 231-236

Che K P, Zhan Q C, Xing Q H, Wang Z P, Jin D M, He D J, Wang B. 2003. Tagging and mapping of rice sheath blight resistance gene. Theor Appl Genet, 106: 293-297

Chen C H, Zheng W, Huang X M, Zhang D P, Lin X H. 2006. Major QTL conferring resistance to rice bacterial leaf streak. Agri Sci China, 5: 216-220

Chen H L, Chen B T, Zhang D P, Xie Y F, Zhang Q F. 2001. Pathotypes of *Pyricularia grisea* in rice fields of central and southern China. Plant Dis, 85: 843-850

Chen H L, Wang S P, Xing Y Z, Xu C G, Hayes P M, Zhang Q F. 2003. Comparative analyses of genomic locations and race specificities of loci for quantitative resistance to *Pyricularia grisea* in rice and barley. Proc Natl Acad Sci USA, 100: 2544-2549

Chen X W, Shang J J, Chen D X, Lei C L, Zou Y, Zhai W X, Liu G Z, Xu J C, Ling Z Z, Cao G, Ma B T, Wang Y P, Zhao X F, Li S G, Zhu L H. 2006. A B-lectin receptor kinase gene conferring rice blast resistance. Plant J, 46: 794-804

Chu Z H, Yuan M, Yao J L, Ge X J, Yuan B, Xu C G, Li X H, Fu B Y, Li Z K, Bennetzen J L,

Zhang Q F, Wang S P. 2006. Promoter mutations of an essential gene for pollen development result in disease resistance in rice. Genes Dev, 20: 1250-1255

Ding X H, Cao Y L, Huang L L, Zhao J, Xu C G, Li X H, Wang S P. 2008. Activation of the indole-3-acetic acid-amido synthetase GH3-8 suppresses expansin expression and promotes salicylate and jasmonate-independent basal immunity in rice. Plant Cell, 20: 228-240

Ezuka A, Horino O, Toriyama K, Shinoda H, Morinaka T. 1975. Inheritance of resistance of rice variety Wase Aikoku 3 to *Xanthomonas oryzae*. Bull Tokai-Kinki Natl Agric Exp Stn, 28: 124-130

Gu K Y, Yang B, Tian D S, Wu L F, Wang D J, Sreekala C, Yang F, Chu Z Q, Wang G L, White F F, Yin Z C. 2005. *R* gene expression induced by a type-III effector triggers disease resistance in rice. Nature, 435: 1122-1125

Hu K M, Qiu D Y, Shen X L, Li X H, Wang S P. 2008. Isolation and manipulation of quantitative trait loci for disease resistance in rice using a candidate gene approach. Mol Plant, 1: 786-793

Iyer A S, McCouch S R. 2004. The rice bacterial blight resistance gene *xa5* encodes a novel form of disease resistance. Mol Plant Microbe Interact, 17: 1348-1354

Jiang G H, Xia Z H, Zhou Y L, Wan J, Li D Y, Chen R S, Zhai W X, Zhu L H. 2006. Testifying the rice bacterial blight resistance gene *xa5* by genetic complementation and further analyzing *xa5* (*Xa5*) in comparison with its homolog TFIIA γ1. Mol Genet Genomics, 275: 354-366

Jiang J S, Wang S P. 2002. Identification of a 118 kb DNA fragment containing the locus of blast resistance gene *Pi-2* (*t*) in rice. Mol Genet Genomics, 268: 249-252

Khush G S, Angeles E R. 1999. A new gene for resistance to race 6 of bacterial blight in rice, *Oryza sativa* L. Rice Genet Newslett, 16: 92-93

Khush G S, Bacalangco E, Ogawa T. 1990. A new gene for resistance to bacterial blight from *O. longistaminate*. Rice Genet Newslett, 7: 121-122

Kim K Y, Shin M S, Shin S H, Jeung J U, Noh T H, Kim B K, Ko J K. 2007. Resistant classification of Korean rice varieties to bacterial blight. In: 2nd international conference on bacterial blight of rice, October 1-3, 2007, Nanjing, China, 86-87

Lee K S, Rasabandith S, Angeles E R, Khush G S. 2003. Inheritance of resistance to bacterial blight in 21 cultivars of rice. Phytopathology, 93: 147-152

Lee S K, Song M Y, Seo Y S, Kim H K, Ko S, Cao P J, Suh J P, Yi G, Roh J H, Lee S, An G, Hahn T R, Wang G L, Ronald P, Jeon J S. 2009. Rice *Pi5*-mediated resistance to *Magnaporthe oryzae* requires the presence of two coiled-coil-nucleotide-binding-leucine-rich repeat genes. Genetics, 181: 1627-1638

Li Z K, Pinson S R M, Marshetti M A, Stansel J W, Park W D. 1995. Characterization of quantitative trait loci (QTLs) in cultivated rice contributing to field resistace to sheath blight (*Rhizactonia solani*). Theor Appl Genet, 91: 382-388

Li Z K, Sanchez A, Angeles E, Singh S, Domingo J, Huang N, Khush G S. 2001. Are the dominant and recessive plant disease resistance genes similar? A case study of rice R genes and *Xamhomonas oryzae* pv. races. Genetics, 159: 757-765

Lin F, Chen S, Que Z Q, Wang L, Liu X Q, Pan Q H. 2007. The blast resistance gene *Pi37* encodes an NBS-LRR protein and is a member of a resistance gene cluster on rice chromosome 1. Genetics, 177: 1871-1880

Liu G, Lu G, Zeng L, Wang G L. 2002. Two broad-spectrum blast resistance genes, *Pi9 (t)* and *Pi2 (t)*, are physically linked on rice chromosome 6. Mol Genet Genomics, 267: 472-480

Liu X Q, Lin F, Wang L, Pang Q H. 2007. The *in silico* map-based cloning of *Pi36*, a rice coiled-coil-nucleotide-binding site-leucine-rich repeat gene that confers race-specific resistance to the blast fungus. Genetics, 176: 2541-2549

McDonald B A, Linde C. 2002. Pathogen population genetic, evolutionary potential, and durable resistance. Annu Rev Phytopathol, 401: 349-379

Mew T W. 1989. An overview of the world bacterial blight situation. *In*: IRRI. Bacterial blight of rice, Manila Philippines: IRRI. 7-12

Mir G N, Khush G S. 1990. Genetics of resistance to bacterial blight in rice cultivar DV86. Crop Res, 3: 194-198

Mishra D, Konda K, Raj Y, Nguyen N, Roumen E. 2007. Pathotype diversity among Indian isolates of the bacterial leaf blight pathogen *Xanthomonas oryzae* pv. *oryzae*. *In*: 2nd international conference on bacterial blight of rice, October 1-3, 2007, Nanjing, China, 36-37

Nagai K, Fujimaki H, Yokoo M. 1970. Breeding of rice variety *Toride 1* with multi-racial resistance to leaf blast. Japan J Breed, 20: 7-14

Ogawa T. 1987. Gene symbols for resistance to bacterial leaf blight. Rice Genet Newslett, 4: 41-43

Ogawa T. 1993. Methods and strategy for monitoring race distribution and identification of resistance genes to bacterial leaf blight (*Xanthomonas campestris* pv. *oryzae*) in rice. Japan Agri Res Quarterly, 27: 71-80

Orbach M J, Farrall L, Sweigard J A, Chumley F G, Valent B. 2000. A telomeric avirulence gene determines efficacy for the rice blast resistance gene *Pi-ta*. Plant Cell, 12: 2019-2032

Ou S H, Nuque F L, Bandong J M. 1975. Relationship between qualitative and quantitative resistance in rice blast. Phytopathology, 65: 1315-1316

Ou S H (1985) False Smut (Green Smut). *In*: Rice Disease. 2nd. Farnham Royal, UK: Commonwealth Mycology Institute, 307-309

Pan X B, Rush M C, Sha X Y, Xie Q J, Linscombe S D, Stetina S R, Oard J H. 1999. Major gene, nonallelic sheath blight resistance from the rice cultivars Jasmine 85 and Teqing. Crop Sci, 39: 338-346

Parlevliet J E. 1979. Components of resistance that reduce the rate of epidemic development. Annu Rev Phytopathol, 17: 203-222

Pedley K F, Martin G B. 2004. Identification of MAPKs and their possible MAPK kinase activators involved in the Pto-mediated defense response of tomato. J Biol Chem, 279: 49229-49235

Pedley K F, Martin G B. 2005. Role of mitogen-activated protein kinases in plant immunity. Curr Opin Plant Biol, 8: 541-547

Pinson S R M, Capdevielle F M, Oard J H. 2005. Comfirming QTLs and finding additional loci conditioning sheath blight resistance in rice using recombinant inbred lines. Crop Sci, 45: 503-510

Porter B W, Chittoor J M, Yano M, Sasaki T, White F F. 2003. Development and mapping of markers linked to the rice bacterial blight resistance gene *Xa7*. Crop Sci, 43: 1484-1492

Qiu D Y, Xiao J, Ding X H, Xiong M, Cai M, Cao Y L, Li X H, Xu C G, Wang S P. 2007. OsWRKY13 mediates rice disease resistance by regulating defense-related genes in salicylate- and jasmonate-dependent signaling. Mol Plant Microbe Interact, 20: 492-499

Qiu D Y, Xiao J, Xie W P, Liu H B, Li X H, Xiong L Z, Wang S P. 2008. Rice gene network inferred from expression profiling of plants overexpressing *OsWRKY13*, a positive regulator of disease resistance. Mol Plant, 1: 538-551

Qu S H, Liu G F, Zhou B, Bellizzi M, Zeng L R, Dai L Y, Han B, Wang G L. 2006. The broad-spectrum blast resistance gene *Pi9* encodes a nucleotide-binding site-leucine-rich repeat protein and is a member of a multigene family in rice. Genetics, 172: 1901-1914

Reddy A P K. 1989. Bacterial blight crop less assessment and disease management. *In*: Bacterial blight of rice. IRRI eds. Manila: IRRI

Reddy A V, Bentur J S. 2000. Insect and disease resistance in rice. *In*: Nanda J S. 2000. Rice breeding and genetics: research priorities and challenges. Enfield, New Hampshire: Science Publisher, Inc, USA, 143-167

Sato H, Ideta O, Audo I, Kunihiro Y, Hirabayashi H, Iwano M, Miyasaka A, Nemoto H, Imbe T. 2004. Mapping QTLs for sheath blight resistance in the rice line WSS2. Breed Sci, 54: 265-271

Song W Y, Wang G L, Chen L L, Kim H S, Pi L Y, Holsten T E, Gardner J, Wang B, Zhai W X, Zhu L H, Fauquet C, Ronald P C. 1995. A receptor kinase-like protein encoded by the rice disease resistance gene, *Xa21*. Science, 270: 1804-1806

Sun X L, Cao Y L, Yang Z F, Xu C G, Li X H, Wang S P, Zhang Q F. 2004. *Xa26*, a gene conferring resistance to *Xanthomonas oryzae* pv. *oryzae* in rice, encodes an LRR receptor kinase-like protein. Plant J, 37: 517-527

Sun X L, Yang Z F, Wang S P, Zhang Q F. 2003. Identification of a 47 kb DNA fragment containing *Xa4*, a locus for bacterial blight resistance in rice. Theor Appl Genet, 106: 683-687

Tang D Z, Wu W P, Li W M, Lu H R, Worland A J. 2000. Mapping of QTLs conferring resistance to bacterial leaf streak in rice. Theor Appl Genet, 101: 286-291

van der Plank J E. 1968. Disease resistance in plants. London-New York: Academic Press

Wang C T, Wen G S, Lin X H, Liu X Q, Zhang D P. 2009. Identification and fine mapping of the new bacterial blight resistance gene, *Xa31(t)*, in rice. Eur J Plant Pathol, 123: 235-240

Wang G L, Song W Y, Ruan D L, Sideris S, Ronald P C. 1996. The cloned gene, *Xa21*, confers resistance to multiple *Xanthomonas oryzae* pv. *oryzae* isolates in transgenic plants. Mol Plant Microbe Interact, 9: 850-855

Wang G N, Ding X H, Yuan M, Qiu D Y, Li X H, Xu C G, Wang S P. 2006. Dual function of rice *OsDR8* gene in disease resistance and thiamine accumulation. Plant Mol Biol, 60: 437-449

Wang Z X, Yano M, Yamanouchi U, Iwamoto M, Monna L, Hayasaka H, Katayose Y, Sasaki T. 1999. The *Pib* gene for rice blast resistance belongs to the nucleotide binding and leucine-rich repeat class of plant disease resistance genes. Plant J, 19: 55-64

Wen N Q, Chu Z H, Wang S P. 2003. Three types of defense-responsive genes are involved in resistance to bacterial blight and fungal blast diseases in rice. Mol Genet Genomics, 269: 331-339

Wu X M, Li X H, Xu C G, Wang S P. 2008. Fine genetic mapping of *xa24*, a recessive gene for resistance against *Xanthomonas oryzae* pv. *oryzae* in rice. Theor Appl Genet, 118: 185-191

Xiao W F, Liu H B, Li Y, Li X H, Xu C G, Long M Y, Wang S P. 2009. A rice gene of *de novo* origin negatively regulates pathogen-induced defense response. PLoS ONE, 4: e4603

Xiang Y, Cao Y L, Xu C G, Li X H, Wang S P. 2006. *Xa3*, conferring resistance for rice bacterial blight and encoding a receptor kinase-like protein, is the same as *Xa26*. Theor Appl Genet, 113: 1347-1355

Yang Z F, Sun X L, Wang S P, Zhang Q F. 2003. Genetic and physical mapping of a new gene for bacterial blight resistance in rice. Theor Appl Genet, 106: 1467-1472

Yuan B, Shen X L, Li X H, Xu C G, Wang S P. 2007. Mitogen-activated protein kinase OsMPK6 negatively regulates rice disease resistance to bacterial pathogens. Planta, 226: 953-960

Yuan M, Chu Z H, Li X H, Xu C G, Wang S P. 2009. Pathogen-induced expressional loss of function is the key factor of race-specific bacterial resistance conferred by a recessive *R* gene *xa13* in rice. Plant Cell Physiol, 50: 947-955

Zhang J W, Feng Q, Jin C Q, Qiu D Y, Zhang L D, Xie K B, Yuan D J, Han B, Zhang Q F, Wang S P. 2005. Features of the expressed sequences revealed by a large-scale analysis of ESTs from a normalized cDNA library of the elite *Indica* rice cultivar Minghui 63. Plant J, 42: 772-780

Zhang Q F. 2007. Strategies for developing green super rice. Proc Natl Acad Sci USA, 104: 16402-16409

Zhang S, Klessing D F. 2001. MAPK cascades in plant defense signaling. Trends Plant Sci, 6: 520-527

Zhao J, Fu J, Li X H, Xu C G, Wang S P. 2009. Dissection of the factors affecting development-controlled and race-specific disease resistance conferred by leucine-rich repeat receptor kinase-type *R* genes in rice. Theor Appl Genet, 119: 231-239

Zhou B, Peng K M, Chu Z H, Wang S P, Zhang Q F. 2002. The defense-responsive genes showing enhanced and repressed expression after pathogen infection in rice (*Oryza sativa* L.). Sci China (C), 45: 449-467

Zhou B, Qu S H, Liu G F, Dolan M, Sakai H, Lu G D, Bellizzi M, Wang G L. 2006. The eight amino-acid differences within three leucine-rich repeats between *Pi2* and *Piz-t* resistance proteins determine the resistance specificity to *Magnaporthe grisea*. Mol Plant Microbe Interact, 19: 1216-1228

Zhou J H, Pan X B, Chen Z X, Xu J Y, Lu J F, Zhai W X, Zhu L H. 2000. Mapping quantitative trait loci controlling sheath blight resistance in two rice cultivars (*Oryza sative* L.). Theor Appl Genet, 101: 569-575

# 第 4 章 水稻抗旱性的分子机制与遗传改良

干旱一直是造成全世界作物减产的重要因素，并将日益严重地威胁着粮食生产安全。在中国这样淡水资源非常匮乏的国家和地区，这一点表现得尤为明显。近年来，培育节水抗旱作物以缓解干旱和水资源短缺而引发的粮食安全问题已受到广泛关注。

植物抗旱性是一个非常复杂的性状，不同植物抗旱性差别很大。对水稻而言，一方面，长期以来一直是在水分相对充足的生态条件下被驯化而来的，对干旱非常敏感；另一方面，水稻生长对水分的利用效率较低，水稻生产耗水量大，在中国目前水稻生产用水约占农业耗水总量的 70%。鉴于全球特别是中国淡水资源日趋紧缺的现状，培育节水抗旱水稻不仅是绿色超级稻培育的重要目标之一，而且对农业可持续发展具有十分重要的意义（Zhang，2007）。

## 4.1 植物抗旱性机制概述

植物对干旱造成的不良环境的抵抗和耐受能力称之为抗旱性，它是植物在长期演化过程中形成的对干旱应答和适应性的统称。植物的抗旱性是一个非常复杂的性状，它受发育、生理生化及分子等多方面调控。例如，根的形态建成、保卫细胞的调控、渗透调节、光合作用的改变、大分子保护蛋白及抗氧化物质的合成等都会对植物的抗旱性产生影响（Blum，2002）。近十多年来，人们以拟南芥为主要研究对象对干旱等非生物逆境的信号传递途径和调控过程开展了大量研究，在植物抗逆性的分子和生理机制方面取得了长足的进展。

### 4.1.1 植物对干旱胁迫信号的应答和传递的一般过程

植物遭遇到干旱等逆境胁迫时，外界信号被植物细胞内的信号受体（可能包括离子通道蛋白、组氨酸激酶和 G 蛋白偶联受体等）识别，进而产生能在细胞内传递的第二信使（如 $Ca^{2+}$、活性氧物质和二酰甘油等）；然后第二信使介导下游的蛋白质磷酸化串联物（如 CDPK、MAPK 等）的磷酸化反应，这些蛋白质磷酸化级联物可以直接激活下游一系列的转录因子；这些转录因子又可以特异性地激活一批胁迫应答的靶基因，产生一些使细胞免受胁迫伤害的物质（如 Lea 类蛋白、渗透调节蛋白、抗冻蛋白和通道蛋白等），进而增强植物对胁迫的耐受能力（Xiong et al.，2002）。在这些逆境胁迫信号传递中，除需要各种信号分子外，还需要一些对信号分子起修饰、转运和装配的物质，它们可使信号分子在时空上更好地分工协作，这些物质主要包括一些蛋白质修饰酶类（如催化蛋白质脂化、甲基化、糖基化和泛素化等）。

### 4.1.2 参与干旱胁迫信号传递的主要信号分子

脱落酸（abscisic acid，ABA）是一种小分子亲脂性的植物激素，具有调节植物发育、种子休眠、发芽、细胞分裂和在细胞水平上对干旱、寒冷、盐碱、病害和紫外辐射等环境胁迫的响应能力。ABA 在植物逆境应答调控中起着重要的作用,被称为逆境激素(stress hormone)。在干旱、盐碱等逆境胁迫下,植物体内 ABA 的含量会发生明显的变化,而且在胁迫下表达的许多基因同时也受外源 ABA 的诱导,这表明 ABA 参与了植物逆境信号的传递过程,它在植物适应环境胁迫的过程中扮演着至关重要的角色(Christmann et al.,2006)。特别是在渗透胁迫下,植物一般会积累比正常情况下高达数十倍水平的 ABA。ABA 在渗透胁迫中另一重要作用是调节气孔的关闭。ABA 处理植物叶片会促进气孔关闭,而植物遭受渗透胁迫时,在保卫细胞中也有 ABA 的迅速积累,因而可以推测 ABA 也参与控制渗透胁迫下的气孔关闭。在干旱条件下,促进气孔关闭以控制水分散失是 ABA 的一个重要的生理功能。因水分胁迫,叶片水势下降,叶绿体膜对 ABA 的透性增大,叶绿体渗出 ABA 引起气孔关闭。叶肉组织的叶绿体中储存的 ABA 下降后,会合成 ABA 进行补充。研究结果表明,水分胁迫至少引起 ABA 含量提高 20 倍,经水分胁迫的根系同样形成较高的 ABA 浓度,而后通过木质部运输到叶片,使叶片气孔关闭。其作用效应是由于 ABA 在保卫细胞原生质膜外的自由空间起作用,关键是 ABA 降低了 ATP-质子泵的活力,切断了 $H^+$ 和 $K^+$ 的交换通道,使水分外渗膨压降低,气孔关闭。一旦水势恢复正常,叶绿体停止释放 ABA,ABA 合成速率即显著下降(Schroeder et al.,2001)。

ABA 的合成需要不同酶的参与,但关键的限速酶是 9-顺式环氧类胡萝卜素双加氧酶(9-*cis*-epoxycarotenoid dioxygenase,NCED),而在渗透胁迫下 NCED 的急剧诱导则是 ABA 积累的决定因素(Yang and Guo,2007)。ABA 在植物应对环境胁迫中的作用的一个主要方面是调节胁迫响应基因。ABA 是很多胁迫响应基因的调节所必需的。目前所鉴定胁迫响应基因的上游启动子区,相当一部分存在 ABA 调节的顺式作用元件,如 ABRE 序列,它是 ABA 响应的转录因子 AREB 的结合位点(Narusaka et al.,2003)。最新的研究鉴定了这一过程的 ABA 受体 ABAR/CHLH。ABA 不仅控制了气孔在旱胁迫下的关闭,同时也控制了胁迫响应基因的表达以及种子的萌发(Schroeder et al.,2001)。

作为抗旱性诱导的激发机制的一部分,ABA 抑制了与活跃生长有关的基因,并活化了与抗旱诱导有关的基因,从而增加了植物的抗旱性。在植物营养生长过程中,当植株暴露在干旱胁迫环境中,其内源性 ABA 含量增加。ABA 在触发植物对逆境刺激的反应中是一种必需的传递体,许多干旱胁迫诱导的基因需要内源 ABA 的增加,且对外源 ABA 处理起反应。但是,在 ABA 缺失(aba)或者 ABA 不敏感(abi)的拟南芥突变体中,ABA 诱导的干旱胁迫基因的表达分析证明,在干旱或者低温条件下一些胁迫诱导的基因不需要内源 ABA 积累(Thomashow,1999)。因此,在干旱胁迫反应中,不仅有依赖于 ABA 的信号传导途径,而且有不依赖于 ABA 的信号传导途径。

Shinozaki 和 Yamaguchi-Shinozaki 详细地研究了干旱胁迫下的拟南芥的基因表达调控,通过对干旱胁迫下及非胁迫下不同植物的对比研究,以及对同一植物干旱胁迫前后进行差异筛选,已经鉴定出了许多已知功能和未知功能的基因。他们认为,在干旱胁迫起始信号与基因表达之间至少存在 4 条独立的信号传导途径。不需要蛋白质合成的

ABA 依赖型基因，通过途径Ⅱ进行表达，即逆境胁迫会促使细胞内 ABA 含量增加，激活 bZIP 转录因子，调控 bZIP 转录因子与 ABRE 的相互作用，促进该类基因的表达。需要蛋白质合成的 ABA 依赖型基因通过途径Ⅰ进行表达，逆境胁迫不仅会提高 ABA 含量，通过 ABA 激活基因表达，同时还会促进 MYB、MYC 等转录因子优先合成，促进其与 MYB、MYC 等识别部位结合，诱导目的基因表达（Shinozaki and Yamaguchi-Shinozaki，2000）。

除了 ABA，$Ca^{2+}$ 也是植物识别逆境过程中最主要的信号分子之一。在比较早期的研究中人们就发现，逆境胁迫可以快速导致植物细胞内 $Ca^{2+}$ 升高，这个事件被称之为 $Ca^{2+}$ 迸发（Berridge et al.，2003）。$Ca^{2+}$ 的迸发可能通过下面的过程来完成：首先是细胞的感受器识别盐胁迫信号，将胞外（细胞壁）钙库中的 $Ca^{2+}$ 释放进入胞内，从而使胞内 $Ca^{2+}$ 浓度升高；其次是升高的胞内 $Ca^{2+}$ 可以进一步激活磷脂酰肌醇途径，释放 IP3，而 IP3 信号传导可以打开内质网、线粒体等内膜系统上的肌醇途径依赖 $Ca^{2+}$ 通道，打开胞内钙库（Xiong et al.，2002）。识别胞内 $Ca^{2+}$ 信号的是一些 $Ca^{2+}$ 受体，包括钙调蛋白、CDPK 以及一些 CBL 家族的蛋白质。最后，$Ca^{2+}$ 受体结合了 $Ca^{2+}$ 之后往往通过改变自身的蛋白激酶活性或互作的蛋白激酶活性，然后通过蛋白激酶级联反应或直接改变其他蛋白质，如一些运输蛋白、转录因子等的活性，最终使植物完成信号传递并做出反应。这一事件在一些离子运输蛋白［如 SOS1（Qiu et al.，2002）、HKT1（Davenport et al.，2007）和 AKT1（Dong et al.，2007）等］上的活性调节过程已相对比较清楚。

除了上述这些信号分子外，磷脂、NO、乙烯甚至一些糖分子都在干旱胁迫信号传递途径中起着重要作用。

### 4.1.3 干旱胁迫信号在植物体内传递的主要途径

当植物面临逆境胁迫时，各种信号传递途径被开启，形成一个复杂的信号传递调控网络系统。随着人们对逆境胁迫信号传递知识的积累，对其传递网络系统的认识也逐渐完善。目前已经研究较为深入的干旱胁迫信号传递系统主要有两类。

第一类，是 MAPKKK/MAPKK/MAPK 级联物（cascade）介导的渗透/氧化胁迫信号传递支路，其产物是一些调控细胞周期、保护细胞免受胁迫伤害的渗透调节物及抗氧化剂。MAPK 是在动物细胞中首次发现的，当时命名为 microtubule associated protein-2 kinase（MAP-2 kinase），随后发现它能磷酸化（phosphorylation）蛋白质的丝氨酸和苏氨酸位点，并且这个蛋白激酶与以前发现的一种受细胞分裂原激活的蛋白质极其相似，是一个丝氨酸/苏氨酸（Ser/Thr）蛋白激酶，因此将其命名为 mitogen-activated protein kinase。MAPK 级联信号通路由三个蛋白激酶组成：MAPKK kinase（MAPKKK）、MAPK kinase（MAPKK）和 MAP kinase（MAPK）。其作用机制是：当生物体遭遇刺激时，MAPKKK 被上游因子磷酸化而被激活，MAPKK 又称为 MEK（MAPK/ERK kinase），上游的 MAPKKK 可使 MAPKK 中的丝氨酸（Ser）和丝氨酸/苏氨酸（Ser/Thr）发生双重磷酸化，从而将其激活。MAPK 含有 11 个保守的蛋白激酶亚区，在第Ⅶ亚区和第Ⅷ亚区之间有一个非常保守的 TxY 基序（motif），MAPKK

通过对 MAPK 的 X 位点两端的苏氨酸（T）和酪氨酸（Y）残基的双位点磷酸化从而使其激活 MAPK。激活的 MAPK 再进一步调控下游因子（通常是转录因子）。尽管大量证据表明 MAPK 级联信号通路在植物非生物和生物胁迫信号传递中有重要作用，但对于干旱这种逆境，目前在植物中还没有鉴定出一个完整的 MAPK 级联信号通路。

第二类，是依赖于 $Ca^{2+}$，并以 $Ca^{2+}$ 依赖型蛋白质激酶（$Ca^{2+}$ dependent protein kinase，CDPK）为主介导的胁迫信号传递支路。钙信号通过下游不同的钙受体蛋白产生不同的生理效应。钙受体蛋白通常有"EF-手"（EF-hand）的结构域，是一种螺旋-环-螺旋（helix-loop-helix）的结构。按照"EF-手"结构域的数目和组成以及氨基酸序列的同源性，植物中的钙受体蛋白主要分为三类：钙调蛋白（calmodulin，CaM）、钙调磷酸酶 B 类蛋白（calcineurin B-like protein，CBL）和 CDPK。CaM 是植物细胞中 $Ca^{2+}$ 最重要的多功能受体蛋白，一般由 4 个 EF-hand 组成。CBL 是植物中新发现的一类 $Ca^{2+}$ 传感蛋白，与动物钙调磷酸酶 B（calcineurin B）亚基同源。CaM 和 CBL 是两类小蛋白，都具有 $Ca^{2+}$ 结合结构域，但自身并没有激酶活性，只有与 $Ca^{2+}$ 结合活化后进一步与其靶蛋白结合，才能诱发其结构变化，调控植物的各种生理反应。CDPK 是广泛存在于植物中的一类独特的 $Ca^{2+}$ 传感蛋白，它同时具有 $Ca^{2+}$ 结合活性和激酶活性。不同的 CDPK 具有不同的内源底物，因而在钙信号传导中具有不同的生理功能。在干旱胁迫下，植物细胞出现 $Ca^{2+}$ 浓度变化，进而激活 CDPK，CDPK 通过磷酸化级联反应调控下游基因表达和产物活性。这些产物在基因表达、酶代谢、离子和水分的跨膜运输、细胞骨架的动态变化等上面的微观变化，使植物表现出应答和适应干旱的宏观变化。

胁迫信号究竟选择哪一条或哪几条传递支路进行传递，很大程度上取决于这种胁迫处理对生物体所引起的生理、生化反应及生物体接受这种胁迫信号的受体。尽管人们对干旱逆境胁迫的信号传递有了一定的了解，但由于对感受逆境胁迫信号的受体知之甚少及信号传递本身的复杂性，逆境胁迫信号传导的很多细节还未被研究清楚。然而随着各种新实验手段、新思路的综合运用，人们终究会完全揭开非生物逆境胁迫信号传递网络的神秘面纱。

### 4.1.4 调控植物抗旱性相关基因的功能鉴定

在研究植物抗逆性的分子机制过程中，一些调控植物抗旱性相关的基因也相应被鉴定。近年来，通过对拟南芥等植物的研究已鉴定出一批抗旱相关基因，这些基因编码的蛋白质或酶在细胞中行使着各种各样的功能，包括 ABA 合成（如 NCED 和 LOS5）、转录调控（如 CBF3、DREB 和 ZAT10）、渗透调节物质的合成（如 TPS 和 CodA）、解毒酶类的合成（如 SOD）、离子动态平衡的维持（NHX1）等（Zhu，2002）。研究表明，在实验室条件下利用这些基因对拟南芥进行基因工程改造，能够在一定程度上提高植株的抗旱性（Thompson et al.，2000；Qin and Zeevaart，2002；Kasuga et al.，1999；Apse et al.，1999；Iuchi et al.，2001）。

研究者们在水稻中也鉴定了一些抗旱相关基因。例如，在水稻中表达一个融合的细菌基因 TPS-TPP 显著提高了水稻海藻糖的含量和抗旱性（Garg et al.，2002；Jang et al., 2003); 超量表达一个水稻 MAPK 基因也显著增强了水稻对干旱、高盐和低温逆境条件的耐受能力 (Xiong and Yang, 2003)。尽管这些结果都来源于温室实验,但它也说明了遗传工程对于发掘可能改良重要经济作物抗旱性的基因是一个可行的策略。

## 4.2　水稻抗旱性的遗传学基础

### 4.2.1　水稻抗旱性及评价指标

水稻抗旱性是指特定水稻在长期进化过程中形成的对干旱造成的不良环境的应答和适应能力的统称。水稻抗旱性主要可分为三种形式:避旱性(drought escape)、御旱性(drought avoidance)和耐旱性(drought tolerance)。避旱性是指自然或人为地调整水稻的生长时间或生长周期,在季节上不与季节性或气候性干旱相遇。御旱性是指通过特定的形态结构来降低干旱造成的影响,使植物在干旱条件下仍能进行基本正常的生理活动。例如,通过发达的根系(特别是通过增加根的深度)增加水分的吸收,通过快速关闭气孔或卷叶以减少散失等方式避免干旱带来的不利影响。耐旱性是指植物受到环境胁迫时,通过细胞内的一系列的基因表达和代谢调控来降低或修复由逆境造成的损伤,使其能保持正常的生理活动。例如,植物遇到干旱时通过增加细胞内的渗透调节物质,以提高细胞对水分胁迫的耐受能力。

水稻抗旱性是一个非常复杂的性状,不同发育阶段对干旱的敏感程度不一样。在一个特定发育阶段,水稻的抗旱性又与根系性状、气孔运动、光合作用、细胞的渗透调节能力、大分子保护蛋白及抗氧化物质合成等一系列形态、生理和分子水平上的事件相关。因此,要全面准确地评价水稻的抗旱性是非常困难的。在实践中,研究者往往根据不同的目的用与抗旱性相关的某个或某几个指标来评价水稻的抗旱性。这些指标可以归纳为以下三种类型。

(1) 御旱相关的指标。这类指标包括根形态性状(如根长、根粗和根数量等)、气孔导度、叶片水势、叶片相对含水量、水分散失速率、光合速率、冠层温度以及 $^{13}$C 同位素鉴别率等。这些性状大多直接或间接地与水分的吸收和利用效率有关。

(2) 耐旱相关的指标。这类指标主要包括一些与渗透调节(如渗透势、ABA 含量、脯氨酸含量和可溶性糖含量等)和与降低干旱损伤(如过氧化物酶或超氧化物歧化酶活性、叶绿素含量等)相关的生理指标。

(3) 综合指标。这类指标主要包括与被胁迫材料的生物学产量(植株的成活率、鲜重、干重、绿叶面积和死叶记分等)和经济产量(如籽粒产量、结实率等)相关的性状。在比较多个遗传背景不同的材料时,采用产量相关性状的相对指标(即胁迫条件下的产量与正常生长条件下的产量的比值)更能客观地反映被试材料的抗旱性。尽管这些综合指标并不能揭示被试材料的抗旱性的机制,但对抗旱育种来讲这些综合指标比某个或某几个形态或生理指标更为简便有效。

### 4.2.2　水稻抗旱相关的数量性状位点定位和应用

相对其他旱地作物而言,水稻对干旱非常敏感。为实现培育节水抗旱水稻这一长远目标，国内外许多科研小组一直致力于水稻种质资源的抗旱性筛选和抗旱相关的数量性状位点（QTL）的定位并期望将它们应用于抗旱水稻育种。

自从人们普遍认识到根系统对作物抗旱性的重要性之后（O'Toole and Bland，1987；Lynch，1995；Blum，1996），大多数研究都将重点集中于根系特性上。目前已鉴定发现了许多控制根系性状的QTL，这些性状包括根系在土壤中的穿透能力（Ray et al.，1996；Price et al.，2000；Ali et al.，2000）、根体积和根长（Champoux et al.，1995；Yadav et al.，1997；Price et al.，2000；Zhang et al.，2001；Kamoshita et al.，2002；Zheng et al.，2003）等（表4-1）。

表 4-1 水稻中控制抗旱性及相关性状的数量性状位点（QTL）

| 性 状 | 群体类型 | 构成性状的数量 | 试验环境数 | QTL 数量 | 参考文献 |
| --- | --- | --- | --- | --- | --- |
| 分蘖及根性状 | RIL | 4 | 2 | 18 | Champoux et al.，1995 |
|  | RIL | 4 | 1 | 29 | Ray et al.，1996 |
|  | RIL | 4 | 1 | 18 | Price et al.，2000 |
| 渗透调节 | RIL | 1 | 1 | 7 | Lilley et al.，1996 |
|  | DH | 1 | 1 | 5 | Zhang et al.，2001 |
|  | DH | 1 | 1 | 5 | Nguyen et al.，2004 |
| 根系性状 | $BC_3F_3$ | 1 | 1 | 14 | Robin et al.，2003 |
|  | DH | 4 | 1 | 12 | Zheng et al.，2000 |
|  | DH | 10 | 1 | 39 | Yadav et al.，1997 |
|  | DH | 5 | 2 | 23 | Hemamalini et al.，2000 |
|  | DH/NIL | 4 | 2 | 9 | Shen et al.，2001 |
|  | $F_2$ | 8 | 1 | 24 | Price and Tomos，1997 |
|  | RIL | 8 | 2 | 24 | Price et al.，2002 |
|  | RIL | 5 | 2 | 28 | Ali et al.，2000 |
|  | DH | 7 | 1 | 35 | Zhang et al.，2001 |
|  | DH | 7 | 1 | 37 | Nguyen et al.，2004 |
|  | RIL | 11 | 2 | 38 | Yue et al.，2006 |
|  | RIL | 7 | 2 | 40 | Li et al.，2005 |
| 根粗 | RIL | 1 | 2 | 2 | Lafitte et al.，2004 |
| 根性状及茎秆生物量 | RIL | 7 | 1 | 22 | Kamoshita et al.，2002 |
|  | DH | 7 | 4 | 15 | Kamoshita et al.，2002 |
| 干旱记分 | DH | 1 | 2 | 2 | Hemamalini et al.，2000 |
| 卷叶及气孔导度 | $F_2$ | 2 | 1 | 8 | Price and Tomos，1997 |
| 叶性状 | RIL | 3 | 2 | 16 | Yue et al.，2005 |
| 干叶/卷叶记分 | RIL | 2 | 2 | 10 | Yue et al.，2006 |
| 叶尺寸/脱落酸积累 | $F_2$ | 3 | 1 | 17 | Quarrie et al.，1997 |
| 幼苗性状 | DH | 3 | 2 | 16 | Hemamalini et al.，2000 |
|  | DH | 4 | 3 | 42 | Courtois et al.，2000 |
|  | DH | 4 | 1 | 8 | Babu et al.，2003 |

续表

| 性　状 | 群体类型 | 构成性状的数量 | 试验环境数 | QTL 数量 | 参考文献 |
|---|---|---|---|---|---|
| 抽穗期 | RIL | 1 | 2 | 7 | Yue et al.，2005 |
| 抽穗期和株高 | RIL | 2 | 2 | 15 | Lafitte et al.，2004 |
|  | DH | 2 | 1 | 14 | Babu et al.，2003 |
|  | DH | 2 | 5 | 16 | Lanceras et al.，2004 |
|  | NIL | 2 | 2 | 26 | Xu et al.，2005 |
|  | BC$_2$F$_2$ | 2 | 2 | 10 | Moncada et al.，2001 |
| 株高及分蘖 | DH/NIL | 2 | 2 | 3 | Shen et al.，2001 |
| 生物量 | RIL | 1 | 2 | 4 | Lafitte et al.，2004 |
|  | DH | 1 | 5 | 8 | Lanceras et al.，2004 |
| 籽粒产量 | RIL | 1 | 2 | 3 | Lafitte et al.，2004 |
|  | DH | 1 | 1 | 5 | Babu et al.，2003 |
|  | RIL | 1 | 2 | 5 | Zou et al.，2005 |
|  | NIL | 1 | 2 | 10 | Xu et al.，2005 |
|  | DH | 1 | 5 | 7 | Lanceras et al.，2004 |
| 产量构成性状 | RIL | 6 | 2 | 48 | Lafitte et al.，2004 |
|  | DH | 3 | 1 | 12 | Babu et al.，2003 |
|  | DH | 3 | 5 | 40 | Lanceras et al.，2004 |
|  | RIL | 6 | 2 | 27 | Yue et al.，2006 |
|  | RIL | 4 | 2 | 27 | Zou et al.，2005 |
|  | BC$_2$F$_2$ | 4 | 2 | 13 | Moncada et al.，2001 |
| 收获指数 | RIL | 1 | 2 | 5 | Lafitte et al.，2004 |
|  | DH | 1 | 5 | 6 | Lanceras et al.，2004 |
| 单株产量 | BC$_2$F$_2$ | 1 | 2 | 2 | Moncada et al.，2001 |
| 相对产量 | DH | 1 | 1 | 2 | Babu et al.，2003 |
|  | RIL | 1 | 2 | 4 | Yue et al.，2005 |
|  | RIL | 1 | 2 | 3 | Yue et al.，2006 |
| 相对产量构成性状 | RIL | 6 | 2 | 15 | Yue et al.，2006 |
| 相对小穗育性 | RIL | 1 | 2 | 5 | Yue et al.，2005 |
| 干旱应答指数 | RIL | 1 | 2 | 7 | Yue et al.，2005 |
| 耐脱水性状 | RIL | — | 2 | 17 | Price et al.，2002 |
| 细胞膜稳定性 | DH | 1 | 1 | 9 | Tripathy et al.，2000 |

注：RIL，重组自交系；DH，双单倍体。

Yue 等（2006）利用水稻珍汕 97（干旱敏感）和旱稻 IRAT109（抗旱）构建了重组自交系（RIL）群体，在正常生长和干旱胁迫条件下检测到 17 个控制各种根系性状（如根长、深扎根率、干旱诱导下的深扎根率和干旱诱导下的根体积等）的 QTL。其中，大多数 QTL 遗传效应十分微弱（LOD 值在 2.5~5），在以前其他群体报道的文献中找不到相匹配的 QTL。但其中有 3 个控制根性状的位点（2 个位于第 4 号染色体上，

1个位于第9号染色体上），与文献中报道的位点能够很好地匹配（Price et al.，2000；Kamoshita et al.，2002）。有趣的是，在干旱胁迫下控制相对产量的 QTL（位于第8号染色体的 RM284 和 RM531 标记之间）与其他研究小组（Zhang et al.，2001；Robin et al.，2003）检测到的控制渗透调节的 QTL 的位置相符。

  水稻耐旱相关性状的 QTL 定位也有一些报道，如渗透调节（Lilley et al.，1996；Robin et al.，2003）、膜稳定性（Tripathy et al.，2000）等生理参数的 QTL 的定位。在干旱胁迫条件下直接以经济产量或生物学产量（或相对产量）为综合指标的 QTL 定位的报道相对较少。在以水稻珍汕 97 和旱稻 IRAT109 为亲本构建的重组自交系（RIL）群体中，Yue 等（2006）在 PVC 管中对该群体进行了两年的耐旱性试验。这个试验在设计上的特别之处在于：用 PVC 管种植水稻（每管一株），可以在孕穗期对 RIL 群体的各家系（生育期、植株大小以及根系存在差异）在相同发育时期进行相同程度的干旱胁迫，从而可以将控制耐旱性和避旱性相关的性状的 QTL 分别进行检测。实验结果显示，抗旱系数（相对产量）与抽穗期、地上干物重及大部分根系性状间无显著相关性，说明该试验中避旱性的影响得到排除。两年共检测到 37 个与耐旱性相关性状（如产量、产量性状的相对值和死叶程度等）的 QTL，与他人定位结果比较也证实了它们主要与耐旱性（渗透调节能力等）有关（图 4-1）。对照和干旱胁迫下的产量和产量构成性状的 QTL 定位的一致性分析表明，只有少数干旱胁迫下表达的 QTL 与相对值 QTL 相对应。他们两年定位了 6 个与干旱到出现卷叶所需天数（DLR）有关的 QTL。相关分析及 QTL 比较发现，根系下扎速度及干旱诱导根系深度增加量与干旱到卷叶的天数之间呈正相关，而与植株和根系大小之间呈负相关。另外，通过在 PVC 管种植重组自交系群体进行干旱胁迫，共定位了 71 个与最大扎根深度和深层根分布有关的 QTL，以及 97 个与根粗、根总体积（重量）及根茎比有关的 QTL。最大扎根深度和深层根分布等根系性状比根粗、根总体积（重量）和根茎比等根系性状对环境条件更为敏感。相关分析和 QTL 位置比较发现，控制耐旱性和避旱性的染色体区域相对独立（图 4-1），说明耐旱性和避旱性的遗传基础不同，可以在抗旱育种上将二者加以聚合。Yue 等（2005）还利用错期播种调整抽穗期，分别在黏土和沙土环境下对大田后期抗旱性进行了 QTL 分析，扫描到 16 个与干旱反应指数（DRI）、抗旱系数和相对结实率有关的 QTL 以及 23 个与地上部水分状况有关的 QTL，两种土壤环境下仅有 2 个共同的 QTL，说明不同的土壤环境下抗旱机制不同。在黏土和较为严重的干旱环境下，抗旱性主要与耐旱性有关，而在沙土环境下，抗旱性的发挥主要与根系深度、深层根系分布比例等避旱性状有关，表明在水稻后期品种抗旱性改良中，应针对特定地区干旱发生特征和土壤类型进行。在上述抗旱性 QTL 分析中发现，非等位基因间的互作在耐旱性有关性状和水稻后期大田抗旱性中也发挥了较为重要的作用；除干旱反应指数、相对产量、相对育性外，相关分析和 QTL 定位结果比较还表明冠层温度、干旱到卷叶的天数也可作为较好的水稻后期抗旱性筛选指标。

  虽然已有文献报道了 100 多个直接或间接与控制抗旱相关性状的 QTL，但其中只有极少数得到了精细定位，并且大多数 QTL 在不同群体甚至同一群体不同环境条件下都难以重复检测到。上述种种情况在很大程度上限制了 QTL 的应用。

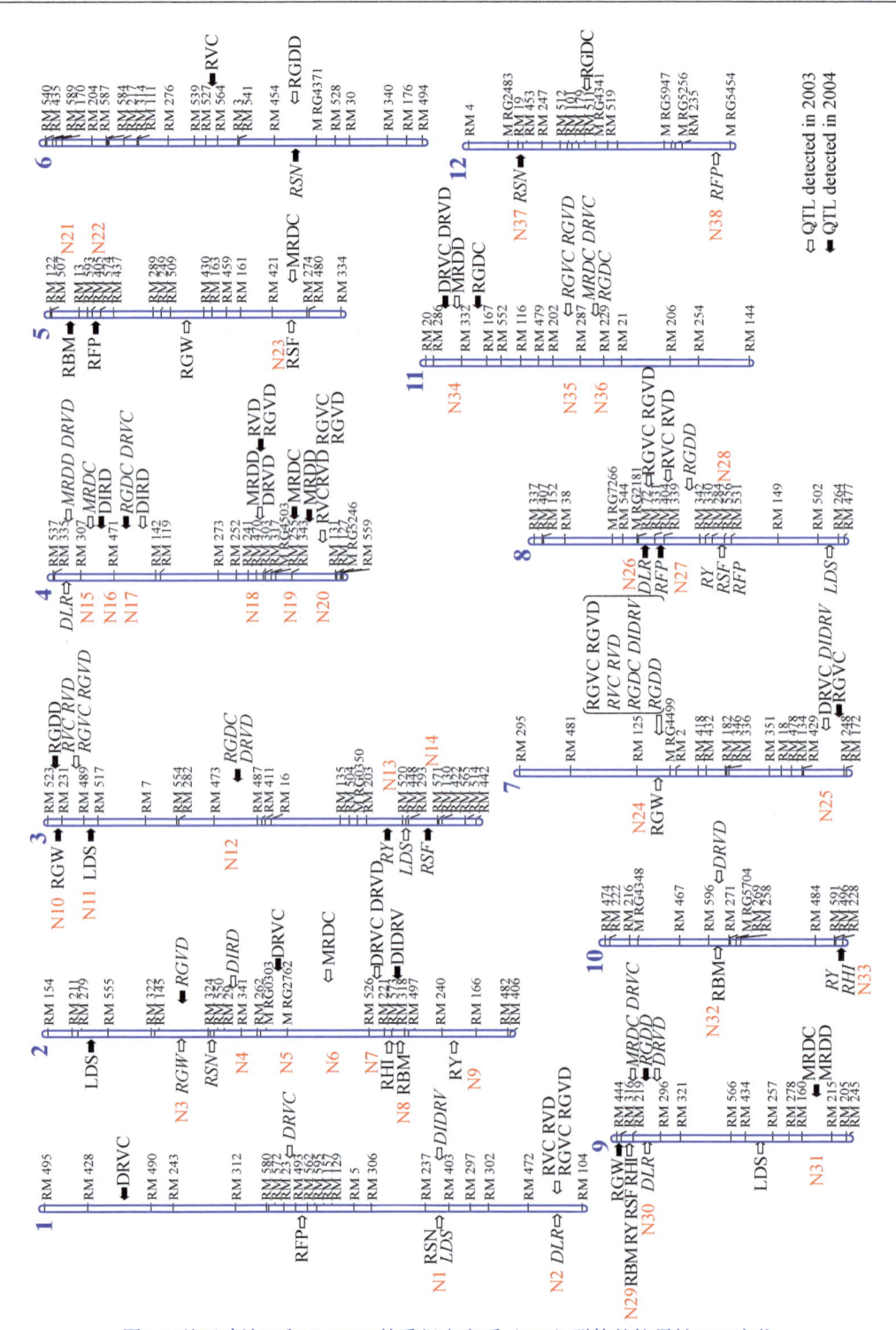

图4-1 基于珍汕97和IRAT109的重组自交系（RIL）群体的抗旱性QTL定位

地上部分的性状和根性状的QTL分别标示于染色体的左侧和右侧。两年中都检测到的QTL用黑体显示，增效（increasing trait values）的等位基因来自珍汕97的QTL用斜体表示。对各个性状的描述参看文献 Yue等（2006）。N1-N38表示用于构建近等基因系的QTL

基于对控制抗旱相关的形态（如根系和叶片性状）和产量稳定性等性状的 QTL 定位结果（Yue et al., 2005, 2006），熊立仲课题组选取了 38 个 QTL 作为目标区段（图 4-1），以杂交水稻亲本珍汕 97 为轮回亲本构建近等基因系（NIL）。目前已构建了 20 多个 QTL 区间的近等基因系，在干旱胁迫条件下进行了田间试验并鉴定得到了一些抗旱性增强的株系。由于这些 QTL 的效应大多来源于旱稻品种 IRAT109，这些近等基因系的获得为进一步利用旱稻来源的抗旱性相关 QTL 提供了宝贵的材料。

对于抗旱性这类遗传基础非常复杂的性状，由于单个 QTL 的表型效应通常比较小，表型鉴定的准确性比较低，使得通过经典的图位克隆的策略克隆抗旱 QTL 基因的难度非常大。迄今为止，还没有通过图位克隆的策略克隆抗旱 QTL 基因的报道。在试图克隆抗旱 QTL 基因的过程中，综合利用遗传学和功能基因组学的手段获得一批抗旱性相关的候选基因对于确定 QTL 候选基因是很有帮助的。

## 4.3 水稻抗旱相关基因的鉴定和功能分析

迄今为止，文献中报道的可以提高植物抗逆性的基因绝大多数是在温室盆栽或培养基条件下鉴定的。鉴定出可以真正在大田条件下能显著提高水稻抗旱性的基因仍然是一个具有挑战性的任务。鉴于上述的通过 QTL 定位和克隆水稻抗旱性相关基因的难度很大，综合利用遗传定位和图位克隆、突变体筛选和功能基因鉴定、全基因组表达谱分析以及候选基因的遗传转化鉴定等策略（图 4-2）来鉴定水稻抗旱性相关基因，可能是一条有效的途径。

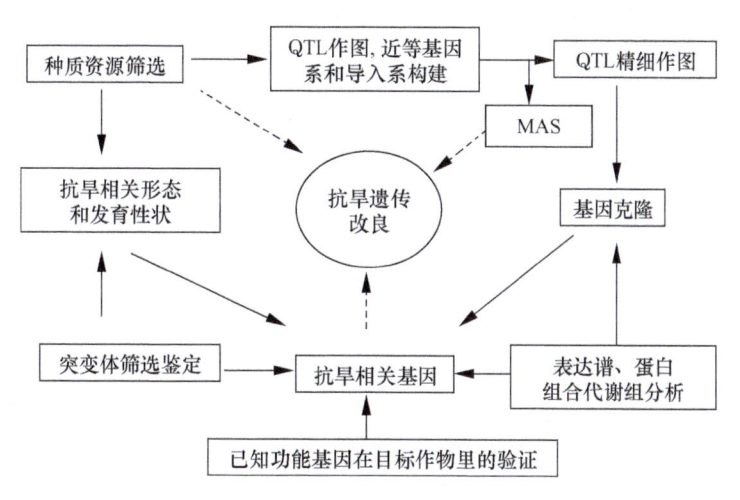

图 4-2 鉴定水稻抗旱相关基因及抗旱遗传改良策略的示意图

### 4.3.1 通过突变体抗旱筛选鉴定逆境相关基因

大型水稻 T-DNA 插入/激活突变体库是水稻功能基因组学研究的重要平台之一，目前世界范围内有超过 60 万份水稻突变体资源可供抗旱筛选。可采用两种策略筛选水稻干旱反应突变体。

第一种策略是从突变体库中随机挑选出大量突变体进行干旱筛选。这种策略需要有足够的材料种植的空间（如位于华中农业大学校园内的配有可移动防雨大棚的试验田，图 4-3）。这种策略的主要优点是可以从全基因组范围进行筛选，有利于发现具有抗旱功能的新基因；而主要缺点则是筛选到真正是由 T-DNA 或转座子插入引起的抗旱性改变的突变体的频率较低。

**图 4-3　水稻干旱筛选设施**
位于华中农业大学校园内的可移动防雨大棚，实用面积约 2000m²，实验田四周被深 1.8m 的排水沟环绕，棚内装有喷灌设施

例如，熊立仲课题组从突变体库（http://RMD.ncpgr.cn）随机筛选了 10 000 多份 T-DNA 插入突变体在苗期和孕穗期施加严重干旱胁迫（即大部分植株因干旱而死）进行抗旱性筛选，发现在这些突变体中分别有 31 个和 4 个突变体家系出现干旱敏感和抗旱性增强的表型分离。然而，对有侧翼序列的 17 份突变体的表型和基因型的分析表明，只有 3 份突变体表现出 T-DNA 插入与旱敏感表型共分离。造成这种低频率的目标突变体出现的原因除了表型鉴定、侧翼序列的有无和插入位点的正确性等因素外，主要是基因组中绝大部分基因与抗旱性无关，或者即使有关但效应较小，在比较粗放的筛选条件下鉴定不出来。

第二种策略是有针对性地筛选抗旱相关候选基因的突变体。抗旱相关候选基因可以通过表达谱分析和同源序列法进行挑选。在干旱胁迫下，水稻至少有占全基因组 10% 的基因的表达量发生变化，但把这些表达量有变化的所有基因作为候选基因会使筛选范围仍然很大，因此结合对已知抗逆相关功能基因的同源序列分析，可以进一步缩小范围。这种策略的主要优点是针对性强，对筛选的空间要求不高，从而可以对候选突变体进行比较精细的表型鉴定；而其缺点则是对那些可能的抗旱相关新基因（即那些既不在表达量上应答逆境又与已知抗逆功能基因无同源性的基因）没有机会被鉴定出来。

利用第二种策略，熊立仲课题组从突变体库中挑选 500 多份可能与抗旱相关的候选基因的 T-DNA 插入突变体进行了抗旱性筛选，发现在这些突变体中有 18 个突变体家系出现干旱敏感的表型分离。抗旱表型和基因型的分析表明，其中有 7 份突变体表现出 T-DNA 插入与旱敏感表型共分离。对应的 7 个基因中有 4 个是已知抗逆基因的水稻同源基因，另外 3 个基因受干旱诱导但其功能（包括在其他植物里的相似序列的功能）尚未被报道过。进一步研究这些基因在水稻抗旱性中的功能具有很重要的意义。

### 4.3.2 通过比较表达谱分析鉴定抗旱相关基因

随着 cDNA 微排（cDNA microarray）和 DNA 芯片技术的快速发展，从全基因组水平分析植物在逆境胁迫后的表达谱的报道越来越多，并逐渐成为逆境相关的功能基因组和基因功能分析的一个基本手段。在水稻中有关抗旱胁迫后的全基因组表达谱的报道虽然不少，但这些表达谱分析实验往往是以某单个水稻品种为材料比较不同时期或不同器官在干旱胁迫后表达谱差异（Zhou et al.，2007）。尽管这些表达谱数据对揭示水稻对干旱的一般性应答机制具有很好的参考和提示作用，但对于分离和鉴定特定抗旱材料的抗旱基因或揭示其机制的参考作用就非常有限。因此，针对那些已用于抗旱性相关 QTL 定位的群体的亲本品种，进行干旱胁迫后的比较表达谱分析，有望获得更有价值的线索。

例如，熊立仲课题组以旱稻 IRAT109 和水稻珍汕 97 为材料，对水稻营养生殖期（5 叶期）和孕穗期干旱胁迫后的基因组表达谱进行了分析。

在这个研究中，为准确监控植株受胁迫程度，研究者每天测量植株叶片中的相对含水量（RWC）并观察植株的形态表型。当 RWC 维持在 93% 以上时，形态不会发生明显改变。在 RWC 从 92% 降至 70% 过程中对叶片进行取样，并将具有相同 RWC 的两种基因型材料对应的叶片样品用作表达谱分析。选取代表轻度（RWC 为 90%~91%）、中度（RWC 为 85%~87%）和重度（RWC 为 75%~78%）干旱胁迫的材料，用于 RNA 抽提和 DNA 芯片杂交。

营养生长期的表达谱实验是用一个包含有 9216 条特异 cDNA 序列的 cDNA 芯片对 5 叶期干旱胁迫后的表达谱进行分析。在旱稻 IRAT109 中，共发现了 482 个上升表达的基因和 421 个下降表达的基因。而在水稻珍汕 97 中仅发现了 241 个上升表达的基因和 237 个下降表达的基因。从轻度胁迫和中度胁迫的样品中共检测到了 74 个基因至少在一种基因型中表达量有显著变化，其中 40 个基因上升表达，34 个基因下降表达。这些基因编码的蛋白质类型（基于搜索同源序列的结果）包括 MAPKK、MADS box 蛋白、蛋白激酶、EF-手 $Ca^{2+}$-结合蛋白、ATP 依赖型 Clp 蛋白酶、类 EREBP 蛋白、钙调素、热激蛋白 70（hsp70）、锌指蛋白等。在重度干旱胁迫条件下（RWC 为 75%~78%），DNA 芯片上约有 8% 的基因基因至少在一种基因型中表达量有显著变化，其中 465 个基因上升表达，406 个基因下降表达。在这种条件下差异表达的基因功能各异，包括渗透保护物质合成酶、类 Lea 蛋白、膜蛋白、解毒酶类、蛋白酶抑制剂、蛋白激酶和转录因子等。此外，他们还注意到，在早期干旱胁迫条件下，上升或下降表达的基因主要是一些调节基因或未知功能序列。

另一个表达谱分析是用水稻基因组中所有预测基因的 Affymetrix 基因芯片来分析孕穗期干旱胁迫的水稻叶片中基因的表达谱。在旱稻 IRAT109 中发现，有 2614 个基因上升表达，2618个基因下降表达，而在水稻珍汕97中发现有2246个基因上升表达和3087个基因下降表达。显而易见，在IRA109中有更多基因上升表达，而在水稻珍汕97中则有更多基因下降表达。受干旱诱导差异表达的基因中，有相当一部分（33.7%）能被定位到抗旱相关的QTL区域内。这些数据对于筛选和鉴定控制特定材料抗旱性相关性状的基因具有非常重要的价值。

### 4.3.3 抗旱相关基因的遗传转化和功能鉴定

根据cDNA微阵列和基因芯片的表达谱（特别是抗旱性有差异的材料间的比较表达谱）以及已知的植物对逆境应答和适应机制的认识，研究者可以选择一批逆境相关基因（SAG）作为抗旱候选基因，进一步进行遗传转化和功能验证。采用这种策略，熊立仲课题组已经挑选了100多个逆境相关基因，进行了水稻转化和转基因水稻的抗旱性鉴定，并对能够增强转基因水稻抗旱性的基因进行了功能分析。这些基因的预测功能多种多样，包括信号传导、转录调控、保护分子或激素的合成酶等，还有一些基因无法通过序列比较分析预知其功能。为了高通量检测大量可能对抗旱性改良有效的基因，他们选择具有较高转化效率的粳稻品种中花11作为遗传转化的受体。在得到上述56个基因的转基因植株后，对这些基因的$T_1$转基因家系进行抗旱性测试。结果表明，至少有6个基因的转基因水稻的抗旱性得到了显著的提高（表4-2）。这些基因编码的预测蛋白分别为NAC转录因子SNAC1（Hu et al.，2006）、CBL互作蛋白激酶（Xiang et al.，2007）、Lea蛋白（Xiao et al.，2007）、类糜蛋白酶抑制子（Huang et al.，2007）、bZIP转录因子（Xiang et al.，2008）、SKIP同源蛋白（Hou et al.，2009）。

表4-2 水稻中鉴定的能提高水稻抗旱性的代表性功能基因

| 基因名 | 预测功能 | 抗逆性状/检测环境 | 提高抗逆性的分子机制 | 参考文献 |
| --- | --- | --- | --- | --- |
| SNAC1 | transcription factor SNAC1 | 苗期耐旱、耐盐/盆栽；孕穗期抗旱/大田 | 调控逆境相关基因表达；促进气孔关闭 | Hu et al.，2006 |
| OsSKIPa | SKI-interacting protein homolog | 苗期耐旱、耐盐/盆栽；孕穗期抗旱/PVC管 | 调控逆境相关基因表达；增加细胞活力；增强抗氧化能力 | Hou et al.，2009 |
| OsbZIP23 | putative bZIP transcription factor | 苗期耐旱、耐盐/盆栽 | 增加ABA敏感性；调控逆境相关基因表达 | Xiang et al.，2008 |
| OsLEA3-1 | Lea protein | 孕穗期抗旱/大田 | 增加渗透调节能力和大分子稳定性 | Xiao et al.，2007 |
| OCPI1 | proteinase inhibitor | 孕穗期抗旱/大田 | 降低功能蛋白酶解速率 | Huang et al.，2007 |
| OsCIPK12 | CBL-interacting protein kinase | 苗期耐旱/盆栽 | 未知 | Xiang et al.，2007 |
| OsCDPK7 | $Ca^{2+}$-dependent protein kinase | 苗期耐旱/盆栽 | 未知 | Saijo et al.，2000 |
| ZFP177 | A20/AN1-type zinc finger | 苗期耐旱/盆栽 | 未知 | Huang et al.，2008 |
| OsMAPK5 | mitogen-activated protein kinase | 苗期耐旱、耐盐/盆栽 | 未知 | Xiong and Yang，2003 |

续表

| 基因名 | 预测功能 | 抗逆性状/检测环境 | 提高抗逆性的分子机制 | 参考文献 |
|---|---|---|---|---|
| *OsMT1a* | type 1 metallothionein | 苗期耐旱/盆栽 | 增强抗氧化能力 | Yang et al.，2009 |
| *OsCOIN* | cold-induced zinc finger | 苗期耐旱、盐/盆栽 | 调控基因表达，提高脯氨酸含量 | Liu et al.，2007 |
| *OsiSAP8* | stress-associated protein | 苗期耐旱/盆栽 | 未知 | Kanneganti and Gupta，2008 |
| *OsDREBs* | Ap2/EREBP transcription factor | 苗期耐旱/盆栽 | 未知 | Chen et al.，2008 |
| *OsWRKY11* | WRKY transcription factor | 苗期耐旱、热/盆栽 | 未知 | Wu et al.，2009 |

在这些基因中，*SNAC1* 是对抗旱性改良最有潜力的一个基因。*SNAC1* 是属于 NAM、ATAF 和 CUC（NAC）家族的一个转录因子（Hu et al.，2006）。在脱水胁迫下 *SNAC1* 基因在叶片保卫细胞中特异性表达。SNAC1 蛋白的 N 端含有一个能有效介导蛋白质在细胞核中定位的核定位信号，中部是一个能够结合 NAC 识别序列的 DNA 结合域，C 端是包含对转录激活活性必不可少的 241~271 位氨基酸的转录激活域。超量表达 *SNAC1* 基因显著提高了成株期转基因水稻在大田重度干旱胁迫条件下的抗旱性（结实率比对照高 22%~34%）（图 4-4），而其农艺形状和产量与对照无明显差异。与对照相比，转基因植株对 ABA 表现出更高的敏感性，能够关闭更多气孔从而减慢水分丧失的速度，并能在更低的相对含水量下维持细胞膨压（Hu et al.，2006）。转基因水稻在营养生殖期的抗旱性和耐盐性也得到了显著增强（具有比对照高出 80% 的存活率）。DNA 芯片分析的结果表明，在 *SNAC1* 超量表达的植株中有 150 多个基因上升表达（>2.1 倍）。这些数据表明 *SNAC1* 在水稻抗旱性和耐盐性改

图 4-4 超量表达 *SNAC1* 基因能提高水稻抗旱性

受体品种为日本晴。左边为转基因阴性家系，右边为转基因阳性家系。从抽穗前 2 周开始断水进行干旱胁迫

良方面具有可观的应用前景。

熊立仲课题组新近发表的一个调控抗旱性的基因 $OsSKIPa$，在水稻抗旱性和耐盐性改良方面也具有很明显的潜在应用价值（Hou et al.，2009）。$OsSKIPa$ 的同源基因存在于所有真核生物中。Hou 等（2009）发现 $OsSKIPa$ 不仅是细胞旺盛的活力所必需的，而且在水稻中超量表达该基因使转基因植株在成株期对干旱胁迫的耐受性比对照增强 2～4 倍（图 4-5）。通过对 SOD 比活力和 MDA 含量的测定，发现 $OsSKIPa$ 超量表达可以提高转基因水稻对活性氧的清除能力；干旱胁迫后，$OsSKIPa$ 超量表达转基因植株中，一些抗逆相关基因的表达量上升，显著高于相同处理条件下的野生型对照。在 $OsSKIPa$ 超表达和抑制表达转基因植株中，都有大量基因的表达发生了变化，这种变化主要是由于 RNA 转录速率的变化引起的。这些基因主要可以分为三类：参与刺激响应的基因（包括对生物胁迫、非生物胁迫和内源刺激的响应）、新陈代谢类的基因以及细胞通讯类的基因。其中很多都可以被旱、盐、冷等逆境诱导，并且它们的启动子中存在许多与 ABA 和逆境相关的顺式元件。通过分析蛋白互作分析发现，$OsSKIPa$ 可以和 35 个不同类型的蛋白质互作，参与调控多种信号途径，且大部分编码 $OsSKIPa$ 的互作蛋白的基因受一种或多种逆境胁迫诱导表达。

图 4-5 超量表达 $OsSKIPa$ 基因能提高水稻抗旱性

A. 正常灌溉；B. 为干旱胁迫（从抽穗前 1 周开始断水）。S58S 为 $OsSKIPa$ 超量表达转基因植株，WT 为受体品种为中花 11

虽然近年来从水稻中鉴定出一批与抗旱性相关的基因（表 4-2），但这些基因在抗旱方面的功能的证据基本上是基于温室盆栽种植的数据，这些基因是否能在大田条件下通过基因工程手段提高水稻的抗旱性还有待于进一步验证。

## 4.4 水稻抗旱性遗传改良策略

### 4.4.1 抗旱性种质资源的与常规育种

作物抗旱性遗传改良是一项非常重要而艰巨的任务。对于水稻抗旱育种，首先鉴定出抗旱的种质资源非常重要，因为抗旱种质资源不仅是常规或分子育种非常重要的供体材料，而且也是通过遗传学和功能基因组学手段发掘抗旱基因的重要资源。目前世界上多个研究组已对代表不同地区的水稻种质资源的抗旱性进行了筛选，发现水稻的抗旱性存在很大的遗传变异。熊立仲课题组对能代表中国水稻种质资源遗传变异 65% 以上的一套微核心种质（含约 200 份品种或杂交稻亲本）进行了多年多点的抗旱性鉴定，发现其中有一些非常抗旱（其抗旱程度甚至超过旱稻品种）以及一些对干旱非常敏感的基因型。这些抗旱或干旱敏感的种质资源无疑为进一步研究抗旱机制的多样性和抗旱遗传改良提供了宝贵材料。目前，熊立仲课题组与国内多家水稻育种单位合作，以这套微核心种质为供体，以优良杂交稻亲本为受体，在大规模地构建导入系的基础上进行各种农艺性状和抗逆性状（含抗旱性）的筛选，这一研究计划的完成，预期将产生一批高产抗逆性增强的水稻育种新材料。

选择旱稻作为抗旱种质资源供体向优良水稻品种中导入抗旱性状是常规抗旱育种中用到的主要方法。例如，上海市农业生物基因研究中心以旱稻品种 IRAT109 与粳型品种麻晚糯杂交的 $F_1$ 和麻晚糯与美国优质光壳稻品种 P77 杂交后的 $F_1$ 复交，经多年的选育与抗旱性鉴定育成了高产旱稻新品种沪旱 3 号。然而，由于旱稻和水稻存在较大遗传差异，从旱稻和水稻杂交和回交后代中选择抗旱的家系是往往不容易排除一些不利性状的连锁累赘，这使得通过常规育种将旱稻的抗旱性用于优良高产水稻的抗旱性遗传改良过程受到一定影响。

### 4.4.2 抗旱性的分子标记辅助育种

随着水稻功能基因组研究的深入和生物技术的发展，将常规育种和分子育种相结合是水稻抗旱性改良的重要策略。尽管目前已有大量的与水稻抗旱性相关的 QTL 报道（如 4.2 中所述），但目前还没有通过耐旱 QTL 的分子标记辅助选择（MAS）育成的水稻品种。例如，Shen 等曾报道了他们在国际水稻研究所（IRRI）开展的从旱稻品种 Azucena 中一个控制根长和根粗 QTL 的片段通过 MAS 引入到水稻品种 IR64 中去的尝试（Shen et al., 2001）；但是，他们发现引入该片段的 IR64 近等基因系并没表现出预期的根长或根粗增加的性状。在熊立仲课题组的 IRAT109/珍汕 97 群体中产生的 20 多个近等基因系中（4.2 节），绝大部分也没获得预期的所选择 QTL 控制的性状的表型改变（未发表数据）。目前，仅有一例较为成功的是 Steele 等通过 6 年的努力将 Azucena 中一个控制根长 QTL 的 4 个片段分别通过 MAS 引入到优良水稻品种 kalinga 中，发现仅有一个片段引入后能显著增加受体品种的根长（Steele et al., 2006）。尽管目前分子标记辅助选择在常规抗旱育种计划中的应用还很有限，但随着对抗旱性遗传和分子基础研究的深入以及抗旱性鉴定的准确性的提高，分子标记辅助选择将在水稻抗旱育种中发挥重要作用。

最近有人提出了"回交育种与设计 QTL 聚合"（backcross breeding and designed QTL pyramiding）的策略（Yu et al.，2003；Lafitte et al.，2006；Li et al.，2005）。简单地讲，该策略分为三步（图 4-6）：① 通过回交育种产生抗旱的导入系；② 利用导入系和 DNA 分子标记鉴定控制抗旱的基因或 QTL 以及遗传网络；③ 通过"设计 QTL 聚合"培育抗旱水稻品种。这一策略目前正在被 IRRI 和中国的一批水稻遗传和育种工作者用来进行水稻抗旱性遗传基础研究和育种，这一策略的实践相信会给水稻抗旱分子育种带来新的机会。

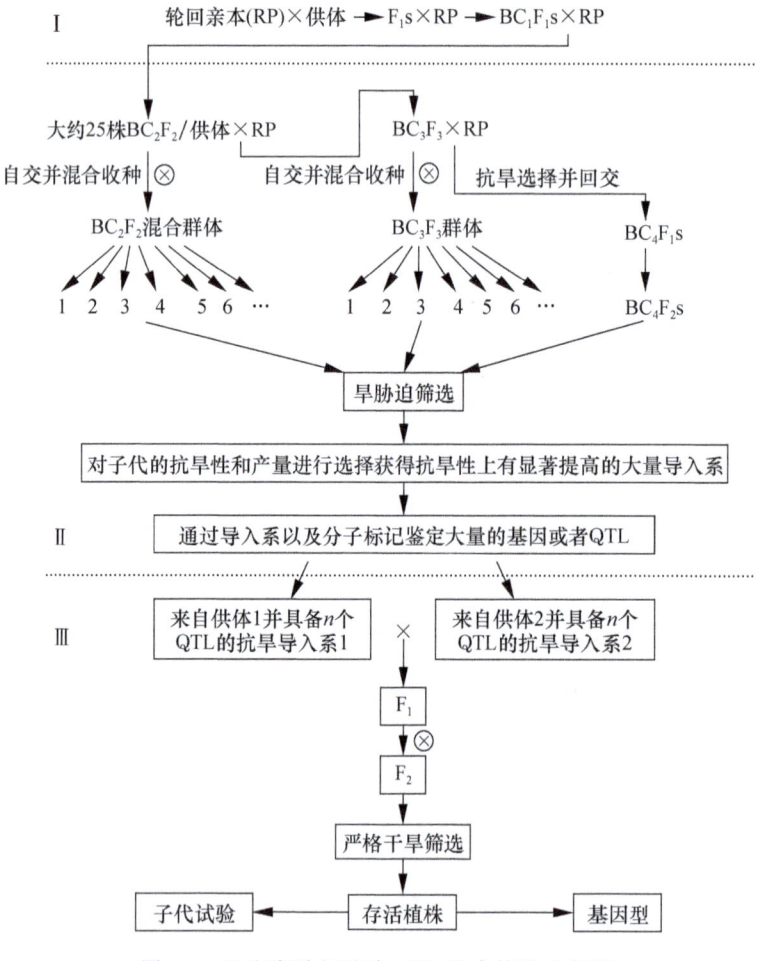

图 4-6　回交育种与设计 QTL 聚合策略示意图

## 4.4.3　抗旱性的转基因育种

随着转基因技术的不断完善以及越来越多的转基因作物商业化推广，转基因手段将成为提高水稻抗旱性的重要策略之一。许多逆境应答基因在温室条件下能增强模式植物的抗逆性,但目前真正在大田条件下检测抗逆基因的转基因水稻抗旱性的试验报道还不多。最近,Xiao 等(2009)报道 7 个已知抗逆功能基因的转基因水稻在大田条件下抗旱性,这 7 个基因分别是 *CBF3*、*SOS2*、*NCED2*、*NPK1*、*LOS5*、*ZAT10* 和 *NHX1*。

在 Xiao 等(2009)的工作中,他们将这 7 个基因分别用组成型启动子 *Actin1* 和水稻 *HVA22* 同源基因的诱导型启动子驱动,构建成超量表达载体并转化水稻品种中花 11,然后对转基因水稻在大田条件下的抗旱性进行检测。在得到的 1598 株独立的 T₀ 转基因植株中,单拷贝的和转基因超量表达的比率分别为 36.7% 和 57.6%。从每个基因片段相应的转基因后代中挑选 30 个单拷贝且超表达的 T₁ 家系进行成株期田间抗旱测试,同时选取其中 10 个家系在 PVC 管中进行耐旱性试验。由于以 T₁ 家系进行实验会出现产量明显下降的现象,他们以相对产量和相对结实率作为评价抗旱性的两个主要标准。8 个启动子-基因组合的转基因家系(*HVA22P*:*CBF3*、*HVA22P*:*NPK1*、*Actin1*:*LOS5*、*HVA22P*:*LOS5*、*Actin1*:*ZAT10*、*HVA22P*:*ZAT10*、*Actin1*:*NHX1* 和 *HVA22P*:*NHX1*)无论是在大田条件下还是在 PVC 管中,都比野生型具有更高的相对产量(表 4-3)。

表 4-3 抗旱候选基因 T₁ 转基因家系在正常生长和两种干旱胁迫条件下的产量

| 载体名 | 籽粒产量/(g/株)[a] 正常生长 | 大田干旱胁迫 | PVC 管中干旱胁迫 | 相对产量[b] 大田干旱胁迫 | PVC 管中干旱胁迫 |
|---|---|---|---|---|---|
| 野生型(ZH11) | 32.55±1.98 | 7.64±0.23 | 21.11±0.92 | 0.23 | 0.65 |
| *Actin1*:*CBF3* | 17.65±0.89** | 3.74±0.30* | 13.76±0.62** | 0.21 | **0.78**** |
| *HVA22P*:*CBF3* | 14.59±0.67** | 4.80±0.25* | 12.42±0.52** | **0.33**** | **0.85**** |
| *Actin1*:*SOS2* | 17.70±0.89** | 4.36±0.33* | 12.32±0.61** | 0.25 | 0.69 |
| *HVA22P*:*SOS2* | 15.91±0.81** | 7.30±0.31 | 9.96±0.55** | **0.46**** | 0.59 |
| *Actin1*:*NCED2* | 22.87±0.79* | 4.89±0.28* | 13.14±0.59** | 0.21 | 0.57 |
| *HVA22P*:*NCED2* | 22.20±2.29* | 3.98±0.28* | 13.96±0.73** | 0.18 | 0.63 |
| *Actin1*:*NPK1* | 18.50±1.07** | 2.78±0.19** | 14.73±0.60** | 0.15* | **0.81**** |
| *HVA22P*:*NPK1* | 17.42±1.10** | 5.15±0.27 | 14.36±0.69** | **0.30*** | **0.83**** |
| *Actin1*:*LOS5* | 16.79±0.66** | 7.81±0.39 | 13.23±0.61** | **0.47**** | **0.79**** |
| *HVA22P*:*LOS5* | 14.14±1.32** | 4.83±0.34** | 11.10±0.66** | **0.34**** | **0.79**** |
| *Actin1*:*ZAT10* | 15.99±0.79** | 6.62±0.39 | 11.92±0.54** | **0.41**** | **0.75*** |
| *HVA22P*:*ZAT10* | 15.76±0.85** | 6.08±0.25 | 12.77±0.51** | **0.39**** | **0.81**** |
| *Actin1*:*NHX1* | 17.76±0.90** | 6.75±0.28 | 12.57±0.56** | **0.38**** | **0.71*** |
| *HVA22P*:*NHX1* | 13.05±1.01** | 3.56±0.25* | 9.97±0.49** | **0.27*** | **0.76*** |

a) 表中显示的数值为平均值±标准误(大田实验和 PVC 管试验中家系数别为 30 和 10),大田实验和 PVC 管实验中每个家系分别取 16 棵和 10 棵单株进行测量。

b) 表中显示的数值为胁迫条件下和正常生长条件下测量结果的比值。

"**"和"*"分别表示各转化片段转基因家系和野生型植株在 $P=0.01$ 和 $P=0.05$ 水平上差异显著(LSD 测验)。

黑体表示在干旱胁迫下转基因水稻产量和结实率显著高于对照。

10个启动子-基因组合的转基因家系（HVA22P：SOS2、Actin1：ZAT10以及分别由两个启动子驱动的CBF3、LOS5、ZAT10和NHX1）在PVC管中的相对结实率高于野生型（表4-4）。

表4-4 候选基因$T_1$转基因家系在正常生长和两种干旱胁迫条件下的结实率

| 基因载体名 | 小穗育性/% 正常生长 | 小穗育性/% 大田干旱胁迫 | 小穗育性/% PVC管中干旱胁迫 | 相对小穗育性 大田干旱胁迫 | 相对小穗育性 PVC管中干旱胁迫 |
|---|---|---|---|---|---|
| 野生型（ZH11） | 76.7±1.1 | 34.4±1.0 | 58.7±3.7 | 0.45 | 0.77 |
| Actin1：CBF3 | 62.5±2.8** | 21.2±1.0* | 53.6±3.3 | 0.34 | **0.86*** |
| HVA22P：CBF3 | 61.5±3.0** | 15.7±1.2** | 43.8±3.0** | 0.26* | **0.89*** |
| Actin1：SOS2 | 62.0±1.4** | 30.1±1.4 | 50.6±3.3 | 0.49 | 0.82 |
| HVA22P：SOS2 | 62.3±1.1** | **48.4±1.2*** | 46.3±3.2* | **0.78*** | 0.74 |
| Actin1：NCED2 | 61.7±1.3** | 13.5±1.1** | 45.5±4.0* | 0.22* | 0.73 |
| HVA22P：NCED2 | 60.0±1.6** | 21.2±1.0* | 47.6±3.1* | 0.35 | 0.79 |
| Actin1：NPK1 | 64.4±2.4* | 13.6±0.7** | 59.7±3.2 | 0.21* | 0.82 |
| HVA22P：NPK1 | 64.7±1.1** | 26.4±1.2 | 55.7±3.8 | 0.41 | 0.72 |
| Actin1：LOS5 | 64.3±1.5** | 26.1±1.0 | 53.6±3.5 | 0.41 | **0.83*** |
| HVA22P：LOS5 | 68.3±1.9* | 26.3±1.5 | 56.1±4.3 | 0.39 | **0.83*** |
| Actin1：ZAT10 | 70.4±2.7 | **40.8±1.6*** | 60.4±3.2 | 0.58* | **0.86*** |
| HVA22P：ZAT10 | 61.9±2.8* | 27.0±1.1 | 60.2±3.7 | 0.44 | **0.97*** |
| Actin1：NHX1 | 68.7±1.8* | 23.0±0.9** | 57.3±2.9 | 0.33 | **0.93*** |
| HVA22P：NHX1 | 69.5±1.7 | 19.9±1.2** | 50.2±3.9* | 0.29* | **0.86*** |

在大田实验和PVC管实验中，标准误分别为30个家系和10个家系的统计结果，每个家系分别取16株和10株植株进行测量。

"**"和"*"分别表示各转化片段转基因家系和野生型植株在$P=0.01$和$P=0.05$水平上差异显著（LSD测验）。

表中黑体部分表示在干旱胁迫下转基因水稻产量和结实率显著高于对照。

在对来源于减产现象不明显的$T_1$家系的$T_2$和$T_3$家系进行的田间抗旱测验中，7个启动子-基因组合的转基因家系（HVA22P：CBF3、Actin1：NPK1、HVA22P：NPK1、Actin1：LOS5、HVA22P：LOS5、Actin1：ZAT10和HVA22P：ZAT10）的单株产量明显高于野生型，9个启动子-基因组合的转基因家系（Actin1：CBF3、HVA22P：CBF3、HVA22P：SOS2、HVA22P：NPK1、Actin1：LOS5、HVA22P：LOS5、Actin1：ZAT10、HVA22P：ZAT10和Actin1：NHX1）与野生型相比具有更高的结实率（表4-5）。总体说来，LOS5和ZAT10相对其他5个基因来说，在增强大田条件下转基因水稻的抗旱性方面表现出了更好的效果。这项研究中得到的结果和获取的经验，对水稻抗旱工程的发展非常具有参考价值。

表4-5 候选基因$T_2$转基因家系在正常生长和大田干旱胁迫条件下的产量和结实率

| 基因载体名 | 试验家系数[a] | 单株产量/g[b] 正常生长 | 单株产量/g[b] 大田干旱胁迫 | 小穗育性/%[b] 正常生长 | 小穗育性/%[b] 大田干旱胁迫 |
|---|---|---|---|---|---|
| 野生型（ZH11） | 20 | 29.5±3.5 | 5.3±0.5 | 72.4±5.6 | 10.2±1.2 |
| Actin1：CBF3 | 8 | 27.2±0.5 | 5.5±0.6 | 70.8±8.5 | **12.3±2.2*** |
| HVA22P：CBF3 | 8 | 27.3±2.7 | **5.9±0.6*** | 72.6±3.4 | **14.5±2.4*** |

续表

| 基因载体名 | 试验家系数[a] | 单株产量/g[b] 正常生长 | 单株产量/g[b] 大田干旱胁迫 | 小穗育性/%[b] 正常生长 | 小穗育性/%[b] 大田干旱胁迫 |
|---|---|---|---|---|---|
| *Actin1*：*SOS2* | 4 | 27.1±2.1 | 4.8±0.7 | 70.4±3.9 | 10.1±2.0 |
| *HVA22P*：*SOS2* | 6 | 27.3±3.6 | 5.2±0.4 | 68.6±7.3 | **12.3±2.4**\* |
| *Actin1*：*NCED2* | 4 | 27.7±3.2 | 5.4±0.5 | 68.2±6.1 | 10.5±2.6 |
| *HVA22P*：*NCED2* | 8 | 27.8±4.3 | 4.8±0.8 | 68.4±8.3 | 11.3±3.6 |
| *Actin1*：*NPK1* | 10 | 29.3±1.8 | **5.9±1.1**\* | 66.5±6.2 | 10.3±2.3 |
| *HVA22P*：*NPK1* | 11 | 28.4±3.1 | **6.8±0.8**\*\* | 69.0±7.3 | **12.5±2.3**\* |
| *Actin1*：*LOS5* | 7 | 28.5±2.1 | **6.4±0.7**\*\* | 74.2±3.4 | **15.6±2.5**\*\* |
| *HVA22P*：*LOS5* | 8 | 27.3±2.3 | **6.7±1.2**\*\* | 67.7±7.9 | **15.3±2.1**\*\* |
| *Actin1*：*ZAT10* | 8 | 27.8±3.4 | **6.2±0.8**\*\* | 73.2±1.8 | **14.4±2.1**\*\* |
| *HVA22P*：*ZAT10* | 10 | 28.4±1.5 | **7.2±1.2**\*\* | 66.9±6.5 | **16.6±3.2**\*\* |
| *Actin1*：*NHX1* | 5 | 28.5±3.1 | 5.6±0.5 | 71.2±2.5 | **12.1±2.2**\* |
| *HVA22P*：*NHX1* | 5 | 28.4±2.3 | 5.4±0.6 | 69.4±6.7 | 11.3±2.8 |

a) 从每个转化片段的 30 个独立转化家系中挑选在非胁迫大田条件下每株产量与野生型没有明显差异（$P=0.05$）的家系进行实验。

b) 各候选基因 $T_2$ 代转基因家系的单株产量的平均值。野生型的数值为大田中随机分布的 20 个小区的平均值。"\*\*"和"\*"分别表示各转化片段转基因家系和野生型植株在 $P=0.01$ 和 $P=0.05$ 水平上差异显著（LSD 测验）。

黑体表示在干旱胁迫下转基因水稻产量和结实率显著高于对照。

## 4.5 小　　结

在培育既高产又抗旱的水稻过程中，存在着一些不可忽视的障碍。首先，在过去的几十年中，培育的所有水稻品种和杂交组合几乎都是在最佳的水分条件下以高产为主要目标而培育的，这些品种难以适应缺水的生长条件；第二，尽管可能对改良水稻抗旱性有用的种质资源易于获得，但由于抗旱性本身遗传基础的复杂性使水稻抗旱育种的实质性的进展不大；第三，目前人们对水稻抗旱性机制的认知仍然有限；最后，也是最重要的一点是需要建立更准确、更可靠的水稻抗旱表型鉴定的标准。

在功能基因鉴定利用方面，应着重从抗旱种质资源中鉴定和发掘已知功能的基因的抗旱等位基因。同时，还需利用其他相关手段鉴定水稻抗旱相关的基因。这些手段包括筛选逆境相关候选基因的突变体，分析抗旱及旱敏感基因型材料的比较基因组和蛋白质组表达谱，以及基于已有知识发掘可应用于抗旱改良的候选基因等。此外，除了抗旱相关基因之外，水分利用效率相关的基因也应成为重点研究的目标。

在抗旱水稻品种培育方面，继续将分子育种手段有效地整合到传统育种程序中去，是非常重要的。一方面，需要利用分子标记辅助选择和常规育种手段将各种种质资源中鉴定出的抗旱基因（或等位基因）通过导入系的策略导入到高产优质的水稻品种或亲本的遗传背景中；另一方面，需要将已经证实在抗旱改良方面具有显著效果的基因转化到优良杂交亲本或品种中。无论从哪一方面获得的抗旱性增强的材料或品系，都需要进一步通过杂交筛选来聚合优良性状，特别是抗旱性本身，从而真正可以获得在大田条件下水分适宜时高产优质，而水分不足甚至干旱时其产量显著高于现有高产品种的新材料。

(作者：熊立仲)

## 参 考 文 献

Ali M L, Pathan M S, Zhang J, Bai G, Sarkarung S, Nguyen H T. 2000. Mapping QTLs for root traits in a recombinant inbred population from two *Indica* ecotypes in rice. Theor Appl Genet, 101: 756-766

Apse M P, Aharon G S, Snedden W A, Blumwald E. 1999. Salt tolerance conferred by overexpression of a vacuolar $Na^+/H^+$ antiport in *Arabidopsis*. Science, 285: 1256-1258

Babu R C, Nguyen B D, Chamarerk V, Shanmugasundaram P, Chezhian P, Jeyaprakash P, Ganesh S K, Palchamy A, Sadasivam S, Sarkarung S, Wade L J, Nguyen H T. 2003. Genetic analysis of drought resistance in rice by molecular markers: association between secondary traits and field performance. Crop Science, 43: 1457-1469

Berridge M J, Bootman M D, Roderick H L. 2003. Calcium signalling: dynamics, homeostasis and remodelling. Nat Rev Mol Cell Biol, 4: 517-529

Blum A. 1996. Crop responses to drought and the interpretation of adaptation. Plant Growth Regulation, 20: 135-148

Blum A. 2002. Drought stress and its impact. http://plantstress.com/articles/index.asp

Champoux M C, Wang G, Sarkarung S, Mackill D J, O'Toole J C, Huang N, McCouch S R. 1995. Locating genes associated with root morphology and drought avoidance in rice via linkage to molecular markers. Theor Appl Genet, 90: 969-981

Chen J Q, Meng X P, Zhang Y, Xia M, Wang X P. 2008. Overexpression of *OsDREB* genes lead to enhanced drought tolerance in rice. Biotechnol Lett, 30: 2191-2198

Christmann A, Moes D, Himmelbach A, Yang Y, Tang Y, Grill E. 2006. Integration of abscisic acid signalling into plant responses. Plant Biol (Stuttg), 8: 314-325

Courtois B, McLaren G, Sinha P K, Prasad K, Yadav R, Shen L. 2000. Mapping QTLs associated with drought avoidance in upland rice. Mol Breed, 6: 55-66

Davenport R J, Munoz-Mayor A, Jha D, Essah P A, Rus A, Tester M. 2007. The $Na^+$ transporter AtHKT1;1 controls retrieval of $Na^+$ from the xylem in *Arabidopsis*. Plant Cell Environ, 30: 497-507

Dong B, Valencia C A, Liu R H. 2007. $Ca^{2+}$/calmodulin directly interacts with the pleckstrin homology domain of AKT1. J Biol Chem, 282: 25131-25140

Garg A K, Kim J K, Owens T G, Ranwala A P, Choi Y D, Kochian L V, Wu R J. 2002. Trehalose accumulation in rice plants confers high tolerance levels to different abiotic stresses. Proc Natl Acad Sci USA, 99: 15898-15903

Hemamalini G S, Shashidhar H E, Hittalmani S. 2000. Molecular marker assisted tagging of root morphological traits under two contrasting moisture regimes at peak vegetative stage in rice (*Oryza sativa* L.). Euphytica, 112: 69-78

Hou X, Xie K B, Yao J L, Qi Z Y, Xiong L Z. 2009. A homolog of human ski-interacting protein in rice positively regulates cell viability and stress tolerance. Proc Natl Acad Sci USA, 106: 6410-

Hu H H, Dai M Q, Yao J L, Xiao B Z, Li X H, Zhang Q F, Xiong L Z. 2006. Overexpressing a NAM, ATAF, and CUC (NAC) transcription factor enhances drought resistance and salt tolerance in rice. Proc Natl Acad Sci USA, 103: 12987-12992

Huang J, Wang M M, Jiang Y, Bao Y M, Huang X, Sun H, Xu D Q, Lan H X, Zhang H S. 2008. Expression analysis of rice A20/AN1-type zinc finger genes and characterization of ZFP177 that contributes to temperature stress tolerance. Gene, 420: 135-144

Huang Y M, Xiao B Z, Xiong L Z. 2007. Characterization of a stress responsive proteinase inhibitor gene with positive effect in improving drought resistance in rice. Planta, 226: 73-85

Iuchi S, Kobayashi M, Taji T, Naramoto M, Seki M, Kato T, Tabata S, Kakubari Y, Yamaguchi-Shinozaki K, Shinozaki K. 2001. Regulation of drought resistance by gene manipulation of 9-*cis*-epoxycarotenoid dioxygenase, a key enzyme in abscisic acid biosynthesis in *Arabidopsis*. Plant J, 27: 325-333

Jang I C, Oh S J, Seo J S, Choi W B, Song S I, Kim C H, Kim Y S, Seo H S, Choi Y D, Nahm B H, Kim J K. 2003. Expression of a bifunctional fusion of the *Escherichia coli* genes for trehalose-6-phosphate synthase and trehalose-6-phosphate phosphatase in transgenic rice plants increases trehalose accumulation and abiotic stress tolerance without stunting growth. Plant Physiol, 131: 516-524

Kamoshita A, Wade L, Ali M L, Pathan M S, Zhang J, Sarkarung S, Nguyen H T. 2002. Mapping QTLs for root morphology of a rice population adapted to rainfed lowland conditions. Theor Appl Genet, 104: 880-893

Kanneganti V, Gupta A K. 2008. Overexpression of *OsiSAP8*, a member of stress associated protein (SAP) gene family of rice confers tolerance to salt, drought and cold stress in transgenic tobacco and rice. Plant Mol Biol, 66: 445-462

Kasuga M, Liu Q, Miura S, Yamaguchi-Shinozaki K, Shinozaki K. 1999. Improving plant drought, salt, and freezing tolerance by gene transfer of a single stress-inducible transcription factor. Nat Biotechnol, 17: 287-291

Lafitte H R, Price A H, Courtois B. 2004. Yield response to water deficit in an upland rice mapping population: associations among traits and genetic markers. Theor Appl Genet, 109: 1237-1246

Lafitte H R, Vijayakumar C H M, Gao Y M, Shi Y, Xu J L, Fu B Y, Yu S B, Ali A J, Domingo J, Maghirang R, Torres R, Mackill D, Li Z K. 2006. Improvement of rice drought tolerance through backcross breeding: evaluation of donors and results from drought nurseries. Field Crops Res, 97: 77-86

Lanceras J C, Pantuwan G, Jongdee B, Toojinda T. 2004. Quantitative trait loci associated with drought tolerance at reproductive stage in rice. Plant Physiol, 135: 384-399

Li Z K, Fu B Y, Gao Y M, Xu J L, Ali J, Lafitte H R, Jiang Y Z, Rey J D, Vijayakumar C H M, Maghirang R, Zheng T Q, Zhu L H. 2005. Genome-wide introgression lines and a forward genetics strategy for functional genomic research of complex phenotypes in rice. Plant Mol Biol, 59: 33-52

Lilley J M, Ludlow M M, McCouch S R, O'Toole J C. 1996. Locating QTLs for osmotic adjustment and dehydration tolerance in rice. J Exp Bot, 47: 1427-1436

Liu K M, Wang L, Xu Y Y, Chen N, Ma Q B, Li F, Chong K. 2007. Overexpression of *OsCOIN*, a putative cold inducible zinc finger protein, increased tolerance to chilling, salt and drought, and enhanced proline level in rice. Planta, 226: 1007-1016

Lynch J P. 1995. Root architecture and plant productivity. Plant Physiol, 109: 7-13

Moncada M P, MartAnez C P, Tohme J, Guimaraes E, Chatel M, Borrero J, Gauch H, McCouch S R. 2001. Quantitative trait loci for yield and yield components in an *Oryza sativa* × *Oryza rufipogon* BC$_2$F$_2$ population evaluated in an upland environment. Theor Appl Genet, 102: 41-52

Narusaka Y, Nakashima K, Shinwari Z K, Sakuma Y, Furihata T, Abe H, Narusaka M, Shinozaki K, Yamaguchi-Shinozaki K. 2003. Interaction between two *cis*-acting elements, ABRE and DRE, in ABA-dependent expression of *Arabidopsis rd29A* gene in response to dehydration and high-salinity stresses. Plant J, 34: 137-148

Nguyen T T T, Klueva N, Chamareck V, Aarti A, Magpantay G, Millena ACM, Pathan M S, Nguyen H T. 2004. Saturation mapping of QTL regions and identification of putative candidate genes for drought tolerance in rice. Mol Gen Genomics, 272: 35-46

O'Toole J C, Bland W L. 1987. Genetic variation in crop plant root system. Adv Agr, 41: 91-145

Price A H, Steele K A, Moore J B, Barraclough P P, Clark L J. 2000. A combined RFLP and AFLP linkage map of upland rice (*Oryza sativa* L.) used to identify QTLs for root-penetration ability. Theor Appl Genet, 100: 49-56

Price A H, Tomos A D. 1997. Genetics dissection of root growth in rice (*Oryza sativa* L.) Ⅱ: mapping quantitative trait loci using molecular markers. Thero Appl Genet, 95: 143-152

Price A H, Townend J, Jones M P, Audebert A, Courtois B. 2002. Mapping QTLs associated with drought avoidance in upland rice grown in the Philippines and West Africa. Plant Mol Biol, 48: 683-695

Qin X, Zeevaart J A. 2002. Overexpression of a 9-*cis*-epoxycarotenoid dioxygenase gene in *Nicotiana plumbaginifolia* increases abscisic acid and phaseic acid levels and enhances drought resistance. Plant Physiol, 128: 544-551

Qiu Q S, Guo Y, Dietrich M A, Schumaker K S, Zhu J K. 2002. Regulation of SOS1, a plasma membrane Na$^+$/H$^+$ exchanger in *Arabidopsis thaliana*, by SOS2 and SOS3. Proc Natl Acad Sci USA, 99: 8436-8441

Quarrie S A, Laurie D A, Zhu J H, Lebreton C, Semikhodskii A, Steed A, Witsenboer H, Calestani C. 1997. QTL analysis to study the association between leaf size and abscisic acid accumulation in droughted rice leaves and comparisons across cereals. Plant Mol Biol, 35: 155-165

Ray J D, Yu L, McCouch S R, Champoux M C, Wang G, Nguyen H T. 1996. Mapping quantitative trait loci associated with root penetration ability in rice (*Oryza sativa* L.). Theor Appl Genet, 92: 627-636

Robin S, Pathan M S, Courtois B, Lafitte H R, Carandang S, Lanceras S, Amante M, Nguyen H T, Li Z K. 2003. Mapping osmotic adjustment in an advanced back-cross inbred population of rice. Theor Appl Genet, 107: 1288-1296

Saijo Y, Hata S, Kyozuka J, Shimamoto K, Izui K. 2000. Overexpression of a single Ca$^{2+}$-dependent protein kinase confers both cold and salt/drought tolerance on rice plants. Plant J, 23: 319-327

Schroeder J I, Kwak J M, Allen G J. 2001. Guard cell abscisic acid signalling and engineering drought hardiness in plants. Nature, 410: 327-330

Shen L, Courtois B, McNally K L, Robin S, Li Z K. 2001. Evaluation of near-isogenic lines of rice introgressed with QTLs for root traits through marker-aided selection. Theor Appl Genet, 103: 70-83

Shinozaki K, Yamaguchi-Shinozaki K. 2000. Molecular responses to dehydration and low temperature: differences and cross-talk between two stress signaling pathways. Curr Opin Plant Biol, 3: 217-223

Steele K A, Price A H, Shashidhar H E, Witcombe J R. 2006. Marker-assisted selection to introgress into an Indian upland rice variety. Theor Appl Genet, 112: 208-221

Thomashow M F. 1999. Plant cold acclimation: freezing tolerance genes and regulatory mechanisms. Annu Rev Plant Physiol Plant Mol Biol, 50: 571-599

Thompson A J, Jackson A C, Symonds R C, Mulholland B J, Dadswell A R, Blake P S, Burbidge A, Taylor I B. 2000. Ectopic expression of a tomato 9-cis-epoxycarotenoid dioxygenase gene causes over-production of abscisic acid. Plant J, 23: 363-374

Tripathy J N, Zhang J, Robin S, Nguyen H T. 2000. QTLs for cell-membrane stability mapped in rice (*Oryza sativa* L.) under drought stress. Theor Appl Genet, 100: 1197-1202

Wu X, Shiroto Y, Kishitani S, Ito Y, Toriyama K. 2009. Enhanced heat and drought tolerance in transgenic rice seedlings overexpressing *OsWRKY11* under the control of HSP101 promoter. Plant Cell Rep, 28: 21-30

Xiang Y, Huang Y M, Xiong L Z. 2007. Characterization of stress-responsive *CIPK* genes in rice for stress tolerance improvement. Plant Physiol, 144: 1416-1428

Xiao B Z, Chen X, Xiang C B, Tang N, Zhang Q F, Xiong L Z. 2009. Evaluation of seven function-known candidate genes for their effects on improving drought resistance of transgenic rice under the field conditions. Mol Plant, 2: 73-83

Xiao B Z, Huang Y M, Tang N, Xiong L Z. 2007. Overexpression of a *LEA* gene in rice improves drought resistance under the field conditions. Theor Appl Genet, 115: 36-45

Xiong L Z, Schumaker K S, Zhu J K. 2002. Cell signaling during cold, drought, and salt stress. Plant Cell, 14: 165-183

Xiong L Z, Yang Y N. 2003. Disease resistance and abiotic stress tolerance in rice are inversely modulated by an abscisic acid-inducible mitogen-activated protein kinase. Plant Cell, 15: 745-759

Xiang Y, Tang N, Du H, Ye H Y, Xiong L Z. 2008. Characterization of OsbZIP23 as a key player of bZIP transcription factor family for conferring ABA sensitivity and salinity and drought tolerance in rice. Plant Physiol, 148: 1938-1952

Xu J L, Lafitte H R, Gao Y M, Fu B Y, Torres R, Li Z K. 2005. QTLs for drought avoidance and tolerance identified in a set of random introgression lines of rice. Theor Appl Genet, 111: 1642-1650

Yadav R, Courtois B, Huang N, McClaren G. 1997. Mapping genes controlling root morphology and root distribution in a doubled-haploid population of rice. Theor Appl Genet, 94: 619-632

Yang J F, Guo Z F. 2007. Cloning of a 9-cis-epoxycarotenoid dioxygenase gene (*SgNCED1*) from *Stylosanthes guianensis* and its expression in response to abiotic stresses. Plant Cell Rep, 26: 1383-1390

Yang Z, Wu Y R, Li Y, Ling H Q, Chu C C. 2009. OsMT1a, a type 1 metallothionein, plays the pivotal role in zinc homeostasis and drought tolerance in rice. Plant Mol Biol, 70: 219-229

Yu S B, Xu W J, Vijayakumar C H M, Ali J, Fu B Y, Xu J L, Marghirang R, Domingo J, Jiang Y

Z, Aquino C, Virmani S S, Li Z K. 2003. Molecular diversity and multilocus organization of the parental lines used in the International Rice Molecular Breeding Program. Theor Appl Genet, 108: 131-140

Yue B, Xiong L Z, Xue W Y, Xing Y Z, Luo L J, Xu C G. 2005. Genetic analysis for drought resistance of rice at reproductive stage in field with different types of soil. Theor Appl Genet, 111: 1127-1136

Yue B, Xue W Y, Xiong L Z, Yu X Q, Luo L J, Cui K H, Jin D M, Xing Y Z, Zhang Q F. 2006. Genetic basis of drought resistance at reproductive stage in rice: separation of drought resistance from drought avoidance. Genetics, 172: 1213-1228

Zhang J, Zheng H G, Aarti A, Pantuwan G, Nguyen T T, Tripathy J N, Sarial A K, Robin S, Babu R C, Nguyen B D, Sarkarung S, Blum A, Nguyen H T. 2001. Locating genomic regions associated with components of drought resistance in rice: comparative mapping within and across species. Theor Appl Genet, 103: 19-29

Zhang Q F. 2007. Strategies for developing green super rice. Proc Natl Acad Sci USA, 104: 16402-16409

Zheng H G, Babu R C, Pathan M S, Ali L, Huang N, Courtois B, Nguyen H T. 2000. Quantitative trait loci for root-penetration ability and root thickness in rice: comparison of genetic backgrounds. Genome, 43: 53-61

Zheng B S, Yang L, Zhang W P, Mao C Z, Wu Y R, Yi K K, Liu F Y, Wu P. 2003. Mapping QTLs and candidate genes for rice root traits under different water-supply conditions and comparative analysis across three populations. Theor Appl Genet, 107: 1505-1515

Zhu J K. 2002. Salt and drought stress signal transduction in plants. Ann Rev Plant Physiol Plant Mol Biol, 53: 247-273

Zhou J L, Wang X F, Jiao Y L, Qin Y H, Liu X G, He K, Chen C, Ma L G, Wang J, Xiong L Z, Zhang Q F, Fan L M, Deng X W. 2007. Global genome expression analysis of rice in response to drought and high-salinity stresses in shoot, flag leaf, and panicle. Plant Mol Biol, 63: 591-608

Zou G H, Mei H W, Liu H Y, Liu G L, Hu S P, Yu X Q, Li M S, Wu J H, Luo L J. 2005. Grain yield responses to moisture regimes in a rice population: association among traits and genetic markers. Theor Appl Genet, 112: 106-113

# 第 5 章 水稻氮磷营养代谢调控基因和利用效率改良

由于我国人口的持续增加以及人均可耕地面积的不断减少,用经济高效的方式增加单位面积作物产量是保障我国粮食安全的必由之路。绿色超级稻的核心目标之一是大量少施化肥。只有水稻对周围土壤环境中营养元素的高效吸收和利用,才能保证绿色超级稻这一目标的实现。目前,在我国化肥是实现单位面积高产的重要因素。氮、磷是作物生长发育必需的大量营养元素,我国氮、磷肥用量已占全世界用量的30%。一方面,过量的化肥投入,使我国成为世界上单位化肥投入粮食产出最低的国家之一。我国氮肥利用率仅为30%~35%(发达国家为45%),当季磷肥利用率仅在10%~20%。氮、磷肥的低效利用,使水体富营养化、土壤酸化与重金属污染等农业面源污染的发生,严重威胁着生态安全与农业可持续发展。另一方面,化肥成本持续增长也加重了农民负担,减少了农民种粮收益,进而影响到农民种粮积极性。因此,研究水稻营养代谢机制,发掘和利用营养高效基因,培育在低肥条件下充分吸收利用土壤中营养元素获得相对高产的水稻新品种,同时配合科学的施肥方法和田间栽培管理措施,是实现绿色超级稻核心目标性状之一——营养高效的必然选择。

## 5.1 我国水稻大田生产中氮、磷肥施用现状和存在的问题

水稻土是发育于各种自然土壤之上,经过人为水耕熟化、淹水种稻而形成的耕作土壤。由于长期处于水淹的缺氧状态,土壤中的氧化铁被还原成易溶于水的氧化亚铁,并随水在土壤中移动,当土壤排水后或受稻根的影响,氧化亚铁又被氧化成氧化铁沉淀,形成锈斑、锈线,土壤下层较为黏重。国家耕地土壤监测数据表明1985~2006年,水稻土连续22年施肥耕作,土壤肥力状况发生了明显变化。主要表现为以下几点:①土壤有机质有上升趋势。22年土壤有机质含量增加了4.9g/kg,上升了18.5%。②水稻土总施肥量逐年增加,其中以化肥用量增加为主,有机肥用量保持基本稳定,有机肥在总施肥量中所占比例下降了10%。③土壤碱解氮、速效磷含量相对丰富。潜育型水稻土全氮含量与有机质同步增加,碱解氮含量稳中有升(增加了26mg/kg,上升了18%),有效磷明显增加(共增加了7.3mg/kg)。④水稻土速效钾含量有增加趋势,22年上升了23mg/kg。⑤水稻土土壤pH下降了0.54个单位,下降了8.3%。⑥基础肥力的贡献率,在早晚稻产量上约占40%左右,在单季稻产量上约占50%左右,而一般的贡献率应在70%~80%。

氮是作物生长发育需求量最大的营养元素。2007年,我国水稻氮肥用量占全球水稻氮肥总用量的35%以上(FAO,2008);单季水稻氮肥用量平均为180kg/hm²,比世界稻田氮肥单位面积平均用量大约高75%左右。部分高产稻田施氮量为270~300kg/hm²,高的已达350kg/hm²,远超过国际化肥安全施用上限(225kg/hm²)(崔玉亭等,2000)。化学肥料的大量施用直接导致了肥料的利用效率急剧下降。氮肥吸收利

用率是指当季作物施用氮肥后地上部氮素积累的增加值（以不施氮肥处理的空白区作对照）占总施氮量的百分数。氮肥的农学利用率为单位施氮量增加的水稻籽粒产量。张福锁等（2008）指出，目前我国水稻氮肥利用率为 28.3%，氮肥农学利用率为 10.4kg/kg，都远低于国际水平。

氮肥进入灌溉稻田后，经物理、化学和生物学等众多因素作用，通过氨的挥发、硝化-反硝化作用、表面流失以及渗漏作用等多途径损失，最终导致氮肥利用率低。土壤中的氮以及施入土壤的肥料氮在降雨和灌溉水的作用下，部分直接以化合物形式（如尿素），而大部分以可溶性的 $NO_3^-$、$NO_2^-$ 和 $NH_4^+$ 的形式随水向下移动至根活动层以下，从而不能被作物根系吸收利用，造成氮素淋洗损失。由于土壤颗粒几乎不吸附 $NO_3^-$，而 $NO_2^-$ 作为硝化和反硝化过程的中间产物，存在时间有限，因而农田氮素淋失以 $NO_3^-$ 为主（陈刚才等，2001）。

氮肥利用率低、大量氮素损失导致了一系列环境问题。氮肥流失和渗漏直接导致地下水污染和江河湖泊的富营养化作用（Shrestha and Ladha，1998）。饮用水中硝酸盐浓度高于 10mg/L 将可能导致婴儿高铁血红蛋白症和成人胃癌。另外，由于稻田水分干湿交替的状况，进入水稻田里的氮肥经硝化作用和反硝化作用向大气中排放 $N_2O$ 和 NO，可能导致全球气候变暖。大气中氧化亚氮的浓度正以每年 0.25% 的速度递增，1 分子 $N_2O$ 导致气候变暖的效应与 310 分子的 $CO_2$ 相当，全球农业生产过程中释放的氧化亚氮占大气层总量的 70%（ICPP，1997，2001）。化学氮肥施用量的增加是中国农田 $N_2O$ 排放量逐年上升的主要因素（徐华等，1999）。

磷是植物生长发育必不可少的大量元素之一。一般而言，施入土壤的磷肥 60%~70% 转化为土壤无机磷，8%~15% 转化为土壤有机磷（Ryan et al.，1985）。施入水稻田的磷肥主要转化为 Fe-P、Al-P、O-P，随着施肥时间的延长，Al-P 逐渐向 Fe-P 转化，水稻吸收的磷主要来自土壤 Al-P、Fe-P（向万胜等，2004）。过多施用磷肥或配合施用磷肥和有机肥均导致土壤 Olsen-P、$CaCl_2$-P、NaOH-P 显著积累；随着施肥年限的增加，各形态磷的积累量逐渐增加（刘建玲等，2007）。因此，尽管土壤中总磷含量丰富，但因其在土壤中可溶性低、吸附能力强，所以有效磷浓度较低，通常为 $10\mu mol/L$ 或更少，限制了植物的吸收利用（Raghothama，2000；Vance et al.，2003）。张福锁（2008）调查报告指出，目前我国水稻田磷肥用量在（105±56）$kg/hm^2$。磷肥当季利用率一般只有 11.6%，变化幅度为 2.6%~36.2%，加上作物的后效，一般总利用率也不超过 25%。中国南方水稻田为红壤和砖红壤，其对磷素的固定能力更强，从而造成水稻磷肥利用率极低（一般只有 5%~10%）（李生秀，1999）。

土壤积累大量磷素势必通过地表径流或水土流失和地下淋失进入河流和湖泊，导致地表和地下水体的富营养化（陈利顶和傅伯杰，2000；陈欣等，2000；杨珏和阮晓红，2001）。磷矿是不可再生资源，在世界范围内濒临枯竭，全球低成本的磷肥资源预计到 2050 年将耗尽。我国也仅有 27 亿 t 磷矿储量，仅够维持使用 70 年左右。

由于长期施用磷肥，土壤中已经积累了一个较大的潜在磷库，包括化学固定态磷与家畜粪便中的有机态磷。因此，提高作物活化和利用土壤中固定的大量磷库资源是培育环境友好型、资源节约型绿色超级稻，实现磷营养高效目标的有效途径。

## 5.2 氮高效利用基因的研究探索

### 5.2.1 谷氨酰胺合成酶相关基因的研究

谷氨酰胺合成酶（glutamine synthetase，GS）是参与 $NH_4^+$ 同化合成谷氨酰胺（glutamine，Gln）的主要酶，它与谷氨酸合酶（glutamate synthase，GOGAT）共同形成的 GS/GOGAT 循环是植物体内 $NH_4^+$ 同化的第一步反应。高等植物中 GS 全酶是由一个核基因家族编码的八聚体，分子质量为 360kDa 左右，每个亚基分子质量为 38~45kDa 左右。不同植物、组织、器官中 GS 八聚体的亚基组成不同，存在多种不同性质的 GS 同工酶形式。在大多数植物中，GS 同工酶至少由 4 个功能基因组成的多基因家族所编码，这些基因编码至少 1 种叶绿体/质体型 GS2 和至少 3 种胞质型 GS1。一般而言，叶绿体型 GS（GS2）由单基因编码，其亚基分子质量为 44~45kDa，而胞质型 GS（GS1）则由多个基因编码不同的多肽组成，每个亚基分子质量为 38~40kDa。

在水稻中存在 4 种 GS 基因：一种编码叶绿体型 GS2，存在于叶肉细胞内；3 个基因分别编码存在于根部（命名为 *GS1;2*）、茎部（命名为 *GS1;1*）和小穗（命名为 *GS1;3*）中的胞质型 GS1（Hirel and Gadal，1980；Sakamoto et al.，1989；Kamachi et al.，1991，1992；Yamaya et al.，1992；Ishiyama et al.，2004）。GS 具有组织和亚细胞表达特异性，GS1 更多地存在于种子、根、根瘤、花以及茎的韧皮部等非绿色组织细胞中，它能被淹水、病菌、衰老等因素诱导，与植物体内含氮化合物的合成和运输有关。GS2 更多的存在于叶片中，主要对叶绿体中的氨进行同化和对光呼吸过程中释放的氨进行再利用（Lam et al.，1996）。

大多数植物叶片中的 GS 活性主要是定位于叶绿体的 GS2 活性，最初认为 GS2 只在硝酸盐还原成 $NH_4^+$ 的初级氮同化中起作用；后来通过转基因研究以及大麦 GS2 缺失突变体进行的遗传学研究，证实了 GS2 的另一个重要功能是对光呼吸过程中释放的氨进行再利用（Somerville and Ogren，1980；Wallsgrove et al.，1987；Blackwell et al.，1987；Coschigano et al.，1998）。而根部的 GS1 可能只与根部 $NH_4^+$ 的初级同化有关（Sakakibara et al.，1995；Hirel et al.，2001）。由于在种子萌发及叶片衰老过程中观察到了 GS1 活性增加，因此也提出 GS1 参与萌发种子中储存氮源的转运及衰老叶片中氮源的再转移（Kamachi et al.，1991，1992；Miflin and Habash，2002）。转基因植物研究结果为这一观点提供了有力的证据：对水稻 GS 启动子的研究发现，在衰老过程中，叶肉细胞中 *GS2* 表达量明显减少；而维管束中 *GS1* mRNA 和多肽大量积累，导致 Gln 的急剧增加和 Glu 的减少，这一过程为植株以 Gln 的形式储存了大量氮源（Kamachi et al.，1992；Sakurai et al.，2001）。在种子萌发过程中，多数蛋白质和氨基酸被水解，其中氨作为氮源重新被利用就是通过 GS1 来完成的，GS1 将分解出来的氨重新合成 Gln，再以 Gln 的形式在体内运输以供机体正常生长（Ben and Dimah，2002）。

Cai 等（2009）用 35S 启动子在水稻品种中花 11 中超量表达水稻谷氨酰胺合成酶基因 *GS1;1*、*GS1;2* 和大肠杆菌谷氨酰胺合成酶基因 *glnA*。对单拷贝超量表达的转基因阳性植株，分别在正常水培条件和低氮胁迫（1/15 正常氮水平）条件下培养 4 周，取剑叶样品（6 棵植株的剑叶混合样品，3 次重复）进行了 GS 酶活和叶片中水溶性蛋白含量测定。测定结果显示，无论在正常水培条件下还是低氮胁迫（1/15 正常氮水平）培养条件下，转基因植株相对于野生型中花 11 而言，其 GS 活性均有显著提高（图 5-1A；$t$ 检验）。在正常水培条件下，超量表达 *GS1;1*、*GS1;2* 和 *glnA* 的转基因植株 GS 活性分别比野生型对照提高了 18%、19% 和 25%；而在低氮胁迫（1/15 正常氮水平）培养条件下，分别比野生型对照提高了 36%、44% 和 46%（图 5-1A）。在低氮胁迫（1/15 正常氮水平）培养条件下转基因植株中 GS 活性的提高幅度要比正常水培条件下高。

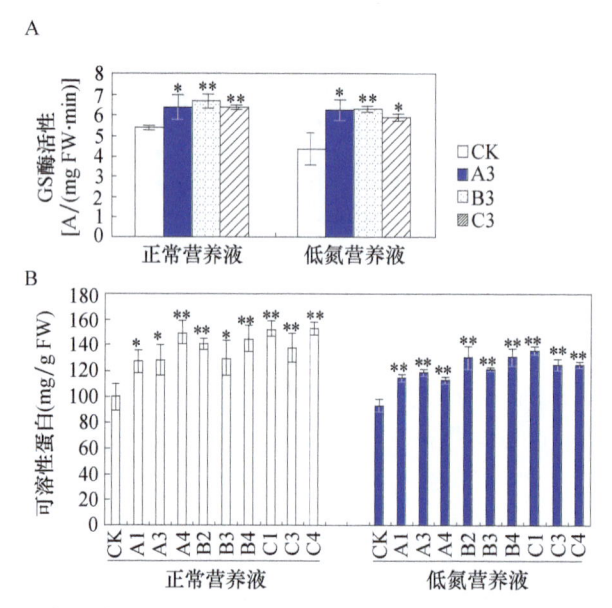

图 5-1　超量表达 *GS1;1*、*GS1;2* 和 *glnA* 转基因植株中谷氨酰胺合成酶活性和水溶性蛋白含量的测定

A. 超量表达 *GS1;1*（C3）、*GS1;2*（A3）和 *glnA*（B3）转基因植株以及野生型中花 11（CK）在正常培养条件和低氮胁迫（1/15 正常氮水平）培养条件下水培 4 周后剑叶中的谷氨酰胺合成酶活性；B. 超量表达 *GS1;1*（C1、C3、C4）、*GS1;2*（A1、A3、A4）和 *glnA*（B2、B3、B4）转基因植株以及野生型中花 11（CK）在正常培养条件和低氮胁迫（1/15 正常氮水平）培养条件下水培 4 周后剑叶中的水溶性蛋白含量。标准误为 3 次重复统计的结果，每个重复为 6 棵植株的剑叶混合样品。* 和 ** 分别表示转基因植株与对照野生型中花 11 在 $P=0.05$ 和 $P=0.01$ 水平上的差异显著性

植物光合作用等多种合成代谢途径所涉及的酶类化合物大多属于水溶性蛋白，因此叶片中水溶性蛋白含量往往反应了植株生理代谢水平。为了进一步检测转基因植株中相对高水平的 GS 活性是否能够提高植株的生理代谢水平，对上述转基因植株进行了叶片水溶性蛋白含量测定。结果显示，无论在正常培养条件下还是低氮胁迫（1/15 正常氮水平）培养条件下，超量表达 *GS1;1*、*GS1;2* 和 *glnA* 的转基因植株相对于野生型中花 11 来说，其水溶性蛋白含量均有显著提高（图 5-1B；$P<0.05$）。在正常水培条件下，超量表达 *GS1;1*、*GS1;2* 和 *glnA* 的转基因植株的水溶性蛋白含量分别比野生型对照提高了 39%~54%、27%~51% 和 30%~45%；在低氮胁迫（1/15 正常氮水平）培养条件下，分别提高了 34%~46%、21%~27% 和 30%~41%（图 5-1B）。两种不

同氮水平培养条件下，水溶性蛋白含量的提高幅度相近。

为了验证植株中 GS 酶活性的提高是否影响植株对外界氮元素的摄入与同化利用，本实验对超量表达 *GS1;1*、*GS1;2* 和 *glnA* 的转基因植株和野生型中花 11 分别在正常氮水平和低氮胁迫（1/15 正常氮水平）条件下培养 4 周，并对植株中总氮和总氨基酸含量进行了测定（6 棵植株混合样，3 次重复）。

测定结果显示，无论在正常培养条件下还是低氮胁迫（1/15 正常氮水平）培养条件下，超量表达 *GS1;1*、*GS1;2* 和 *glnA* 的转基因植株相对于野生型中花 11，总氮和总氨基酸的含量均有显著提高（图 5-2；$P<0.05$）。在正常水培条件下，超量表达 *GS1;1*、*GS1;2* 和 *glnA* 转基因植株中各种氨基酸含量均比野生型对照高，其总氨基酸含量分别提高了 13.5%、6.2% 和 8.6%；而在低氮胁迫（1/15 正常氮水平）培养条件下，分别提高了 37%、34% 和 22%。在低氮胁迫（1/15 正常氮水平）培养条件下的转基因植株中总氨基酸含量的提高幅度显著高于正常水培条件下的提高幅度（图 5-2A）。同样，在正常水培条件下超量表达 *GS1;1*、*GS1;2* 和 *glnA* 转基因植株中总氮含量均比野生型对照有所提高，分别提高了 27%~76%、30%~64% 和 50%；而在低氮胁迫（1/15 正常氮水平）培养条件下，分别提高了 25%~44%、13%~65% 和 8%~18%。在正常水培条件下的转基因植株中总氮含量的提高幅度要比低氮胁迫（1/15 正常氮水平）培养条件下高（图 5-2B）。

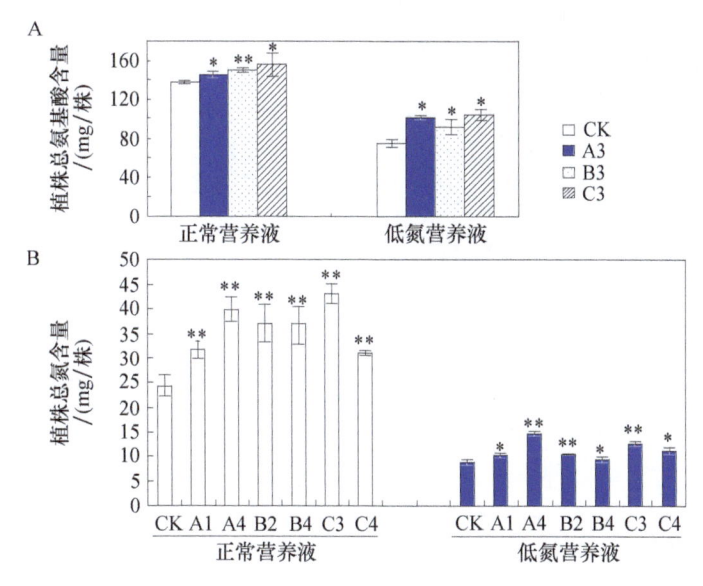

图 5-2 超量表达 *GS1;1*、*GS1;2* 和 *glnA* 转基因植株中总氮和总氨基酸含量的测定

A. 超量表达 *GS1;1*（C3）、*GS1;2*（A3）和 *glnA*（B3）转基因植株以及野生型中花 11（CK）在正常培养条件和低氮胁迫（1/15 正常氮水平）培养条件下水培 4 周后植株总氨基酸含量；B. 超量表达 *GS1;1*（C3、C4）、*GS1;2*（A1、A4）和 *glnA*（B2、B4）转基因植株以及野生型中花 11（CK）在正常培养条件和低氮胁迫（1/15 正常氮水平）培养条件下水培 4 周后植株总氮含量。标准误为 3 次重复统计的结果，每个重复取 6 株混合样品。

\* 和 \*\* 分别表示转基因植株与对照野生型中花 11 在 $P=0.05$ 和 $P=0.01$ 水平上的差异显著性

根据上述结果，超量表达 *GS1；1*、*GS1；2* 和 *glnA* 基因的转基因植株相对于野生型中花 11 来说，其谷氨酰胺合成酶活性、氮代谢水平、氮化合物含量均有显著提高。那么，转基因植株的经济学产量是否也随之提高了呢？于是，本实验对低氮田间种植的转基因植株和野生型中花 11 进行了经济学产量分析（设置 3 次重复，每个重复取中间一行 8 株收种，测定单株籽粒产量）。结果显示，超量表达 *GS1；1*、*GS1；2* 和 *glnA* 基因的转基因植株单株籽粒产量分别比对照下降了 25%～33%、7%～25% 和 19%～39%。

GS2 主要存在于叶片中，对叶绿体中的氨进行同化并对光呼吸过程中释放的氨进行再利用（Lam et al.，1996）。在水稻中通过光呼吸作用损失的氮约占植株吸收总氮量的 5%～10%。

练兴明研究组用 35S 启动子在水稻品种中花 11 中超量表达水稻谷氨酰胺合成酶基因 *GS2*。结果显示，超量表达 *GS2* 的转基因植株在苗期表型上与野生型中花 11 没有任何差异，而在营养生长后期渐渐分离出黄化植株（图 5-3A 中的 4、5、6 和 7），此黄化植株生长受到抑制，生物学产量较低，其干重显著低于正常生长的绿色植株（图 5-3B），后期结实也很少。进一步分析表明只有纯合阳性转基因植株才表现出这种黄化现象，而杂合型转基因植株表型和野生型对照没有差别。

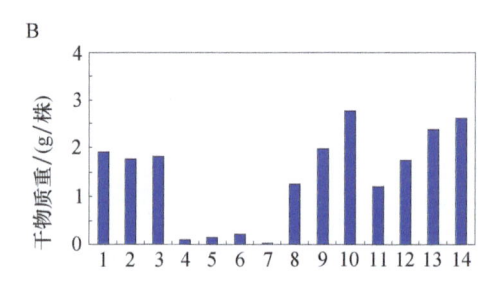

图 5-3 *GS2* 转基因植株在 T₁ 的生长表型和生物产量的分析

A. *GS2* 转基因家系 87 在 T₁ 分离出生长弱小的黄化植株（4、5、6 和 7），以及相应植株的 PCR 检测结果；B. *GS2* 转基因家系 87 中相应单株的干重产量。实验中所用植株在正常水培条件下生长 4 周后收获

RNA 表达水平上检测分析表明，黄化植株是由于体内 *GS2* 基因表达量受到抑制而引起的。转基因黄化植株在谷氨酰胺合成酶活性、植株水溶性蛋白含量等方面，都显著低于杂合型阳性绿色植株和野生型中花 11。黄化植株中 GS 酶活性比转基因绿色阳性植株和野生型中花 11 降低 28%～46%，而转基因绿色阳性植株和野生型中花 11 则没有明显的差异。黄化植株中的水溶性蛋白含量比转基因绿色阳性植株和野生型中花 11 低 30%～44%。杂合型绿色转基因阳性植株的后代能够分离出黄化植株。

超量表达 GS 转基因植株往往由于体内 GS mRNA 的大量累积，会导致谷氨酰胺合成酶活性的提高以及水溶性蛋白含量的增加。据报道，超量表达 *GS1* 的转基因烟草（Oliveira et al.，2002）、豌豆（Fei et al.，2003）和玉米（Martin et al.，2006）均有上述现象。在本实验中也出现了类似的结果，超量表达 *GS1；1*、*GS1；2* 和 *glnA* 的转基因植株在正常营养条件下，谷氨酰胺合成酶活性提高了 18%～25%，水溶性蛋白含量增加了 27%～54%；在低氮培养条件下，谷氨酰胺合成酶活性提高了 36%～46%，水溶性蛋白含量增加率 21%～46%。而且可以看出，低氮培养条件下谷氨酰胺合成酶活性的提高幅度要比正常营养条件下大；可能是由于外界低水平的氮营养对植株体内谷氨酰胺合成酶的活性有一定的诱导作用而引起的。

也有一些报道显示，在 GS 转基因作物中谷氨酰胺合成酶的活性与经济产量呈现正相关的关系，高水平的谷氨酰胺合成酶的活性会引起作物经济产量的提高。例如，使用 *rbc*S 启动子表达 *GS1* 的转基因小麦籽粒产量显著提高，并且籽粒中氮含量也显著升高 (Habash et al.，2001)；同样，超量表达 *GS1* 的转基因玉米籽粒产量提高了大约 30% (Martin et al.，2006)。然而在本实验中，我们在超量表达 *GS1；1*、*GS1；2* 和 *glnA* 的转基因水稻中并没有发现籽粒产量的提高，反而降低了 7%～39%，这可能是由于本实验中使用组成型表达的 35S 启动子而引起的，35S 启动子使得转基因植株在所有组织和器官中大量表达 GS，影响了植物正常的营养代谢途径和信号传导路径。另外，在不需要大量表达的部位过量表达一个基因的产物，也造成了物质和能量的浪费，对植株的正常生长发育不利。例如，使用 35S 启动子超量表达 *GS1* 的转基因紫花苜蓿 (Ortega et al.，2001) 和玉米 (Martin et al.，2006) 以及使用自身启动子表达 *GS1；1* 的转基因水稻 (Tabuchi et al.，2007) 在表型上与对照均无明显差异。使用 35S 启动子超量表达豌豆 *GS1* 基因的莲属植物中发现了植株的生长速率和叶片衰老进程加速的现象 (Vincent et al.，1997)。

### 5.2.2 天冬氨酸转氨酶相关基因的研究

在植物中，天冬氨酸转氨酶 (asparate aminotransferase，AAT) 催化谷氨酰胺中 $NH_4^+$ 转移到天冬氨酸上以生成天冬酰胺。在高等植物中，AAT 以多种同工酶形式广泛存在于植物的各个组织、器官以及不同的亚细胞位置 (Givan，1980；Lam et al.，1996)。

水稻中有 3 个由独立单拷贝基因编码的天冬氨酸转氨酶同工酶 (Song et al.，1996)，*OsAAT1* 位于第 2 号染色体，基因全长 3877bp，cDNA 长 1377bp，编码位于叶绿体的 OsAAT 同工酶；*OsAAT2* 位于第 1 号染色体，基因全长 4149bp，cDNA 长 1224bp，编码位于胞质的 OsAAT 同工酶；*OsAAT3* 位于第 6 号染色体，基因全长 4098bp，cDNA 长 1293bp，编码位于线粒体的 OsAAT 同工酶。Zhou 等 (2009) 分别对水稻中天冬氨酸转氨酶基因 *OsAAT1*、*OsAAT2*、*OsAAT3* 以及大肠杆菌中天冬氨酸转氨酶基因 *EcAAT* 进行超量表达。

对转基因植株中各 AAT 基因表达量检测显示，在超量表达 *EcAAT* 基因的转基因植株中，*OsAAT1* 和 *OsAAT2* 的表达量也显著提高了，而 *OsAAT3* 的表达量却降低了 (图 5-4)。在 *OsAAT1*、*OsAAT2* 和 *OsAAT3* 各个超量表达转基因植株中，其他家族成员的表达量与野生型对照中的表达量没有明显变化，说明内源 *OsAAT* 基因各家族成员之间没有表达量的相互影响。

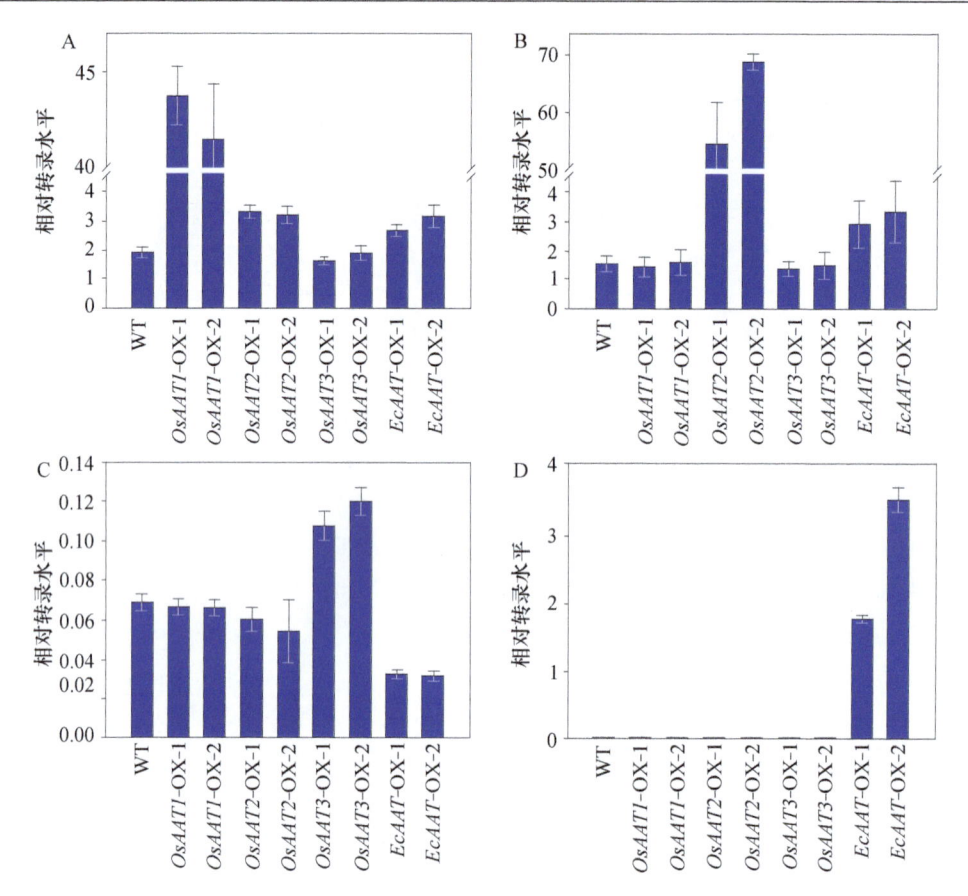

图 5-4 Real-time PCR 方法，分析基因家族 OsAAT，在各超量表达转基因植株中的表达情况

A. OsAAT1 基因引物扩增的 real-time PCR 结果；B. OsAAT2 基因引物扩增的 real-time PCR 结果；
C. OsAAT3 基因引物扩增的 real-time PCR 结果；D. EcAAT 基因引物扩增的 real-time PCR 结果
OsAAT1-OX、OsAAT2-OX、OsAAT3-OX 和 EcAAT-OX 分别表示各基因的超量表达植株

天冬氨酸转氨酶酶活测定显示，在超量表达 OsAAT1、OsAAT2、EcAAT 的转基因植株中，天冬氨酸转氨酶活性分别为 26.6A/[mg·min]、23.6A/(mg·min) 和 19.6A/(mg·min)，与野生型对照植株的酶活 [17.7A/(mg·min)] 相比分别提高了 50.3%、33.3% 和 10.7%；而超量表达 OsAAT3 的转基因植株中，天冬氨酸转氨酶的酶活 [19.1A/(mg·min)] 与野生型对照相比没有显著变化。

各转基因植株和野生型对照谷粒中总氨基酸和蛋白质含量测定结果显示，超量表达 OsAAT1、OsAAT2 和 EcAAT 的转基因植株谷粒中各种氨基酸含量均显著或极显著高于对照（表 5-1）。超量表达 OsAAT1、OsAAT2 和 EcAAT 的转基因阳性植株中氨基酸总量分别为 119.36mg/g、115.36mg/g 和 113.72mg/g，比相应的阴性对照植株分别提高了 16.1%（$P<0.01$）、12.0%（$P<0.01$）和 5.4%（$P<0.05$）；蛋白质含量分别为 71.06mg/g、74.56mg/g 和 71.00mg/g，比相应的阴性对照植株分别提高了 22.2%（$P<0.01$）、21.1%（$P<0.01$）和 11.1%。超量表达 OsAAT3 的转基因植株谷粒中各氨基酸含量与野生型对照相比没有明显差异。

表 5-1  T₂ 转基因阳性植株和其对应阴性植株的米粉中氨基酸和蛋白质含量

| 氨基酸 | OsAAT1-OX 阳性/(mg/g) | OsAAT1-OX 阴性/(mg/g) | % | OsAAT2-OX 阳性/(mg/g) | OsAAT2-OX 阴性/(mg/g) | % | EcAAT-OX 阳性/(mg/g) | EcAAT-OX 阴性/(mg/g) | % |
|---|---|---|---|---|---|---|---|---|---|
| Asp | 11.32±0.32** | 10.00±0.16 | 13.2 | 10.96±0.32** | 9.88±0.20 | 10.9 | 10.52±0.32* | 10.28±0.36 | 2.3 |
| Thr | 4.88±0.16** | 4.40±0.08 | 10.9 | 4.76±0.08** | 4.24±0.02 | 12.3 | 4.52±0.12 | 4.52±0.08 | 0.0 |
| Ser | 7.80±0.20** | 6.84±0.12 | 14.0 | 7.12±0.16** | 6.28±0.12 | 13.4 | 7.16±0.28 | 7.00±0.16 | 2.3 |
| Glu | 19.68±0.52 | 19.36±0.44 | 1.7 | 19.88±3.96** | 17.64±1.60 | 12.7 | 21.52±0.96* | 20.68±1.24 | 4.1 |
| Gly | 10.12±0.36** | 8.68±0.28 | 16.6 | 9.68±0.32* | 8.60±0.16 | 12.6 | 9.20±0.32 | 9.08±0.28 | 1.3 |
| Ala | 10.60±0.36** | 8.84±1.60 | 19.9 | 9.80±0.48* | 8.80±0.20 | 11.4 | 9.72±0.84** | 8.48±1.28 | 14.6 |
| Cys | 1.24±0.08** | 1.04±0.08 | 19.2 | 1.16±0.28* | 1.08±0.24 | 7.4 | 1.04±0.08** | 0.96±0.04 | 8.3 |
| Val | 7.72±0.24** | 6.40±0.04 | 20.6 | 7.56±0.04* | 6.84±0.04 | 10.5 | 7.12±0.40* | 6.84±0.52 | 4.1 |
| Met | 2.24±0.12** | 1.80±0.04 | 24.4 | 2.00±0.20* | 1.80±0.12 | 11.1 | 1.96±0.04* | 1.76±0.16 | 11.4 |
| Ile | 4.56±0.12** | 3.84±0.16 | 18.8 | 4.56±0.04* | 4.08±0.16 | 11.8 | 4.32±0.20* | 4.04±0.28 | 6.9 |
| Leu | 9.96±0.28** | 7.96±0.36 | 25.1 | 9.64±0.16* | 8.64±0.16 | 11.6 | 9.04±0.48* | 8.44±0.64 | 7.1 |
| Tyr | 3.12±0.16** | 2.40±0.08 | 30.0 | 3.24±0.16* | 2.88±0.32 | 15.3 | 2.84±0.16* | 2.40±0.28 | 18.3 |
| Phe | 5.16±0.16** | 4.20±0.12 | 22.9 | 5.00±0.16* | 4.48±0.16 | 11.6 | 4.68±0.24* | 4.44±0.24 | 5.4 |
| Lys | 4.20±0.16** | 3.72±0.16 | 12.9 | 3.96±0.12* | 3.52±0.16 | 12.5 | 3.88±0.04 | 3.88±0.08 | 0.0 |
| His | 2.72±0.08** | 2.28±0.08 | 15.2 | 2.56±0.08** | 2.32±0.16 | 10.3 | 2.60±0.08* | 2.48±0.01 | 4.8 |
| Arg | 7.68±0.28** | 5.52±0.48 | 19.3 | 7.48±0.16* | 6.56±0.16 | 14.0 | 7.12±0.28* | 6.84±0.24 | 4.1 |
| Pro | 6.36±0.36** | 5.52±0.20 | 39.1 | 5.92±0.32* | 5.36±0.28 | 10.4 | 6.48±0.20** | 5.80±0.84 | 11.7 |
| Total | 119.36±3.48** | 102.84±5.32 | 16.1 | 115.36±3.48** | 103.00±2.28 | 12.0 | 113.72±5.56* | 107.92±5.24 | 5.4 |
| Protein | 71.06±1.81** | 58.18±2.38 | 22.2 | 74.56±2.05** | 61.57±1.63 | 21.1 | 71.00±3.20* | 63.88±2.01 | 11.1 |

*，** 分别表示在 $P=0.05$ 和 $P=0.01$ 水平上的显著性。表中的数据为每个转化载体取 3 个超表达家系所测数据的平均值，"±"后的数值表示标准差。

农艺性状考察和籽粒产量调查结果表明，超量表达 OsAAT1、OsAAT2、OsAAT3 和 EcAAT 转基因水稻在株高、分蘖、抽穗期和单株籽粒产量上与野生型对照相比均没有显著变化。

### 5.2.3 铵盐转运子相关基因研究

铵是一种还原态氮，水稻是喜铵作物，当铵态氮和硝态氮同时存在的条件下更倾向于吸收铵态氮（Gazzarrini et al.，1999；Loque and von Wiren，2004）。植物从土壤中吸收 $NH_4^+$ 是通过多个不同的铵盐转运子（ammonium transporter，AMT）共同起作用的，这些铵盐转运子负责将细胞外的 $NH_4^+$ 转运到细胞内。植物对 $NH_4^+$ 的吸收同样有高亲和力吸收系统和低亲和力吸收系统。植物中铵盐转运子是一个多基因的家族，根据序列同源性可以分为两个亚家族：AMT1 和 AMT2（Sohlenkamp et al.，2000；Wiren et al.，2000），其中 AMT2 亚家族成员和原核生物中的铵盐转运子成员 MEP 亚家族亲缘关系较近（Lam et al.，1996）。

大多数植物中的铵盐转运子的基因已经被鉴定，并且通过酵母互补实验验证了其转运铵离子的功能（Ninnemann et al.，1994；Howitt and Udvardi，2000；Wiren et al.，2000）。第一个被发现的铵盐转运子基因来自于酵母（Marini et al.，1994），植物中第一个被发现的铵盐转运子基因来自于拟南芥（Ninnemann et al.，1994）。到目前为止，水稻中发现了10个铵盐转运子基因，其中 OsAMT1;1、OsAMT1;2 和 OsAMT1;3 属于 AMT1 亚家族，其余 7 个铵盐转运子（OsAMT2;1、OsAMT2;2、OsAMT2;3、OsAMT3;1、OsAMT3;2、OsAMT3;3 和 OsAMT4）属于 AMT2 亚家族。在这 10 个铵盐转运子基因中，OsAMT1s 和 OsAMT2;1 对铵盐的转运活性已经由酵母互补实验证实（Sonoda et al.，2003；Suenaga et al.，2003），其中 OsAMT1s 是高亲和力的铵盐转运子而 OsAMT2;1 是低亲和力的铵盐转运子。

目前，除了 AtAMT1;1 和 OsAMT1;1 这两个基因外，很少有关于铵盐转运子超量表达的研究报道。和野生型植株相比，超量表达 AtAMT1;1 的转基因植株根中 $^{15}NH_4^+$ 流大约增加了 30%，表型上却没有明显的变化（Yuan et al.，2007）。Kumar 等在水稻中超量表达 OsAMT1;1，发现转基因植株中 $^{15}NH_4^+$ 流发生改变，同时发现生物学产量比对照降低了（Kumar et al.，2006）。

Hoque 等（2006）发现超量表达 OsAMT1;1 的转基因水稻在营养生长阶段和野生型相比生物学产量下降，然而转基因植株根部吸收 $NH_4^+$ 的能力增加，植株体内 $NH_4^+$ 浓度也增加，这可能是转基因植株产生铵盐毒害而导致生物学产量下降的原因。

水稻全生育期 27 个不同的组织和器官芯片表达谱分析表明，水稻 10 个铵盐转运子中，OsAMT1;1、OsAMT1;2、OsAMT2;1 和 OsAMT4;1 4 个基因在各组织器官中呈组成型表达，其余 6 个铵盐转运子基因特异性地在某些组织或器官中表达。例如，OsAMT2;3 在愈伤组织中表达量高，OsAMT1;1、OsAMT1;3、OsAMT2;1、Os-AMT2;2 和 OsAMT4;1，在水稻苗期根中表达量较高。

## 5.3 磷高效利用基因的研究探索

磷在土壤中容易被固定成难溶性磷，有效磷浓度通常较低，一般约 $10\mu mol/L$ 或更低（Raghothama，2000；Vance et al.，2003）。植物通过进化产生了许多适应机制，如扩大根系范围增加对土壤中磷的吸收，调节新陈代谢保持细胞内磷的动态平衡，分泌磷酸酶、有机酸等活化土壤中固定的难溶性磷（Raghothama，2000；Rausch and Bucher，2002；Ticconi et al.，2004）。当周围环境中磷不足时，植物根系结构往往发生改变，如侧根增加、根毛数量和长度增加，以通过扩大根表面积来增加对磷的吸收。有些物种，如白羽扇豆，可形成排根（侧根簇），有些物种通过和菌根形成共生关系，菌根给植物提供磷，植物为菌根提供碳源。另一些植物通过分泌有机酸、磷酸酶以及核酸酶来溶解释放有机物中的磷或 Fe、Al、Ca、Mg 离子形成复合物中的磷。

近些年来科学家们对磷的吸收、代谢以及信号调控进行了广泛和深入的研究。AtPHR1 是拟南芥磷饥饿信号传导途径中起关键调控作用的转录因子，具有一个 MYB 结构域和一个 coiled-coil 结构域，属于 MYB-CC 家族中的一员。AtPHR1 以二聚体形式结合到磷饥饿诱导基因启动子中一个回纹结构的顺式因子上（Rubio et al.，2001）。AtPHR1 的功能缺失会导致磷饥饿诱导表达基因如 *AtIPS1*、*AtRNS1* 以及 *At4* 的表达量降低，并在叶部积累花青素（Raghothama，1999）。超表达 *AtPHR1* 导致拟南芥磷过量积累（Bari et al.，2006）。基于 AtPHR1 蛋白质序列的相似性，在水稻中分离到两个单拷贝的同源基因 *OsPHR1* 和 *OsPHR2*（Zhou et al.，2008）。将这两个基因分别在水稻中抑制以及超量表达，结果表明 *OsPHR1* 和 *OsPHR2* 均参与磷信号调控途径，但只有 *OsPHR2* 的超量表达才导致在磷充足条件下水稻地上部磷过量积累，同时表现出植株生长矮小、分蘖减少、叶片黄萎、坏疽等症状。进一步研究表明，超表达 *OsPHR2* 使植株在并不缺磷的条件下刺激磷饥饿信号系统，在磷充足的条件下启动了磷饥饿反应，促进磷饥饿诱导基因的表达（Zhou et al.，2008）。

植物在吸收磷酸盐的时候，土壤中磷酸盐首先进入根表皮和皮层的质外体，在磷酸盐转运子（phosphorus transporter，PT）的作用下跨膜进入共质体，再经木质部输送到地上部，从而分配到不同器官（Smith，2002）。磷的跨膜运输是由 $H^+/Pi$ 共转运系统介导的（Leggewie et al.，1997；Daram et al.，1998；Liu et al.，1998）。吸收动力学试验表明，高等植物与细菌和酵母中相似，也同时存在两种磷吸收系统：一种是组成型表达的低亲和系统，当植物周围环境中磷供应充足时，植物主要靠这一吸收转运系统吸收磷；另一种是磷饥饿诱导表达的高亲和系统，能够有效吸收低浓度的磷。高亲和转运系统 $K_m$ 值为 $3\sim 7\mu mol/L$，而低亲和转运系统 $K_m$ 值随组织和种类不同，为 $50\sim 330\mu mol/L$（Ullrich-Eberius et al.，1984；Nandi et al.，1987；Furihata et al.，1992）。水稻中有 13 条基因组序列被鉴定为属于磷酸盐转运子（Pht1）家族，它们之间具有 38.1%～87.4%的同源性（Goff et al.，2002；Paszkowski et al.，2002）。

第一个编码植物磷酸盐转运子（PT）的基因是从拟南芥中分离出来的（Muchhal et al.，1996）。接着大量 PT 基因从各种植物中被鉴定出，包括禾本科、豆科以及茄科（Chen et al.，2007；Chiou et al.，2001；Glassop et al.，2005；Harrison et al.，2002；Maeda et al.，2006；Mudge et al.，2002；Nagy et al.，2005；Paszkowski et al.，2002；Xu et al.，2007）。大部分植物 PT 属于 Pht1 家族，该家族的成员具有 12 个跨膜结构域（Schachtman et al.，1998；Smith et al.，2000）。

水稻中 *OsPT11*、*OsPT2* 和 *OsPT6* 研究较多。其中 *OsPT11* 是不受植物体内磷营养状况和根际磷水平影响而只受菌根特异诱导的磷转运子基因（Paszkowski et al.，2002）。*OsPT2* 和 *OsPT6* 是 Pht1 家族中在根部表达丰度最高的两个基因，在缺磷条件下表达水平均显著上升。利用启动子驱动 GUS 报告基因的研究，检测到 *OsPT2* 只定位于主根和侧根的中柱，而 *OsPT6* 在主根和侧根的表皮和皮层细胞表达。根表皮细胞中的磷酸盐转运子负责吸收土壤中低浓度的磷，而中柱具有高达 10mmol/L 浓度的磷，在中柱表达的磷酸盐转运子负责磷在体内的转运（Bieleski，1973；Mimura，1995；Poirier et al.，1991）。OsPT6 能够在高亲和浓度范围和磷吸收突变的酵母产生功能互补，而 OsPT2 无法实现酵母磷吸收突变体功能互补，将其 mRNA 注射蛙卵母细胞，发现当外部磷浓度为 mmol/L 数量级时，才导致磷积累的增加以及由于磷增加导致的细胞膜电位去极化（Ai et al.，2009）。这些结果表明 OsPT6 是高亲和磷转运子，在植物中

图 5-5 两种不同磷浓度下 $OsPT2$ 超量表达植株和野生型对照的生长情况

对磷吸收起着较为广泛的作用，OsPT2 是低亲和磷转运子，负责磷的吸收和转运。

将 $OsPT2$ 基因构建到携带有 CaMV 35S 启动子的超表达载体 pCAMBIA1301s 后，以合江 19 为转化受体，采用农杆菌介导的遗传转化法在水稻中进行超量表达。研究结果表明，在正常磷（10μg/g）浓度下，$OsPT2$ 转基因植株表现出生长矮小、分蘖减少、叶片黄萎、坏疽的症状。在低磷（0.5μg/g）种植条件下这种症状明显减轻，超量表达转基因植株和野生型比较接近（图5-5）。

对 $OsPT2$ 超量表达材料及野生型对照进行有效磷测定，结果表明在正常磷水平条件下 $OsPT2$ 超量表达材料地上部积累的有效磷浓度是野生型对照的 5 倍左右，而地下部积累的有效磷浓度是对照的 2 倍左右（图5-6）。这说明了该转基因材料出现矮小、黄萎、坏疽的表型是由于磷过量积累造成了磷中毒而引起的。这种磷毒害症状在低浓度磷种植条件下得到缓解，有效磷浓度及植株生长也和野生型趋于一致。

对 $OsPT2$ 超量表达植株和野生型对照进行磷吸收速率测定，结果表明超表达 $OsPT2$ 转基因植株在实验开始 4h 后磷吸收的能力是对照的 2.3 倍左右，8h 以及 24h 后磷吸收的能力是对照的 1.6 倍左右。

上述研究表明，水稻中 $PHR2$ 和 $OsPT2$ 超量表达后，植株都表现出对磷的吸收和积累增加，导致了磷中毒症状。$PHR2$ 和 $OsPT2$ 是否为同一个磷代谢调控路径上的基因？$PHR2$ 是否直接调控了 $OsPT2$ 的表达呢？为了研究这一问题，我们将 $PHR2$ 超量表达植株和 $OsPT2$ 突变材料进行了杂交，获得 $PHR2$ 超表达但 $OsPT2$ 突变的后代 $PHR2$（O）/$pt2$，选取两个 $F_2$ 株系、$PHR2$ 超表达植株、$OsPT2$ 突变体以及相应的野生型对照材料进行正常磷水平条件下地上部有效磷浓度测定。结果显示 $OsPT2$ 的抑制表达使 $PHR2$ 超表达的磷过量积累效应降低了 70%。这一结果有力地证明了水稻中 $PHR2$ 通过调控 $OsPT2$ 表达来调控磷的吸收和转运。

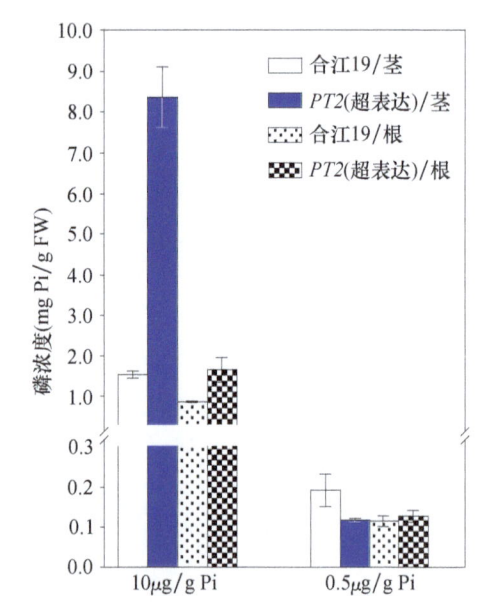

图 5-6 两种不同磷浓度下 $OsPT2$ 超量表达植株和野生型对照植株体内有效磷

以上对氮、磷代谢途径中一些酶基因进行组成型超量表达后，得到的转基因植株大多在生物学产量上表现出负效应。这也许与植物体内存在的一些反馈调控抑制有关，组成型超量表达一个基因，可能会造成了物质和能量的浪费，对生物的生长发育不利。如果能改用该基因本身在植物中内源性表达部位的启动子驱动该基因，也许是更为行之有效的途径。另外，一个代谢途径中增强了某一个基因的表达，但是其上游、下游基因表达如果成为该代谢途径的制约因素，该转基因植株也不会表现出更强的竞争优势。因此，如果能将整个代谢路径中相关的基因都提高表达，增加整个路径中所有相关酶的活性，也许能提高植株整个代谢水平，表现出更强的生长优势。目前，我们正在尝试将这些单个基因超量表达植株进行杂交聚合，以期获得整个代谢途径中所有基因都呈现超量表达的植株。

以上实验中所转化的基因均是与氮、磷代谢相关的已知功能的基因，而且大多数都是基因家族，将其中一个基因进行超量表达，该基因在代谢途径中引起的作用很可能会被植株体内的反馈作用调节过来，或是被同一家族中的其他成员所平衡。因此，如果能够找到一些调控氮、磷代谢路径中上游的一些关键调控因子，通过一个基因表达量的改变来影响多个基因的表达甚至是整个代谢途径中基因的表达，可能会获得一些更理想的结果。

## 5.4 其他途径发掘新的氮磷高效基因资源

### 5.4.1 种质资源筛选

生物在进化过程中为了增加对环境的适应性，形成了丰富的优良等位基因资源。在水稻营养吸收利用方面，同样存在这种丰富多样的基因型差异（Tirol-Padre et al.，1996；Inthapanya et al.，2000；Koutroubas and Ntanos，2003）。本研究小组利用166份水稻微核心种质资源在水培条件下进行了耐低氮、低磷胁迫筛选试验（图5-7）。

图5-7 水稻微核心种质在水培条件下进行耐低氮、低磷胁迫筛选试验情况

将166份水稻微核心种质材料分别在正常、低氮和低磷营养条件下种植，在分蘖盛期考察每个材料在三种营养条件下的生物学产量，分别以低氮和低磷条件下生物学产量

与正常营养条件下生物学产量的比值作为衡量各种材料耐低氮、耐低磷特性的指标。在 166 份微核心种质中，低氮胁迫后的相对生物学产量变化范围从 0.15 到 0.85，其中大于 0.6 的有 23 份。生物对逆境的适应往往以牺牲自身的生长发育速度为代价，降低生长速度、减小生物量以求度过逆境环境。在以相对生物学产量为指标衡量各种材料对低营养条件的耐受性的时候，我们发现，在正常营养条件下生物产量比较小的基因型品种其相对生物学产量往往较高。但是，作为营养高效吸收利用的基因型筛选，最理想的当然是寻找那种在正常营养条件下本身的生物学产量和经济学产量都相对较高，而在低营养条件下又能充分吸收和利用周围环境中的营养元素，获得相对较高的产量。在我们低氮筛选试验中，相对生物学产量大于 0.6 的 23 份材料中有 2 份材料在正常营养条件下的生物学产量排在 166 份材料中的前 30%。目前我们正在进行大田试验条件下的筛选和验证。

同样，在低磷筛选试验中，166 份微核心种质低磷氮胁迫后的相对生物学产量变化范围从 0.13 到 0.88，其中大于 0.6 的有 19 份。这 19 份材料中有 1 份材料在正常营养条件下的生物学产量排在 166 份材料中前 30%，目前也在对这些材料进行田间的筛选和验证。

### 5.4.2 营养相关数量性状位点的定位分析

基于高密度遗传连锁图谱的数量性状位点（QTL）分析可以将一些复杂性状的遗传基础分解开来，是对遗传学上复杂性状发掘其新的贡献位点的一个有效途径。植物氮肥利用率是一个非常复杂的特性，利用数量性状位点分析法对植物氮代谢中相关影响因素的研究在玉米（Agrama et al.，1999；Bertin and Gallais，2001；Gallais and Hirel，2004）和拟南芥（Loudet et al.，2003；Rauh et al.，2002）中都有报道。玉米中，Agrama 等（1999）研究表明有些 QTL 无论是在低氮胁迫条件下还是在正常氮条件下都能检测到，而有些 QTL 则只在特定的氮肥条件下才能检测到。Bertin 和 Gallais（2001）则认为在低氮胁迫条件下检测到的 QTL 都不同于正常氮条件下所检测到的 QTL。

在水稻中 Yamaya 等（2002）利用数量性状位点分析法研究了氮同化过程中谷氨酸合酶（NADH-GOGAT）谷氨酰胺合成酶（GS）含量，从遗传学的基础上证实了 NADH-GOGAT 在水稻氮代谢过程中对衰老器官中氮的再利用起着关键性的作用。Obara 等（2001，2004）利用一水稻近等基因系材料，分析了在不同氮肥条件下水稻衰老叶片中谷氨酰胺合成酶（GS）含量、有效穗数以及穗粒重等形状的 QTL 位点。Ishimaru 等（2001）利用这一方法定位了水稻剑叶中蛋白质含量和氮含量以及不同氮肥水平下影响株高的数量性状位点。

Lian 等（2005）用珍汕 97 和明恢 63 为亲本材料配置的重组自交系群体，分别在低氮胁迫和正常氮肥条件下种植，以两种条件下生物学产量比值作为耐低氮指标，分别进行正常氮条件、低氮条件下地上部和地下部生物学产量 QTL 定位以及两种条件下相对生物学产量的 QTL 定位（图 5-8）。

研究结果显示所有性状在重组自交系群体中均表现超亲分离，表明了控制这些性状的基因在两个亲本中都有广泛的分布。正常氮水平下地上部干物重、根干重和植株干物重与它们在两种氮水平下的比值之间呈明显的负相关，表明了群体中各基因型家系存在一种趋势，即低氮与正常氮水平下比值越高的植株，它们在正常氮水平下的生物量越

图 5-8  低氮和正常氮条件下种植的珍汕 97/明恢 63 重组自交系群体

小。但是也有一些家系它们的比值和正常氮水平下的表现都比两个亲本和 $F_1$ 要好。每个性状检测到 4~8 个 QTL，9 个性状共检测到 52 个 QTL，每个 QTL 解释的表型变异都比较小，最大的 QTL 解释表型效应的 13.5%（图 5-9）。在两种氮肥条件下检测到的 QTL 绝大多是不同的，而且也不同于其比值的 QTL，这表明在不同的氮肥条件下，植物对氮肥的吸收利用由不同的基因进行调节控制。

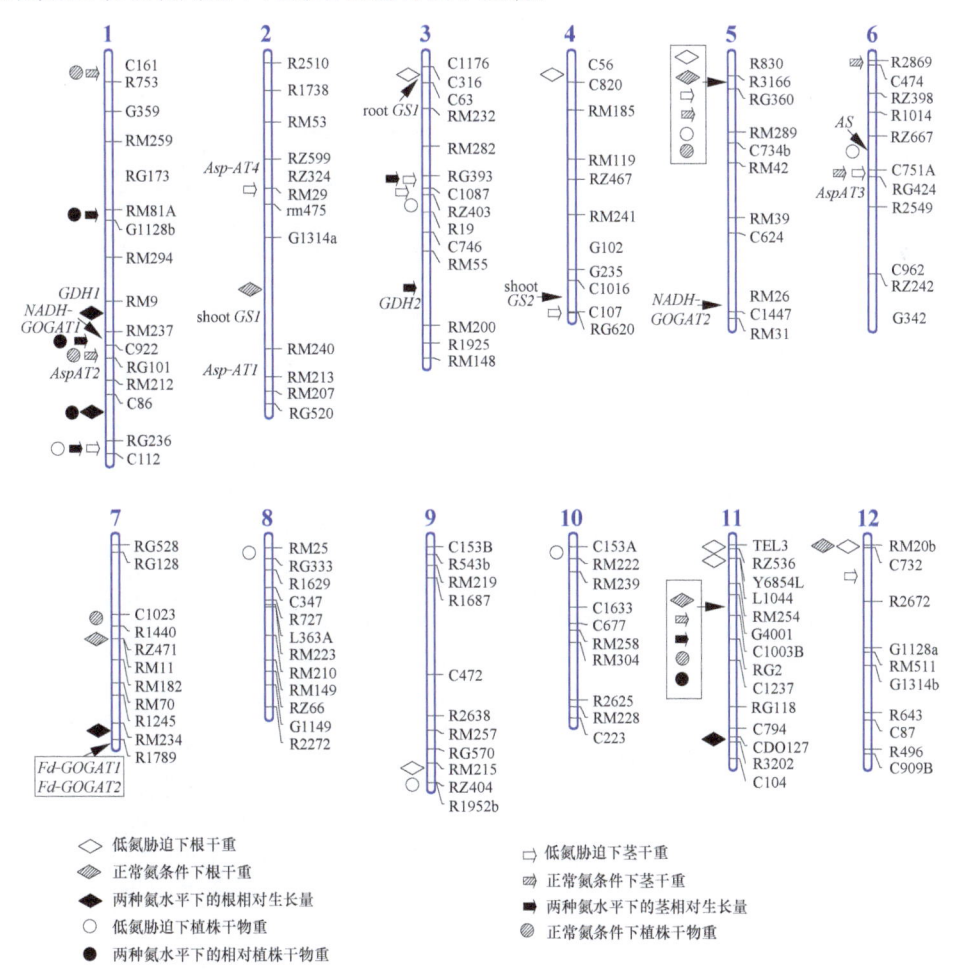

◇ 低氮胁迫下根干重
◈ 正常氮条件下根干重
◆ 两种氮水平下的根相对生长量
○ 低氮胁迫下植株干物重
● 两种氮水平下的相对植株干物重
▭ 低氮胁迫下茎干重
▨ 正常氮条件下茎干重
■ 两种氮水平下的茎相对生长量
▧ 正常氮条件下植株干物重

图 5-9  珍汕 97/明恢 63 重组自交系群体在低氮和正常氮条件下氮相关 QTL 定位

### 5.4.3 氮、磷调控新基因的鉴定

氮、磷是植物生长发育需求量最大的两种营养元素,也是蛋白质、核酸、叶绿素等重要物质的组成成分。植物对这些营养元素的吸收、转运和代谢途径形成了错综复杂的调控网络。目前对这些调控网络中的基因了解还不是很多,如何去发掘、鉴定和利用这些营养调控网络中的关键基因,是提高作物营养高效的一个切实可行的方法。

DNA 芯片技术是高通量研究基因在 RNA 水平上表达情况的一种方法。该技术首次报道是 Schena 等(1995)用于对拟南芥中表达基因进行定量分析,随后这一技术得到迅猛发展。近年来利用这一技术进行基因表达谱分析,鉴定植物代谢途径的变化和调控的研究很多,如光调控路径(Ma et al.,2002;Tepperman et al.,2001)、与生物钟有关的调控路径(Harmer et al.,2000)以及抗病(Maleck et al.,2000)、低磷营养胁迫(Hammond et al.,2003;Wu et al.,2003)、高盐、干旱、低温(Kawasaki et al.,2001;Seki et al.,2001)等各种生物逆境与非生物逆境胁迫下植物基因表达谱和代谢途径上的变化研究。

Lian 等(2006)利用芯片技术,从水稻 cDNA 芯片、寡聚核苷酸芯片到 Affymetrix 全基因组原位合成芯片对水稻苗期低氮、低磷胁迫进行了系统的研究(图 5-10)。

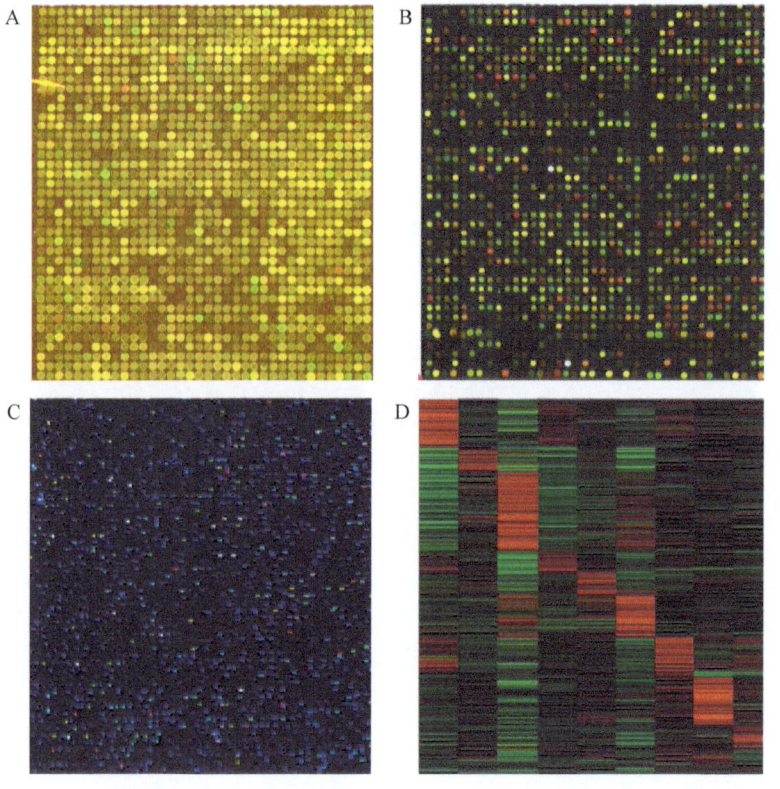

图 5-10  水稻不同营养条件下基因表达谱分析

A. 水稻 cDNA 芯片杂交图;B. 水稻寡核苷芯片杂交图;C. 水稻全基因组原位合成芯片杂交图;D. 不同营养条件下差异表达基因的表达模式

以合江19为材料，五叶期幼苗进行低氮、低磷胁迫处理，分别在胁迫处理后的1h、24h和7天分地上部和地下部取样，抽提RNA后与Affymetrix水稻全基因组芯片杂交，获得了水稻苗期氮、磷胁迫不同时间点的全基因组表达谱。数据分析后鉴定出地上部受氮胁迫影响上调和下调表达基因分别为447个和52个，受磷胁迫影响上调和下调表达基因分别为58个和9个；地下部受氮胁迫影响上调和下调表达基因分别为522个和423个，受磷胁迫影响上调和下调表达基因分别为232个和156个。功能分析表明这些基因涉及氮、磷代谢各途径中的很多重要基因，以及一些功能尚未知的基因，同时鉴定了对基因表达起调控作用的转录因子123个。对这些基因的功能鉴定和验证是发掘新的氮、磷高效基因的一种行之有效的方法，目前我们正在对其中部分差异表达基因进行转化验证。

另一种发掘新基因的方法是对水稻突变体库筛选。将突变体种子发芽后分别在低氮、低磷和正常营养条件下生长，通过表型观察，寻找在低氮、低磷条件下发生明显表型变化而在正常培养条件下没有此表型变化的株系，取样抽提DNA验证此表型变化是否和突变共分离。目前这方面工作我们也正在开展之中。

## 5.5 小　　结

进入21世纪，面对作物生产中有限的土地和水资源、无机化肥大量投入施用、全球性作物产量下降和日益关注的环境问题，养分高效作物将会在提高作物产量中扮演主角（Fageria et al.，2008）。我国人多地少，粮食生产压力大，因此不能采用某些发达国家通过降低产量目标来减少肥料施用量，从而提高肥料利用效率的策略。我们必须研究解决在保证尽可能高产的前提下，最大限度地提高肥料利用率，继而减轻环境代价。在现代农业生产中种植养分高效并高产的作物新品种，充分发挥作物本身吸收利用营养元素的生物学潜力，从而在较低的肥料投入下获得较高的产量，并减少化学肥料在土壤中的残留，是实现作物营养高效利用的重要途径。

作物对氮、磷等营养元素吸收利用能力存在着显著的基因型差异，提高作物营养高效吸收利用的遗传改良工作日益受到育种家的重视，许多国家、国际组织和育种公司都把这项研究工作作为优先发展领域。然而由于作物养分高效性状的遗传基础复杂，并且受环境影响很大，因此通过传统的常规育种途径培育养分高效品种难度非常大。研究作物营养代谢机制，鉴定和利用养分高效吸收利用基因，通过分子改良的方法培育养分高效作物新品种具有非常重大的意义。近年来，我国在植物基因工程领域取得了很多成果，并把转基因植物应用于农业生产。通过植物转基因技术来操作控制作物养分高效吸收利用关键基因，将能够快速有效地获得养分高效新种质和新材料，从而加快我国作物养分高效育种的过程。但是，目前我国乃至全球能利用的养分高效基因资源非常缺乏。因此，挖掘和利用养分高效基因是实现绿色超级稻总体目标所急需解决的问题。我们相信，随着研究的深入，越来越多的新的营养高效基因发掘和鉴定，对作物营养代谢的调控网络会有更全面和准确的了解，通过分子设计和遗传改良的方法，必定能培育出在低肥条件下可以充分吸收利用土壤中营养元素的养分高效水稻新品种。这种养分高效水稻新品种和配套的合理施肥方式及科学的田间管理相结合，有望大幅度降低我国水稻大田生产中化学肥料的施用量，成为发展资源节约型、环境友好型可持续发展农业的重要保障。

(作者：练兴明　胡承孝)

## 参 考 文 献

陈刚才，甘露，王仕禄. 2001. 土壤氮素及其环境效应. 地质地球化学，29：63-67

陈利顶，傅伯杰. 2000. 农田生态系统管理与非点源污染控制. 环境科学，21：98-100

陈欣，范兴海，李东. 2000. 丘陵坡地坡表径流中磷的形态及其影响因素. 中国环境科学，20：284-288

崔玉亭，程序，韩纯儒，李荣刚. 2000. 苏南太湖流域水稻经济生态适宜施氮量研究. 生态学报，4：659-662

李生秀. 1999. 植物营养与肥料学科的现状与展望. 植物营养与肥料学报，5：193-205

刘建玲，廖文华，张作新，张海涛，王新军，孟娜. 2007. 磷肥和有机肥的产量效应与土壤积累磷的环境风险评价. 中国农业科学，40：959-965

向万胜，黄敏，李学垣. 2004. 土壤磷素的化学组分及其植物有效性. 植物营养与肥料学报，10：663-670

徐华，邢光熹，蔡祖聪. 1999. 土壤水分状况和氮肥施用及品种对稻田 $N_2O$ 排放的影响. 应用生态学报，10：186-188

杨珏，阮晓红. 2001. 土壤磷素循环及其对土壤磷流失的影响. 土壤与环境，10：256-258

张福锁，王激清，张卫峰，崔振岭，马文奇，陈新平，江荣风. 2008. 中国主要粮食作物肥料利用率现状与提高途径. 土壤学报，45：915-924

Agrama H A S, Zakaria A G, Said F B, Tuinstra M. 1999. Identification of quantitative trait loci for nitrogen use efficiency in maize. Mol Breed, 5: 187-195

Ai P H, Sun S B, Zhao J N, Fan X R, Xin W J, Guo Q, Yu L, Shen Q R, Wu P, Miller A J, Xu G H. 2009. Two rice phosphate transporters, OsPht1;2 and OsPht1;6, have different functions and kinetic properties in uptake and translocation. Plant J, 57: 798-809

Bari R, Pant B D, Stitt M, Scheible W R. 2006. PHO2, microRNA399, and PHR1 define a phosphate-signaling pathway in plants. Plant Physiol, 141: 988-999

Bertin P, Gallais A. 2001. Physiological and genetic basis of nitrogen use efficiency in maize. II. QTL detection and coincidences. Maydica, 46: 53-68

Bieleski R L. 1973. Phosphate pools, phosphate transport, and phosphate availability. Annu Rev Plant Physiol, 24: 225-252

Blackwell R D, Murray AJS, Lea P J. 1987. Inhibition of photosynthesis in barley with decreased levels of chloroplastic glutamine synthetase activity. J Exp Bot, 38: 1799-1809

Cai H M, Zhou Y, Xiao J H, Li X H, Zhang Q F, Lian X M. 2009. Overexpressed glutamine synthetase gene modifies nitrogen metabolism and abiotic stress responses in rice. Plant Cell Rep, 28: 527-537

Chen A Q, Hu J, Sun S B, Xu G H. 2007. Conservation and divergence of both phosphate and mycorrhiza regulated physiological responses and expression patterns of phosphate transporters in solanaceous species. New Phytol, 173: 817-831

Chiou T J, Liu H, Harrison M J. 2001. The spatial expression patterns of a phosphate transporter

(MtPT1) from *Medicago truncatula* indicate a role in phosphate transport at the root/soil interface. Plant J, 25: 281-293

Coschigano K T, Melo-Oliveira R, Lim J, Coruzzi G M. 1998. *Arabidopsis gls* mutants and distinct Fd-GOGAT genes: implications for photorespiration and primary nitrogen metabolism. Plant Cell, 10: 741-752

Daram P, Brunner S, Persson B L, Amrhein N and Bucher M. 1998. Functional analysis and cell-specific expression of a phosphate transporter from tomato. Planta, 206: 225-233

Fageria N K, Baligar V C, Li Y C. 2008. The role of nutrient efficient plants in improving crop yields in the twenty first century. J Plant Nutrition, 31: 1121-1157

FAO. http://beta.irri.org/statistics/index.php?option=com_content & task=view & id=413 & Itemid=192,2008

Fei H, Chaillou S, Hirel B Mahon J D, Vessey J K. 2003. Overexpression of a soybean cytosolic glutamine synthetase gene linked to organ specific promoters in pea plants grown in different concentrationsfi of nitrate. Planta, 216: 467-474

Furihata T, Suzuki M and Sakurai H. 1992. Kinetic characterization of 2 phosphate-uptake systems with different affinities in suspension-cultured catharanthus-roseus protoplasts. Plant Cell Physiol, 33: 1151-1157

Gallais A, Hirel B. 2004. An approach to the genetics of nitrogen use efficiency in maize. J Exp Bot, 55: 295-306

Gazzarrini S, Lejay L, Gojon A, Ninnemann O, Frommer W B, and Wirén N V. 1999. Three functional transporters for constitutive, diurnally regulated, and starvation-induced uptake of ammonium into *Arabidopsis* roots. Plant Cell, 11: 937-947

Givan C V. 1980. Aminotransferases in higher plants. *In*: Stumpf P K, Conn E E. The biochemistry of plants. New York: Academic Press, 329-357

Glassop D, Smith S E and Smith F W. 2005. Cereal phosphate transporters associated with the mycorrhizal pathway of phosphate uptake into roots. Planta, 222: 688-698

Goff S A, Ricke D, Lan T H, Presting G, Wang R L, Dunn M, Glazebrook J, Sessions A, Oeller P, Varma H, Hadley D, Hutchison D, Martin C, Katagiri F, Lange B M, Moughamer T, Xia Y, Budworth P, Zhong J P, Miguel T, Paszkowski U, Zhang S P, Colbert M, Sun W L, Chen L L, Cooper B, Park S, Wood T C, Mao L, Quail P, Wing R, Dean R, Yu Y, Zharkikh A, Shen R, Sahasrabudhe S, Thomas A, Cannings R, Gutin A, Pruss D, Reid J, Tavtigian S, Mitchell J, Eldredge G, Scholl T, Miller R M, Bhatnagar S, Adey N, Rubano T, Tusneem N, Robinson R, Feldhaus J, Macalma T, Oliphant A, Briggs S. 2002. A draft sequence of the rice genome (*Oryza sativa* L. ssp. *japonica*). Science, 296: 92-100

Habash D Z, Massiah A J, Rong H L, Wallsgrove R M, Leigh R A. 2001. The role of cytosolic glutamine synthetase in wheat. Anal Appl Biol, 138: 83-89

Hammond J P, Bennett M J, Bowen H C, Broadley M R, Eastwood D C, May S T, Rahn C, Swarup R, Woolaway K E, White P J. 2003. Changes in gene expression in *Arabidopsis* shoots during phosphate starvation and the potential for developing smart plants. Plant Physiol, 132: 578-596

Harmer S L, Hogenesch J B, Straume M, Chang H S, Han B, Zhu T, Wang X, Kreps J A, Kay S A. 2000. Orchestrated transcription of key pathways in *Arabidopsis* by the circadian clock.

Science, 290: 2110-2113

Harrison M J, Dewbre G R and Liu J Y. 2002. A phosphate transporter from *Medicago truncatula* involved in the acquisition of phosphate released by arbuscularmycorrhizal fungi. Plant Cell, 14: 2413-2429

Hirel B, Bertin P, Quillere I, Bourdoncle W, Attagnant C, Dellay C, Gouy A, Cadiou S, Retailliau C, Falque M, Gallais A. 2001. Towards a better understanding of the genetic and physiological basis for nitrogen use efficiency in maize. Plant Physiol, 125: 1258-1270

Hirel B, Gadal P. 1980. Glutamine synthetase in rice: a comparative study of the enzymes from roots and leaves. Plant Physiol, 66: 619-623

Hoque M, Masle J, Udvardi M, Ryan P, Upadhyaya N. 2006. Overexpression of the rice *OsAMT1*: 1 gene increases ammonium uptake and content, but impairs growth and development of plants under high ammonium nutrition. Funct Plant Biol, 33: 153-163

Howitt S M, Udvardi M K. 2000. Structure, function and regulation of ammonium transporters in plants. Biochem Biophys Acta, 1465: 152-170

Inthapanya P, Sipaseuth, Sihavong P, Sihathep V, Chanphengsay M, Fukai S, Basnayake J. 2000. Genotype differences in nutrient uptake and utilisation for grain yield production of rainfed lowland rice under fertilised and non-fertilised conditions. Field Crops Res, 65: 57-68

IPCC (Intergovernmental Panel on Climate Change). 2001. Climate change 2001: the scientific basis. Chap 4. Atmospheric Chemistry and Greenhouse Gases

IPCC. 1997. Greehouse gases from agricultural soils. Revised 1996 IPCC Guidlines for National Greenhouse Gas Inventories. Vol 3, Sec 4.5, Agriculture IPCC/OECD/IEA. *In*: Houghton JT. Greenhouse Gas Inventory Reference Manual. UK Metrological office, Bracknell, UK

Ishiyama K, Inoue E, Tabuchi M, Yamaya T, Takahashi H. 2004. Biochemical background and compartmentalized functions of cytosolic glutamine synthetase for active ammonium assimilation in rice roots. Plant Cell Physiol, 45: 1640-1647

Ishimaru K, Kobayashi N, Ono K, Yano M, Ohsugi R. 2001. Are contents of Rubisco, soluble protein and nitrogen in flag leaves of rice controlled by the same genetics? J Exp Bot, 52: 1827-1833

Kamachi K, Yamaya T, Hayakawa T, Mae T, Ojima K. 1992. Vascular bundle-specific localization of cytosolic glutamine synthetase in rice leaves. Plant Physiol, 99: 1481-1486

Kamachi K, Yamaya T, Mae T, Ojima K. 1991. A role for glutamine synthetase in the remobilization of leaf nitrogen during natural senescence in rice leaves. Plant Physiol, 96: 411-417

Kawasaki S, Borchert C, Deyholos M, Wang H, Brazille S, Kawai K, Galbraith D, Bohnert HJ. 2001. Gene expression profiles during the initial phase of salt stress in rice. Plant Cell, 13: 889-905

Koutroubas S D, Ntanos D A. 2003. Genotypic differences for grain yield and nitrogen utilization in *Indica* and *Japonica* rice under Mediterranean conditions. Field Crops Res, 83: 251-260

Kumar A, Kaiser B N, Siddiqi M Y, Glass ADM. 2006. Functional characterisation of *OsAMT1.1* overexpression lines of rice, *Oryza sativa*. Funct Plant Biol, 33: 339-346

Lam H M, Coschigano K T, Oliveira I C, Oliveira R M, Coruzzi G M. 1996. The molecular-genetics of nitrogen assimilation into amino acids in higher plants. Annu Rev Plant Physiol Plant Mol Biol, 47: 569-593

Leggewie G, Willmitzer L and Riesmeier J W. 1997. Two cDNAs from potato are able to complement a phosphate uptake-deficient yeast mutant: identification of phosphate transporters from higher plants. Plant Cell, 9: 381-392

Lian X M, Wang S P, Zhang J W, Feng Q, Zhang D L, Fan D L, Li X H, Yuan D J, Han B, Zhang Q F. 2006. Expression profiles of 10,422 genes at early stage of low nitrogen stress in rice assayed using a cDNA microarray. Plant Mol Biol, 60: 617-631

Lian X M, Xing Y Z, Yan H, Xu C G, Li X H, Zhang Q F. 2005. QTLs for low nitrogen tolerance at seedling stage identified using a recombinat inbred line population derived from an elite rice hybrid. Theor Appl Genet, 112: 85-96

Liu H, Trieu A T, Blaylock L A and Harrison M J. 1998. Cloning and characterization of two phosphate transporters from *Medicago truncatula* roots: regulation in response to phosphate and to colonization by arbuscular mycorrhizal (AM) fungi. Mol Plant Microbe Interact, 11: 14-22

Loque D, von Wiren N V. 2004. Regulatory levels for the transport of ammonium in plant roots. J Exp Bot, 55: 1293-1305

Loudet O, Chaillou S, Merigout P, Talbotec J, Vedele F D. 2003. Quantitative trait loci analysis of nitrogen use efficiency in *Arabidopsis*. Plant Physiol, 131: 345-358

Ma L G, Gao Y, Qu L J, Chen Z L, Li J M, Zhao H Y, Deng X W. 2002. Genomic evidence for COP1 as repressor of light regulated gene expression and development in *Arabidopsis*. Plant Cell, 14: 2383-2398

Maeda D, Ashida K, Iguchi K, Chechetka S A, Hijikata A, Okusako Y, Deguchi Y, Izui K, Hata S. 2006. Knockdown of an arbuscular mycorrhiza-inducible phosphate transporter gene of *Lotus japonicus* suppresses mutualistic symbiosis. Plant Cell Physiol, 47: 807-817

Maleck K, Levine A, Eulgem T, Morgan A, Schmid J, Lawton K A, Dangl J L, Dietrich R A. 2000. The transcriptome of Arabidopsis thaliana during systemic acquired resistance. Nat Genet, 26: 403-410

Marini A M, Vissers S, Urrestarazu A, André B. 1994. Cloning and expression of the *MEP1* gene encoding an ammonium transporter in *Saccharomyces cerevisiae*. EMBO J, 13: 3456-3463

Martin A, Lee J, Kichey T, Gerentes D, Zivy M, Tatout C, Dubois F, Balliau T, Valot B, Davanture M, Laforgue T T, Quilleré I, Coque M, Gallais A, Moro M B G, Bethencourt L, Habash D Z, Lea P J, Charcosset A, Perez P, Murigneux A, Sakakibara H, Edwards K J, Hirel B. 2006. Two cytosolic glutamine synthetase isoforms of maize are specifically involved in the control of grain production. Plant Cell, 18: 3252-3274

Miflin B J, Habash D Z. 2002. The role of glutamine synthetase and glutamate dehydrogenase in nitrogen assimilation and possibilities for improvement in the nitrogen utilization of crops. J Exp Bot, 53: 979-987

Mimura T. 1995. Homeostasis and transport of inorganic phosphate in plants. Plant Cell Physiol, 36: 1-7

Muchhal U S, Pardo J M, Raghothama K G. 1996. Phosphate transporters from the higher plant *Arabidopsis thaliana*. Proc Natl Acad Sci USA, 93: 10519-10523

Mudge S R, Rae A L, Diatloff E, Smith F W. 2002. Expression analysis suggests novel roles for members of the Pht1 family of phosphate transporters in *Arabidopsis*. Plant J, 31: 341-353

Nagy R, Karandashov V, Chague W, Kalinkevich K, Tamasloukht M, Xu G H, Jakobsen I, Levy A

A, Amrhein N, Bucher M. 2005. The characterization of novel mycorrhiza-specific phosphate transporters from *Lycopersicon esculentum* and *Solanum tuberosum* uncovers functional redundancy in symbiotic phosphate transport in solanaceous species. Plant J, 42: 236-250

Nandi S K, Pant R C, Nissen P. 1987. Multiphasic uptake of phosphate by corn roots. Plant Cell Environ, 10: 463-474

Ninnemann O, Jauniaux J C, Frommer W B. 1994. Identification of a high affinity $NH_4^+$ transporter from plants. EMBO J, 13: 3464-3471

Obara M, Kajiura M, Fukuta Y, Yano M, Hayashi M, Yamaya T, Sato T. 2001. Mapping of QTLs associated with cytosolic glutamine synthetase and NADH-glutamate synthase in rice (*Oryza sativa* L.). J Exp Bot, 52: 1209-1217

Obara M, Sato T, Sasaki S, Kashiba K, Nagano A, Nakamura I, Ebitani T, Yano M, Yamaya T. 2004. Identification and characterization of a QTL on chromosome 2 for cytosolic glutamine synthetase content and panicle number in rice. Theor Appl Genet, 110: 1-11

Oliveira I C, Brears T, Knight T J, Clark A, Coruzzi G M. 2002. Overexpression of cytosolic glutamine synthetase: relation to nitrogen, light and photorespiration. Plant Physiol, 129: 1170-1180

Ortega J L, Temple S J, Sengupta-Gopalan C. 2001. Constitutive overexpression of cytosolic glutamine synthetase (GS1) gene in transgenic alfalfa demonstrates that GS1 may be regulated at the level of RNA stability and protein turnover. Plant Physiol, 126: 109-121

Paszkowski U, Kroken S, Roux C, Briggs S P. 2002. Rice phosphate transporters include an evolutionarily divergent gene specifically activated in arbuscular mycorrhizal symbiosis. Proc Natl Acad Sci USA, 99: 13324-13329

Poirier Y, Thoma S, Somerville C, Schiefelbein J. 1991. A mutant of *Arabidopsis* deficient in xylem loading of phosphate. Plant Physiol, 97: 1087-1093

Raghothama K G. 2000. Phosphate transport and signaling. Curr Opin Plant Biol, 3: 182-187

Raghothama K G. 1999. Phosphate acquisition. Annu Rev Plant Physiol Plant Mol Biol, 50: 665-693

Rauh B L, Basten C, Buckler E S. 2002. Quantitative trait loci analysis of growth response to varying nitrogen sources in *Arabidopsis thaliana*. Theor Appl Genet, 104: 743-750

Rausch C, Bucher M. 2002. Molecular mechanisms of phosphate transport in plants. Planta, 216: 23-37

Rubio V, Linhares F, Solano R, Martin A C, Iglesias J, Leyva A, Paz-Ares J. 2001. A conserved MYB transcription factor involved in phosphate starvation signaling both in vascular plants and in unicellular algae. Genes Dev, 15: 2122-2133

Ryan J, Hasan H M, Baasifi M. 1985. Availability and transformation of applied phosphorous in calcareous Lebanese soils. Soil Sci Soc Am J, 49: 1215-1220

Sakakibara H, Fujii K, Sugiyama T. 1995. Isolation and characterization of a cDNA that encodes maize glutamate dehydrogenase. Plant Cell Physiol, 36: 789-797

Sakamoto A, Ogawa M, Masumura T, Shibata D, Takeba G, Tanaka K, Fujii S. 1989. Three cDNA sequences coding for glutamine synthetase polypeptides in *Oryza sativa* L. Plant Mol Biol, 13: 611-614

Sakurai N, Katayama Y, Yamaya T. 2001. Overlapping expression of cytosolic glutamine syntherase and phenylalanine ammonia-lyase in immature leaf blades of rice. Physiol Plant, 113: 400-408

Schachtman D P, Reid R J, Ayling S M. 1998. Phosphorus uptake by plants: from soil to cell. Plant

Physiol, 116: 447-453

Schena M, Shalon D, Davis R W, Brown P O. 1995. Quantitative monitoring of gene expression patterns with a complimentary DNA microarray. Science, 270: 467-470

Seki M, Narusaka M, Abe H, Kasuga M, Shinozaki K Y, Carninci P, Hayashizaki Y, Shinozaki K. 2001. Monitoring the expression pattern of 1300 *Arabidopsis* genes under drought and cold stresses by using a full-length cDNA microarray. Plant Cell, 13: 61-72

Shrestha R, Ladha J. 1998. Nitrate in groundwater and integration of nitrogen-catch crop inanintensive rice based system. Soil Sci Soc Am J, 62: 1610-1619

Smith F W, Rae A L, Hawkesford M J. 2000. Molecular mechanisms of phosphate and sulphate transport in plants. Biochim Biophys Acta, 1465: 236-245

Smith F W. 2002. The phosphate uptake mechanism. Plant Soil, 245: 105-114

Sohlenkamp C, Shelden M, Howitt S, Udvardin M. 2000. Characterization of *Arabidopsis* AtAMT2, a novel ammonium transporter in plants. FEBS Lett, 476: 273-278

Somerville S R, Ogren W L. 1980. Inhibition of photosynthesis in *Arabidopsis* mutants lacking leaf glutamate synthase activity. Nature, 286: 257-259

Song J U, Yamamoto K, Shomura A, Yano M, MinobeY, Sasaki T. 1996. Characterization and mapping of cDNA encoding aspartate aminotransferase in rice, *Oryza sativa* L. DNA Res, 3: 303-310

Sonoda Y, Ikeda A, Saiki S, Wirén N V, Yamaya T, Yamaguchi J. 2003. Distinct expression and function of three ammonium transporter genes (*OsAMT1;1-1;3*) in rice. Plant Cell Physiol, 44: 726-734

Suenaga A, Moriya K, Sonoda Y, Ikeda A, Wirén N V, Hayakawa T, Yamaguchi J, Yamaya T. 2003. Constitutive expression of a novel-type ammonium transporter OsAMT2 in rice plants. Plant Cell Physiol, 44: 206-211

Tabuchi M, Abiko T, Yamaya T. 2007. Assimilation of ammonium ions and reutilization of nitrogen in rice (*Oryza sativa* L.). J Exp Bot, 58: 2319-2327

Tepperman J M, Zhu T, Chang H S, Wang X, Quail P H. 2001. Multiple transcription-factor genes are early targets of phytochrome A signaling. Proc Natl Acad Sci USA, 98: 9437-9442

Ticconi C A, Delatorre C A, Lahner B, Salt D E, Abel S. 2004. *Arabidopsis pdr2* reveals a phosphate-sensitive checkpoint in root development. Plant J, 37: 801-814

Tirol-Padre A, Ladha J K, Singh U, Laureles E, Punzalan G, Akita S. 1996. Grain yield performance of rice genotypes at suboptimal levels of soil N as affected by N uptake and utilization efficiency. Field Crops Research, 46: 127-143

Ullrich-Eberius C I, Novacky A, Vanbel A J E. 1984. Phosphate-uptake in *Lemnagibba*-G1 energetics and kinetics. Planta, 161: 46-52

Vance C P, Uhde-Stone C, Allan D L. 2003. Phosphorus acquisition and use: critical adaptations by plants for securing a nonrenewable resource. New Phytol, 157: 423-447

Vincent R, Fraiser V, Chaillou S, Limami M A, Deleens E, Phillipson B, Douat C, Boutin J P, Hirel B. 1997. Overexpression of a soybean gene encoding cytosolic glutamine synthetase in shoots of transgenic *Lotus corniculatus* L. plants triggers changes in ammonium assimilation and plant development. Planta, 201: 424-433

Wallsgrove R M, Turner J C, Hall N P, Kendall A C, Bright S W J. 1987. Barley mutants lacking chloroplast glutamine synthetase-biochemical and genetic analysis. Plant Physiol, 83: 155-158

Wiren N V, Gazzarrini S, Gojon A, Frornmer W B. 2000. The molecular physiology of ammonium uptake and retrieval. Curr Opin Plant Biol, 3: 254-261

Wu P, Ma L, Hou X L, Wang M Y, Wu Y R, Liu F Y, Deng X W. 2003. Phosphate starvation triggers distinct alterations of genome expression in *Arabidopsis* roots and leaves. Plant Physiol, 132: 1260-1271

Xu G H, Chague V, Melamed-Bessudo C, Kapulnik Y, Jain A, Raghothama K G, Levy A A, Silber A. 2007. Functional characterization of LePT4: a phosphate transporter in tomato with mycorrhiza-enhanced expression. J Exp Bot, 58: 2491-2501

Yamaya T, Hayakawa T, Tanasawa K, Kamachi K, Mae T, Ojima K. 1992. Tissue distribution of glutamate synthase and glutamine synthetase in rice leaves: occurrence of NADH-dependent glutamate synthase protein and activity in the unexpanded non-green leaf blades. Plant Physiol, 100: 1427-1432

Yamaya T, Obara M, Nakajima H, Sasaki S, Hayakawa T, Sato T. 2002. Genetic manipulation and quantitative-trait loci mapping for nitrogen recycling in rice. J Exp Bot, 53: 917-925

Yuan L X, Loque D, Ye F H, Frommer W B, von Wiren N. 2007. Nitrogen-dependent posttranscriptional regulation of the ammonium transporter AtAMT1; 1. Plant Physiol, 143: 732-744

Zhou J, Jiao F C, Wu Z C, Li Y Y, Wang X M, He X W, Zhong W Q, Wu P. 2008. OsPHR2 is involved in phosphate-starvation signaling and excessive phosphate accumulation in shoots of plants. Plant Physiol, 146: 1673-1686

Zhou Y, Cai H M, Xiao J H, Li X H, Zhang Q F, Lian X M. 2009. Overexpression of aspartate aminotransferase genes in rice resulted in altered nitrogen metabolism and increased amino acid content in seeds. Theor Appl Genet, 118: 1381-1390

# 第6章 稻米品质性状和遗传改良

稻米是我国人民的主要食粮和重要的出口农产品。近年来,一方面,随着人们生活水平的提高,稻米品质越来越受到重视与关注,人们对稻米品质的要求不仅在于适口性,而且还要求外形美观、健康环保;另一方面,我国加入WTO后,中国稻米市场的逐步开放,国外的优质稻米进入我国,势必对我国稻米市场带来冲击和挑战。在此背景下,我国稻米品质问题显得日益突出。因此,如何尽快提高我国稻米品质、增强稻米市场竞争力,已成为水稻品种研究的重要任务之一。Zhang(2007)提出了培育绿色超级稻的战略设想,其基本目标是少打农药、少施化肥、节水抗旱、优质高产。因此,加快水稻品种米质的改良,选育适应市场需求的优质绿色超级稻新品种,尽快提高我国稻米品质是绿色超级稻的主要目标之一。

## 6.1 稻米品质概述

食用优质稻米的理化指标一般包括加工品质、外观品质、蒸煮食味品质和营养品质4个主要方面(Juliano,1985)。加工品质主要有糙米率(brown rice,%)、精米率(milled rice,%)和整精米率(head rice,%)三个指标;出糙率和精米率的高低除取决于水稻品种的特性外,还在很大程度上受碾磨方法和储藏条件的影响。在稻谷本身的诸多特性中,出糙率和精米率与粒型的关系较大。一般来说,短圆型谷粒的出糙率和精米率较细长的谷粒要高。已有的研究表明,出糙率和精米率的遗传力较低,受微效基因控制(Tan et al.,2001;Jiang et al.,2005)。外观品质决定于谷粒形状(shape)、垩白(chalkiness)和透明度(translucency),其中谷粒形状又包括粒长、粒宽和粒型(长宽比)。蒸煮和食味品质常用直链淀粉含量(amylose content,AC)、糊化温度(gelatinization temperature,GT)和胶稠度(gel consistency,GC)来衡量(Jennings et al.,1979;Juliano,1985)。营养品质主要决定于精米中的蛋白质、赖氨酸以及部分维生素含量的高低。除这4个方面之外,还有感官指标和米饭特性指标等。感官指标主要指稻米的消费性能,通常包括色泽(色)、气味(香)、食味(味)3项指标。米饭特性主要包括米饭的吸水性、延伸性和膨胀性。吸水性是指米做成饭后的重量增加;延伸性是指米饭相对于米粒的长度增加;膨胀性则指由米做成饭后的体积增加(Juliano,1985)。

优质米的分级与评价标准比较复杂,不同国家和地区的消费者的嗜好存在较大的差异。我国的优质稻谷国家新标准(GB/T 17891—1999)已于1999年9月颁布并于2000年4月起在全国实施(中华人民共和国国家标准,1999)。该国标共有14项指标,确定了整精米率、垩白度、直链淀粉含量和食味品质4个性状为定级指标;出糙率、垩白率、胶稠度和粒型4个指标为重要参考指标。在稻米品质性状中,消费者比较注重外观品质和蒸煮食味品质。直链淀粉含量在稻米中变幅较大,糯稻几乎不含直链淀粉(<2%),非糯品种中的直链淀粉含量变幅2%~30%。中等直链淀粉含量的米饭具有蓬

松而柔软的质地，为大多数消费者所喜爱。糊化温度是指稻米淀粉颗粒在热水中开始发生不可逆膨胀，失去其双折射性和结晶性时的临界温度（Khush et al.，1979）。由于直接测定糊化温度比较困难，所以通常用碱消值（alkali spread value，ASV）来衡量。碱消值与糊化温度的对应关系表现为：碱消值1～3级（糊化温度>74℃）为高，4～5级（糊化温度在70～74℃）为中，6～7级（糊化温度<70℃）为低（中华人民共和国农业部部颁标准，1998；Bhattacharya et al.，1999）。高糊化温度的稻米比低糊化温度的稻米需要更多的水分和更长的蒸煮时间。食用稻米一般以中、低糊化温度较好（Little et al.，1958）。胶稠度表示米饭的软硬程度，受支链淀粉分子大小的影响。一般分三个等级：硬（26～40mm）、中等（40～60mm）和软（60～100mm）。其中较软的胶稠度（>60mm）为消费者所喜爱。此外，有香味、较好米饭延伸性和高蛋白质质量也是优质稻米的理想特征。

## 6.2 稻米外观品质研究进展

### 6.2.1 稻米粒型研究进展

稻米外观品质好坏直接关系到稻米商品性。稻米的外观品质主要包括粒长、粒宽、长宽比、垩白率和垩白面积等。关于粒长、粒宽的基因定位研究较多。林鸿宣等（1995）利用两个 $F_2$ 群体（特三矮2号/CB1128，外引2号/CB 1128）构建 RFLP 分子标记连锁图对控制谷粒长、粒宽和粒厚的 QTL 进行了定位，各性状检测到2～5个 QTL。Huang 等（1997）利用籼粳交 IR64/Azucena 产生的 DH 群体定位了4个控制粒长的 QTL，其中效应较大的 QTL 位于第1号和第3号染色体上，分别解释总遗传变异的23.3%和19.2%。Redona 和 Mackill（1998）利用籼粳交（Labelle/Black Gora）$F_2$ 群体，在第3号和第7号染色体上定位到贡献率在20%以上的粒型 QTL 各一个。钱前等（2000）利用 DH 群体定位到3个效应较大的 QTL。Tan 等（2000）利用 $F_{2:3}$ 家系和 $F_9$ 的重组自交系在第3号染色体定位到控制粒长的 QTL 与 Huang 等（1997）和林鸿宣等（1995）所定位的 QTL 位置接近，而与 Redona 和 Mackill（1998）在第3号染色体上定位的 QTL 不同。粒型 QTL 的定位研究还表明：粒型 QTL 与垩白 QTL 的位置具有一致性。Tan 等（2000）利用 $F_{2:3}$ 家系和 $F_9$ 的重组自交系在第3号和第5号染色体上分别定位了控制粒长和粒型的 QTL，第5号染色体上的位点同时还控制垩白（表6-1）。Wan 等（2005）利用一个66个染色体代换系群体定位了包括粒型和垩白6个外观性状，并在8个环境中考察了 QTL 的稳定性。Tan 等（2000）在第5号染色体粒宽主效 QTL 区域同时检测到控制垩白率的主效 QTL，其贡献率达70.3%，另外还在第1号、第5号、第6号和第10号染色体上各检测到一个微效 QTL（表6-1）。

表6-1 利用珍汕97/明恢63 $F_{2:3}$ 和重组自交系群体定位稻米外观品质 QTL（LOD>2.4）

| 性状 | 染色体 | 区间 | LOD | 表型变异/% | 加性效应* | 显性效应* |
|---|---|---|---|---|---|---|
| $F_{2:3}$群体 | | | | | | |
| 粒长 | 3 | RG393-C1087 | 32.7 | 59.0 | −0.42 | −0.24 |
| | 7 | C1023-R1440 | 2.7 | 5.1 | −0.08 | 0.14 |

续表

| 性　状 | 染色体 | 区　间 | LOD | 表型变异/% | 加性效应* | 显性效应* |
|---|---|---|---|---|---|---|
| 粒宽 | 1 | C161-R753 | 15.2 | 4.1 | 0.04 | 0.11 |
|  | 5 | RG360-C734a | 19.9 | 52.3 | 0.16 | −0.04 |
| 长宽比 | 3 | C1087-RZ403 | 12.8 | 29.4 | −0.18 | −0.10 |
|  | 5 | RG360-C734a | 9.9 | 31.3 | −0.17 | −0.02 |
| 垩白率 | 1 | C161-R753 | 2.6 | 8.9 | 1.97 | 16.33 |
|  | 5 | RG360-C734a | 29.3 | 70.3 | 30.91 | −20.73 |
|  | 5 | RG528-C1447 | 5.8 | 11.3 | 13.74 | −5.19 |
|  | 6 | R1952-C226 | 2.5 | 5.0 | 8.24 | 3.11 |
|  | 10 | R2625-C223 | 2.5 | 4.9 | 8.57 | 0.94 |
| **RIL 群体** |  |  |  |  |  |  |
| 粒长 | 3 | RG393-C1087 | 19.8 | 40.7 | −0.55 |  |
|  | 6 | Wx-R1952 | 4.0 | 8.0 | 0.24 |  |
| 粒宽 | 5 | RG360-C734a | 15.3 | 41.6 | 0.22 |  |
|  | 8 | C347-R727 | 2.5 | 4.9 | 0.08 |  |
| 长宽比 | 3 | RG393-C1087 | 9.6 | 21.8 | −0.25 |  |
|  | 5 | RG360-C734a | 10.2 | 30.0 | −0.30 |  |
|  | 6 | R1952-C226 | 2.4 | 5.1 | 0.12 |  |
| 腹白率 | 5 | RG360-C734a | 35.2 | 87.2 | 72.9 |  |
|  | 7 | R1245-R1789 | 2.7 | 9.5 | 24.5 |  |
| 心白率 | 5 | RG360-C734a | 4.5 | 11.6 | −12.2 |  |
|  | 6 | Wx-R1952 | 4.0 | 7.5 | 9.8 |  |

\*：正值表示基因加性或显性效应来源于珍汕 97；负值来源于明恢 63。

到目前为止，已发现很多粒型相关的 QTL，已有一些基因被克隆，分子生物学的机制研究也在不断深入，如第 3 号染色体中部的粒型 QTL 效应大，在很多的研究中被报道（Redona and Mackill, 1998; Tan et al., 2000; Aluko et al., 2004; Wan et al., 2005），因此引起了广泛的关注。Li 等（2004）对其进行了精细定位，将区间缩小到 93.8kb。Fan 等（2006）首次报道了对该 QTL 的克隆，将其命名为 GS3。他们利用明恢 63 和川 7 构建了第 3 号染色体 RM282～RM16 区间控制粒长和千粒重的主效 QTL（GS3）的近等基因系，在 $BC_3F_2$ 的随机群体中发现 GS3 可解释 80%～90% 的粒长和千粒重表型变异，并且对粒宽和粒厚也具有微效作用。进一步利用 1384 株具有隐性表型的 $BC_3F_2$ 单株和 11 个开发的标记将 GS3 定位到约 7.9kb 的物理距离范围内。根据该区间的一个全长 cDNA 序列可知，GS3 基因包含 5 个外显子和 4 个内含子，编码 232 个氨基酸。结构域预测表明，该基因的蛋白质具有 PEBP-like 结构域、跨膜区域、TNFR（tumor necrosis factor receptor）/NGFR（nerve growth factor receptor）家族中富含半胱氨酸的同源区域和 von Willebrand Factor Type C 结构域。比较测序发现，大粒表型是由小粒品种中的 GS3 等位基因的第 2 个外显子中发生一个终止突变引起的。针对该碱基突变设计特异的分子标记分析 180 份水稻品种，进一步证实该碱基的变异是引起粒形发生改变的根本原因。

Song 等（2007）成功克隆了控制水稻粒重的数量性状基因 $GW2$，$GW2$ 作为一个新的 E3 泛素连接酶，可能参与了降解促进细胞分裂的蛋白质，从而调控水稻谷壳大小、控制粒重以及产量；当 $GW2$ 的功能缺失或降低时，基因降解可能与细胞分裂相关蛋白的能力下降，从而加快细胞分裂，增加谷粒谷壳的细胞数目，进而显著增加水稻谷粒的宽度、加快籽粒灌浆速度、增加粒重以及产量。Shoruma 等（2008）克隆水稻第 5 号染色体上控制粒宽的 QTL（$qSW5$），并发现该基因的一段缺失能极显著增加水稻粒宽，这可能与水稻产量增加和驯化有关。

### 6.2.2 稻米外观品质的垩白研究进展

垩白是评定外观品质的重要指标，同时它对稻米的外观品质（透明度、粒长、粒宽和长宽比）、稻米的加工品质（糙米率、精米率和整精米率）、蒸煮、营养品质（直链淀粉含量、胶稠度、糊化温度和蛋白质含量）等都有一定影响（严文潮和裘伯钦，1993；杨联松等，2001；赵镛洛等，2001；赵正洪和余应弘，1998）。垩白是灌浆期胚乳淀粉粒和蛋白质颗粒排列疏松而充气所形成的白色不透明部分。衡量稻米垩白用垩白度、垩白大小、垩白粒率来分析，垩白依其所处的部位可分为心白、腹白和背白，它受遗传因子和环境的共同影响。关于垩白的遗传研究较多，得到的结果也不尽一致。敖雁等（2000）对籼型杂交稻米品质性状的数量遗传分析推断垩白率的遗传主要由三倍体的胚乳基因型控制。李仕贵等（1995）对垩白遗传分析结果表明，垩白粒率和垩白度的遗传率均较低。朱碧岩等（1996）研究认为垩白率和垩白度的遗传力均较高，分别达 92.15% 和 76.35%。唐克然等（1987）对 7 个籼型杂交水稻组合的遗传分析认为，杂交水稻 $F_2$ 垩白呈显性基因控制，也有无垩白对有垩白表现为部分显性基因作用，其遗传行为表现为独立和连锁遗传共同作用。康海歧和曾宪平（2001）研究认为，稻米垩白面积大小由加性效应和显性效应共同控制，且加性效应大于显性效应，无主效基因作用。关于水稻垩白的 QTL 定位也有一些报道，He 等（1999）利用窄叶青 8 号与京系 17 为亲本构建的 DH 群体及其构建的分子标记连锁遗传图谱对垩白率等性状进行了 QTL 分析，检测到了两个控制垩白率的 QTL 分别位于水稻的第 8 号、第 12 号染色体上，分别能够解释垩白率的遗传变异为 21.9% 和 10.0%。Wan 等（2005）以 Asominori×IR24 重组自交系构建的 Asminori 背景的代换系为材料，通过 8 个环境考查了与稻米垩白率、垩白面积和垩白度的遗传及其 QTL 定位，定位到 3 个垩白率 QTL 分别位于水稻的第 8 号、第 9 号、第 1 号染色体上，其中定位于第 8 号、第 9 号染色体上的 2 个 QTL 在 8 个环境中均能够检测到，且具有较大的遗传效应和表型解释方差。定位到 3 个 QTL 与垩白面积有关，它们分别位于水稻的第 2 号、第 8 号、第 9 号染色体，其中第 8 号染色体上的 QTL 在水稻的 8 个环境中能共同检测出。而位于水稻第 8 号染色体上控制垩白率、垩白面积和垩白度的 QTL，它们均位于同一区段，说明该 QTL 可能同时控制水稻的垩白率、垩白面积和垩白度。Li 等（2003）利用由 98 个家系组成的 Nipponbare（粳）/Kasalath（籼）//Nipponbare 回交重组自交系（backcross inbred line，BIL）群体（$BC_1F_9$）及其分子连锁图谱，采用复合区间作图的方法，在两个不同年份对垩白率、垩白大小、垩白度和透明度等外观品质性状的 QTL 进行了定位分析。共定位到 7 个垩白率 QTL，表明垩白率属多基因控制的数量性状。单个 QTL 对性状变异解释率表现垩白率为 6.14%～28.15%、垩白大小为 6.11%～16.19%、垩白度为 9.13%～17.12%、透明度为 5.16%～25.12%。以上结果表明垩白率、垩白大小和垩白度的 QTL 定位效应不大，同时受环境影响，一些垩白率在多个环境中表现稳定，说明控制垩白率具有主效遗传基因控制。

## 6.3 稻米蒸煮与食味品质研究进展

### 6.3.1 稻米蒸煮品质研究进展

稻米的蒸煮和食味品质由淀粉的理化性质决定，很大程度上取决于直链淀粉与支链淀粉含量的比例。水稻的直链淀粉含量（AC）和蒸煮品质主要由位于第 6 号染色上末端的 $Wx$ 基因控制，该基因已被克隆（Wang et al.，1990）。但 $Wx$ 位点并不能解释所有 AC 的变异，有关 AC 的 QTL 定位仍在进行。He 等（1999）首次利用 RFLP 标记将 AC 定位在 $Wx$ 位点和第 5 号染色体上，将 GC 定位在第 2 号和第 7 号染色体上，而在第 6 号染色体上检测到两个控制糊化温度（GT）的 QTL，其中一个与 Harushima 等（2002）报道的 $Alk$ 等位。Umemoto 等（2002）利用 Nipponbare×Kasalath 考察支链淀粉长度的分离模式，认为 $Alk$（t）（用碱处理）和 $Gel$（t）（用 4mol/L 的尿素处理）实际上为同一基因，且与淀粉合成酶Ⅱa（SSⅡa）的基因在同一位点。Tan 等（1999）的研究则将 AC、GT 和 GC 三个性状都定位与第 6 号染色体 $Wx$ 位点共分离的一个区段，但他们没有检测到 $Alk$ 位点对 GT 的效应。Aluko 等（2004）也发现了 $Wx$ 位点对 GT 的显著效应。黄祖六等（2000）用 CT9993（AC 中等）/泰国软米 KDML105 产生的 RIL 群体，将 AC 定位于第 3 号和第 6 号染色体，其中第 6 号染色体上的 QTL 与 R1962 相距 3.6cM，该标记与 $Wx$ 紧密连锁（2.5cM）。严长杰等（2001）用 Balilla/南特号//Balilla 的回交群体和 SSR 标记也在第 6 号染色体上找到控制 GT 的主效 QTL，其余 5 个微效 QTL 分别位于第 2 号、第 3 号、第 6 号、第 9 号和第 11 号染色体。对于 GC，包劲松等（2000）在窄叶青 8 号/京系 17 产生的 DH 群体检测到影响 GC 的 4 个 QTL，其中 $Wx$ 区间的 QTL 可解释 46.6% 的表型变异。后来又有一些研究表明 $Wx$ 位点对 GC 起主导作用（Lanceras et al.，2000；Tian et al.，2005；Fan et al.，2005）。但是，也有一些研究者发现 GC 由一些微效基因控制（He et al.，1999；Li et al.，2003）。综合前人的研究，可以得出以下结论：$Wx$ 位点是影响 AC 的主要位点，同时该位点还影响到 GC，甚至影响到 GT。许多研究往往只揭示了 $Wx$ 位点部分的功能，只有 Tan 等（1999）和 Fan 等（2006）报道该位点同时影响 AC、GC 和 GT；$Alk$ 位点是影响 GT 的主要位点（He et al.，1999；严长杰等，2001；Umemoto et al.，2002；Tian et al.，2005；Fan et al.，2006）。

除常用的 AC、GC 和 ASV 三个理化指标外，其他间接性状比如黏度指标也被用于预测稻米的蒸煮食味品质（Juliano，1985）。黏度是指淀粉溶液在水中加热后冷却所发生的黏性变化（米粉黏滞谱）。随着具有需要样品量少、操作简单和快速测定等优点的黏度测定仪 Rapid Visco Analyser（RVA，Newport Scientific Pty Ltd.，Warriewood，

Australia）的开发应用，黏度测定在水稻的研究中也得到越来越广泛的应用（Panozzo and McCormick，1993；Wrigley et al.，1996；Bao and Xia，1999）。与传统的间接指标相比，对米粉黏滞谱各参数的遗传研究较少，尤其是加热糊化阶段的指标。有研究发现米粉黏滞谱性状受一个位点的加性效应控制（Gravois and Webb，1997）。Bao 等（2000）调查了 6 个黏滞谱指标，发现 $Wx$ 对除了最高黏度（peak viscosity，PKV）外的其他指标都有影响。他们同时分析了 AC、GC、ASV 和 6 个黏滞谱参数的遗传基础。利用同样的群体，他们还对一些其他的淀粉特性指标进行了 QTL 分析（Bao et al.，2003）。Wang 等（2007）利用珍汕 97 与德陇 208 综合研究了其食味和蒸煮品质以及淀粉黏滞谱，表明稻米品质主要受 $Wx$ 基因和 GT 基因（$Alk$）的影响，其中 $Wx$ 基因主要影响稻米 AC 和 GC，对 GT 也有一定影响，而 $Alk$ 主要影响稻米的 GT 和 ASV，对 AC 以及与淀粉黏滞谱相关的性状也有一定影响。一旦稻米糊化完成后，$Alk$ 的作用也随之完成，与淀粉黏滞谱的相关性状如最高黏度值、95℃热黏度值、冷胶黏度、热胶黏度、40℃的最终黏度等主要受到 $Wx$ 基因的影响，而受到 $Alk$ 的影响甚微（表 6-2，图 6-1）。

**表 6-2 利用珍汕 97/德陇 208 重组自交系群体定位水稻蒸煮食味品质 QTL**

| 性状[a] | 2004 染色体 | 区间 | LOD | 加性效应[b] | 表型变异/% | 2005 染色体 | 区间 | LOD | 加性效应 | 表型变异/% |
|---|---|---|---|---|---|---|---|---|---|---|
| AC | 2 | RM183-RM573 | 2.9 | 0.74 | 1.1 | | | | | |
| | 6 | RM586-MX21 | 85.0 | 6.91 | 88.0 | 6 | MX21-RM204 | 85.0 | 8.15 | 86.2 |
| | 9 | RM296-RM105 | 2.9 | −0.76 | 1.2 | | | | | |
| GC | | | | | | 1 | RM577-RM312 | 2.6 | 2.03 | 3.8 |
| | 6 | RM586-MX21 | 29.7 | −7.64 | 69.8 | 6 | RM586-MX21 | 22.9 | −8.15 | 53.5 |
| | 6 | RM276-RM549 | 4.5 | 2.44 | 7.2 | 6 | RM276-RM549 | 4.2 | 2.88 | 7.1 |
| ASV | 6 | MX21-RM204 | 10.8 | 0.53 | 7.7 | 6 | MX21-RM204 | 6.9 | 0.61 | 7.1 |
| | 6 | RM276-RM549 | 73.0 | −1.78 | 87.8 | 6 | RM276-RM549 | 52.5 | −2.01 | 85.8 |
| Atemp | 6 | RM276-RM549 | 36.4 | 3.03 | 64.0 | 6 | RM276-RM549 | 51.7 | 3.63 | 85.2 |
| | 7 | MRG4499-RM445 | 4.9 | 0.90 | 5.6 | 7 | MRG2224-MRG7006 | 2.8 | −0.79 | 4.1 |
| Atime | 6 | RM276-RM549 | 31.9 | 0.43 | 56.2 | 6 | RM276-RM549 | 49.6 | 0.49 | 84.0 |
| | 7 | MRG4499-RM445 | 5.1 | 0.13 | 6.0 | | | | | |
| Btemp | 3 | RM203-RM422 | 2.7 | 0.80 | 9.3 | | | | | |
| | 6 | MX21-RM204 | 6.3 | 0.94 | 18.4 | 6 | MX21-RM204 | 17.0 | 2.11 | 39.6 |
| | | | | | | 8 | MRG5356-MRG2572 | 2.6 | −0.82 | 6.2 |
| Btime | 5 | RM465C-RM39 | 2.7 | 0.07 | 4.5 | 1 | RM312-MRG2412 | 2.7 | −0.12 | 5.9 |
| | | | | | | 4 | RM303-RM349 | 2.5 | −0.11 | 5.0 |
| | 6 | MX21-RM204 | 14.6 | 0.18 | 30.2 | 6 | MX21-RM204 | 15.6 | 0.31 | 37.6 |
| BAtime | 5 | RM465C-RM39 | 2.3 | 0.11 | 3.6 | | | | | |
| | 6 | MX21-RM204 | 11.7 | 0.26 | 19.6 | 6 | MX21-RM204 | 16.9 | 0.44 | 37.9 |
| | 6 | RM276-RM549 | 22.5 | −0.36 | 40.7 | 6 | RM276-RM549 | 17.2 | −0.45 | 40.9 |
| | 7 | MRG4499-RM445 | 5.0 | −0.14 | 6.3 | | | | | |
| PKV | 6 | RM276-RM549 | 3.2 | −15.04 | 8.0 | 1 | RM102-RM486 | 3.9 | −14.13 | 6.8 |

续表

| 性状[a] | 2004 染色体 | 区间 | LOD | 加性效应[b] | 表型变异/% | 2005 染色体 | 区间 | LOD | 加性效应 | 表型变异/% |
|---|---|---|---|---|---|---|---|---|---|---|
|  |  |  |  |  |  | 5 | RM574-RM437 | 3.6 | 13.87 | 6.6 |
|  | 7 | RM445-RM418 | 4.3 | −20.00 | 12.3 | 7 | RM445-RM418 | 2.1 | −12.79 | 6.1* |
|  | 9 | RM108-RM553 | 4.2 | 16.04 | 9.2 | 9 | RM257-RM410 | 2.1 | 9.29 | 2.8* |
| V95 | 1 | RM493-RM562 | 2.8 | 13.71 | 3.6 | 2 | RM521-RM27 | 3.1 | 18.3 | 4.4 |
|  |  |  |  |  |  | 3 | RM85-RM227 | 2.7 | 21.92 | 6.3 |
|  | 5 | RM465C-RM39 | 2.1 | 10.81 | 2.3* | 5 | RM437-RM465C | 2.7 | 21.12 | 6.0 |
|  | 6 | MX21-RM204 | 33.2 | 58.23 | 63.1 | 6 | MX21-RM204 | 22.2 | 63.81 | 46.6 |
|  | 6 | RM276-RM549 | 4.6 | −17.04 | 5.2 | 6 | RM276-RM549 | 2.4 | −17.32 | 3.8* |
|  |  |  |  |  |  | 7 | RM481-MRG2224 | 3.0 | 18.75 | 4.8 |
| HPV | 1 | RM493-RM562 | 2.5 | 9.29 | 3.3 | 2 | RM521-RM27 | 3.2 | 10.52 | 3.8 |
|  | 6 | MX21-RM204 | 30.3 | 38.26 | 57.3 | 6 | MX21-RM204 | 28.5 | 42.98 | 58.5 |
|  |  |  |  |  |  | 7 | RM481-MRG2224 | 3.5 | 12.81 | 5.7 |
| CPV |  |  |  |  |  | 2 | RM521-RM27 | 2.2 | 17.43 | 2.2 |
|  | 6 | MX21-RM204 | 55.2 | 97.69 | 84.3 | 6 | MX21-RM204 | 40.6 | 110.09 | 77.1 |
|  | 6 | RM276-RM549 | 4.9 | −20.99 | 3.8 | 6 | RM276-RM549 | 2.0 | −17.05 | 1.9* |
|  |  |  |  |  |  | 7 | RM481-MRG2224 | 5.0 | 28.16 | 5.6 |
| FV | 6 | MX21-RM204 | 49.1 | 96.83 | 76.9 | 6 | MX21-RM204 | 37.8 | 108.54 | 73.9 |
|  | 6 | RM276-RM549 | 7.7 | −27.80 | 6.3 | 6 | RM276-RM549 | 5.4 | −30.36 | 6.2 |
|  |  |  |  |  |  | 7 | RM481-MRG2224 | 3.2 | 23.66 | 4.1 |
| BD | 6 | RM586-MX21 | 16.2 | −44.26 | 36.1 | 6 | MX21-RM204 | 32.6 | −51.07 | 72.5 |
|  | 6 | RM549-RM539 | 2.3 | −14.45 | 4.0 |  |  |  |  |  |
| CS |  |  |  |  |  | 1 | RM283-RM490 | 2.5 | −10.47 | 2.2 |
|  |  |  |  |  |  | 5 | RM480-RM334 | 3.0 | 12.75 | 3.6 |
|  | 6 | MX21-RM204 | 39.3 | 53.66 | 75.1 | 6 | MX21-RM204 | 43.8 | 63.45 | 73.1 |
|  | 6 | RM276-RM549 | 4.5 | −15.02 | 5.8 | 6 | RM276-RM549 | 3.0 | −12.31 | 3.2 |
|  |  |  |  |  |  | 7 | RM481-MRG2224 | 3.4 | 13.11 | 3.7 |
| SB |  |  |  |  |  | 1 | RM283-RM490 | 2.7 | −18.81 | 2.3 |
|  | 6 | MX21-RM204 | 36.0 | 92.72 | 68.1 | 6 | MX21-RM204 | 44.7 | 113.08 | 78.0 |
| CRE |  |  |  |  |  | 2 | RM27-RM475 | 2.7 | −4.35 | 9.5 |
|  | 3 | RM282-MRG5959 | 5.0 | 6.86 | 21.4 | 3 | RM282-MRG5959 | 6.7 | 6.15 | 18.5 |
|  | 6 | RM276-RM549 | 5.7 | 6.33 | 18.5 | 6 | RM276-RM549 | 3.0 | 3.67 | 6.2 |
|  | 7 | RM186-MRG4499 | 3.1 | −4.43 | 8.8 | 7 | RM186-MRG4499 | 6.6 | −5.53 | 15.3 |
|  | 8 | RM506-RM152 | 5.4 | 6.34 | 16.5 | 8 | RM506-RM152 | 2.9 | 3.92 | 7.2 |

a) 性状：AC：直链淀粉含量；GC：胶稠度；ASV：碱消值；Atemp：是指黏度增加时地起点温度；Atime：指黏度增加时（A）的时间；Btemp：最高热浆黏度时的温度；Btime：到最高热浆温度所用时间；BAtime：指从起点黏度到最高黏度所用时间；PKV：最高热浆黏度；V95：95℃时的黏度；HPV：保持在95℃区段黏度；CPV：温度降至40℃时黏度；FV：40℃时的最终黏度；BD：保持95℃时下降的黏度；CS：黏度维持值；SB：指冷胶黏度减去热胶黏度值；CRE：米饭延伸性。

b) QTL的加性效应，正值表示该位点上珍汕97B基因型对表型起增效作用。

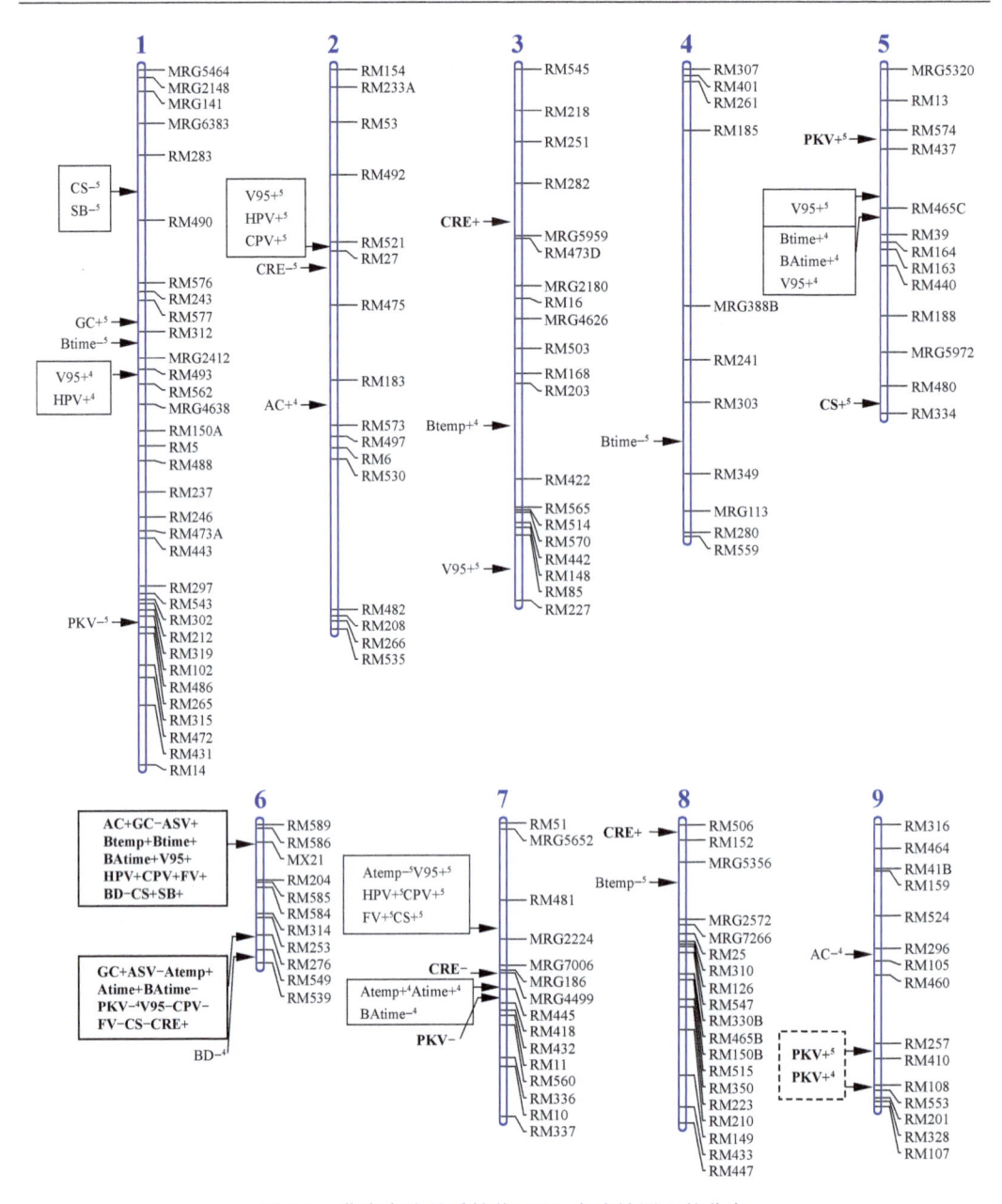

图 6-1 蒸煮食味品质性状 QTL 在连锁图上的分布

①性状缩写见表 6-2。②性状缩写（QTL）后面的"＋"和"－"分别表示来自珍汕 97B 的等位基因提高或降低性状值。③性状缩写（QTL）右上角的"4"或"5"分别表示 QTL 在 2004 年或 2005 年检测到；粗体则表示 QTL 在两年中均检测到

另外，在对性状间的相关分析和 QTL 定位的结果研究的基础上，他们认为黏度是衡量稻米的蒸煮食味品质的很好参数。较低值初级黏度参数对应低 AC 和高 GC，可用于指示好的食味品质；而低的糊化起始温度和时间对应高的 ASV，可以用于预测较好的蒸煮品质。

## 6.3.2 稻米米饭特性的遗传研究进展

稻米的米饭特性是指稻米在蒸煮过程中所表现出米饭的延伸性、体积膨胀性和吸水性三个性状决定。也可以用米饭的延伸指数来表示饭粒的表型性状。米饭的延伸指数是指饭粒的长宽比与米粒的长宽比的比值（Juliano，1985）。稻米米饭特性中的延伸性、膨胀性和吸水性，被认为是较次要的蒸煮品质性状，对其遗传基础研究较少。包劲松等（2000）研究了米饭延伸性及其相关性状，发现米粒长和饭粒长主要受控于主效基因的作用，还表现受母体植株的基因效应影响。米粒长和饭粒长等性状的遗传力较高，但米饭延伸性的遗传力较低。Ahn等（1993）利用RFLP分子标记将来源于Basmati 370的提高米饭延伸性的QTL定位于水稻第8号染色体上。对于米饭延伸指数在不同品种间的比较研究较多，不同品种间具有较大的差异（Juliano，1985）。

Ge等（2005）利用珍汕97/明恢63的重组自交系群体定位和研究了与水稻米饭相关性状的QTL，发现米饭的延伸性与米饭长和米粒长、米饭膨胀性与米饭宽和米粒宽、米饭吸水性与米饭重和米粒重均无相同基因控制，说明米饭相关性状具有与米粒不同的基因作用。另外，对于米饭相对性状如米饭长与延伸性、米饭宽与膨胀性、米饭重与吸水性等均受到位于第6号染色体上的$Wx$基因区段的影响（表6-3）。Tian等（2005）同样利用珍汕97/武育粳2号DH群体定位了与米饭和食味蒸煮品质等性状，发现AC和GC性状定位于$Wx$基因位点，碱消值性状定位于$Alk$位点，而米饭延伸性、米饭膨胀性和米饭吸水性均定位于水稻第6号染色体的$Wx$区段处。以上结果说明位于水稻第6染色体的$Wx$基因对水稻米饭性状均有重要的影响。除$Wx$基因外，他们还定位到影响水稻米饭性状的一些微效基因（图6-2，表6-4）。

表6-3 利用珍汕97/明恢63重组自交系定位的精米和米饭相关QTL

| 性 状 | 染色体 | 区 间 | LOD | 加性效应 | 表型变异/% |
|---|---|---|---|---|---|
| 米粒长 | 2 | RZ599-R712 | 2.44 | 0.1024 | 5.06 |
|  | 3 | RG393-C1087 | 35.75 | 0.3706 | 64.52 |
| 米饭长 | 3 | RZ403-R19 | 11.85 | 0.4541 | 27.64 |
|  | 6 | Waxy-C1946 | 7.54 | −0.3272 | 14.82 |
| 米饭延伸性 | 2 | R2510-RM211 | 3.00 | −0.0261 | 5.72 |
|  | 6 | Waxy-C1946 | 5.11 | −0.0344 | 10.56 |
|  | 11 | RG118-C794 | 3.52 | 0.0330 | 9.90 |
| 米粒宽 | 5 | RG360-C734b | 18.99 | −0.1292 | 55.93 |
| 米饭宽 | 5 | RG360-C734b | 14.37 | −0.1463 | 39.39 |
|  | 6 | Waxy-C1469 | 5.28 | −0.0406 | 10.92 |
|  | 7 | RG128-C1023 | 2.54 | 0.0832 | 12.81 |
|  | 11 | RM224-Y6854L | 2.48 | −0.0568 | 5.91 |
|  | 11 | C1237-RG118 | 2.50 | 0.0613 | 5.67 |
| 米饭膨胀性 | 1 | R753-G359 | 2.60 | −0.0122 | 6.80 |
|  | 2 | RZ324-RM29 | 2.67 | 0.0109 | 5.50 |
|  | 3 | RM232-G144 | 7.09 | 0.0179 | 14.52 |
|  | 6 | Waxy-C1496 | 5.96 | −0.0164 | 12.16 |

续表

| 性　状 | 染色体 | 区　间 | LOD | 加性效应 | 表型变异/% |
|---|---|---|---|---|---|
| | 9 | RM215-R1952b | 4.18 | −0.0158 | 11.36 |
| | 11 | RZ536-R543a | 2.92 | −0.1140 | 11.26 |
| 米粒重 | 1 | R735-G759 | 3.01 | −0.0075 | 8.31 |
| | 3 | C1087-RZ403 | 14.87 | 0.0144 | 29.98 |
| | 5 | RG360-C734b | 7.03 | −0.0111 | 18.18 |
| | 8 | G2132-R727 | 2.60 | −0.0060 | 5.36 |
| | 9 | RG570-RG667 | 3.58 | −0.0074 | 7.33 |
| | 11 | G257-G44 | 3.29 | 0.0081 | 8.09 |
| 米饭重 | 1 | R735-G759 | 2.78 | −0.0165 | 8.04 |
| | 3 | C1087-RZ403 | 10.52 | 0.0278 | 22.22 |
| | 5 | R3166-RG360 | 4.30 | 0.0219 | 14.11 |
| | 6 | C474-R3139 | 4.85 | −0.0183 | 9.79 |
| | 7 | RG528-RG128 | 2.49 | 0.0132 | 5.15 |
| | 11 | G257-G44 | 3.42 | 0.0183 | 8.06 |
| 米饭吸水性 | 2 | RZ599-R712 | 2.66 | 0.0432 | 5.52 |
| | 6 | C474-R3139 | 8.28 | −0.0769 | 17.43 |

注：正值表明基因效应来源于明恢63；负值来源于珍汕97。

**表 6-4　由珍汕 97/武育粳 2 号定位的米饭性状和蒸煮食味品质 QTL**

| 性　状 | QTL | 区　间 | LOD | 加性效应 | 表型变异/% |
|---|---|---|---|---|---|
| AC | qac-6 | RM190-RM510 | 35.5 | −9.40 | 61.8 |
| GC | qGC-1 | RM294B-RM306 | 2.3 | 0.78 | 5.7 |
| | qGC-2 | RM324-RM301 | 2.5 | 0.79 | 6.3 |
| | qGC-6 | RM190-RM510 | 33.7 | 2.44 | 59.7 |
| GT | qGT-6 | RM276-RM121 | 34.0 | 3.52 | 80.3 |
| 吸水性 | qWA-2 | RM6-RM240 | 2.5 | 26.35 | 8.0 |
| | qWA-3 | RM520-RM293 | 2.3 | −23.43 | 7.5 |
| | qWA-6 | RM170-RM190 | 17.9 | −56.13 | 45.9 |
| 延伸性 | qCRE-2 | RM301-RM29 | 3.4 | 11.68 | 9.3 |
| | qCRE-6 | RM170-RM190 | 4.1 | −13.12 | 11.7 |
| 膨胀性 | qVE-6 | RM170-RM190 | 8.1 | −61.54 | 30.0 |
| | qVE-11 | RM167-RM202 | 2.3 | 35.58 | 10.8 |

### 6.3.3　$Wx$ 基因的研究进展

与其他作物一样，水稻籽粒的直链淀粉合成受 $Wx$ 编码的 GBSS I 的催化（Bollich and Webb，1973；Sano，1984；Webb，1991）。但表观 AC 的遗传会因为上位性、细胞质效应及胚乳的三倍体效应而复杂。Sano 等（1986）研究发现籼粳亚种 AC 的差异在于 $Wx$ 有两种等位基因（$Wx^a$ 和 $Wx^b$），籼稻含 $Wx^a$ 等位基因而具更高的 AC。Wang 等（1995）发现 $Wx$ 基因第一个内含子的剪切效率与 AC 有关；$Wx$ 的（CT）$n$ 和第一个内含子 5′剪切位点的 T/G 多态性与表观直链淀粉和温度敏感有关（Ayres et al.，

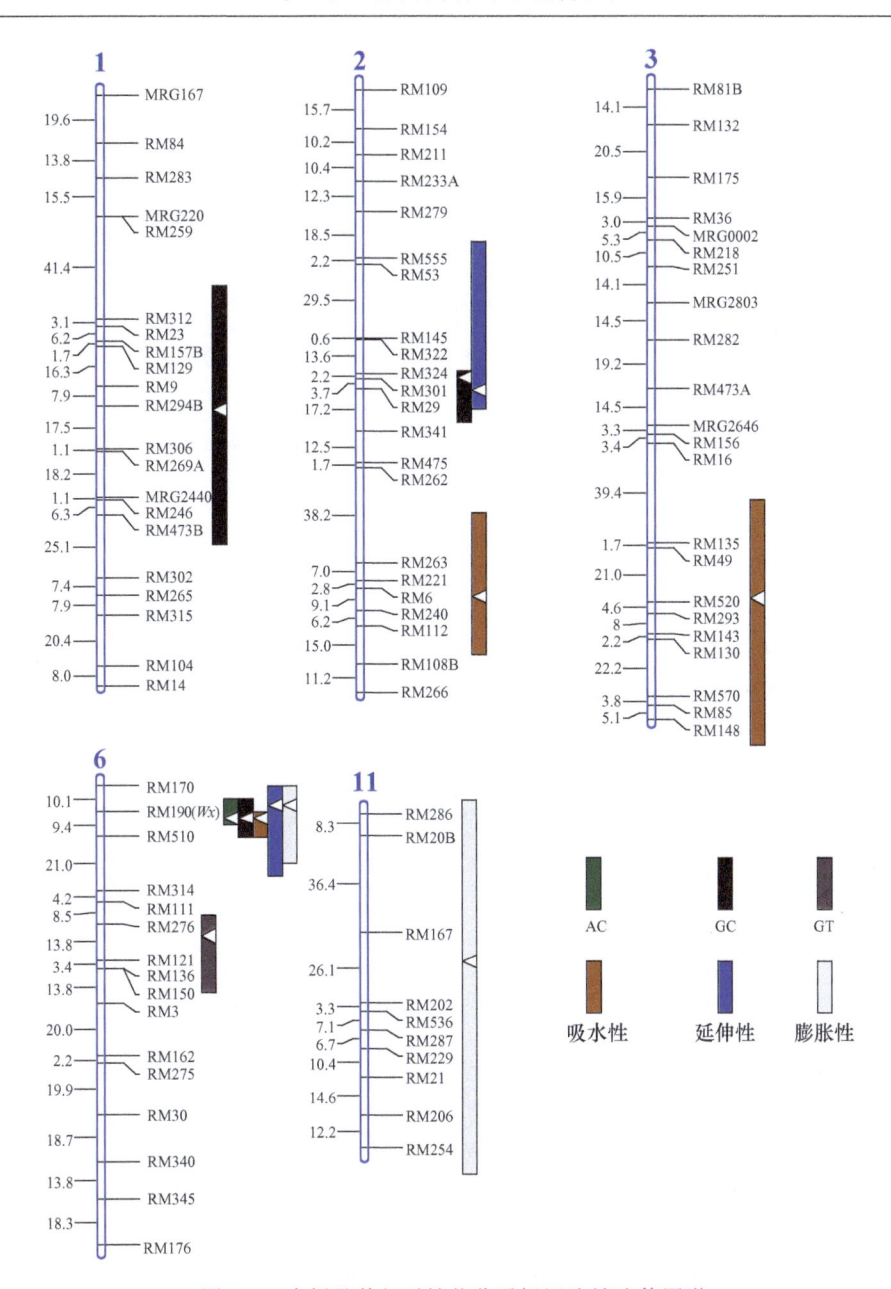

图 6-2 米饭及其相对性状分子标记连锁遗传图谱

1997；Bligh et al.，1995，1998；Larkin and Park，1999）。Bligh 等（1995）根据 Wx 第一个内含子的 5′端上游的（CT）n 重复序列设计了"484/485"引物，并发现 4 种 (CT) n 多态性；Ayres 等（1997）用相同的引物在 92 份美国栽培品种中检测到 8 种 (CT) n 多态性，品种间 AC 的变异有 82.9% 是由这一重复序列的变化引起的；另外还发现第一个内含子 5′剪切位点的 T/G 变异能解释非糯品种中 AC 的 79.7% 的变异。舒庆尧等（1999）和 Tan 等（2001）都认为（CT）n 与直链淀粉含量之间存在着较高的相关性，高 AC 的品种具有（CT）重复次数较少的等位基因，除糯米外，所有低等或中等 AC 的品种都有（CT）重复次数较多的等位基因。并发现这些变异类型在籼粳亚种间有很明显的分布规律。曾瑞珍等（2001）利用微卫星标记在来源非常广泛的 243 个水稻品种（系）中检测到了 15 种 $Wx$ 复等位基因，其中包括 12 种（CT）重复次数的变异。在 (CT)₁₆、(CT)₁₇ 和 (CT)₁₈ 3 种等位基因中都包括能被 $Acc$ I 酶切（G）和不能被 $Acc$ I 酶切（T）的等位性变异，而其余 9 种（CT）重复次数的等位基因都能被 $Acc$ I 酶切。

尽管这种多态性与品质的关系很密切，但并不意味着特定的标记和特定品质性状间存在着因果关系。例如，(CT)₁₇ 的品种既可以是中等 AC（14%～18%），也可以是 AC 为零的糯稻（Ayres et al., 1997）；一些同为 (CT)₂₀ 的品种，其 AC 变异范围也很宽。而且，在一些 (CT)₂₀ 的高 AC 品种中，还存在黏性和纹理特性的差异（Linscombe et al., 1995）。同样地，在内含子 5′ 剪切位点的 T/G 的多态性也存在相似的现象。Ayres 等（1997）的研究发现在第 6 个外显子和第 10 个外显子的单核苷酸的多态性，在第 6 个外显子的有一个 A/C（对应氨基酸的变化为丝/酪）的多态性，在中等 AC 的 13 个品种中全部为 C，而在低和高的 AC 的品种中可以是 A 也可以是 C，在第 10 外显子存在一个 C/T（对应氨基酸的变化为丝/脯）的多态性，在高 AC，强黏的 6 个品种中为 T，而在其余的品种中为 C。理论上，不同氨基酸极性的变化会导致蛋白质结构的微妙变化，从而导致酶活性和淀粉特性的变化。

### 6.3.4 淀粉合成的酶学基础及基因定位

胚乳淀粉细胞中淀粉合成需要三种酶的参与：ADP 葡萄糖磷酸化酶（ADPGP-Pase；EC2.7.7.23）、淀粉合成酶（SS；EC2.4.1.21）和淀粉分支酶（SBE；EC2.4.1.28）。但是这些酶又是如何决定品种间淀粉的差异，以及糖链的复杂性和其淀粉粒中的排布方式？有研究认为这些酶存在各种同工酶，不同同工酶的动力学特性、表达部位和时间的不同为淀粉合成提供了一个灵活的调控机制（Martin and Smith，1995）。

ADP 葡萄糖磷酸化酶的缺乏会直接导致淀粉含量的减少，在蚕豆中发现该酶的缺乏还可引起支链淀粉含量的上升。淀粉合成酶（SS）可以分为可溶性淀粉合成酶（SSS）和颗粒淀粉合成酶（GBSS）。胚乳中，SSS 存在于质体的可溶性基质中，而 GBSS 与生长中的淀粉颗粒结合，催化合成直链淀粉。$Wx$ 编码颗粒淀粉合成酶，直接影响到直链淀粉的含量，该酶对淀粉粒的形态结构有很大的影响（Sano，1984；Fulton et al.，1997），对稻米品质的重要性是不言而喻的。Wang 等（1995）研究表明 $Wx$ 存在着两种不同的转录本，一个是长度为 3.3kb 的非成熟 mRNA，另一个是 2.3kb 可翻译为 GBSS I 的成熟 mRNA。有证据显示籼稻只存在 2.3kb 的 mRNA，糯稻仅有 3.3kb 的 mRNA，而粳稻中两者同时存在。检测还发现在 31 个不同品种的水稻胚乳组织中，GBSS 含量与直链淀粉含量的 $Wx$ 成熟 mRNA 丰度呈正相关。

水稻有 4 大类 8 种 SS，即 SS I、SS II a、SS II b 和 SS II c，还有两种 SS III 和两种 SS IV，而且几乎所有的同工酶都在胚乳中表达（Hirose and Terao，2004；Jiang et al.，2004；Dian et al.，2005）。Umemoto 等（2002）认为 SS II a 对支链淀粉的精细结构有作用。高振宇等（2003）的研究表明 $Alk$ 基因编码可溶性淀粉合酶 II，序列比较发现不同水稻品种间 $Alk$ 基因编码区存在碱基替换并引起氨基酸的改变。由于 SSS II 是支链淀粉代谢途径中的一个关键酶，在水稻中主要负责延伸支链淀粉的短支链（A 链＋B$_1$ 链），合成中等长度的分支（B$_2$＋B$_3$ 链），因此这些氨基酸的改变可能造成 SSSⅡ酶活性的变化，影响支链淀粉的中等长度分支的合成，使淀粉粒的晶体结构发生改变，从而表现为 GT 的改变。Nakamura 等（2005）研究还发现 SSⅡa 在籼稻中活跃，在粳稻中不活跃，在研究所用到的籼粳稻之间有 4 个氨基酸的变异。SSⅡa 基因片段的"洗牌"实验（gene fragments shuffling）发现，Val-737 和 Leu-781 不仅对于最佳的 SSⅡa 活性，而且对于合成籼型的支链淀粉都是很关键的。

　　淀粉分支酶 SBE（starch branching enzyme）主要催化 α-1,6-糖苷键的形成，使淀粉直链变为支链，使葡聚糖的分子质量不断增大，可使种子有限的空间容纳更多的能量物质。α-1,6-糖苷键的导入还可使葡聚糖的非还原性末端增加，有利于 ADPG 焦磷酸化酶和淀粉合成酶的催化反应，促进淀粉的合成（Smith et al.，1997；Ball et al.，1998）。SBE 有三种同工酶，SBEⅠ能将 SS 催化合成的直链淀粉合成不同链长的支链淀粉，但 SBEⅠ催化生成的支链淀粉主要为中等分支类型，生成分支程度更高的支链淀粉需要 SBEⅡ的进一步作用。由此可见，SBEⅠ和 SBEⅡ的表达模式和含量不同影响到淀粉粒形态，进而影响稻米品质。另外还有研究表明，除上述三种酶外，淀粉去分支酶在淀粉合成中也起到重要的作用（Nakamura et al.，1996；Kubo et al.，1999）。

　　目前，在许多作物中，编码与淀粉代谢有关的酶的结构基因已被定位甚至克隆。Umemoto 等（2002）利用玉米 SSⅡa 基因序列在水稻胚乳的表达序列标签数据中进行 Blast 分析，找到水稻 SSⅡa 的 cDNA 片段，并确定其基因在第 6 号染色体的 *alk* 位置上，他们同时将 SSⅠ定位在第 6 号染色体上靠近 *Wx* 处，SSⅡb 和 SSⅢ则分别在第 10 号和第 8 号染色体。在 SBE 三种同工酶中，BEⅠ位于第 6 号染色体的长臂末端（Nakamura et al.，1994）；BEⅡb 定位于第 2 号染色体（Harrington et al.，1997），BEⅡb 是与玉米中 Amylose-Extender 类似的蛋白质；BEⅡa 则定位于第 4 号染色体。去分支酶的基因也已被定位（Nakamura et al.，1996）。除 *Wx* 外，目前水稻中的编码 SSⅠ的 cDNA 和基因也已被克隆（Baba et al.，1993；Tanaka et al.，1995）。这些基因的定位和克隆，将有助于深入了解各种酶在淀粉合成中所扮演的角色。

## 6.4　稻米营养品质的遗传研究进展

### 6.4.1　稻米蛋白质和氨基酸的遗传研究

　　稻米营养品质主要决定于精米中的蛋白质、赖氨酸以及部分维生素的含量。稻米中蛋白质的含量仅次于淀粉的含量，所以作为主食的稻米也是人们摄取蛋白质的主要来源之一。稻米中的储存蛋白主要为谷蛋白，与其他储存蛋白主要为醇溶谷蛋白的谷类作物相比，稻米具有相对较为合理的氨基酸组成（Juliano，1985）。稻米中储存蛋白是品质良好的植物蛋白，必需氨基酸含量较丰富，生物价（可消化度）高。所以提高稻米的蛋白质含量是一个重要的育种目标。另外，有研究表明稻米的蛋白质含量的高低也会影响到稻米的蒸煮属性（Hamaker and Griffin，1990；Hamaker et al.，1991；Juliano，1993；Martin and Fitzgerald，2002）。Lin 等（1993）报道在籼稻中蛋白质含量为

4.9%~19.3%，在粳稻中为 5.9%~16.5%。蛋白质含量的变异是其育种调控的基础。但是由于蛋白质含量是复杂的数量性状（Kambayshi et al.，1984；Sood and Siddiq，1986；Gupta et al.，1988；Shenoy et al.，1991），因而给育种操作带来困难。

利用分子标记对控制相关性状的 QTL 进行分解和定位，将复杂的数量性状分解为简单的孟德尔因子来进行研究，可以有助于深入地了解稻米中蛋白质和氨基酸含量的遗传基础，为稻米营养品质的遗传改良提供有效的途径。目前已有一些关于稻米蛋白质含量的 QTL 定位报道（Tan et al.，2001；Yoshida et al.，2002；Aluko et al.，2004；Hu et al.，2004）。Tan 等（2001）利用珍汕 97B/明恢 63 群体定位了控制稻米蛋白质含量的两个主效 QTL，分别位于第 6 号染色体 C952-Wx 和第 7 号染色体 R1245-RM234。Yoshida 等（2002）定位了 6 个控制糙米蛋白质含量的 QTL，分别位于第 1 号、第 3 号、第 4 号、第 8 号、第 11 号和第 12 号染色体上；同时也定位了 5 个影响精米蛋白质含量的 QTL，分别位于第 1 号、第 3 号、第 4 号、第 11 号和第 12 号染色体上。Hu 等（2004）共定位到 5 个 QTL，分别位于第 1 号、第 4 号、第 5 号、第 6 号和第 7 号染色体上，其中最大效应 QTL 位于第 5 号染色体 RG435—RG172 区域。这些研究结果对揭示蛋白质的遗传基础有一定的积极作用，但仍有很多问题需要解决。一方面，在早期的研究中，蛋白质含量的测定是用凯氏（Kjeldahl）定氮法，即以测定的总氮含量乘以因子 5.95 来折算出蛋白质含量。主要的依据是稻米蛋白质中主要成分谷蛋白（glutelin）的氮含量为 16.8%，所以这种方法指示的是蛋白质含量的相对值，而且也是估计值。另一方面，蛋白质的质量主要由必需氨基酸含量和氨基酸指数来衡量的（FAO，1970），缺乏某些必需氨基酸会使蛋白质的质量严重下降。基于对人体所需要的氨基酸估计，世界卫生组织确定赖氨酸（lysine，Lys）和苏氨酸（threonine，Thr）分别为第一和第二限制性氨基酸（WHO，1973）。这样，除了要关注蛋白质含量外，还需要重视必需氨基酸含量。早在 1985 年，Juliano 就认为优质稻育种的目标不仅仅是追求高含量的蛋白质，同时也应追求高质量的蛋白质。

目前，对稻米中氨基酸含量的遗传和 QTL 定位研究很少。Wang 等（2008）利用珍汕 97/南阳占重组自交系群体研究了蛋白质和氨基酸含量的遗传和基因定位，两年研究结果表明 19 种氨基酸的 QTL 定位于水稻 18 个区域，有 13 个位点的增加氨基酸含量的等位基因来源于珍汕 97。其中 10 个 QTL 由不同氨基酸含量组成并定位于水稻染色体的同一区域，它们解释氨基酸含量的遗传变异 4.3%~28.82%，说明了氨基酸的定位与蛋白质含量的基因定位一致性，氨基酸是蛋白质水解的结果。同时发现在水稻第 1 号染色体长臂末端发现一个主效 QTL，由 19 个氨基酸组成在两年同时检测到（图 6-4）。另外通过基因组信息查询定位的 18 个 QTL 中有 12 个 QTL 区域与水稻氨基酸代谢途径相关。例如，位于第 2 号染色体上 RM322—RM521 的 QTL 区域具有与天冬氨酸转移酶和谷蛋白亚基相关基因；位于的第 7 号染色体 RM125—RM542 区域与定位的一些储藏蛋白相关，如低分子质量的球蛋白和清蛋白亚基定位于此区域。定位于第 1 号染色体 RM315—RM104 区域的 QTL 与水稻氨基酸转移酶和天冬氨酸激酶等相关，这样一些 QTL 的定位以及它们与水稻代谢途径相关基因的关系，为快速克隆这些蛋白质和氨基酸的 QTL 奠定了重要基础（图 6-3，表 6-5）。

第 6 章 稻米品质性状和遗传改良

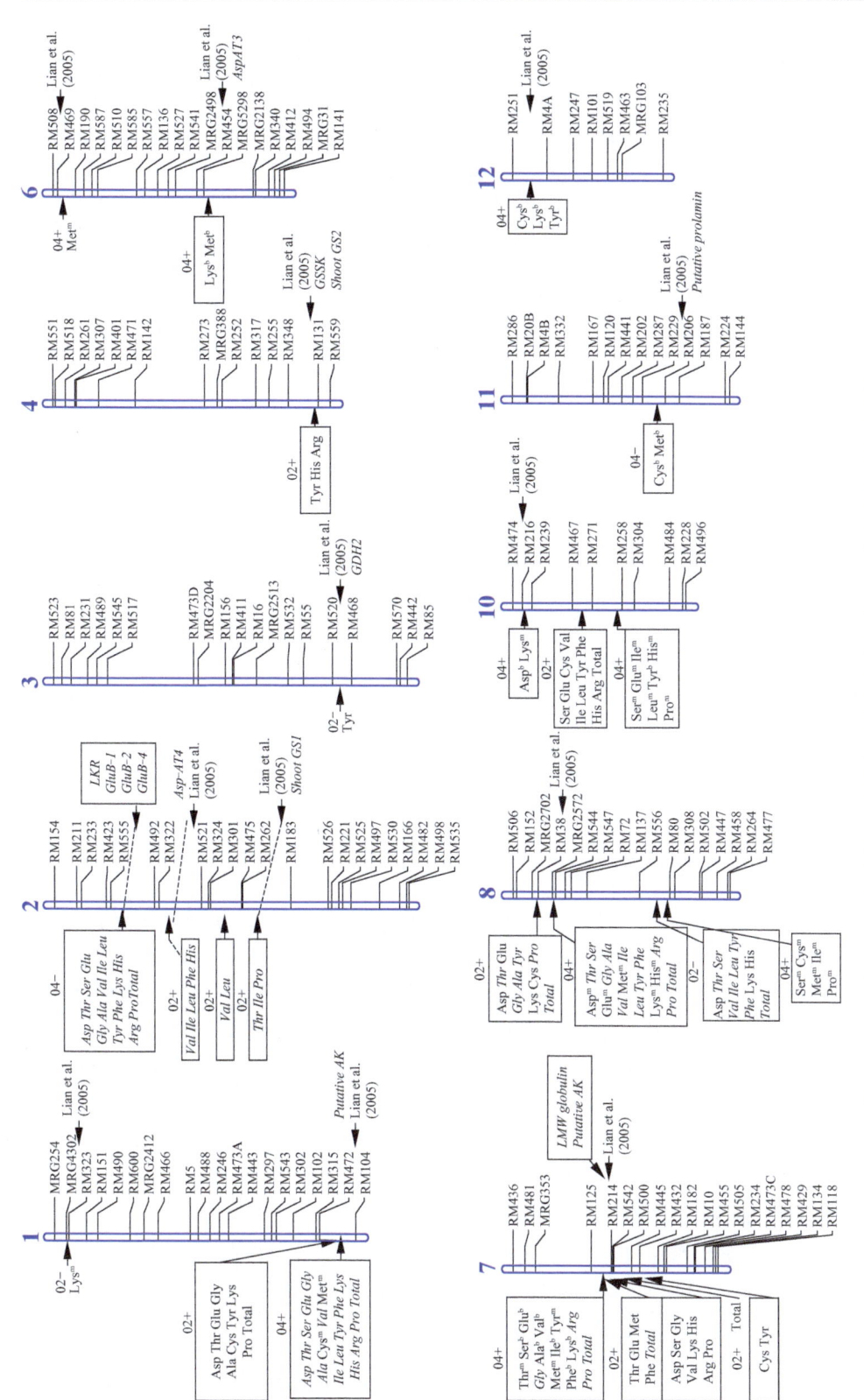

图 6-3 2002年、2004年珍汕97南阳占遗传群体定位的19种氨基酸和蛋白质相关QTL
"+"、"−"表示QTL位点增加或降低源于珍汕97和南阳占；02、04分别表示2002年和2004年

表 6-5　定位的 19 个氨基酸 QTL 与氨基酸代谢途径和储藏蛋白质的对应关系

| 染色体区段 | 缩　写 | 基因功能描述 | 基因组克隆号 | 位置/Mb | 对应标记 |
|---|---|---|---|---|---|
| 氨基酸同化和转运相关酶 | | | | | |
| 1-19 | AT (classesⅠandⅡ) | 转氨酶家族Ⅰ和Ⅱ成员 | AP003235 | 38.11 | RM472，RM431 |
| 2-7 | Asp AT4 | 天冬氨酸转氨酶 4 | AP003991 | 7.71 | RM322，RM145 |
| 3-14 | Root GS2 | 谷氨酰胺合成酶 2（根） | AC082645 | 28.78 | RM55 |
| 4-14 | Shoot GS2 | 谷氨酰胺合成酶 2（苗） | AL662953 | 33.41 | RM349，RM349 |
| 10-6 | Putative GS | 假定的谷氨酰胺合成酶 | AC025905 | 16.36 | RM184，RM258 |
| 氨基酸生物合成相关酶 | | | | | |
| 1-19 | Putative AK | 天冬氨酸激酶 | AP004332 | 41.04 | RM414，RM104 |
| 2-5 | Chorismate mutase | 分枝酸变位酶 | AP004087 | 4.49 | RM555，RM53 |
| 2-9 | Tyr/nicotianamine AT | 酪氨酸/烟酰胺转氨酶 | AP005532 | 11.72 | RM324，RM301 |
| 3-14 | AS cⅡ | 邻氨基苯甲酸合酶组分Ⅱ | AC091532 | 29.02 | RM55 |
| 4-14 | SK | 莽草酸激酶 | AL606649 | 32.36 | RM349，RM348 |
| 7-4 | Putative AK | 天冬氨酸激酶 | AP006343 | 11.87 | RM542，RM214 |
| 7-9 | Pat | 氨基苯甲酸磷酸核糖转移酶 | AP005186 | 19.00 | RN432，RM11 |
| 8-3 | Try synthase | 色氨酸合酶 beta 链 2 | AP005620 | 2.00 | RM38 |
| 8-10 | Chorismate mutase | 分枝酸变位酶 | AP004703 | 21.39 | RM284，RM556 |
| 储藏蛋白 | | | | | |
| 2-7 | GluB-1 | 谷蛋白家族 B-1 | AP004018 | 8.50 | RM71，RM145 |
| 2-7 | GluB-2 | 谷蛋白家族 B-2 | AP005511 | 8.45 | RM322，RM145 |
| 2-7 | GluB-4 | 谷蛋白家族 B-4 | AP005428 | 9.60 | RM6911，RM452 |
| 3-15 | 10 kD prolamin | 10 kDa 醇溶谷蛋白 | AC099043 | 31.65 | RM293，RM468 |
| 3-15 | Gb2 | 球蛋白前体 | AC090871 | 32.90 | RM468，RM571 |
| 7-4 | LMW globulin | 低分子质量球蛋白 | AP004002 | 6.26 | RM125，RM3917 |
| 7-4 | RA5 | 清蛋白 RA5 | AP003963 | 6.33 | RM125，RM5673 |
| 7-4 | RA14 | 清蛋白 RA14 | AP004002 | 6.26 | RM125，RM5672 |
| 7-4 | RAG2（RA17） | 清蛋白 RA17 | AP004002 | 6.25 | RM125，RM3917 |
| 10-4 | GluA-2（Gt1） | 谷蛋白 A-2 | AC021891 | 13.15 | RM467，RM5689 |

### 6.4.2　水稻脂肪含量研究进展

在水稻胚乳物质组分中，淀粉含量最高，其次是蛋白质，而脂类化合物含量较低，一般在精米中只占 0.3%～0.6%，在糙米中占 2%～3%（Resurreccion et al.，1979；Heinemann et al.，2005）。但是稻米中的脂类对稻米的储藏品质、加工品质和食用品质都有着很大的影响。与淀粉和蛋白质相比，脂类成分在稻米的储藏过程中极易发生水解、氧化，使稻米陈化变质、食用品质下降。另外，近年来的研究表明粗脂肪含量与稻米食味品质有密切关系，粗脂肪含量的遗传规律研究也越来越受到重视。

稻米中的脂类含量及组成受品种、水稻成熟期温度、加工精度等因素的影响，同时还与稻米中 AC 有一定关系（刘保国，1992；Zhou et al.，2003；Choudury and Juliano，1980）。脂类在稻米籽粒中的分布是不均匀的，胚芽中的含量最高，其次是种皮和糊粉层，内胚乳中含量极少，主要以淀粉-脂复合物的形式存在。所以稻米中的脂类分为淀粉脂（starch lipid）和非淀粉脂（non-starch lipid）。

### 6.4.3　稻米中脂类成分和脂肪酸谱

一般来说，不论是糙米还是精米其中的脂肪都以结合脂（淀粉脂）和自由脂（非淀粉脂）形式存在，糙米中非淀粉脂含量要明显高于淀粉脂；而精米中，结合脂含量比自由脂高。糯稻的淀粉脂少于非糯品种，非糯品种中直链淀粉含量高的品种具有更多的淀粉脂。Zhou 等（2003）的研究表明，自由脂是能够用非极性溶剂（如乙醚或石油醚）抽提出来的，而结合脂则必须用加热水合正己烷溶液经悬浮破坏其内部结合结构才能抽提到。不论结合脂还是自由脂，脂肪酸谱在稻米品种间没有质上的区别。所有的脂肪酸都有一个长的烃链和一个羧基末端。烃链以线性的为主，分支或环状的为数甚少。不同脂肪酸之间的区别主要在于烃链的长短、饱和与否及双键的数目和位置等。根据烃链的饱和程度，可将脂肪酸分为：①饱和脂肪酸（SFA），其烃链是饱和的，没有双键；②单不饱和脂肪酸（MUFA），含有一个双键；③多聚不饱和脂肪酸（PUFA），含有几个双键。其中 MUFA 和 PUFA 又统称为不饱和脂肪酸（UFA）。根据烃链的长短，可将脂肪酸分为：①短链脂肪酸，指链长为 4~7 个碳的脂肪酸；②中长链脂肪酸，指链长为 8~18 个碳的脂肪酸；③超长链脂肪酸，指链长为 20 或 20 个碳以上的脂肪酸。有研究表明，米粉中一般都含有以下几种成分：棕榈酸 C16：0（palmitic）、油酸 C18：1（oleic）和亚油酸 C18：2（linoleic），这三种脂肪酸是稻米粗脂肪的主要成分，占了米粉脂类的大约 80% 以上。除了以上三种外，还有几种含量很少的脂肪酸包括肉豆蔻酸 C14：0（myristic）、硬脂酸 C18：0（stearic）、亚麻酸 C18：3（linolenic）和花生四烯酸 C20：0（arachidic acid）等，其中油酸含量是最高的。

### 6.4.4 植物脂肪酸的合成途径

脂肪酸合成途径是一个非常复杂的生化过程，是在脂肪酸合成酶（fatty acid synthase）催化下进行的。植物 FAS（脂肪酸合成酶）为原核形式的多酶复合体，由酰基载体蛋白、β-酮脂酰-ACP 合酶、β-酮脂酰-ACP 还原酶、β-羟脂酰-ACP 脱水酶、烯脂酰-ACP 还原酶、脂酰-ACP 硫酯酶等部分构成（石东桥等，2002；卢善发，2000；John and John，1995）。

作为生命体不可或缺的成分，脂肪酸在植物体内普遍存在，在根、茎、叶、果实等各种器官中都有分布。其合成途径与动物和菌类也有明显的不同，在植物中，低于 18 碳的脂肪酸是在质体中合成的。在种子里，脂肪酸是在未分化的质体中合成的。首先，在种子的发育过程中，蔗糖作为合成脂肪酸的主要碳源，从光合作用的主要器官转运到种子细胞中，通过糖酵解途径生成己糖，并氧化成乙酰辅酶 A（acetyl-CoA）。作为脂肪酸合成的前体物质，乙酰 CoA 经过羧化作用产生丙二酰 CoA，然后脂肪酸合成酶以丙二酰-CoA 为底物进行连续的聚合反应，以每次循环增加两个碳的频率合成酰基碳链，进一步合成 16~18 碳的饱和脂肪酸。在这种碳链延伸过程中，碳-碳键是通过一个 β-酮脂酰基 ACP 而形成的。随后，经过羰基还原反应、脱水反应、再次还原反应，将 β-酮脂酰基 ACP 变成比上一个循环多两个碳原子的酰基 ACP。

### 6.4.5 稻米脂肪含量与食味品质的关系

有研究表明，常规评价稻米品质的指标并不能准确反映一些名优水稻品种优异的食味品质，稻米脂肪含量与食味品质关系较大。刘宜柏（1983）对 51 个早籼稻品种分析研究认为，稻米脂肪含量较其他品质性状对稻米的食味有更大的影响。稻米脂肪含量高是一些名优水稻品种的特异性状。并认为稻米中脂肪含量越高，米饭光泽越好，米粒延伸性较佳。伍时照等（1985）研究表明，在一定范围内脂肪含量越高，米饭适口性越好，因而提高脂肪含量能显著改善稻米的食味品质。吴长明等（2000）的研究认为，粗脂肪含量与米饭粒型完整性极显著正相关，与米饭外观、食味和碱消值均呈显著正相关。

稻谷中的脂类氧化是稻米陈化变质的最主要因素，也是影响稻米储藏品质的一个重要因素。Zhou等（2003）的研究认为，稻米陈化变质并不表现在总脂肪含量总量上的改变，而是各脂肪酸成分相对含量的变化。不饱和脂肪酸含量的减少，油酸和亚麻酸含量减少，而结合脂则较稳定不易被氧化。稻米中的脂类在脂肪酸氧化酶的作用下，不仅产生醛、酮等挥发性物质，使稻谷出现陈米臭，而且产生的脂肪酸和过氧化物可与营养成分结合，从而降低稻米的食用和营养价值（王海滨，1990；Suzuki et al.，1996）。

### 6.4.6 稻米脂肪含量的遗传

由于脂肪含量对稻米食味品质和储藏品质有很大影响，有关稻米脂肪含量的遗传基础研究一直受到重视。祁祖白等（1983）对稻米脂肪含量的广义遗传力进行了估计认为，脂肪含量是数量性状其遗传力大，经过多代选择较易得到脂肪含量高且性状稳定的优良品种。汤丽云和陆士伟（1995）研究认为，用脂肪含量太低的品种作亲本，不利于提高脂肪含量，不利于改善稻米品质。黄英金等（1995）用5个水稻品种，采用6×6双列杂交组合，对6个品质性状的研究表明，脂肪含量一般配合力和特殊配合力均达极显著水平，由基因的加性和非加性效应共同决定。吴长明（2002）对稻米粗脂肪含量和米饭蒸煮食味品质的相关性做了研究。结果表明，稻米粗脂肪含量与米饭粒型的完整性呈极显著正相关，粗脂肪含量与米饭颜色、米饭外观、食味和碱消值均表现出正相关。但粗脂肪含量与米饭光泽度、胶稠度和冷饭质地没有相关性。

由于稻米粗脂肪含量为胚乳性状，遗传基础比较复杂，分析其遗传效应必须有很好的遗传群体和实验设计。再加上稻米中脂肪含量非常低测定起来比较困难，对其精确评价需要一定数量的种子。因此，迄今为止有关研究稻米粗脂肪含量QTL定位和遗传效应分析的报道很少。吴长明等（2000）以Asominori/IR24组合的重组自交系材料，在第10号染色体上检测到一个控制粗脂肪含量的QTL。Hu等（2004）用一个由圭630/02428经花药培养的双单倍体群体（DH）分析了控制稻米粗脂肪含量的QTL，在第1号、第2号和第5染色体上检测到了3个QTL，分别解释表型贡献率的7.7%、23.5%、25.5%。发现了7对上位性互作效应，并认为上位性效应是控制稻米粗脂肪含量QTL的主要效应。Liu等（2009）利用珍汕97/武育粳2号构建的DH群体以及DH系分别与双亲构建的回交群体，研究了粗脂肪含量的遗传，共定位了14个QTL，分别位于水稻的第1号、第3号、第5~9号染色体上，其中有3个QTL分别在DH群体和一个回交群体中能共同检测到，一个主效QTL（*qCFC5*），位于第5号染色体上的RM87—RM334区间，且能在DH群体和两个回交群体中共同检测到（表6-6，图6-4）。

## 表6-6 珍汕97/武育粳2号DH及其回交群体定位的脂肪含量QTL

| QTL | 染色体 | 区间 | DH LOD | DH [a]A | DH R²/% | DH P | BCF₁(WYJ) LOD | BCF₁(WYJ) [b]S | BCF₁(WYJ) R²/% | BCF₁(WYJ) P | BCF₁(ZS) LOD | BCF₁(ZS) [c]S | BCF₁(ZS) R²/% | BCF₁(ZS) P |
|---|---|---|---|---|---|---|---|---|---|---|---|---|---|---|
| qCFC1a | 1 | RM104-RM14 | 2.54 | 0.09 | 4.86 | 0.0007 | | | | | | | | |
| qCFC1c | 1 | RM259-RM312 | 3.79 | −0.11 | 7.26 | 0.0000 | | | | | 2.10 | 0.09 | 21.26 | 0.0020 |
| qCFC3a | 3 | RM132-RM175 | | | | | | | | | 4.31 | 0.09 | 21.26 | 0.0001 |
| qCFC3c | 3 | RM175-RM36 | | | | | 1.85 | 0.16 | 13.63 | 0.0038 | | | | |
| qCFC5abc | 5 | RM87-RM334 | 5.90 | 0.14 | 11.76 | 0.0000 | 4.78 | −0.22 | 25.77 | 0.0000 | 2.10 | 0.08 | 10.67 | 0.0021 |
| qCFC6a | 6 | RM190-RM510 | 2.05 | −0.08 | 3.84 | 0.0023 | | | | | | | | |
| qCFC7ac | 7 | RM346-RM70 | 4.40 | 0.12 | 8.64 | 0.0000 | | | | | 2.85 | 0.10 | 14.76 | 0.0003 |
| qCFC7b | 7 | RM125-RM2 | | | | | 2.69 | −0.16 | 13.63 | 0.0005 | | | | |
| qCFC8b | 8 | RM152-RM38 | | | | | 2.90 | −0.17 | 15.39 | 0.0003 | | | | |
| qCFC9a | 9 | RM566-RM321 | 3.23 | −0.10 | 6.00 | 0.0001 | | | | | | | | |
| 总和 | | | | | 42.37 | | | | 68.42 | | | | 67.94 | |

a. DH群体检测的QTL；[a]A指基因加性效应，阳性来源于珍汕97。
b. DH群体与武育粳2号回交的群体检测的QTL；[b]S是指加性和显性效应之和。
c. DH群体与珍汕97回交的群体检测的QTL；[c]S是指加性和显性效应之和。

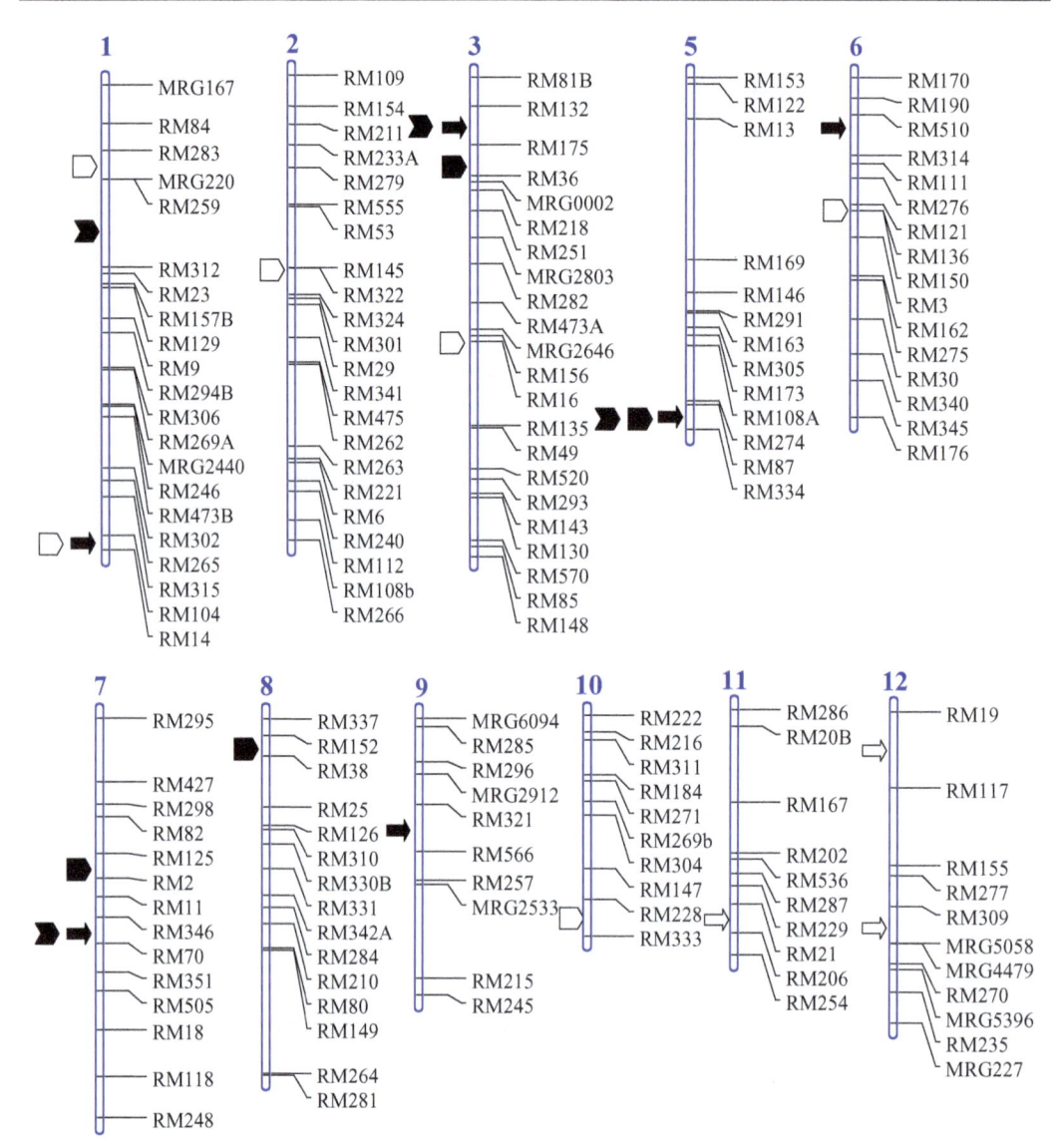

图 6-4 珍汕 97/武育粳 2 号 DH 群体及其与双亲回交的脂肪 QTL 分子标记连锁遗传图谱

■ ▭ 表示主效和上位性 QTL 来源于 DH 群体；▶ ▭ 表示主效和上位性 QTL 来源于 DH 与武育粳 2 号回交群体；▶▶ ▭ 表示主效和上位性 QTL 来源于 DH 与珍汕 97 回交群体

## 6.5 稻米品质的遗传改良策略

现代分子生物学的知识和技术大大地提高了育种的效率。而对品质性状遗传基础的深入了解以及相关 QTL 的定位和分析为分子育种和基因克隆及操作提供了坚实基础。育种主要涉及基因转移，主要可以通过两种途径。一是杂交选育，通过杂交和回交手段实现目标基因的转移。这个过程需要对大量单株进行筛选，以期获得带有目标基因的单株。利用与目标基因紧密连锁的遗传标记，可以进行分子标记辅助选择（molecular marker-assisted selection，MAS），跟踪基因流向，大大提高筛选效率，加速育种进程。

二是遗传转化，即通过遗传工程的手段将外源基因转移到作物基因组中。遗传转化可以有效地实现远缘物种间优良基因的转移。

杂交水稻品质遗传改良的难度在于以下两点。①杂交水稻利用 $F_1$ 农艺性状、抗性和产量性状等杂种优势，但我们食用的 $F_1$ 植株上生长的水稻种子实际已是 $F_2$，而品质性状如 AC、GC、GT、蛋白质含量、脂肪含量和微量元素等均为胚乳性状，在 $F_2$ 必然表现分离（何予卿和吕志仁，1993）。因此，我们测定的一些胚乳性状，实际上是一个 $F_2$ 混合群体。②大多数胚乳性状具有明显的显隐性关系，如高 AC 对低 AC 为不完全显性；硬 GC 对软 GC 为不完全显性；GT 高对低为显性；无香味对有香味为显性；对垩白率性状，大多数高垩白率对低垩白率为不完全显性、显性和超显性等表现。目前农业部颁布的优质稻米标准为中等 AC、软 GC、中等 GT 和垩白率低或无等特点。根据杂交水稻品质性状的问题，我们认为，利用分子标记辅助选择隐性等位基因同时改良杂交水稻双亲的品质性状是最有效途径之一。通过隐性基因可以将优质性状基因分别聚合于杂交水稻的双亲中，从而使这些优质基因在杂交水稻的双亲中表现为等位基因，从而在 $F_1$ 种子中（其实为 $F_2$ 群体）表现为不分离，达到真正改良杂交水稻品质的目的。

关于利用分子标记辅助选择改良水稻品质的研究不多。稻米粒长基因（*GS3*）、粒宽基因（*GW2*）和垩白基因（*Flo4-1*）等，以及香味（*Fgr*）、糊化温度（*Alk*）、淀粉含量（*Wx*）都已经克隆，同时大部分与水稻品质相关的基因均已定位，这些基因及其紧密连锁的分子标记为分子标记辅助选择和转基因改良水稻品质提供了重要的基因和材料基础。对于这些克隆和标记的基因采用分子标记辅助选择手段可在水稻苗期进行基因型检测，可有效地用于对品质性状的辅助改良，应该是品质育种的最佳手段之一。同时，直接开发基因内功能性分子标记，特别是共显性的标记，被认为是提高选择准确率，从而减少育种年限和群体大小的重要途径。

目前在稻米品质方面，对 *Wx* 基因进行标记辅助选择的报道较多。李浩杰等（2004）以美国光身稻 Lemont 作优质基因供体，优良籼稻保持系冈 46B（G46B）为轮回亲本，利用与 *Wx* 基因紧密连锁的标记 484/485 对 G46B/Lemont 回交及其自交群体进行目的基因型选择，并对每一回交群体中的目的基因植株进行 G46B 遗传背景筛选。结果表明，在回交后代的自交群体中，分子标记 484/485 三种带型的 AC 表现为 G 型＞H 型＞L 型，L 带型植株多为中等 AC（17%～22%）。各回交后代与 G46B 的分子标记遗传背景平均相似率为 $BC_1F_1$（48.25%）＜$BC_2F_1$（68.82%）＜$BC_3F_1$（83.95%）。夏明元等（2004）利用高产早稻品系 4384 和优质早稻品种舟 903 杂交，杂交后代与 4384 回交后连续自交，在分离世代利用 *Wx* 基因的酶切扩增多态性序列（CAPS）标记选择 *Wx* 基因型中具有 TT 位点的单株或株系，并在田间选择农艺性状。在 $BC_1F_4$ 获得 92 个 *Wx* 基因型纯合的株系，从中选择个体农艺性状较优以及外观品质较好的株系进入小区观察试验。综合农艺性状的表现和米质分析的结果，初步选育出产量较高及 AC 适中的品系。刘爱秋等（2006）利用 PCR-*Acc* I 分子标记分析了 105 个水稻品种的 *Wx* 基因型，结果表明，一方面，用该标记检测的 *Wx* 基因型与该品种的稻米直链淀粉含量有较好的对应关系，利用 PCR-*Acc* I 标记可以鉴别籼稻品种直链淀粉含量的高或低；同时，对 2 个杂交组合 $F_2$ 分离群体的分析表明，PCR-*Acc* I 标记与稻米直链淀粉含量是紧密连锁、共分离的。另一方面，以直链淀粉含量中等的优质籼稻保持系 D 香 1B 为优质 $Wx$ 基因供体，运用 PCR-$Acc$Ⅰ分子标记辅助选择，对综合性状优良、配合力高，但 AC 过高、品质欠佳的籼稻保持系 G46B 进行品质改良，结果在 $BC_3F_2$ 代成功获得了 AC 中等的纯合 TT 基因型目标植株，表明 PCR-$Acc$Ⅰ标记用于优质 $Wx$ 基因的分子标记辅助选择育种是有效的，因而该标记对改良稻米品质有重要作用。Zhou 等（2003）通过回交，利用分子标记辅助选择，将明恢 63 的 $Wx$ 区段导入珍汕 97B，成功降低了珍汕 97B 的 AC，提高了 GC，同时还降低了垩白。他们进一步将 $Wx$ 区段转入珍汕 97A，最后得到了品质改良的杂交稻汕优 63，而在品质改良的杂交稻汕优 63 中，$Wx$ 基因是等位的，从而在 $F_1$ 植株上不表现分离特性。这些结果表明，分子标记辅助选择是一种有效的育种手段。

在稻米香味基因研究中，王军等（2008）设计了水稻香米基因 $Fgr$ 的两个等位基因的基因标记（InDel-E2、InDel-E7），利用这两个标记对 20 个香米和 2 个非香稻品种（品系），以及两个香米/非香米组合的 $F_1$ 进行快速检测。结果显示，InDel-E2 能检测到 11 个香米品种（品系），InDel-E7 可检测其余 9 个香米品种（品系），且 2 个标记都能检测杂合基因型，说明本研究中的 20 个香米品种（品系）受 2 个香米基因控制。

另外在品质和其他性状结合方面，分子标记辅助选择也取得了较好地研究进展。桑茂鹏等（2009）通过有性杂交和田间选育，利用分子标记辅助选择、田间抗性鉴定及香味鉴定，将广谱高抗白叶枯病的基因 $Xa21$ 和香味基因 $fgr$ 聚合到同一单株中，获得了双基因纯合且农艺性状稳定的株系。用中国 7 个流行性白叶枯病菌进行抗病性鉴定，结果表明植株抗性级别为高抗，与供体亲本抗谱一致，抗性水平相当，且具有浓郁香味。王岩等（2009）以明恢 63 为材料，针对其不足导入了中国香稻中的 $alk$ 和 $fgr$ 等位片段，改良后的明恢 63 品系的稻米糊化温度显著降低，胶稠度升高，具有香味，并且心白粒率得到了降低。同时将这一基因与抗白叶枯病基因、抗褐飞虱基因等聚会在一起，使得明恢 63 这一优良恢复系在抗性和品质方面得到了很好的改良。另外何予卿研究组还将粒长基因（GS3）与白叶枯病抗性基因 $Xa23$ 等用于保持系珍汕 97B 和Ⅱ-32B 的遗传改良，获得了珍汕 97 和Ⅱ-32B 遗传背景的优良外观品质和抗白叶枯病的新品系。这些材料与我们已经培育的抗稻瘟病、抗稻飞虱和低垩白率的材料杂交，可以培育出优质、高抗白叶枯病、抗稻瘟病和抗稻褐飞虱的新型不育系；另外在恢复系的培育方面，主要以抗螟虫、抗白叶枯病和抗褐飞虱为主，这些育种材料的获得为实现多抗优质高产的绿色杂交稻奠定了基础。

## 6.6 小　　结

优质与高产、抗病虫性、抗逆性和营养高效利用的矛盾，是水稻生产中存在的一些现实问题，也是实现绿色超级稻需要解决的难题。分子标记辅助选择技术是现代生物技术在作物遗传改良中应用的一个重要方面，利用分子标记辅助选择在水稻抗白叶枯病、抗稻瘟病、抗虫性和稻米品质改良等方面已取得一定的进展，并且在多性状的聚合育种方面已经进行了很多尝试。但总体说来，分子标记辅助选择在质量性状改良方面报道较多，但在数量性状方面的应用及其相关性状的遗传学研究差距还很大。针对品质性状来说，一些主效基因如 $Wx$、$Alk$、$Fgr$、$GS3$ 等已经被克隆，这些基因可以很好地用于水稻遗传育种改良之中；而对于众多的品质性状，它们主要表现为微效基因的作用，如垩白率、垩白度、GC（除 $Wx$ 基因影响之外）、米饭性状、蛋白质、脂肪含量、维生素以及一些必须营养元素（如 Fe、Zn 等）等，其遗传学研究仍然不够充分，对控制同一性状的 QTL 数目、位置、效应等的结论往往有很大出入，基因定位基础研究不多，大量的基因定位工作仅仅是对目标基因定位，而应用于育种还有很多工作要做。因此在以后的工作中，更应该注重发掘与水稻品质相关遗传资源，精细定位并建立它们的分子标记辅助选择体系，尽快地应用于育种实践中。

总之，随着水稻分子生物学和水稻功能基因组研究的发展，越来越多的水稻农艺性状、产量性状、稻米品质和抗性基因均被发掘、定位和克隆，同时水稻中一系列耐逆境（抗旱、耐盐碱）和氮磷营养高效一些相关基因也被研究和发掘。这些基因都可以通过转基因技术和分子标记辅助选择导入到目前生产上主栽杂交稻亲本中，实现水稻传统遗传改良向品种分子设计的跨越，为培育出具有优质、高产、高效、抗病虫、耐逆境和稳产等性状的绿色杂交水稻新品种，保障国家粮食安全、食品安全和环境安全，提高我国稻米品质和稻米竞争力，实现绿色超级稻的战略设想做出贡献。

(作者：何予卿　王令强　刘文俊)

## 参 考 文 献

敖雁，徐辰武，莫惠栋. 2000. 籼型杂种稻米品质性状低数量遗传分析. 遗传学报，27：706-712

包劲松，何平，李仕贵，夏英武，陈英，朱立煌. 2000. 异地比较定位控制稻米蒸煮食用品质的数量性状基因. 中国农业科学，33：8-13

高振宇，曾大力，崔霞，周奕华，颜美仙，黄大年，李家洋，钱前. 2003. 水稻稻米糊化温度控制基因 ALK 的图位克隆及其序列分析. 中国科学（C辑），33：481-487

何予卿，吕志仁. 1993. 籼稻米直链淀粉含量及其基因剂量效应的遗传研究. 华中农业大学学报，12：414-420

黄英金，刘宜柏，饶治祥，潘晓云. 1995. 几个名优水稻品种特异品质性状的配合力分析. 江西农业大学学报，17：361-367

黄祖六，谭学林，Tragoonrung S，Vanavichit A. 2000 稻米直链淀粉含量基因座位的标记定位. 作物学报，26：777-782

康海歧，曾宪平. 2001. 杂交稻米性状遗传研究与改良. 西南农业大学学报，14：100-104

李浩杰，李平，高方远. 2004. SSR 标记辅助改良冈 46B 直链淀粉含量的研究. 作物学报，30：1159-1163

李仕贵，黎汉明，周开达. 1995. 杂交水稻的品质性状的遗传相关分析. 西南农业学报，17：197-201

林鸿宣，闵绍楷，熊振民，钱惠荣，庄杰云，陆军，郑康乐，黄宁. 1995. 应用 RFLP 图谱分析籼稻粒型数量性状座位. 中国农业科学，28：1-7

刘爱秋，梁奉军，王平荣，邓晓建. 2006. 水稻 $Wx$ 基因 PCR-AccⅠ 标记与稻米 AC 的关系及其辅助育种效果. 应用与环境生物学报，12：318-321

刘保国. 1992. 稻谷中粗脂肪含量和脂肪酸组成. 西南农业大学学报，14：275-277

刘宜柏. 1983. 水稻品种稻米品质的研究. 江西农业大学学报, 5: 40-49

卢善发. 2000. 植物脂肪酸生物合成与基因工程. 植物学通报, 17: 481-491

祁祖白, 李宝键, 杨文广, 吴秀峰. 1983. 水稻籽粒外观品质及脂肪含量的遗传分析. 遗传学报, 10: 452-458

钱前, 何平, 郑先武, 陈英, 朱立煌. 2000. 籼粳分类的形态指数及其相关鉴定性状的遗传分析. 中国科学 (C辑), 30: 305-310

桑茂鹏, 姜明松, 李广贤, 姚方印. 2009. 利用分子标记辅助选择双基因 $Xa21$ 和 $fgr$ 水稻植株. 山东农业科学, 1: 4-7

石东桥, 周奕华, 陈正华. 2002. 植物脂肪酸调控基因工程研究. 生命科学, 14: 391-396

舒庆尧, 吴殿星, 夏英武, 高明尉, Ayres N M, Larkin P D, William D P. 1999. 籼稻和粳稻中蜡质基因座位上微卫星标记的多态性及其与直链淀粉含量的关系. 遗传学报, 26: 350-358

汤丽云, 陆士伟. 1995. 籼稻杂种一代品质性状与其亲本关系的研究. 中国水稻科学, 10: 243-246

唐克然, 曾瑞勋, 曹庆华, 唐上升. 1987. 籼型杂交水稻米粒垩白的遗传行为初探. 作物研究, 1: 16

王军, 杨杰, 陈志德, 仲维功. 2008. 水稻香米基因标记的开发与应用分子植物育种, 6: 1209-1212

王岩, 付新民, 高冠军, 何予卿. 2009. 分子标记辅助选择改良优质水稻恢复系明恢63的稻米品质. 分子植物育种, 7 (4): 661-665

王海滨. 1990. 植物的脂肪氧化酶. 植物生理学通讯, 2: 63-67

吴长明. 2002. 稻米品质遗传研究进展与改良策略探讨. 中国农业科学通报, 118: 66-71

吴长明, 孙传清, 陈亮, 王象坤. 2000. 控制稻米脂肪含量的 QTL 定位研究. 农业生物技术学报, 8: 382-384

伍时照, 黄超武, 欧烈才, 刘建昭. 1985. 水稻品种品质性状的研究. 中国农业科学, 18: 1-7

夏明元, 李进波, 张建华, 万丙良, 戚华雄. 2004. 利用分子标记辅助选择技术选育具有中等直链淀粉含量的早稻品种. 华中农业大学学报, 23: 183-186

严长杰, 徐辰武, 裔传灯, 梁国华, 朱立煌, 顾铭洪. 2001. 利用 SSR 标记定位水稻糊化温度的 QTL. 遗传学报, 28: 1006-1011

严文潮, 裘伯钦. 1993. 浙江省早籼稻加工和商品品质现状及其改良途径探讨. 浙江农业科学, 2: 61-64

杨联松, 白一松, 许传万, 胡兴明, 王伍梅. 2001. 水稻粒形与稻米品质的相关研究进展. 安徽农业科学, 29: 312-316

曾瑞珍, 张泽民, 张桂权. 2001. 利用微卫星标记鉴定水稻 $Wx$ 座位上的复等位基因. 见: 刘旭. 作物科学研究理论与实践. 北京: 中国科学技术出版社. 202-205

赵镛洛, 张云江, 王继馨, 张淑华, 张兰民, 李大林, 吕彬, 单莉莉. 2001. 北方早粳稻米品质因子分析. 作物学报, 27: 538-540

赵正洪, 余应弘. 1998. 湖南优质稻米品种及标准体系评价和分析. 湖南农业科学, 2: 6-91

中华人民共和国国家标准. 1999. 优质稻谷 GB/T17891—1999. 北京: 中国标准出版社

中华人民共和国农业部部颁标准. 1998. 米质测定方法. 北京: 中国标准出版社

朱碧岩, 程方民, 吴永常. 1996. 结实期温度对稻米的粒重与整精米形成动态影响. 西北农业学报, 5: 31-51

Ahn S N, Bollich C N, McClung A M, Tanksley S D. 1993. RFLP analysis of genomic regions associated with cooked-kernel elongation in rice. Theor Appl Genet, 87: 27-32

Aluko G, Martinez C, Tohme J, Castano C, Bergman C, Oard H J. 2004. QTL mapping of grain quality traits from the interspecific cross *Oryza sativa* × *O. glaberrima*. Theor Appl Genet, 109: 630-639

Ayres N M, McClung A M, Larkin P D, Bligh HFJ, Jones C A, Park W D. 1997. Microsatellites and a single-nucleotide polymorphism differentiate apparent amylose classes in an extended pedigree of US rice germ plasm. Theor Appl Genet, 94: 773-781

Baba T, Nishihara M, Mizuno K, Kawasaki T, Shimada H, Kobayashi E, Ohnishi S, Tanaka K, Arai Y. 1993. Identification, cDNA cloning, and gene expression of soluble starch synthase in rice (*Oryza sativa* L.) immature seeds. Plant Physiol, 103: 565-573

Ball S G, van de Wal, Visser R. 1998. Progress in understanding the biosynthesis of amylose. Trends Plant Sci, 3: 462-467

Bao J S, Harold C, He P, Zhu L H. 2003. Analysis of quantitative trait loci for starch properties of rice based on an RIL population. Acta Bot Sin, 45: 986-994

Bao J S, Xia Y W. 1999. Genetic control of the paste viscosity characteristics in indica rice (*Oryza sativa* L.) Theor Appl Genet, 98: 1120-1124

Bao J S, Zheng X W, Xia Y W, He P, Shu Q Y, Lu X, Chen Y, Zhu L H. 2000. QTL mapping for the paste viscosity characteristics in rice (*Oryza sativa* L.). Theor Appl Genet, 100: 280-284

Bhattacharya M, Zee S Y, Corke H. 1999. Physicochemical properties related to quality of rice noodles. Cereal Chem, 76: 861-867

Bligh H J, Larkin P D, Roach P S, Jones C A, Fu H, Park W D. 1998. Use of alternate splice sites in granule bound starch synthase mRNA from low-amylose rice varieties. Plant Mol Biol, 38: 407-415

Bligh H J, Till R I, Jones C A. 1995. A microsatellite sequence closely linked to the waxy gene of *Oryza sativa* L. Euphytica, 86: 83-85

Bollich C N, Webb B D. 1973. Inheritance of amylose in two hybrid populations of rice. Cereal Chem, 50: 631-636

Choudhury N H, Juliano B O. 1980. Lipids in developing and mature rice grain. Phytochemistry, 19: 1063-1069

Dian W, Jiang H, Wu P. 2005. Evolution and expression analysis of starch synthase III and IV. J Exp Bot, 56: 623-632

Fan C C, Xing Y Z, Mao H L, Lu T T, Han B, Xu C G, Li X H, Zhang Q F. 2006. GS3, a major QTL for grain length and weight and minor QTL for grain width and thickness in rice, encodes a putative transmembrane protein. Theor Appl Genet, 112: 1164-1171

Fan C C, Yu X Q, Xing Y Z, Xu C G, Luo L J, Zhang Q F. 2005. The main effects, epistatic effects and environmental interactions of QTLs on the cooking and eating quality of rice in a doubled-haploid line population. Theor Appl Genet, 110: 1445-1452

FAO. 1970. Amino acid content of foods and biological proteins. Food and Agriculture Organization of The United Nations, Roma, Italy

Fulton T M, Berk-Bunn T, Emmatty D, Eshed Y, Lopez J, Petiard V, Uhlig J, Zamir D, Tanksley SD. 1997. QTL analysis of an advanced backcross of lycoperslcan peruvianum to the cultivated tomato and comparisons with QTLs found in other wild species. Theor Appl Genet, 95: 881-894

Ge X J, Xing Y Z, Xu C G, He Y Q. 2005. QTL analysis of cooked rice grain elongation, volume expansion, and water absorption using a recombinant inbred population. Plant Breed, 124: 121-126

Gravois K A, Webb B D. 1997. Inheritance of long grain rice amylograph viscosity characteristics. Euphtica, 97: 25-29

Gupta M P, Gupta P K, Singh I B, Singh P. 1988. Genetic analysis for quality characters in rice. Genetika, 20: 141-146

Hamaker B R, Griffin V K. 1990. Changing the viscoslatic properties of cooked rice through protein disruption. Cereal Chem, 67: 261-264

Hamaker B R, Griffin V K, Moldethauer KAA. 1991. Potential influence of a starch granule associated protein on cooked rice stickness. J Food Sci, 56: 1327-1329

Harrington S E, Bligh HFJ, Park W D, Jones C A, McCouch S R. 1997. Linkage mapping of starch branching enzyme III in rice (*Oryza sativa* L.) and prediction of location of orthologous genes in other grasses. Theor Appl Genet, 94: 564-568

Harushima Y, Nakagahra M, Yano M, Sasaki T, Kurata N. 2002. Diverse variation of reproductive barriers in three intraspecific rice crosses. Genetics, 160: 313-322

He P, Li S G, Qian Q, Ma Y Q, Li J Z, Wang W M, Chen Y, Zhu L H. 1999. Genetic analysis of rice grain quality. Theor Appl Genet, 98: 502-508

Heinemann R B, Fagundes P L, Pinto E A, Penteado M V C, Lanfer-Marquez U M. 2005. Comparative study of nutrient composition of commercial brown parboiled and milled rice from Brazil. J Food Comp Anal, 18: 287-296

Hirose T, Terao T. 2004. A comprehensive expression analysis of the starch synthase gene family in rice (*Oryza sativa* L.). Planta, 220: 9-16

Hu Z L, Li P, Zhou M Q, Zhang Z H, Wang L X, Zhu L H, Zhu L G. 2004. Mapping of quantitative trait loci (QTLs) for rice protein and fat content using doubled haploid lines. Euphytica, 135: 47-54

Huang N, Parco A, Mew T, Magpantay G, McCouch S, Guiderdoni E, Xu J, Subudhi P, Angeles E R, Khush G S. 1997. RFLP mapping of isozymes, RAPD and QTLs for grain shape, brown planthopper resistance in a doubled haploid rice population. Mol Breed, 3: 105-113

Jennings P R, Coffman W R, Kauffman H E. 1979. Rice improvement. Manila, Philippines: IRRI

Jiang G H, Hong X Y, Xu C G, Li X H, He Y Q. 2005. Identification of quantitative trait loci for grain appearance quality using a double-haploid rice population. J Integrat Plant Bio, 47: 1391-1403

Jiang H W, Dian W M, Liu F Y, Wu P. 2004. Molecular cloning and expression analysis of three genes encoding starch synthase II in rice. Planta, 218: 1062-1070

John O, John B. 1995. Lipid biosynthesis. Plant Cell, 7: 957-970

Juliano B O. 1985. Rice chemistry and technology. 2nd. American Association of Cereal Chemists, Incorporated Saint Paul, Minnesota, USA

Juliano B O. 1993. Rice in human nutrition. Food and Agricultural Organization of the United Nations, Roma, 162

Kambayshi M, Tsurumi I, Sasahara T. 1984. Genetic studies on improvement of protein content in rice grain. Japan J Breed, 34: 356-363

Khush G S, Paule C M, de La Cruz N M. 1979. Rice grain quality evaluation and improvement at IRRI. *In*: Brady N C. Proceedings of the Workshop on Chemical Aspects of Rice Grain Quality. Manila, Philippines, IRRI

Kubo T, Nakamura K, Yoshimura A. 1999. Development of a series of Indica chromosome substitution lines in *Japonica* background of rice. Rice Genet Newsl, 16: 104-106

Lanceras J C, Huang Z L, Naivikul O, Vanavichit A, Ruanjaichon V, Tragoonrung S. 2000. Mapping of genes for cooking and eating qualities in Thai jasmine rice (KDML105). DNA Research, 7: 93-101

Larkin P D, Park W D. 1999. Transcript accumulation and utilization of alternate and non-consensus splice sites in rice granule bound starch synthase are temperature-sensitive and controlled by a single nucleotide polymorphism. Plant Mol Biol, 40: 719-727

Li J, Thomson M, McCouch S R. 2004. Fine mapping of a grain-weight quantitative trait locus in the pericentrometric region of rice chromosome 3. Genetics, 168: 2187-2195

Li Z F, Wan J M, Xia J F, Zhai H Q. 2003. Mapping quantitative trait loci underlying appearance quality of rice grains (*Oryza sativa* L.). Acta Genetica Sinica, 30: 251-259

Lin R, Luo Y, Liu D, Huang C. 1993. Determination and analysis on principal qualitative characters of rice germplasm. In: Ying C. Rice germplasm resources in China. Beijing: Agricultural Science and Technology Publisher of China, 83-93

Linscombe S D, Jodari F, McKenzie K S, Bollich P K, Groth D E, White L M, Dunand R, Sanders D E. 1995. Registration of Jodon rice. Crop Sci, 35: 1217-1218

Little R R, Hilder G B, Dawson E H. 1958. Differential effect of dilute alkali on 25 varieties of milled white rice. Cereal Chem, 35: 111-126

Liu W J, Zeng J, Jiang G H, He Y Q. 2009. QTLs identification of Crude fat content in brown rice and its genetic basis analysis using DH and two backcross populations. Euphitica, 169: 197-205

Martin C, Smith A M. 1995. Starch biosynthesis. Plant Cell, 7: 971-985

Martin M, Fitzgerald M A. 2002. Proteins in rice grain influence cooking properties. J Cereal Science, 36: 285-294

Nakamura Y, Kurata N, Minobe Y. 1994. Linkage localization of the starch branching enzyme I (Qenzyme I) gene in rice. Theor Appl Genet, 89: 859-860

Nakamura Y, Francisco J P B, Hosato A, Sawada T, Kubo A, Fujita N. 2005. Essential amino acids of starch synthase II α differentiate amylopectin structure and starch quality between japonica and indica rice varieties. Plant Mol Biol, 58: 213-227

Nakamura Y, Umemoto T, Ogata N, Kuboki Y, Yano M, Sasaki T. 1996. Starch debranching enzyme (R-enzyme or pullulanase) from developing rice endosperm: purification, cDNA and chromosomal localization of the gene. Planta, 199: 209-218

Panozzo J F, McCormick K M. 1993. The Rapid Visco Analyser as a test method of testing for noodle quality in a wheat breeding programme. J Cereal Sci, 17: 25-32

Redona E D, Mackill D J. 1998. Quantitative trait locus analysis for rice panicle and grain characteristics. Theor Appl Genet, 96: 957-963

Resurreccion A P, Juliano B O, Tanaka Y. 1979. Nutrient content and distribution in milling fractions of rice grain. J Sci Food Agric, 30: 475-481

Sano Y. 1984. Differential regulation of waxy gene expression in rice endosperm. Theor Appl Genet, 68: 467-473

Sano Y, Katsumata M, Okuno K. 1986. Genetic studies of speciation in cultivated rice. 5. Inter-and intraspecific differentiation in the waxy gene expression of rice. Euphytica, 35: 1-9

Shenoy V V, Seshu D V, Sachan J K S. 1991. Inheritance of protein per grain in rice. Indian J Genet, 51: 214-220

Shomura A, Izawa T, Ebana K, Ebitani T, Kanegae H, Konishi S, Yano M. 2008. Deletion in a gene associated with grain size increased yields during rice domestication. Nat Genet, 40: 1023-1028

Smith A M, Denyer K, Martin C. 1997. The synthesis of the starch granule. Plant Physiol, 48: 67-87

Song X J, Huang W, Shi M, Zhu M Z, Lin H A. 2007. QTL for rice grain width and weight encodes a previously unknown RING-type E3 ubiquitin ligase. Nat Genet, 39: 623-630

Sood B C, Siddiq E A. 1986. Genetic analysis of crude protein content in rice. Indian J Agric Sci, 56: 796-797

Suzuki Y, Yasui T, Mastukura U. 1996. Oxidative stability of bran lipids from rice variety (*Oryza sativa* L.) lacking lipoxygenase-3 in seeds. J Agric Food Chem, 44: 3479-3483

Tan Y F, Li J X, Yu S B, Xing Y Z, Xu C G, Zhang Q F. 1999. The three important traits for cooking and eating quality of rice grains are controlled by a single locus in an elite rice hybrid, Shanyou 63. Theor Appl Genet, 99: 642-648

Tan Y F, Sun M, Xing Y Z, Hua J P, Sun X L, Zhang Q F, Corke H. 2001. Mapping quantitative trait loci for milling quality, protein content and color characteristics of rice using a recombinant inbred line population derived from an elite rice hybrid. Theor Appl Genet, 103: 1037-1045

Tan Y F, Xing Y Z, Zhang Q F, Li J X, Yu SB. 2000. Genetic bases of appearance quality of rice grains in Shanyou 63, an elite rice hybrid. Theor Appl Genet, 101: 823-829

Tan Y F, Zhang Q F. 2001. Correlation of simple sequence repeat (SSR) variants in the leader sequence of the waxy gene with amylose content of the grain in rice. Acta Botanica Sinica, 43: 146-150

Tanaka K, Ohnishi S, Kishimoto N, Kawasaki T, Baba T. 1995. Structure, organization, and chromosomal location of the gene encoding a form of rice soluble starch synthase. Plant Physiol, 108: 677-683

Tian R, Jiang G H, Shen L H, Wang L Q, He Y Q. 2005. Mapping quantitative trait loci underlying the cooking and eating quality of rice using a DH population. Mol breed, 15: 117-124

Umemoto T, Yano M, Satoh H, Shomura A, Nakamura Y. 2002. Mapping of a gene responsible for the difference in amylopectin structure between japonica-type and indica-type rice varieties. Theor Appl Genet, 104: 1-8

Wan X Y, Wan J M, Weng J F, Jiang L, Bi J C, Wang C M, Zhai H Q. 2005. Stability of QTLs for rice grain dimension and endosperm chalkiness characteristics across eight environments. Theor Appl Genet, 110: 1334-1346

Wang L Q, Zhong M, Li X H, Yuan D J, Xu Y B, Liu H F, He Y Q, Luo L J, Zhang Q F. 2008. The QTL controlling amino acid content in grains of rice (*Oryza sativa*) are co-localized with the regions involved in the amino acid metabolism pathway. Mol Breed, 21: 127-137

Wang L Q, Liu W J, Xu Y, He Y Q, Luo L J, Xing Y Z, Xu C G, Zhang Q F. 2007. Genetic basis of 17 traits and viscosity parameters characterizing the eating and cooking quality of rice grain. Theor Appl Genet, 115: 463-476

Wang Z Y, Wu Z L, Xing Y Y, Zheng F G, Guo X L, Zhang W G, Hong M M. 1990. Nucleotide sequence of rice waxy gene. Nucleic Acids Res, 18: 5898

Wang Z Y, Zhen F Q, Shen G Z, Gao J P, Snustad P, Li M G, Zhang J L, Hong M M. 1995. The amylose content in rice endospermis related to the post-transcriptional regulation of the waxy gene. Plant J, 7: 613-622

Webb B D. 1991. Rice quality and grades. In: Luh B. Rice utilization, V. II. New York: Van Nostrand Reinhold, 89-116

WHO. 1973. Energy and protein requirements. WHO Tech Rep Ser 522. World Health Organization, Geneva

Wrigley C W, Booth R I, Bason M L, Walker C E. 1996. Rapid visco analyser: progress from concept to adaptation. Cereal Foods World, 41: 6-11

Yoshida S, Ikegami M, Kuze J, Sawada K, Hashimoto Z, Ishii T, Nakamura C, Kamijima O. 2002. QTL analysis for plant and grain characters of sake-brewing rice using a doubled haploid population. Breed Sci, 52: 309-317

Zhang Q F. 2007. Strategies for developing green super rice. Proc Natl Acad Sci USA, 16, 104: 16402-16409

Zhou P H, Tan Y F, He Y Q, Xu C G, Zhang Q F. 2003. Simultaneously improvement for four quality traits of Zhenshan 97, an elite parent of hybrid rice, by molecular marker-assisted selection. Theor Appl Genet, 106: 326-331

Zhou Z K, Blanchard C, Helliwell S, Robards K. 2003. Fatty acid composition of three rice varieties following storage. J Cereal Sci, 37: 327-335

# 第 7 章 水稻产量性状基因和提高产量潜力的途径

水稻高产育种对我国解决粮食安全问题做出了巨大贡献。近年来，虽然我国多个水稻主产区均有百亩连片超级稻高产示范成功的报道，但我国水稻平均单产自 20 世纪 90 年代中期以来并没有太大的提高，亩产长期在 420kg 上下徘徊。产生这种局面的重要根源之一在于产量性状是典型的数量性状，产量的遗传基础非常复杂，定向遗传操作难度很大。然而，随着世界人口的持续快速增长，预计全球将从现有的 64 亿人口增加到 2050 年的 89 亿，粮食短缺问题日益成为世界各国将共同面临的重大挑战问题之一。为了应对人口增长所带来的巨大压力，预计在 2025 年粮食要增产 50% 才能满足日益增长的粮食需求。因此，如何进一步提高粮食作物的产量，已成为育种家们急需解决的重大课题。

"超级稻"就是比现有水稻品种在产量上有大幅度提高（大面积推广增产 15%）并兼顾品质与抗性的新型水稻品种。1989 年 IRRI 正式启动了以大幅度提高产量潜力为目标的水稻新株型超高产育种计划（new plant type），希望培育超级稻品种。1996 年我国农业部和科技部启动了超级稻两阶段发展计划：到 2000 年实现平均亩产 700kg 以上、到 2005 年实现亩产 800kg 以上的目标和任务。1997 年我国又提出了"超级杂交稻育种"计划，目标是"九五"至"十五"期间培育出日产量潜力 90~100kg/hm² 的杂交稻组合，并大面积推广应用。2005 年，我国对超级稻品种进行了统一定义，即采用理想株型塑造与杂种优势利用相结合的技术路线等有效途径育成的产量潜力大，配套超高产栽培技术后比现有水稻品种在产量上有大幅度提高，并兼顾品质与抗性的水稻新品种。针对我国水稻生产长期片面追求产量而导致的水稻生产与资源环境之间的矛盾日益突出的挑战，张启发提出了绿色超级稻的概念，即使高产水稻品种具有优质、养分高效利用、抗生物逆境和抗非生物逆境的特性，使水稻生产能够实现"高产高效、资源节约、环境友好"（张启发，2005；Zhang，2007）。纵观水稻遗传育种的发展历程，可以看出高产一直是水稻遗传育种的主要目标之一。

## 7.1 水稻产量性状和杂种优势的遗传基础

20 世纪 90 年代，随着分子标记技术的发展和数量性状位点（QTL）分析方法的完善，大量的研究对水稻产量性状和杂种优势的遗传基础进行了剖析。

### 7.1.1 QTL 定位群体

#### 7.1.1.1 初级群体

水稻的初级定位群体包括 $F_2$、回交群体、加倍单倍体（doubled haploid，DH）和重组自交系群体（recombinant inbred line，RIL），这些群体的共同特征是群体内个体间遗传组成差别大。早期水稻 QTL 定位主要利用源于籼稻间、粳稻间和籼粳亚种间杂交组合衍生的 $F_2$ 群体。$F_2$ 群体为临时性分离群体，群体构建相对简单，但后代会发生分离，很难进行多年多点研究。同时，考虑到单株表型数据可靠性差的问题，一般利用后代测验的表型值来替代对应的 $F_2$ 单株表型值，从而导致低估了基因的显性效应，并且不能进行重复试验。为克服 $F_2$ 单株表型鉴定不准确和不能重复鉴定的问题，一些 DH 和 RIL 也陆续用于重要农艺性状的遗传基础分析。RIL 通过一粒传后代的途径获得，DH 是通过对杂种 $F_1$ 的花药培养，自然加倍获得。它们都为永久性分离群体，其后代不会发生分离，可在多年多点多环境下进行重复实验。因此，利用它们进行 QTL 分析，不仅能够降低实验误差，提高 QTL 定位的准确性，还可以用来估计 QTL 与环境间的互作。但 RIL 群体构建相对耗时，DH 群体构建受基因型影响，并且它们不能估计显性效应。

### 7.1.1.2 次级群体

次级群体包括近等基因系群体（near isogenic line，NIL）和染色体单片段置换系（single chromosomal segment substitution line，CSSL），它们的共同特征是群体内个体间除了极少数部分存在分离外，背景的遗传组成极为相似。在初级群体广泛用于 QTL 初步定位之后，近 5 年来，一些次级群体也被广泛用于 QTL 的精细定位和克隆。近等基因系群体（near isogenic line，NIL）是由在目标基因/QTL 小区间存在分离，而其他背景区间尽可能相同的或高度相似个体组成的群体。NIL 构建主要途径是在 QTL 初步定位基础上，通过连续多代回交，每一世代辅以目标 QTL 的标记选择，最后自交一次即可获得 NIL。这是标准的 NIL 构建途径，对主效和微效 QTL 都有效（Zhang et al.，2009），但需要 QTL 信息的前提条件，并且 NIL 构建历程往往需要 6 代。这种途径获得的 NIL 拥有与轮回亲本相似的背景。另外，以 QTL 结果为基础，对作图群体的每个家系 QTL 区间的标记基因型进行分析，寻找目标区间为杂合的家系，该自交系的自交种构成 NIL，这样得到的 NIL 的背景是双亲背景的随机组合型。一般的，利用这个途径，在由 200 个左右的家系组成的 RIL 里能够获得 2～3 个 NIL。根据遗传学原理，每自交一代，遗传组成杂合比例就会减少一半。因此，在 $F_6$ 或 $F_7$ 抽提单株 DNA，理论上每个单株有 3.125%（$1/2^5$）或 1.5625%（$1/2^6$）的基因组是杂合的，因此在 200 个家系的 RIL 里，总可以找到个别单株的 QTL 区间是杂合的。以上两个途径是以标记为基础的 NIL 构建。

另外，以表型为基础的 NIL 构建有时也比较有效。在一粒传法构建 RIL 过程中，根据中高世代（$F_{5\sim7}$）的家系内表型变异，选择变异幅度大的家系，即可获得 NIL。其做法可以从 $F_5$ 世代开始，每个家系种植 20 株，随机选择一株继续往下传，同时测定 20 株的相应性状的表型值，对表型变异大的家系，继续自交跟踪，就可以获得 NIL。这种途径不需要 QTL 的信息，无需分子标记帮助，NIL 在构建定位群体 RIL 的同时就能够获得，效率高。但是，这种途径往往只对主效 QTL 有效，并且这些 NIL 包含的目标基因所在位置还不清楚，需要定位来确定。有些通过常规 RIL 定位不能检测到的 QTL，通过这个方法可以检测得到，如 Zhang 等（2006）利用这种表型为基础的方法获得了第8号染色体上控制株高、开花期和每穗颖花数的QTL的近等基因系，这些QTL在相同亲本衍生的RIL里并没有检测到。

覆盖全基因组的CSSL是另外一类的次级群体，它们的构建与NIL构建的标准策略相同。在合理选择两个亲本而无需QTL信息条件下，通过连续回交和标记辅助选择，每一个染色体片段都分别作为目标区段，进行置换，得到一系列的CSSL，这些单独置换的片段互相重叠，覆盖这个基因组，整套的CSSL特别有利于QTL/基因发掘。NIL和CSSL次级群体，由于遗传背景高度相似，减少了遗传背景的干扰，特别利于QTL精细定位和克隆工作。

### 7.1.2 单位点水平产量性状的遗传基础

#### 7.1.2.1 产量的遗传基础

水稻单株产量是由单株有效穗数，每穗粒数和千粒重构成的复合性状。大量的QTL定位研究表明，产量QTL数目一般较少，QTL效应较小，而且产量QTL同时对至少某一个产量因子也具有效应（Yu et al., 1997; Xing et al., 2002），表现出相对高产和相对低产的亲本里都存在起增效作用的等位基因。最典型的例子是Xiao等（1996，1998）在野生稻与栽培稻组合衍生的回交分离群体的QTL定位中，发现野生稻中存在两个增加产量的QTL，分别定位在第1号和第2号染色体上，其贡献率分别达到18%和17%。说明在看似低产的野生稻中也存在能进一步提高高产品种产量的等位基因。这一结果对优良基因发掘，提高育种效率具有重要提示作用。遗传育种就是要合理利用自然界存在的优良等位基因去替换优良材料中的不良等位基因，获得遗传组成更优的个体。

#### 7.1.2.2 产量构成因子的遗传基础

大量的群体定位结果表明在单位点QTL水平上，单株有效穗数，每穗颖花数和千粒重有贡献率达10%以上的主效QTL（表7-1），这些QTL在染色体位置见图7-1。

**表7-1 水稻产量性状主效QTL一览表**

| 性状* | 染色体 | 标记区间 | LOD/P | 加性效应 | 显性效应 | 表型变异/% | 参考文献 |
|---|---|---|---|---|---|---|---|
| TP | 1** | RM431-RM315 | 6.62 | 0.68 | | 10.1 | Septiningsih et al., 2003 |
| | 1** | RZ730-RG810 | 6.19 | −2.2 | | 27.7 | Hittalmani et al., 2003 |
| | 1 | RM220 | P=0.000 | 1.9 | | 14 | Tian et al., 2006 |
| | 4 | RG214-G177 | 13.5 | −1.95 | | 16.8 | Xu et al., 2001 |
| | 4 | RG163-RG214 | 6.62 | −1.71 | | 25.7 | Hittalmani et al., 2003 |
| | 6 | S6065 | 6.8 | 28.5 | | 19.3 | Rahman et al., 2007 |
| | 7 | C1023-R1440 | 5.5 | −0.49 | | 12.7 | Xing et al., 2002 |
| | 7 | RM481 | P=0.000 | 2.77 | | 20 | Tan et al., 2007 |
| | 7 | RM234 | 5.36 | | | 18 | Thomson et al., 2003 |
| | 10 | RM333 | P=0.003 | 1.13 | | 10 | Tan et al., 2007 |
| | 12 | RM235-RG181 | 5.57 | −1.7 | | 19.1 | Hittalmani et al., 2003 |

续表

| 性状* | 染色体 | 标记区间 | LOD | 加性效应 | 显性效应 | 表型变异/% | 参考文献 |
|---|---|---|---|---|---|---|---|
| KGW | 1 | RM431-RM104 | 7.45 | −0.12 | | 11.4 | Septiningsih et al.，2003 |
| | 1 | RZ801-RG331 | 6.22 | 1.47 | | 20.9 | Hittalmani et al.，2003 |
| | 1 | G359-RG532 | 7.5 | −0.83 | | 10.2 | Xing et al.，2002 |
| | 1 | RG690-RM212 | 3.54 | 1.11 | | 13.5 | Hittalmani et al.，2003 |
| | 2 | RM290-RM550 | $P=0.000$ | 1.1 | | 13.4 | Yoon et al.，2006 |
| | 2 | S2057 | 3.59 | −0.12 | | 10.7 | Rahman et al.，2007 |
| | 2 | C560 | 3.6 | | | 17.2 | Ishimaru et al.，2003 |
| | 3 | C1087-RZ403 | 15.6 | 1.19 | | 20.8 | Xing et al.，2002 |
| | 3 | RZ672-RZ474 | 12.58 | | | 15.1 | Thomson et al.，2003 |
| | 3 | RG445a-CD0109a | 6.82 | −1.07 | −0.68 | 11.7 | Li et al.，1997 |
| | 3 | RM49-CDO337 | 3.56 | −1.29 | | 14.2 | Hittalmani et al.，2003 |
| | 5 | R3166-RG360 | 8.9 | −1.14 | | 19.8 | Xing et al.，2002 |
| | 5 | RM7118 | $P=0.000$ | −1.25 | | 17 | Tan et al.，2007 |
| | 5 | MS35029-MS1898 $qSD5/GW5$ | | | | | Shomura et al.，2008；Weng et al.，2008 |
| | 5 | RM249 | $P=0.000$ | −1.2 | | 11 | Tian et al.，2006 |
| | 5 | RG182-RG13 | 5.1 | 1.51 | −1.8 | 16.3 | Li et al.，1997 |
| | 5 | RM161-CDSR49 | 7.69 | −0.961 | | 10.2 | Li et al.，2006 |
| | 6 | C358 | 2.96 | | | 12.1 | Ishimaru et al.，2003 |
| | 10 | R1629 | 2.73 | | | 12.7 | Ishimaru et al.，2003 |
| | 10 | CD098-RG752 | 3.77 | 1.07 | 1.44 | 10.3 | Li et al.，1997 |
| | 10 | RM258-G2155 | 6.63 | −1.54 | | 23.8 | Hittalmani et al.，2003 |
| | 10 | C16-RG561 | 8.96 | −1.134 | | 14.3 | Li et al.，2006 |
| | 10 | RG561-RM228 | 19.6 | −0.79 | | 13.4 | Zhuang et al.，2002 |
| | 10 | RG134-RZ500 | 7.13 | −1.88 | | 25.1 | Hittalmani et al.，2003 |
| SPP | 1 | RM23-RM129 | 4.74 | −29.74 | | 24.14 | Mei et al.，2006 |
| | 3 | C1087-RZ403 | 12.4 | −7.72 | | 17.6 | Xing et al.，2002 |
| | 3 | RM232 | $P=0.003$ | 21.06 | | 10 | Tan et al.，2007 |
| | 3 | RM135-RM49 | 5.8 | 15.2 | | 13.4 | Zhang et al.，2009 |
| | 3 | RG348a-C636x | 15.36 | −15.88 | | 13.1 | Xu et al.，2001 |
| | 3 | RM130-RG1356 | 7.02 | | | 12.4 | Thomson et al.，2003 |
| | 3 | RG910a-RG418 | 6.7 | 11.9 | 1.2 | 11.8 | Li et al.，1997 |
| | 3 | RM227-RM85 | 20.26 | −26.74 | | 17.2 | Xu et al.，2001 |
| | 3 | RM148-RM85 | 14.73 | −22.28 | | 13.55 | Mei et al.，2006 |
| | 4 | RM401-RM335 | 16.68 | −27.56 | | 16.07 | Mei et al.，2006 |
| | 4 | RM255-G379 | 16.63 | 18.12 | | 12.1 | Xu et al.，2001 |
| | 7 | RM3859-C39 | 10.4 | 19.4 | | 22.9 | Xing et al.，2008 |
| | 7 | RM18-RM118 | 7.14 | −34.6 | | 25.34 | Mei et al.，2006 |
| | 8 | RM342a | | 26.6 | | 28 | Tian et al.，2006 |

续表

| 性状* | 染色体 | 标记区间 | LOD | 加性效应 | 显性效应 | 表型变异/% | 参考文献 |
|---|---|---|---|---|---|---|---|
| | 9 | RM219-RM316 | 5.43 | −33.8 | | 31.18 | Mei et al., 2006 |
| | 10 | RM271-RM258 | 6.49 | −22.31 | | 10.54 | Mei et al., 2006 |
| | 11 | RM167-RM120 | 10.77 | −25.19 | | 13.43 | Mei et al., 2006 |

\* TP、KGW 和 SPP 分别为单株有效穗数、千粒重和每穗颖花数。

\*\* 根据标记紧密连锁关系推测同一染色体上，蓝色字体给出的 QTL 很可能是同一个 QTL。

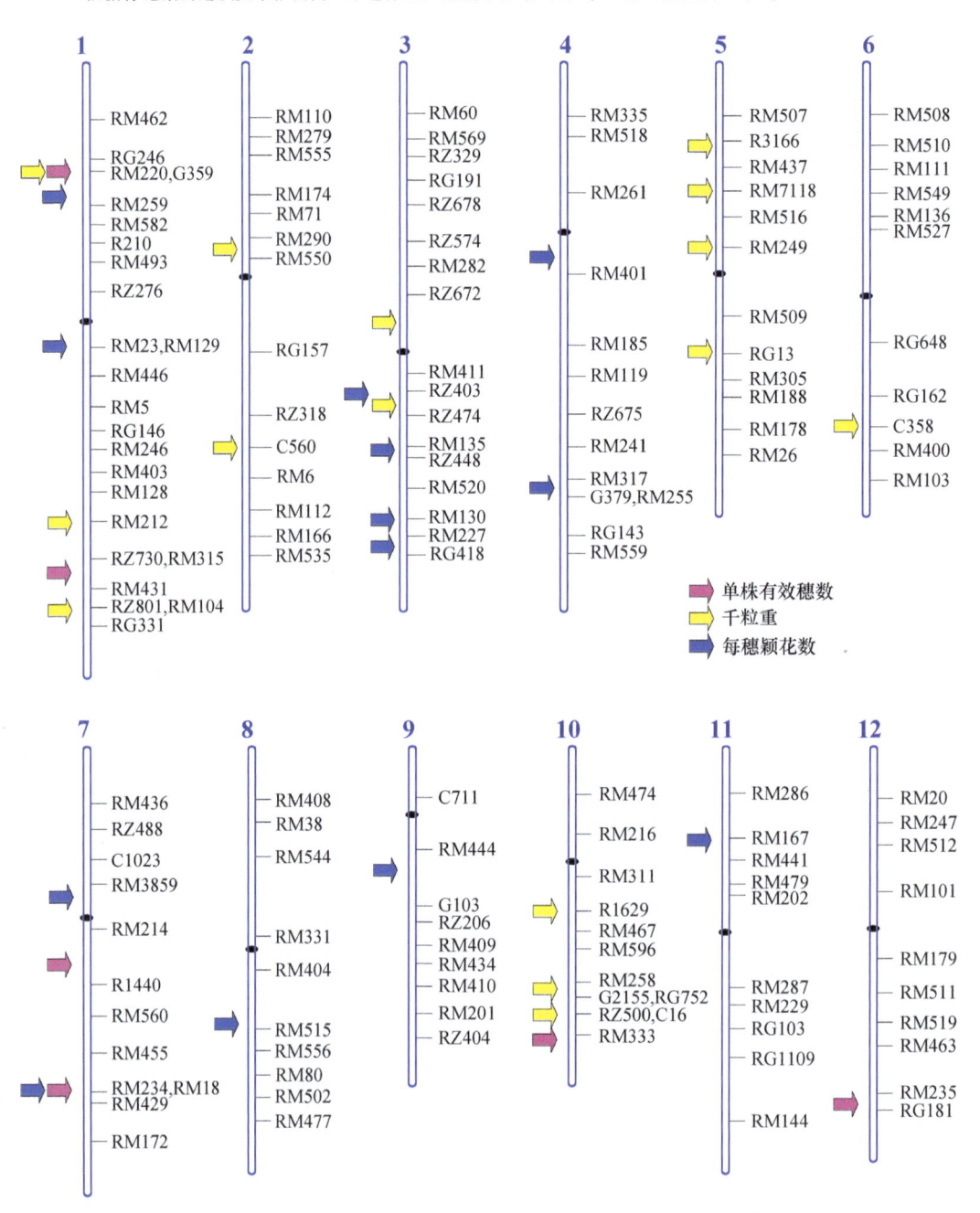

图 7-1　千粒重、每穗颖花数和单株有效分蘖数的主效 QTL 在染色体上的分布

单株有效穗数：单株有效穗数也常用有效分蘖数来表示，遗传力相对较低，受环境影响较大。在定位的 QTL 中绝大部分是微效 QTL。不过，归纳大量的研究结果，发现控制单株有效穗数的主效 QTL 主要分布在第 1 号染色体（2 个）、第 4 号染色体、第 6 号染色体、第 7 号染色体（2 个）、第 10 号染色体以及第 12 号染色体。

Li 等（2003）使用一个来自自然突变的分蘖突变体 moc1 与明恢 63 作为亲本构建了含 280 个单株 $F_2$ 群体，将控制分蘖基因 MOC1 定位在第 6 号染色体的一个 3.4cM 的区段，随后又构建了含 2010 个单株 $F_2$ 群体将 MOC1 基因定位在 20kb 区域。在此区域发现有一个 ORF 与番茄中控制侧枝发育的 LATERAL SUPPRESSOR（LS）基因高度同源，结合候选基因方法克隆了 MOC1 基因。该基因编码一个核蛋白，主要在侧生分生组织中大量表达，能够促进腋芽的分生。在突变体中由于一个 1.9kb 反转座子的插入，导致编码序列的提前终止，从而不能产生分蘖的腋芽。MOC1 为近年来在植物形态建成特别是侧枝形成领域中最重要的发现之一。

每穗颖花数：每穗实粒数是产量的重要构成因子，每穗颖花数与每穗实粒数往往表现高度正相关，并且，每穗颖花数具有遗传力高和容易测量特点。每穗颖花数（每穗实粒数）的主效 QTL 主要分布在第 1 号染色体（2 个）、第 3 号染色体（4 个）、第 4 号染色体（2 个）、第 6 号染色体、第 7 号染色体（2 个）、第 8 号染色体、第 9 号染色体和第 11 号染色体。

近年来，每穗颖花数 QTL 的克隆取得重大进展。Ashikari 等（2005）利用小穗品种 Koshihikar 和大穗品种 Habataki 构建的回交群体进行穗粒数 QTL 初步定位，在第 1 号染色体检测到一个解释表型变异 44% 的主效 QTL Gn1。进一步利用近等基因系将 Gn1 区段分解成两个 QTL Gn1a 和 Gn1b。利用近等基因系产生的约 13 000 个 $F_2$ 单株将 Gn1a 限定到 6.3kb 的区域，基因预测表明该区间仅存在 1 个编码细胞分裂素氧化脱氢酶的基因（cytokinin oxidase/dehydrogenase，OsCKX2）。比较测序发现两亲本在基因编码区存在一些差异，其中大穗品系"5150"的 OsCKX2 基因编码区存在 11bp 的缺失，并导致了该基因的转录提前终止，由此推测该基因功能的减弱或丧失有助于穗粒数的增加。进一步的表达分析证实 OsCKX2 基因表达量的降低导致了花序分生组织中细胞分裂素的积累，从而引起穗粒数的增加。

Yu 等（1997）利用珍汕 97 和明恢 63 组合衍生的 $F_2$ 群体在第 7 染色体发现了主效 QTL，同时影响株高，开花期和每穗颖花数，Xing 等（2002）用 RIL 同样在多个环境下检测到了该多效性 QTL。后来这个基因被命名为 Ghd7（Xue et al.，2008），它的近等基因系群体分析表明，Ghd7 的明恢 63 等位基因能使珍汕 97 株高增加 33cm，开花期延迟 21 天，每穗粒数增加 86 粒，单株产量增加 50%（图 7-2）。从近等基因系大群体里选择早抽穗、矮秆和小穗的材料 1082 株，把 Ghd7 精细定位在 0.2cM 区间，该区间的物理距离达到 2.4Mb。对该区间序列的分析发现其中一个预测基因含有一个 CCT 结构域，我们对这个基因进行双亲的比较测序，发现该基因在珍汕 97 中完全缺失，因此把它作为候选基因。互补试验确证了 Ghd7 的多效性，牡丹江 8 号、合江 19 和日本晴的 Ghd7 转基因阳性单株明显表现大穗、高秆和晚抽穗。Ghd7 在长日照下延迟开花，通过增加节间数和延长第一节间长度使得株高变高，增加二次枝梗数来增加穗大小从而

图 7-2 长日条件下珍汕 97 和 *Ghd7* 近等基因系 [NIL（*mh7*）] 的表现

A. 在珍汕 97 成熟时 NIL（*mh7*）和珍汕 97（中间）的相片，右边为 NIL（*mh7*）成熟时的相片；
B. NIL（*mh7*）（左）和珍汕 97（右）主茎高度；C. NIL（*mh7*）（左）和珍汕 97（右）剑叶长度；
D. NIL（*mh7*）（左）和珍汕 97（右）主穗；E. NIL（*mh7*）（左）和珍汕 97（右）的单株稻谷

提高产量。通过对分布在亚洲的 19 个品种的 *Ghd7* 等位基因的比较测序发现，*Ghd7* 各种等位基因编码的蛋白质共有 5 种类型，在地理分布上具有鲜明的特点（图 7-3）：第一

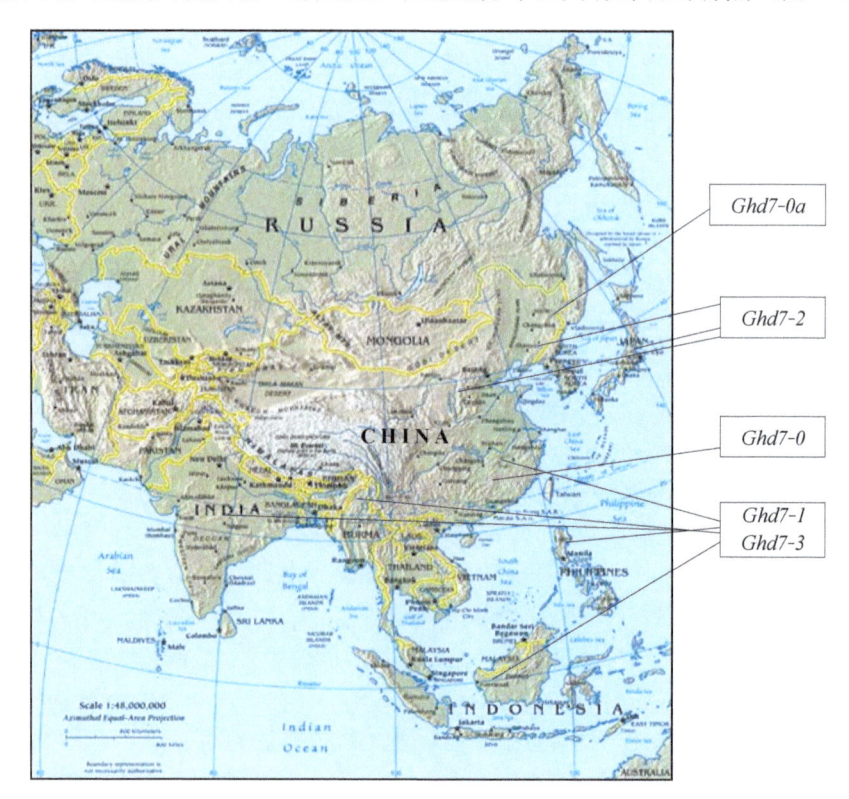

图 7-3 *Ghd7* 等位基因在亚洲水稻生长区的地理分布

*Ghd7-0a* 无功能的等位基因，分布在北纬 45 度以北地区的水稻里，保证水稻在凉爽短暂的夏季完成整个生育期。*Ghd7-2* 功能较弱的等位基因，分布在北纬 35～42 度地区的水稻里，水稻中等表型。*Ghd7-0* 等位基因缺失型，分布在北纬 32 度以南的华中和华南的两季早稻里。*Ghd7-1*、*Ghd7-3* 功能强大的等位基因，分布在北纬 32 度以南的热带和亚热带地区水稻里，水稻表现高秆、晚穗和大穗

种基因型 *Ghd7-1* 以明恢 63 为代表，这种基因型的等位基因具有较强的功能，含有这种等位基因的品种，多分布在我国南方和热带亚热带的水稻生产区，生长时间长；第二种基因型 *Ghd7-2* 以日本晴为代表，此种等位基因的功能较弱，含有这种等位基因的品种多分布于我国华北及其同纬度的地区；第三种基因型 *Ghd7-0a* 以合江 19 和牡丹江 8 号为代表，这种等位基因发生了终止突变，基因完全失去了功能，分布在我国北方的黑龙江省，夏季较短，水稻生育期也与这种气候相适应；第四种基因型 *Ghd7-3* 只在特青的品种中发现，这种基因型的功能很强，分布的地理区域与第一种类似；最后一种 *Ghd7-0* 就是 *Ghd7* 完全发生了缺失，含有这种基因型的品种，分布在我国的双季稻区的早稻品种中。

千粒重：在产量构成因子中，千粒重是遗传力最高的性状，而且，它与粒长和粒宽等外观品质性状高度相关，粒形既是产量性状又是品质性状。控制千粒重的主效 QTL 主要在第 1 号染色体（3 个）、第 2 号染色体（2 个）、第 3 号染色体（2 个）、第 5 号染色体（4 个）、第 6 号染色体和第 10 号染色体（3 个）。

Tan 等（1999）和 Xing 等（2001）利用珍汕 97 和明恢 63 组合的不同世代群体在第 3 号染色体定位到一个主效粒长 QTL。Fan 等（2006）以小粒亲本川 7 为供体亲本，将该粒长基因 *GS3* 区段导入到大粒亲本明恢 63 中，构建了该区段的近等基因系。用一个 201 株的 $F_2$ 群体分析，发现 *GS3* 主要通过控制粒长来影响千粒重，对粒宽和粒厚也有微效作用。利用一个 5740 株的 $BC_3F_2$ 群体，从中挑选 1384 株隐性单株，构建了一个高密度的物理图谱，最后将基因精细定位在 7.9kb 的区域。序列分析发现该区段只存在一个 ORF，进而克隆了该基因。*GS3* 基因由 5 个外显子组成，编码 232 个氨基酸的假定跨膜蛋白。生物信息学预测该蛋白包含 4 个保守的区域，分别是类 PEBP 区域、TNFR/NGFR、VWFC 及一个跨膜区域。对 3 个长粒和 3 个短粒品种比较测序，加上全基因组测序的长粒籼稻品种 9311 和短粒粳稻品种日本晴的 *GS3* 等位基因序列，发现所有的长粒品种在第二个外显子区域存在一个无义突变，从而使得编码序列提前终止，最后产生一个 178 个氨基酸的无功能的蛋白质（图 7-4）。

Song 等（2007）克隆了控制水稻粒重的数量性状基因 *GW2*，编码一个新的 E3 泛素连接酶，可能参与了降解促进细胞分裂的蛋白。Shomura 等（2008）和 Weng 等（2008）克隆了位于第 5 号染色体的控制粒宽和粒重的基因（*qSW5* 又称 *GW5*），该基因的功能是使外颖壳的细胞数目增加从而使谷粒变宽增加库容量，导致产量增加。

大量的 QTL 研究表明有相当部分的 QTL 具有多效性，这些 QTL 对一组或几组相关性状有显著效应，往往在负相关的性状间效应方向相反，即 QTL 某一个等位基因对一个性状有增效作用，同时对另一个性状有减效作用。例如，千粒重和每穗颖花数，在检测到的 4 个主效 QTL 里，就有 3 个表现多效性。它们一方面增加千粒重可能使产量增产，但另一方面，减少每穗颖花数，导致减产，最终产量并不发生明显变化；反之亦然（Xing et al.，2002）。这也是至今为止许多文献报道产量 QTL 的数量往往少于产量构成因子 QTL 数量的一个主要原因。

在单位点水平上的研究发现，对遗传力较高的每穗粒数和千粒重能检测到大量的 QTL，且效应较大的 QTL 相对较多，但对遗传力较低的单株有效穗数定位的 QTL 数

图 7-4  GS3 的比较测序

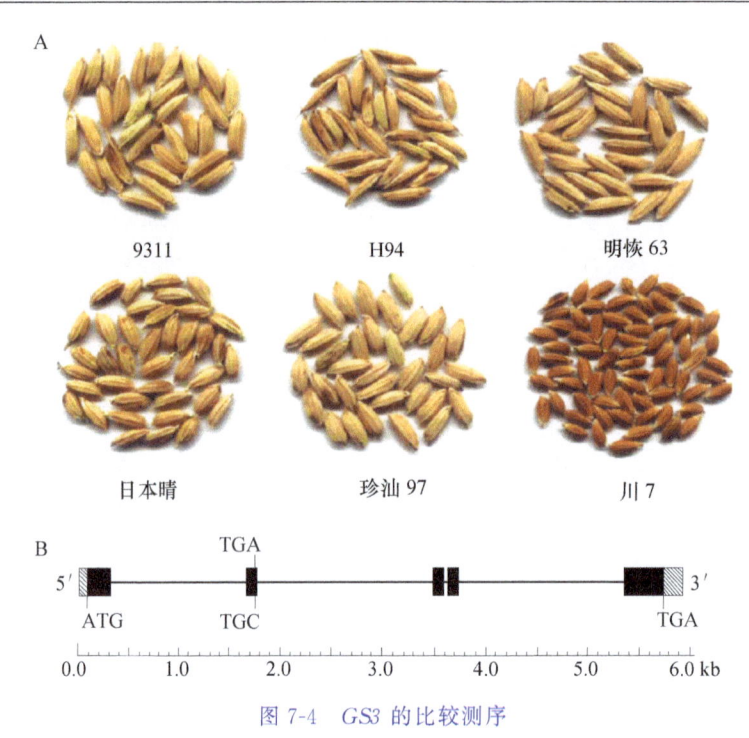

A. 用于比较测序的 6 个品种；B. GS3 基因的结构，黑框为外显子，影线框为 3′端和 5′端非翻译区，在第 2 个外显子区长粒和短粒存在一个共同突变，即 C（小粒）替换为 A（大粒），导致翻译的提前终止

目却较少，效应较大的 QTL 数目相对较少。QTL 的克隆研究表明复杂的数量性状看起来也有可能主要由 1~2 个重要基因控制，同时被其他微效基因修饰。

### 7.1.3 二位点互作水平产量性状的遗传基础

在数量遗传学中，当非等位基因的遗传效应显著偏离于加性效应时，称之为上位性，也就是位于不同座位上的基因间的非相加性相互作用。基因间互作一直被认为是数量性状的遗传基础之一。Li 等（1997）利用特青/Lemont 的 $F_2$ 群体基因型及 $F_4$ 后代表型数据，分析产量性状的遗传基础，发现互作是重要遗传基础之一，而且一多半参与互作的位点在单位点水平并没有显著效应。利用汕优 63 组合衍生重组自交系群体分析产量性状遗传基础时发现，成对位点互作的数目比单位点 QTL 数目多，参与互作的位点大多数在单位点水平上对产量性状是没有效应的，也有显著效应的单位点与不显著位点间存在互作，极少有 2 个 QTL 间互作的（Xing et al.，2002）。利用"永久 $F_2$ 群体"研究杂种优势时也发现，基因组杂合性与性状表现的相关性低，基因组杂合对水稻杂种的性状表现并不总是有利的。在检测到影响水稻产量性状的 40 个单位点 QTL 中，大约一半表现为负显性效应，导致最终净增显性效应很小。检测到大量的互作，其中以加性×加性互作最为普遍。在两年均检测到的 22 对加性×加性互作中，二位点互补纯合基因型往往表现为最优，超过中亲值，也超过优亲基因型的表现。在两年均检测到的 6 对加性×显性互作中，单位点杂合基因型也表现出超中亲和优亲的表型，但没有一个单位点杂合基因型表现为最佳。在两年均检测到的 1 对显性×显性互作，杂合基因型并不表现为最优。然而，在所有检测到的 24 对互作中，尽管互补纯合型性状往往表现最好，但是，有 16 对互作其双杂合基因型表现微弱中亲优势，这种微弱优势效应的累积可以解释汕优 63 杂种优势遗传基础的一部分。没有一个双杂合基因型表现为最佳基因型，表明即使在高优势的杂种衍生的群体里，性状有利表现也不是基因型杂合的结果（Hua et al.，2002）。

### 7.1.4 QTL 与环境互作

QTL 对环境比较敏感，其表达容易受到环境条件的影响。QTL 与环境互作（Q×E）是基因型在不同环境条件下表现出的不同表型与遗传主效应的离差。在 QTL 研究的早期，由于没有合适的模型来直接分析 Q×E，只能通过比较不同环境下的 QTL 表现的遗传效应不同，推测是否存在 Q×E。由于 Q×E 在决定基因对不同环境的适应性方面起重要作用和 Q×E 与品种的稳定性密切相关，因此一直以来它在研究过程中得到重视。Lu 等（1996）利用 DH 群体在多年多点进行田间试验，然后进行 QTL 分析，比较同一群体年度间或不同地点间 QTL 检测的异同和效应大小，发现约一半的 QTL 与环境间存在互作。由于每个环境条件的 QTL 分析是独立进行的，没有办法估计 Q×E 的大小。Wang 等（1999）创建一个混合线性模型，对从多个环境条件下得到的数据同时分析单位点，二位点和 Q×E 效应，从统计学上确定是否存在显著的 Q×E。Xing 等（2002）在两种环境下对 RIL 进行田间试验，收集相关表型数据，利用这个混合线性模型对两个环境下的数据进行联合分析发现，QTL 与环境间互作也很普遍，接近一半的 QTL 与环境互作。但是 QTL 与环境互作效应相对较小，能解释表型变异的很小部分。

### 7.1.5 杂种优势遗传基础

水稻杂种优势利用在我国已经 30 多年，为我国粮食生产做出了巨大贡献。但是杂种优势的遗传基础研究一直滞后，100 年来存在显性、超显性和上位性多个假说。分子标记技术使得全基因组分析杂种优势遗传基础成为可能。Yu 等（1997）利用我国 20 世纪推广面积最大的杂交组合汕优 63 衍生 $F_2$ 群体，构建覆盖全基因组的分子标记连锁图谱。研究发现，基因型杂合性与性状和杂种优势表现不存在显著相关；单位点效应是产量性状杂种优势的重要遗传基础之一。同时，发现大量的上位性影响产量性状，其中以加性×加性数目居多，表明互作也是杂种优势遗传基础的重要成分。

尽管 $F_2$ 群体能够提供最完全的遗传信息，但是鉴于每个 $F_2$ 基因型只有一个单株，不能获得重复的表型数据。Hua 等（2002）利用汕优 63 组合衍生的 240 个 RIL，进行 3 轮两两随机配组，得到 360 个 $F_1$，这些 $F_1$ 在遗传上相当于原始亲本来源的 $F_2$，而且每个 $F_1$ 都能够获得多个个体，因此称这些 $F_1$ 构成的群体为"永久 $F_2$ 群体"，特别适合于杂种优势遗传基础研究。Hua 等（2003）对"永久 $F_2$ 群体"研究发现，杂种优势位点效应和显性与显性互作是杂种优势的重要基础。一共检测到 33 个杂种优势效应位点和大量的互作对，但是杂种优势位点与性状 QTL 很少相同，表明杂种优势和性状表现是由不同组位点控制的；所有类型的遗传效应，包括单位点的部分显性，完全显性和超显性以及二位点间的三种类型互作（加性×加性、加性×显性/显性×加性和显性×显性）都对杂种优势有贡献，表明各种类型的遗传效应在杂种优势的遗传基础并不互相排斥；各种互做形式里，以加性×加性互作最为普遍；单位点水平的杂种优势效应和二位点水平的双杂合基因型显性与显性互作能够在很大程度上解释汕优 63 杂种优势的遗传基础。这些结果表明，长达一个世纪关于杂种优势遗传基础争论的各种学说都是相对不完整的。在互作的二位点间，互补的二位点纯合基因型在 9 种基因型中往往性状表现最好，没有一个双杂合基因型表现为最佳基因型，表明即使在高优势的杂种衍生的群体里，基因型杂合不一定是性状优良表现的前提。

## 7.2 株型的遗传基础

水稻株型主要由叶片伸展状态、分蘖角度和株高等重要性状决定，它不仅直接决定水稻生物学产量，而且还能通过协调合理株型，增加单株叶片光合作用面积，从而影响水稻的产量，同时还决定水稻的稳产性。揭示株型性状的遗传基础有助于我们高效培育理想株型。

### 7.2.1 叶型的遗传基础

提高光合作用效率最简单有效的办法就是提高单株的受光面积。叶片直立，叶夹角小有利于叶片两面受光，提高适宜叶面积指数，对阳光的反射率较小，从而提高冠层光合速率，增加物质生产量，同时增加冠层基部光量，增强根系活力，提高抗倒性，特别是倒三叶要短、厚、直立（吕川根等，1991）。叶片向内卷曲有利于叶片直立可以减少叶片之间的相互遮阴，从而增加光合作用面积，能够增加光的传递效率和在不影响光补偿点情况下增加光饱和点（Duncan，1971）。部分向内卷曲叶片是理想株型的关键成分（袁隆平，1997）。在干旱条件下，叶片卷曲能改善光合作用效率，加快干物质积累，增加产量，减少太阳能辐射和叶片呼吸（Lang et al.，2004）。迄今，发现了 11 个导致叶片卷曲的突变体，它们分别定位在不同染色体上。其中，$rl1$-$rl6$ 为隐性基因。不完全隐性基因 $Rl(t)$ 已经精细定位到第 2 号染色体长臂的一个 137kb 区间（Shao et al.，2005）。第 5 号染色体的 $rl8$（邵元健等，2005）、第 9 号染色体的 $rl9$（严长杰等，2005）、第 7 号染色体的 $rl10$（Luo et al.，2007）都被精细定位。Zhang 等（2009）在 EMS 突变体里发现卷叶突变，纯合隐性突变体的叶片窄且向内弯曲，叶色浓绿。该突变株与南京 6 号杂交构建 $F_2$ 大群体，图位克隆策略分离到 $SLL1$，它编码一个 SHAQKYF 类 MYB 家族转录因子。$SLL1$ 缺陷导致背轴的叶肉细胞缺陷性程序性死亡；相反，增强表达 $SLL1$ 刺激背轴一侧韧皮部的发育和抑制近端一侧的泡状细胞和厚壁组织的发育。并且，突变体的叶绿素含量和光合作用增加。在株高相近的条件下，具有卷叶性状水稻品种的群体透光率明显高于非卷叶品种，因此选育适宜的叶片卷曲性状可预期改善品种和组合的群体光合生产和通风透光状况。

### 7.2.2 分蘖角度的遗传基础

分蘖角度直接决定水稻个体接受光的状态，影响源的大小。而分蘖角度相关的基因定位了不少，并且已经克隆了位于第 11 号染色体中部的 *Lazy1*（Yoshihara and Iino，2007；Li et al.，2007），它编码的蛋白质包含一个跨膜结构域和一个载体结构域，对植物生长激素的极性运输（PAT）具有负调控作用，在 *LAZY1* 功能丧失的突变体中 PAT 作用加强，IAA 在茎中的分配被改变从而导致水稻分蘖角增大。第 9 号染色体的 *Spk*（*t*）也已经精细定位在 BAC 克隆 B104D11 上，位于标记 E4055 和 C62163 之间（Maiyata et al.，2005）。Yu 等（2007）克隆了 *TAC1* 基因〔很可能是 *Spk*（*t*）〕，序列分析表明该基因较小，可能是一类新的基因家族，且为禾本科植物特有。*TAC1* 基因表达水平越高，水稻分蘖角度越大；表达水平越低，则分蘖角度越小。*TAC1* 基因表达水平的高低是通过 3′端剪辑位点序列"AGGA"突变为"GGGA"调控的。在 152 个水稻材料中，21 个散生野生稻和 43 个散生籼稻品种均含有 *TAC1*（AGGA1），而 88 个紧凑粳稻品种则全部含有 *tac1*（GGGA）基因。Jian 等（2008）和 Tan 等（2008）从"海南普通野生稻"中成功克隆了控制水稻株型驯化的关键基因 *PROG1*，它编码一个功能未知的锌指蛋白，对水稻株型的发育起重要调控作用；在海南野生稻与栽培稻之间该基因的编码区有一个碱基的变异引起氨基酸的替换，推测该氨基酸的替换在人工驯化过程中被选择，导致野生稻的匍匐生长和分蘖过多的不利株型转变为栽培稻的理想株型——直立生长和分蘖适当。

### 7.2.3 穗型的遗传基础

水稻灌浆中后期，稻穗的挺立状态影响群体光合作用。直立穗型与半直立或弯曲穗型相比，它有利于改善群体结构和受光态势，改善冠层温度和湿度，利于 $CO_2$ 循环（Chen et al.，2001）。但是，直立穗型材料，后期倒 3 叶的受光面积受到直立穗的影响，导致灌浆阶段最重要的功能叶光合效率受损。从现有的高产品种来看，无论是选育直立穗或非直立穗，都能够培育出高产的水稻品种。Kong 等（2007）利用中国的直立穗品种辽粳 5 号和一个日本品种构建的 $F_2$ 群体，对穗的直立特征进行了遗传分析，发现主要受一个位于第 9 号染色体长臂的基因 *EP* 控制。Yan 等（2007）利用直立穗武育粳和非直立穗农垦 57 组合衍生的 DH 群体对直立穗型的遗传分析表明，2 个主效基因控制穗的，其中之一与位于第 9 号染色体长臂 *EP* 位置相近，并把它定位到 RM5652～H90 之间。随后，Huang 等（2009）在 *EP* 位置图位克隆了一个 *DEP1*（dense and erect panicle）基因，它同时影响穗的着粒密度和穗的直立状态。显性等位基因 *DEP1* 是一个功能获得性突变，由于提前终止突变导致磷脂酰乙醇胺类蛋白的 C 端 230 个氨基酸残基的缺失。这使得分生组织的活性增强，花序的节间变短，穗粒数增加，最终增加产量。

### 7.2.4 株高的遗传基础

水稻矮化育种使水稻的单产水平获得了第一次飞跃，导致了第一次绿色革命。矮化与产量的密切相关性，使得人们对株高的研究产生极大兴趣，新发现的水稻矮秆基因不断增加，至 1986 年，报道的矮秆基因已经达到 42 个，并根据它们的矮化效应的强弱，分为矮秆基因和半矮秆基因（Futsuhara，1986）。水稻的矮秆基因绝大部分是隐性基因。目前，有 50 个矮秆基因已经被定位，分布在水稻的 12 条染色体上。

水稻矮秆基因的矮化作用主要是通过影响内源激素信号传导来发生的。显性等位基因 *D1* 通过编码 GTP 结合蛋白的 α 亚基，其突变体 *d1* 由于碱基缺失丧失这种编码功能，阻止赤霉素介导的 α-淀粉酶活性诱导，导致赤霉素信号传导受阻，产生赤霉素不敏感的表型，使水稻发生矮化（Ashikari et al., 1999）。Monna 等（2002）、Sasaki 等（2002）和 Spielmeyer 等（2002）几乎分别同时克隆了半矮秆基因 *sd1*。*sd1* 又被称为"绿色革命基因"，它编码赤霉素合成途径的关键酶——$GA_{20}$ 氧化酶，在 *sd1* 控制的半矮秆水稻品种中 $GA_{20}$ 氧化酶活性减弱从而导致植株矮化。水稻矮秆基因 *D11*，编码一个新的 P450 色素蛋白，它与油菜素类固醇（BR）生物合成的酶同源，*d11* 突变体的矮秆能被喷施外源油菜素内酯（BL）回复。与野生型相比，突变的 *D11* mRNA 高水平积累，但在 BL 处理后迅速降低（Tanabe et al., 2005）。GA 和 BR 这两个植物生长调节剂调节许多的植物生长和发育。

1981 年，Rutger 和 Carnahan 在粳稻杂交后代中发现一个最上节间明显伸长的高秆隐性突变体，并将控制该性状的基因命名为 *eui*（elongated uppermost internode），由于这个突变，能解决雄性不育系的包穗现象，受到高度重视。随后很多此类的突变体被发现，遗传分析结果表明，这些突变大多与 Rutger 和 Carnahan 发现的 *eui* 突变等位，其中有一个与最早发现的突变不等位，后来把它们分别命名为 *eui1* 和 *eui2*。*EUI1* 和 *EUI2* 分别定位在第 5 号和第 10 号染色体（Yang et al., 1999, 2001）。Luo 等（2005）克隆了 *EUI1*，它编码细胞色素 P450 单加氧酶，其突变体的最上部节间增长主要是由于细胞长度明显比野生型长，突变体活性赤霉素高水平的积累导致最上节间不正常的延伸。Zhu 等（2006）发现这个单加氧酶通过环化赤霉素，使其失去活性，而突变体没有这个能力，导致活性赤霉素积累。

## 7.3 QTL 的标记辅助选择育种

### 7.3.1 QTL 的标记辅助选择方法

标记辅助选择是高效定向育种的有效手段，在目标基因没有克隆之前，就可以根据目标基因两侧紧密连锁的标记基因型，来把供体的有利等位基因转移到待改良的材料中去。对于质量性状基因的定向转移有很多成功报道，如抗白叶枯病（Chen et al., 2001）和抗稻瘟病（Liu et al., 2003）的改良，稻米品质改良（Zhou et al., 2003）。针对数量性状的特征，Fulton 等（2000）提出了一种新的分子育种策略，回交高世代 QTL 分析（advanced backcross QTL，AB-QTL），把 QTL 分析进程与品种选育过程结合起来，利用此方法，可以把综合性状差的种质资源中（野生种和地方品种）的有价值等位基因位点揭示出来，同时把它们转移到优良的栽培材料中，达到改良作物的目的。在番茄和玉米上已经利用 AB-QTL 方法获得目标性状得到改良的结果（Fulton et al., 2002；Ho et al., 2002）。Liang 等（2004）利用 AB-QTL 方法把野生稻中可以提高产量的 QTL 转移到栽培稻 9311 中，使新版 9311 的产量得到显著的提高，其他性状没有变化。这些标记辅助选择育种的成功范例表明对数量性状基因可以通过定向选择，达到改良作物的目的。

### 7.3.2 产量性状 QTL 育种应用滞后

尽管世界范围内每年有成千上万的 QTL 定位报道，几乎涉及所有重要农作物的重要性状。但是，当前针对 QTL 的标记辅助选择报道尚很少。出现这种局面的原因，除了大多数育种单位没有条件开展分子标记工作外，与当前对 QTL 的认识水平有关。一方面，由于 QTL 是经统计分析而定位的基因，其定位往往不够精确，一般群体定位 QTL 的置信区间通常在 10cM 左右，不像质量性状基因定位结果容易被接受；另一方面，QTL 的效应大都比较小，并且在分离群体中受遗传背景和环境影响，给人以时隐时现的感觉。由于这些原因，绝大部分的 QTL 研究并没有尝试应用于作物改良。近十年来，随着分子标记技术的改进，QTL 克隆方面的突破，对 QTL 的理解和认识越来越真实全面。

QTL 真实性问题：实际上，QTL 定位的方法和原理与质量性状基因定位方法和原理是一致的，即根据标记与 QTL 之间的连锁关系，确定 QTL 位置。虽然统计分析的结果存在犯两类错误的可能，即漏掉一些效应小的 QTL 或者把本不是 QTL 的位点当作 QTL。但是，对于效应大的 QTL（LOD 值往往较大），结果是很可靠的。许多研究也直观地证实了 QTL 定位的可靠性。例如，Frary 等（2000）在 QTL 定位的基础上，克隆出番茄果重 QTL *fw2.2*。随着水稻 QTL 研究的不断深入，越来越多的研究验证了大量 QTL 初步定位结果的可靠性。特别是在过去的两年，水稻产量相关基因克隆取得了重大进展。水稻广亲和基因和野败型细胞质雄性不育的育性恢复基因通过 QTL 作图方法进行定位（Liu et al., 1997；Yao et al., 1997），继而在 QTL 定位基础上成功分离了这两个基因（Chen et al., 2008；Komori et al., 2004；Wang et al., 2006）。控制粒长和粒重基因 *GS3*（Fan et al., 2006），控制水稻粒重的数量性状基因 *GW2*（Song et al., 2007），影响产量、开花期和株高的多效性基因 *Ghd7*（Xue et al., 2008），控制粒宽、粒重基因 *qSW5*（Shomura et al., 2008；Weng et al., 2008）和控制着蔗糖运输卸载和灌浆的 *GIF1* 基因（Wang et al., 2008）相继克隆。所有这些重大突破性的工作都表明 QTL 结果是可以信赖的。显然，只要试验设计合理，分析方法正确，QTL 定位的可靠性不用怀疑。

QTL 效应问题：相对于质量性状基因，总体上来说 QTL 的遗传效应较小，难以激发育种工作者的兴趣。近年的结果表明，主效 QTL 的效应也是非常可观的，在近等基因系背景下，完全表现为质量性状基因的特点，根据目标性状可以对群体进行分组（Zhang et al., 2009）。例如，*Gn1a* 能使每穗颖花数增加 40 多粒（Ashikari et al., 2005）；*Ghd7* 能使珍汕 97 每穗颖花数增加 86 粒（Xue et al., 2008）；*GS3* 可以使川 7 的千粒重增加 8g 左右（Fan et al., 2006）。另外，让育种工作者担心的是 QTL 效应受遗传背景和环境影响，如 *Ghd7* 在日本晴背景下，其效应明显减小。QTL 与环境间通常存在互作，但是大多数主效 QTL 可以在不同的生态区域内或不同年份间检测到。本团队利用珍汕 97 和明恢 63 组合的多个群体长期研究的结果表明，千粒重、每穗实粒数、株高和抽穗期主效 QTL 大多可以在相同和相近的区间检测到。Lu 等（1996）也得出相似的结论，主效 QTL 一般受环境影响小。因此，在相近的环境（相近的地区和相当的种植季节）下，QTL 的效应是相对稳定的。

QTL 分辨率问题：虽然初步定位结果分辨率较低，QTL 大约能界定在 10cM 内，而对于处在 10cM 置信区间的 QTL 在标记辅助选择时，由于双交换而漏选靶基因的概率只有 1%，因此理论上大部分主效 QTL 可以应用于作物遗传改良。但是，此时应该考虑连锁累赘（linkage drag）负面影响。随着大量的 SSR 标记开发，构建高密度水稻连锁图谱已经不是问题。把产量性状 QTL 定位到精准的位点而不是一个置信区间，困难不是遗传图谱的构建，而是相关的表型鉴定。对于主效 QTL，通过构建近等基因系群体和后代测验比较容易把它们限定在较小的 3~5cM 区间内（Zhang et al.，2009）。这个定位水平对标记辅助选择育种是非常有用的。

标记基因型鉴定可行性问题：对于标记辅助选择育种，起初育种工作人员往往担心的是基因型鉴定工作复杂、历时较长、成本高。近十年来情况已经发生了很大的变化，用于水稻遗传作图的标记从最初繁琐的 RFLP 标记过渡到了 SSR 标记，标记基因型鉴定效率大大提高。快速抽提的 DNA 能够满足标记基因型鉴定工作的需要。当前情况来看，一个人完成 200 份样品从 DNA 的抽提到获得 2 个 SSR 标记基因型鉴定工作，只需要 3 天。因此，在育种过程中增加标记辅助选择这一环节，并不会延迟正常的育种周期。随着籼粳稻序列的完成，发掘了数以百万计的新一代单核苷酸多态性标记（SNP），因此可以选择染色体组均匀分布的几千到一万个左右的 SNP 标记做成芯片，利用 SNP 芯片杂交技术筛选育种材料的背景将会更加快速。随着 SNP 检测技术的不断发展，如果获得每块 SNP 芯片杂交数据的总成本能降低到 100 元左右，标记辅助选择技术应该会迅速被育种工作者使用。

## 7.4 水稻高产育种策略

水稻产量本身是由多个构成因子合成的，而各个子性状间往往存在相关性，要改良产量性状就要协调好各构成因子间的关系。从现有的水稻高产品种/组合的产量构成因子来看，高产品种可以归结为 4 大类，即大穗偏重型、大粒偏重型、多穗偏重型和综合兼顾型。单株有效穗数的遗传力较小，易受环境影响，可以通过种植密度和栽培方法来调整单位面积的有效穗数，因此不主张花大力气来改良有效穗数。千粒重是遗传力最高的性状，改良起来相对容易，每穗粒数遗传力适中，改良起来难度稍大。但是，考虑到库源关系和品质问题，培育粒重和大穗兼顾型的高产品种/组合将会更有潜力。利用现有的基因信息，借助标记辅助选择可以获得两个性状兼顾型的高产材料。

### 7.4.1 寻找优良等位基因

从现有的研究结果来看，尽管在单个作图群体里，不同性状定位的贡献率达到 10% 以上的主效 QTL 数目不多，但是目前不同群体已经报道的主效产量性状 QTL 数目并不少。一方面说明有些主效 QTL 位点在不同群体的亲本间并没有差异，另一方面给选育更好的优良品种或杂交组合提供了机会。总结不同文献中报道的 QTL 结果，发现遗传力较低的单株有效穗数有 6 个主效 QTL，而遗传力较高的每穗颖花数主效 QTL

有 13 个，遗传力最高的千粒重有 15 个主效 QTL（图 7-1）。

这些 QTL 理论上都可以用于水稻产量改良，换句话说，我们现在有很多可以利用的基因/QTL。但是，到底该选定哪种等位基因用于选育新材料更有效呢？这就需要评价不同的等位基因效应。而 QTL 定位通常利用 2 个亲本来源的群体，仅仅比较 2 个等位基因效应差异，确定二者间的优良等位基因。比较具有共同亲本的多个作图群体结果，可以直接评价不同亲本的 QTL 等位基因效应，确定多亲本间的优良等位基因。例如，刘头明（2009）利用珍汕 97、明恢 63 和特青两两配组构建的重组自交系群体，比较每穗粒数和千粒重 QTL，发现 3 个亲本间的效应明显存在差异，如第 1 号染色体的 RG173 附近的每穗粒数 QTL，特青等位基因表现最优，明恢 63 次之，珍汕 97 表现为负效应。即使如此，考察几个有限亲本的等位基因也很难鉴定出生产上最重要应用价值的等位基因。特别是有些经过人为选择的性状，如开花期、品质性状，可能有些优良等位基因并没有出现在现代品种中。因此，对于已经克隆的主效 QTL，在世界范围内选择遗传变异丰富的相互间没有明显亲缘关系的水稻品种或品系以及野生稻来分析等位基因效应，考察相关的表现型，利用进化过程中突变和重组引起的多态性之间的关联分析，从自然界群体里寻找最适合于水稻生产的优良等位基因（Falconer and Mackay，1996）。这样才有可能挖掘出最有利于水稻生产的等位基因，使基因克隆研究成果最大化服务于水稻遗传育种。

当前已经克隆的产量相关基因已经有 10 个（表 7-2），对它们都可以采用关联分析方法，对等位基因的效应进行排队，确定水稻生产上最有效的等位基因。同时，考虑到长期进化导致某些基因与环境间存在互作，确定优良等位基因时还要考虑到不同等位基因适合的特异生态区，如 $Ghd7$ 存在 5 种等位基因，没有功能的等位基因或功能较弱的等位基因适宜于夏季较短的温带地区，能够使得水稻安全度过生命周期，得到稳产目的；$Ghd7$ 基因完全缺失的材料，适宜于早稻生态区，而热带和亚热带的中晚稻材料则需要携带功能较强的等位基因，充分利用光温条件，发挥增产潜能（Xue et al.，2008）。

表 7-2　水稻上已经克隆的产量相关基因

| 基　因 | 染色体 | 标记区段 | 基因影响主要性状 | 参考文献 |
| --- | --- | --- | --- | --- |
| MOC1 | 6 | R1559-S1437 | 分蘖数 | Li et al.，2003 |
| Gn1a | 1 | R3192-C12072S | 穗粒数 | Ashikari et al.，2005 |
| D3 | 6 | RM5199-RM204 | 多蘖、株高 | Ishikawa et al.，2005 |
| GS3 | 3 | GS09-MRG5881 | 粒长、粒重 | Fan et al.，2006 |
| GW2 | 2 | W236-W239 | 粒宽、粒重 | Song et al.，2007 |
| qSW5/GW5 | 5 | MS40671-M16 | 粒宽、粒重 | Shomura et al，2008<br>Weng et al.，2008 |
| Ghd7 | 7 | RM3859-C39 | 株高、抽穗和穗大小 | Xue et al.，2008 |
| GIF1 | 4 | SSLP1-CAPS8 | 谷粒灌浆、粒重 | Wang et al.，2008 |
| S5 | 5 | 7B1-J17 | 生殖隔离广亲和 | Chen et al.，2008 |
| PROG1 | 7 | S1706-RM7185 | 株形、穗粒数 | Tan et al.，2008<br>Jin et al.，2008 |

### 7.4.2 合理聚合优良等位基因

近5年来水稻上精细定位和克隆了十几个控制产量性状的相关基因。合理利用这些基因对水稻产量的相关性状同时进行改良，应该是改良水稻产量最理想方法。利用目的基因总体上只需在回交过程中，采用正向选择确定目标等位基因没有遗失；同时，在所有当选后代里结合表型选择最优单株，继续下一代回交，直到遗传背景基本回复到受体为止。但是，具体到各个基因，应该各具特色。很多时候，基因往往具有多效性，对相关的性状具有相反的效应，如第3号染色体主效 QTL，珍汕97基因型增加了每穗粒数，但同时可能导致千粒重降低；而明恢63基因型则恰恰相反（Xing et al.，2002）。对于这种情况，必须考虑最后的产量效应来确定有利等位基因。同时，要针对消费者的喜好来确定所要利用的等位基因。

如果是改良普通常规品种，只需要借助分子标记把优良等位基因加以聚合。例如，粒长基因 GS3 的显性等位基因控制短粒，但很多时候，细长粒是消费者期望的，因为杂合体表现为短粒，通过表型在当代没办法选择。如果最终目标是改良杂交组合，则必须在目标基因利用策略上进行设计，也就是根据目标基因的遗传行为，确定聚合优良等位基因方案。目标基因是隐性、显性，要以不同方式来处理。对隐性基因，如利用 GS3 改良粒长，就必须把隐性等位基因分别安排在双亲里，否则杂种就不能得到长粒种子。部分显性的基因，不同亲本应该携带不同等位基因或者携带同一个最优等位基因。在近等基因 $F_2$ 群体里 QTL 大部分呈现部分显性作用（Zhang et al.，2006；Xing et al.，2008；Zhang et al.，2009），当前克隆的水稻产量相关基因，大多为部分显性。当然，对于多个基因的利用，则必须首先确定最佳的基因型组合，根据理想基因型组合来把不同等位基因分配到双亲里，如 *Gn1a* 和 *sd1* 的聚合，选育 *Gn1aGn1a/sd1sd1* 基因型，可以获得株高适中、产量更高的基因型（Ashikari et al.，2005）。这些均可用标记辅助选择定向完成。

### 7.4.3 塑造理想株型

提高光合作用效率最简单有效的办法就是提高单株的受光面积，因此理想株型育种近十年来得到推崇，它的发展方向是形态与机能兼顾、理想株型与优势利用相结合。塑造理想株型将是高产育种的重要研究方向。实际上，我国20世纪50年代末的矮化育种是株型改良的初始阶段。降低株高使品种的耐肥、抗倒性和密植性显著增强，进而提高叶面积指数和生物学产量，从而提高水稻群体的产量，并选育出了矮脚南特等一系列的矮秆高产品种。矮秆主要是提高了收获指数，生物产量并无明显变化。高秆品种收获指数为0.3左右，矮秆品种则可达到0.4以上，当前高产品种的收获指数高达0.6。看起来继续提高收获指数的潜力不大，在维持当前高收获指数的前提下，显著提高生物学产量将是进一步提高单产的主要途径。因此，随着株型理论研究的深入和生产实践发展，对株高有了新的认识，适当增加一点株高，可以降低叶面积密度，有利于 $CO_2$ 扩散和中下部叶片的受光，对生长量和后期籽粒充实显然是有利的（范桂芝等，2007）。同时，大多数情况下，株高与生物产量呈显著的正相关，尤其是在高产条件下关系更为密切，而生物产量的增加又是穗粒数和千粒重增加的物质基础。在株高相近的条件下,如果能利用控制卷叶的等位基因来改良叶形为卷叶形,那么这种新型的水稻品种的群体透光率明显增高,通风透光状况得到改良,从而改善品种和组合的群体光合生产效率。从高而披散的传统品种到多蘖的矮化育种,产量大幅度提高,产生了"第一次绿色革命";从矮秆品种到分蘖少,穗大而株型紧凑的超级稻,产量又向前大大推进一步。从近30年前国际水稻所培育的IR8,到我国15年前主推的当家组合汕优63,再到当前我国主推组合扬两优6号,株型逐步接近理想化。结合当前很多专家的观点,理想株型应该包括这些特点:株型相对紧凑,最上面3片功能叶要长而挺直,叶片向内略微卷曲;株高适中,控制在110~125cm,收获指数在0.5以上;分蘖适中,单株6~8个分蘖;穗子要大,每穗粒数为200~250;根系发达。

但是,通过增加株高来增加生物量可能会带来倒伏的问题,制约水稻高产和稳产。相关研究表明抗倒伏能力与第一伸长节间长度呈极显著负相关,而与基部茎秆粗度、厚度呈极显著正相关(邹德堂等,1997)。利用分子标记对抗倒伏相关性状的遗传基础也开展了较广泛的研究,Kashiwagi 和 Ishimar(2004)对水稻株高及其构成性状进行QTL 定位分析时,共检测到加性效应 QTL 21 个,在第 4 号、第 5 号、第 6 号、第 11 号、第 12 号染色体上均检测到影响水稻茎秆基部抗倒伏能力的 QTL,在第 5 号染色体长臂末端定位到抗推力的 QTL *Prl5*,并在近等基因系材料中得到验证。从遗传的角度看,通过改变分蘖角度来塑造理想株型是完全可行的,而抗倒伏基因在育种中应用将对株型紧凑、株高适当增高的生物学产量高的新品系的稳产性提供保障。

### 7.4.4 协调库源关系

简单地聚合不同产量基因的优良等位基因,理论上可以把水稻的库容量增大,但是很难大幅度地改良水稻产量。如果不能协调好源库关系,增大的库容量就不能充分发挥增产作用。因此,在优化产量相关基因型的前提下,应充分考虑光合作用效率问题,协调好源库关系。否则就会造成每穗粒数多了,可能有效穗数目却减少了、充实度降低了或开花期延迟了等不良结果。

根据光合作用碳同化途径中 $CO_2$ 固定的最初光合产物的不同,高等植物分成 $C_3$、$C_4$ 和景天酸植物。$C_4$ 植物是从 $C_3$ 植物进化而来的一种高光效种类。与 $C_3$ 植物相比,它具有在高光强、高温及低 $CO_2$ 浓度下保持高光效的能力。已有科技工作者试图把 $C_4$ 作物(如玉米)中高光效基因通过转基因导入到水稻里,从而提高农作物的光合作用效率,实现提高产量水平,即高光效育种。基本的思路是修饰与改造 1,5-二磷酸核酮糖羧化酶/加氧酶(rubisco),在藻类中寻找到羧化效率比植物高得多的 Rubisco(Read and Tabita,1994);转化 $C_4$ 光合途径主要涉及 3 种关键酶:磷酸烯醇式丙酮酸羧化酶(Ku et al.,1999)、磷酸丙酮酸二激酶(Fukayama et al.,2001)和依赖于 NADP 的苹果酸酶(Tsuchid et al.,2001)。这些研究大多发现相应的酶活得到提高,但并没有增加产量。看来这条途径依旧在探索中,在以后相当长的时间内,我们要依靠选育理想株型来实现提高光合效率的目标。

在协调好源库容量间的关系之后,还需要解决流的问题,源库之间的交流是否顺畅直接决定水稻灌浆充实度，从而影响千粒重。从解剖学上看，水稻穗颈维管束数目和面积是库大、流畅的基础。水稻籽粒的充实物主要来源于灌浆物质通过穗颈维管束向穗部的运转，因而穗颈维管束的数量及面积大小是影响籽粒灌浆的重要因素（凌启鸿等，1982；黄璜，1998）。遗传学上看，籽粒充实度也是由很多 QTL 决定的（Takai et al.，2005；Nagata et al.，2001）。Wang 等（2008）利用籽粒充实缺陷型突变体把籽粒不完全充实基因 *GIF1* 定位到第 4 号染色体，进而分离了 *GIF1* 基因，它在水稻籽粒发育时，控制着蔗糖运输卸载和灌浆，从而决定籽粒产量。这个基因将可能在改良水稻充实度上发挥重要作用。

### 7.4.5 籼粳亚种间杂种优势利用

籼粳亚种间杂交种生物学产量往往表现很强的杂种优势，但是由于亚种间杂种不育性导致这种强优势利用没有成为现实。自然界中存在一种广亲和水稻品种，它既可以和籼稻又能和粳稻杂交，获得可育的杂种（Ikehashi and Araki，1984）。广亲和品种可能解决籼粳亚种不育的障碍。遗传分析表明，这种杂种不育性是由多个基因控制的，其中以第 5 号染色体的 *f5*（Wang et al.，2005）、第 6 号染色体的 *S5*（Liu et al.，1997）和 *f6*（Wang et al.，2005）的效应最大。Chen 等（2008）成功分离了控制籼粳生殖隔离的广亲和基因，*S5* 编码天冬氨酸蛋白酶调控胚囊育性。籼稻（*S5-i*）和粳稻（*S5-j*）的 *S5* 等位基因存在 2 个核酸差异，但是广亲和 *S5* 等位基因在预测的蛋白质 N 端存在一个大的缺失，引起该蛋白的亚细胞定位出错，广亲和 *S5* 可能是没有功能的等位基因。研究表明，这些重要基因可以用于尝试籼粳亚种的杂种优势利用。在选育过程中要么把广亲和品种的 *S5*/*f5*/*f6* 等位基因去置换籼稻的或粳稻等位基因，然后籼粳两品种可以直接进行杂交获得高结实率的杂种；或把粳稻的广亲和位点的等位基因用籼稻的等位基因置换，然后籼粳稻杂交，可以获得育性基本正常的亚种间杂种。

## 7.5 小　　结

总之，近二十年来水稻分子遗传研究已经揭示了很多控制产量构成因子和株型性状的 QTL，它们在近等基因系背景表现出单位点孟德尔遗传方式，因此对它们可以进行遗传操作。首先，根据不同的生态区，确定相应的理想高产品种的特性；然后，围绕理想高产品种的特性，进行分子设计，确定需要重点考虑的目标性状基因；最后，聚合这些基因的优良等位基因，获得单个目标性状改良的个体。在选育过程中，可以同时对某个基因型的多个性状分别改良，实现分别改良每个产量因子，然后对新材料相互之间进行杂交，组装所有优良等位基因，选育出产量潜力更高的超级稻。值得注意的是，产量性状遗传基础的复杂性和源库流的复杂关系，可能使得系统改良的效果不尽如人意。但是，随着水稻分子遗传和分子生物学的不断深入研究，产量性状形成的分子机制将会不断明晰；届时，改善库源大小和协调源库流关系完全可以通过定向遗传操作来实现。另外，我们也要重视高产品种的稳产问题，关注当前稻米品质问题，把高产育种和抗病抗虫育种，品质育种相结合，获得具有抗性的优质超级稻品种。这种新型的超级稻也即绿色超级稻势必会得到广大农民欢迎，使得水稻生产可以少投入、多产出、减少环境污染，实现环境友好和资源节约。

(作者：邢永忠)

## 参 考 文 献

范桂枝，蔡庆生，王春明，万建民，朱建国. 2007. 水稻株高性状对大气 $CO_2$ 浓度升高的响应. 作物学报，33：433-440

黄璜. 1998. 水稻穗颈节间组织与颖花数的关系. 作物学报，24：193-200

凌启鸿，蔡建中，苏祖芳. 1982. 水稻茎维管束数目和穗部及它的经济性状间的关系. 江苏农学院学报，3：7-16

刘头明. 水稻每穗颖花数的遗传基础剖析及其主效 QTLs 的精细定位. 华中农业大学博士论文

吕川根，谷福林，邹江石，陆曼丽. 1991. 水稻理想株型品种的生产潜力及其相关特性研究. 中国农业科学，24：15-22

邵元健，陈宗祥，张亚芳，陈恩会，祁顶成，缪进，潘学彪. 2005. 一个水稻卷叶主效 QTL 的定位及其物理图谱的构建. 遗传学报，32：501-506

严长杰，严松，张正球，梁国华，陆驹飞，顾铭洪. 2005. 一个新的水稻卷叶突变体 $rl9$ ($t$) 的遗传分析和基因定位. 科学通报，50：2757-2762

袁隆平. 1997. 杂交水稻超高产育种. 杂交水稻，12：1-6

张启发. 2005. 绿色超级稻培育的设想. 分子植物育种，3：1-2

邹德堂，秋太权，赵宏伟，崔成焕. 1997. 水稻倒伏指数与其他性状的相关和通径分析. 东北农业大学学报，28：112-118

Ashikari M, Sakakibara H, Lin S Y, Yamamoto T, Takahashi T, Nishimura A, Angeles E R, Kitano H, Matsuoka M. 2005. Cytokinin oxidase regulates rice grain production. Science, 309: 741-745

Ashikari M, Wu J, Yano M, Sasaki T, Yoshimura A. 1999. Rice gibberellin-insensitive dwarf mutant gene $Dwarf1$ encodes the $\alpha$-subunit of GTP-binding protein. Proc Natl Acad Sci USA, 96: 10284-10289

Chen J J, Ding J H, Ouyang Y D, Du H Y, Yang J Y, Cheng K, Zhao J, Qiu S Q, Zhang X L, Yao J L, Liu K D, Wang L, Xu C G, Li X H, Zhang Q F. 2008. A triallelic system of S5 is a major regulator of the reproductive barrier and compatibility of indica-japonica hybrids in rice. Proc Natl Acad Sci USA, 105: 11436-11441

Chen S, Xu C G, Lin X H, Zhang Q F. 2001. Improving bacterial blight resistance of 6078, an elite restorer line of hybrid rice, by molecular marker-assisted selection. Plant Breed, 120: 133-137

Chen W F, Xu Z J, Zhang W B, Zhang L, Yang S R. 2001. Creation of new plant type and breeding rice for super high yield. Acta Agron Sin, 27: 665-672

Duncan W G. 1971. Leaf angle, leaf area, and canopy photosynthesis. Crop Sci, 11: 482-485

Falconer D S, Mackay TFC. 1996. Introduction to quantitative genetics. 4th. Essex: Longman

Fan C C, Xing Y Z, Mao H L, Lu T T, Han B, Xu C G, Li X H, Zhang Q F. 2006. $GS3$, a major QTL for grain length and weight and minor QTL for grain width and thickness in rice, encodes a putative transmembrane protein. Theor Appl Genet, 112: 1164-1171

Frary A, Nesbitt T C, Grandillo S, van der Knaap E, Cong B, Liu J, Meller J, Elber R, Alpert K B, Tanksley S D. 2000. $fw2.2$: a quantitative trait locus key to the evolution of tomato fruit size. Science, 289: 85-88

Fukayama H, Tsuchida H, Agarie S, Nomura M, Onodera H, Ono K, Lee B H, Hirose S, Toki S, Ku MSB, Makino A, Matsuoka M, Miyao M. 2001. Significant accumulation of $C_4$-specific pyruvate, orthophosphate dikinase in a $C_3$ plant rice. Plant Physiol, 127: 1136-1146

Fulton T M, Bucheli P, Virol E, Lopez J, Petiard V, Tanksley S D. 2002. Quantitative trait loci (QTL) affecting sugars, organic acids and other biochemical properties possibly contributing to flavor, identified in four advanced backcross populations of tomato. Euphytica, 127: 163-177

Fulton T M, Grandillo S, Beck-Bunn T, Fridman E, Frampton A, Lopez J, Petiard V, Uhlig J, Zamir D, Tanksley S D. 2000. Advanced backcross QTL analysis of a Lycopersicon esculentum × Lycopersicon parviflorum cross. Theor Appl Genet, 100: 1025-1042

Futsuhara Y. 1986. Gene symbols for dwarfness. Rice Genet Newsl, 3: 8-10

Hittalmani S, Huang N, Courtois B, Venuprasad R, Shashidhar H E, Zhuang J Y, Zheng K L, Liu G F, Wang G C, Sidhu J S, Srivantaneeyakul S, Singh V P, Bagali P G, Prasanna H C, McLaren C, Khush G S. 2003. Identification of QTL for growth-and grain yield-related traits in rice across nine locations of Asia. Theor Appl Genet, 107: 679-690

Ho J C, McCouch S R, Smith M E. 2002. Improvement of hybrid yield by advanced backcross QTL analysis in elite maize. Theor Appl Genet, 105: 440-448

Hua J P, Xing Y Z, Wu W R, Xu C G, Sun X L, Yu S B, Zhang Q F. 2003. Single-locus heterotic effects and dominance by dominance interactions can adequately explain the genetic basis of heterosis in rice. Proc Natl Acad Sci USA, 100: 2574-2579

Hua J P, Xing Y Z, Xu C G, Sun X L, Yu S B, Zhang Q F. 2002. Genetic dissection of an elite rice hybrid revealed that heterozygotes are not always advantageous for performance. Genetics, 162: 1885-1895

Huang X Z, Qian Q, Liu Z B, Sun H Y, He S Y, Luo D, Xia G M, Chu C C, Li J Y, Fu X D. 2009. Natural variation at the DEP1 locus enhances grain yield in rice. Nat Genet, 41: 494-497

Ikehashi H, Araki H. 1984. Variety screening of compatibility types revealed in $F_1$ fertility of distant cross in rice. Japan J Breed, 34: 304-313

International Rice Research Institute (IRRI). 1989. IRRI towards 2000 and beyond. 36-37, Manila Philippine: IRRI

Ishimaru K. 2003. Identification of a locus increasing rice yield and physiological analysis of its function. Plant Physiol, 133: 1083-1090

Jian J, Huang W, Gao J P, Yang J, Shi M, Zhu M Z, Luo D, Lin H X. 2008. Genetic control of rice plant architecture under domestication. Nat Genet, 40: 1365-1369

Kashiwagi T, Ishimura A K. 2004. Identification and functional analysis of a locus for improvement of lodging resistance in rice. Plant Physiol, 134: 676-683

Komori T, Ohta S, Murai N, Takakura Y, Kuraya Y, Suzuki S, Hiei Y, Imaseki H, Nitta N. 2004. Map-based cloning of a fertility restorer gene, Rf-1, in rice (Oryza sativa L.). Plant J, 37: 315-325

Kong F N, Wang J Y, Zou J C, Shi L X, Jin D M, Xu Z J, Wang B. 2007. Molecular tagging and mapping of the erect panicle gene in rice. Mol Breed, 19: 297-304

Ku M S B, Agarie S, Nomura M, Fukayama H, Tsuchida H, Ono K, Hirose S, Toki S, Miyao M, Matsuoka M. 1999. High-level expression of maize phosphoenolpyruvate carboxylase in transgenic rice plants. Nat Biotechnol, 17: 76-80

Lang Y Z, Zhang Z J, Gu X Y, Yang J C, Zhu Q S. 2004. Physiological and ecological effects of crispy leaf character in rice (*Oryza sativa* L.) Ⅱ. Photosynthetic character, dry mass production and yield forming. Acta Agron Sin, 30: 883-887

Li P J, Wang Y L, Qian Q, Fu Z M, Wang M, Zeng D L, Li B H, Wang X J, Li J Y. 2007. *LAZY1* controls rice shoot gravitropism through regulating polar auxin transport. Cell Res, 17: 402-410

Li S B, Zhang Z H, Hu Y, Li C Y, Jiang X, Mao T, Li Y S, Zhu Y G. 2006. Genetic dissection of developmental behavior of crop growth rate and its relationships with yield and yield related traits in rice. Plant Sci, 170: 911-917

Li X Y, Qian Q, Fu Z M, Wang Y H, Xiong G S, Zeng D, Wang X Q, Liu X F, Teng S, Hiroshi F, Yuan M, Luo D, Han B, Li J Y. 2003. Control of tillering in rice. Nature, 422: 618-621

Li Z, Pinson S R, Park W D, Paterson A H, Stansel J W. 1997. Epistasis for three grain yield components in rice (*Oryza sativa* L.). Genetics, 145: 453-465

Liang F S, Deng Q Y, Wang Y G, Xiong Y D, Jin D M, Li J M, Wang B. 2004. Molecular marker-assisted selection for yield-enhancing genes in the progeny of "9311×*O. rufipogon*" using SSR. Euphytica, 139: 159-165

Liu K D, Wang J, Li H B, Xu C G, Liu A M, Li X H, Zhang Q. 1997. A genome-wide analysis of wide compatibility in rice and the precise location of the *S5* locus in the molecular map. Theor Appl Genet, 95: 809-814

Liu S P, Li X, Wang C Y, Li X H, He Y Q. 2003. Improvement of resistance to rice blast in Zhenshan 97 by molecular marker-aided selection. Acta Bot Sin, 45: 1346-1350

Lu C F, Shen L S, Tan Z B, Xu Y B, He P, Chen Y, Zhu L H. 1996. Comparative mapping of QTLs for agronomic traits of rice across environments using a doubled haploid population. Theor Appl Genet, 93: 1211-1217

Luo A D, Qian Q, Yin H F, Liu X Q, Yin C X, Lan Y, Tang J Y, Tang Z S, Cao S Y, Wang X J, Xia K, Fu X D, Luo D, Chu C C. 2005. *EUI1*, encoding a putative cytochrome P450 monooxygenase, regulates the internodes elongation by modulating GA responses in rice. Plant Cell Physiol, 47: 181-191

Luo Z, Yang Z, Zhong B, Li Y, Xie R, Zhao F, Ling Y, He G. 2007. Genetic analysis and fine mapping of a dynamic rolled leaf gene, *RL10* (*t*), in rice (*Oryza sativa* L.). Genome, 50: 811-817

Mei H W, Xu J L, Li Z K, Yu X Q, Guo L B, Wang Y P, Ying C S, Luo L J. 2006. QTLs influencing panicle size detected in two reciprocal introgressive line (IL) populations in rice (*Oryza sativa* L.). Theor Appl Genet, 112: 648-656

Miyata M, Komori T, Yamamoto T, Ueda T, Yano M, Naoto N. 2005. Fine scale and physical mapping of *Spk* (*t*) controlling spreading stub in rice. Breed Sci, 55: 237-239

Monna L, Kitazawa N, Yoshino R, Suzuki J, Masuda H, Maehara Y, Tanji M, Sato M, Nosu S, Minobe Y. 2002. Positional cloning of rice semidwarfing gene, *sd-1*: rice "green revolution gene" encodes a mutant enzyme involved in gibberellin synthesis. DNA Res, 9: 11-17

Nagata K, Yoshinaga S, Takanashi J, Terao T. 2001. Effects of dry matter production, translocation of nonstructural carbohydrates and nitrogen application on grain-filling in rice cultivar Takanari, a cultivar bearing a large number of spikelets. Plant Prod Sci, 4: 173-183

Rahman M L, Chu S H, Choi M S, Qiao Y L, Jiang W, Piao R, Khanam S, Cho Y I, Jeung J U,

Jena K K, Koh H J. 2007. Identification of QTLs for some agronomic traits in rice using an introgression line from *Oryza minuta*. Mol Cells, 24: 16-26

Read B A, Tabita F R. 1994. High substrate specificity factor for ribulose bisphosphate carboxylase/oxygenase from eukaryotic marine algae and properties of recombinant cyanobacterial Rubisco containing 'algal' residue modifications. Arch Biochem Biophys, 312: 210-218

Rutger J, Carnahan H L. 1981. A fourth genetic element to facilitate hybrid cereal production-a recessive tall in rice. Crop Sci, 21: 373-376

Sasaki A, Ashikari M, Ueguchi-Tanaka M, Itoh H, Nishimura A, Swapan D, Ishiyama K, Saito T, Kobayashi M, Khush G S, Kitano H, Matsuoka M. 2002. Green revolution: a mutant gibberellin-synthesis gene in rice. Nature, 416: 701-702

Septiningsih E M, Prasetiyono J, Lubis E, Tai T H, Tjubaryat T, Moeljopawiro S, McCouch S R. 2003. Identification of quantitative trait loci for yield and yield components in an advanced backcross population derived from the *Oryza sativa* variety IR64 and the wild relative *O. rufipogon*. Theor Appl Genet, 107: 1419-1432

Shao Y J, Pan C H, Chen Z X, Zuo S M, Zhang Y F, Pan X B. 2005. Fine mapping of an incomplete recessive gene for leaf rolling in rice (*Oryza sativa* L.). Chin Sci Bull, 50: 2466-2472

Shomura A, Izawa T, Ebana K, Ebitani T, Kanegae H, Konishi S, Yano M. 2008. Deletion in a gene associated with grain size increased yields during rice domestication. Nat Genet, 40: 1023-1028

Song X J, Huang W, Shi M, Zhu M Z, Lin H X. 2007. A QTL for rice grain width and weight encodes a previously unknown RING-type E3 ubiquitin ligase. Nat Genet, 39: 623-630

Spielmeyer W, Ellis M, Chandler P M. 2002. Semidwarf (*sd-1*), "green revolution" rice, contains a defective gibberellin 20-oxidase gene. Proc Natl Acad Sci USA, 99: 9043-9048

Takai T, Fukuta Y, Shiraiwa T, Horie T. 2005. Time-related mapping of quantitative trait loci controlling grain-filling in rice (*Oryza sativa* L.). J Exp Bot, 56: 2107-2118

Tan L B, Li X R, Liu F X, Sun X Y, Li C G, Zhu Z F, Fu Y C, Cai H W, Wang X K, Xie D X, Sun C Q. 2008. Control of a key transition from prostrate to erect growth in rice domestication. Nat Genet, 40: 1360-1364

Tan L B, Liu F X, Xue W, Wang G J, Ye S, Zhu Z F, Fu Y C, Wang X K, Sun C Q. 2007. Development of *Oryza rufipogon* and *O. sativa* introgression lines and assessment for yield-related quantitative trait loci. J Intg Plant Biol, 49: 871-884

Tan Y F, Li J X, Yu S B, Xing Y Z, Xu C G, Zhang Q F. 1999. The three important traits for cooking and eating quality of rice grains are controlled by a single locus in an elite rice hybrid, Shanyou 63. Theor Appl Genet, 99: 642-648

Tanabe S, Ashikari M, Fujioka S, Takatsuto S, Yoshida S, Yano M, Yoshimura A, Kitano H, Matsuoka M, Fujisawa Y. 2005. A novel cytochrome P450 is implicated in brassinosteroid biosynthesis via the characterization of a rice dwarf mutant, *dwarf11*, with reduced seed length. Plant Cell, 17: 776-790

Thomson M J, Tai T H, McClung A M, Lai X H, Hinga M E, Lobos K B, Xu Y, Martinez C P, McCouch S R. 2003. Mapping quantitative trait loci for yield, yield components and morphological traits in an advanced backcross population between *Oryza rufipogon* and the *Oryza sativa* cultivar Jefferson. Theor Appl Genet, 107: 479-493

Tian F, Zhu Z F, Zhang B S, Tan L B, Fu Y C, Wang X K, Sun C Q. 2006. Fine mapping of a quantitative trait locus for grain number per panicle from wild rice (*Oryza rufipogon* Griff.). Theor Appl Genet, 113: 651-659

Tsuchida H, Tamai T, Fukayama H, Sakae A, Mika N, Haruko O, Kazuko O, Yaeko N, Lee B H, Hirose S, Toki S, Maurice K, Makoto M, Miyao M. 2001. High level expression of $C_4$ specific NADP malic enzyme in leaves and impairment of photoautotrophic growth of a $C_3$ plant rice. Plant Cell Physiol, 42: 138-145

Wang D L, Zhu J, Li Z K, Paterson A H. 1999. Mapping QTLs with epistatic effects and QTL× environment interactions. Theor Appl Genet, 99: 1255-1264

Wang E, Wang J J, Zhu X D, Hao W, Wang L Y, Li Q, Zhang L X, He W, Lu B, Lin H X, Ma H, Zhang G Q, He Z H. 2008. Control of rice grain-filling and yield by a gene with a potential signature of domestication. Nat Genet, 40: 1370-1374

Wang G W, He Y Q, Xu C G, Zhang Q F. 2005. Identification and confirmation of three neutral alleles conferring wide-compatibility in inter-subspecific hybrids of rice (*Oryza sativa* L.) using near isogenic lines. Theor Appl Genet, 111: 702-710

Wang G W, He Y Q, Xu C G, Zhang Q F. 2006. Fine mapping of *f5-Du*, a gene conferring wide-compatibility for pollen fertility in inter-subspecific hybrids of rice (*Oryza sativa* L.). Theor Appl Genet, 112: 382-387

Wang Z H, Zou Y J, Li X Y, Zhang Q Y, Chen L T, Wu H, Su D H, Chen Y L, Guo J X, Luo D, Long Y M, Zhong Y, Liu Y G. 2006. Cytoplasmic male sterility of rice with boro II cytoplasm is caused by a cytotoxic peptide and is restored by two related PPR motif genes via distinct modes of mRNA silencing. Plant Cell, 18: 676-687

Weng J F, Gu S H, Wan X Y, Gao H, Guo T, Su N, Lei C L, Zhang X, Cheng Z J, Guo X P, Wang J L, Jiang L, Zhai H Q, Wan J M. 2008. Isolation and initial characterization of *GW5*, a major QTL associated with rice grain width and weight. Cell Res, 18: 1199-1209

Xiao J H, Grandillo S, Ahn S N, McCouch S R, Tanksley S D, Li J M, Yuan L P. 1996. Genes from wild rice improve yield. Nature, 384: 223-224

Xiao J H, Li J M, Grandillo S, Ahn S N, Yuan L P, Tanksley S D, McCouch S R. 1998. Identification of trait-improving quantitative trait loci alleles from a wild rice relative *Oryza rufipogon*. Genetics, 150: 899-909

Xing Y Z, Tan Y F, Hua J P, Sun X L, Xu C G, Zhang Q F. 2002. Characterization of the main effects, epistatic effects and their environmental interaction of QTLs on the genetic basis of yield traits in rice. Theor Appl Gnent, 105: 248-257

Xing Y Z, Tan Y F, Xu C G, Hua J P, Sun X L. 2001. Mapping quantitative trait loci for grain appearance traits of rice using a recombinant inbred line population. Acta Bot Sin, 43: 721-726

Xing Y Z, Tang W J, Xue W Y, Xu C G, Zhang Q F. 2008. Fine mapping of a major quantitative trait loci, *qSSP7*, controlling number of spikelets per panicle as a single Mendelian factor in rice. Theor Appl Genet 2008 116: 789-796

Xu J L, Xue Q Z, Luo L J, Li Z K. 2001. QTL dissection of panicle number per plant and spikelet number per panicle in rice (*Oryza sativa* L.). Acta Genefica Sinica, 28: 752-759

Xue W Y, Xing Y Z, Weng X Y, Zhao Y, Tang W J, Wang L, Zhou H J, Yu S B, Xu C G, Li X H, Zhang Q F. 2008. Natural variation in *Ghd7* is an important regulator of heading date and yield potential in rice. Nat Genet, 40: 761-767

Yan C J, Zhou J H, Yan S, Chen F, Yeboah M, Tang S Z, Liang G H, Gu M H. 2007. Identification and characterization of a major QTL responsible for erect panicle trait in japonica rice (*Oryza sativa* L.). Theor Appl Genet, 115: 1093-1100

Yang R C, Yang S L, Zhang Q Q, Huang R H. 1999. A new gene for elongated uppermost internode. Rice Genet Newsl, 16: 41-43

Yang S L, Yang R C, Qu X P, Zhang Q Q, Huang R H, Wang B. 2001. Genetic and microsatellite analysis of a new elongated uppermost internode gene *eui2* of rice. Acta Bot Sin, 43: 67-71

Yao F Y, Xu C G, Yu S B, Li J X, Gao Y J, Li X H, Zhang Q F. 1997. Mapping and genetic analysis of two fertility restorer loci in the wild-abortive cytoplasmic male sterility system of rice. Euphytica, 98: 183-187

Yoon D B, Kang K H, Kim H J, Ju H G, Kwon S J, Suh J P, Jeong O Y, Ahn S N. 2006. Mapping quantitative trait loci for yield components and morphological traits in an advanced backcross population between *Oryza grandiglumis* and the *O. sativa japonica* cultivar Hwaseongbyeo. Theor Appl Genet, 112: 1052-1062

Yoshihara T, Iino M. 2007. Identification of the gravitropism related rice gene *LAZY1* and elucidation of *LAZY1*-dependent and independent gravity signaling pathways. Plant Cell Physiol, 48: 678-688

Yu B S, Lin Z W, Li H X, Li X J, Li J Y, Wang Y H, Zhang X, Zhu Z F, Zhai W X, Wang X K, Xie D X, Sun C Q. 2007. *TAC1*, a major quantitative trait locus controlling tiller angle in rice. Plant J, 52: 891-898

Yu S B, Li J X, Xu C G, Tan Y F, Gao Y J, Li X H, Zhang Q F. 1997. Importance of epistasis as the genetic basis of heterosis in an elite rice hybrid. Proc Natl Acad Sci, 94: 9226-9231

Zhang G H, Xu Q, Zhu X D, Qian Q, Xue H W. 2009. SHALLOT-LIKE1 is a KANADI transcription factor that modulates rice leaf rolling by regulating leaf abaxial cell development. Plant Cell, 21: 719-735

Zhang Q F. 2007. Strategies for developing green super rice. Proc Natl Acad Sci USA, 104: 16402-16409

Zhang Y S, Luo L J, Liu T M, Xu C G, Xing Y Z. 2009b. Four rice QTL controlling number of spikelets per panicle expressed the characteristics of single mendelian gene in near isogenic backgrounds. Theor Appl Genet, 118: 1035-1044

Zhang Y S, Luo L J, Xu C G, Zhang Q F, Xing Y Z. 2006. Quantitative trait loci for panicle size, heading date and plant height co-segregating in trait-performance derived near-isogenic lines of rice (*Oryza sativa*). Theor Appl Genet, 113: 361-368

Zhou P H, Tan Y F, He Y Q, Xu C G, Zhang Q F. 2003. Simultaneous improvement for four quality traits of Zhenshan 97, an elite parent of hybrid rice, by molecular marker-assisted selection. Theor Appl Genet, 106: 326-331

Zhu Y Y, Nomura T, Xu Y H, Zhang Y Y, Peng Y, Mao B Z, Hanada A, Zhou H C, Wang R X, Li P J, Zhu X D, Mander L N, Kamiya Y, Yamaguchi S, He Z H. 2006. *EUI ELONGATED UPPERMOST INTERNODE* encodes a cytochrome P450 monooxygenase that epoxidizes gibberellins in a novel deactivation reaction in rice. Plant Cell, 18: 442-456

Zhuang J Y, Fan Y Y, Rao Z M, Wu J L, Xia Y W, Zheng K L. 2002. Analysis on additive effects and additive-by-additive epistatic effects of QTLs for yield traits in a recombinant inbred line population of rice. Theor Appl Genet, 105: 1137-1145

# 第 8 章 绿色超级稻性状的基因资源发掘

绿色超级稻培育的基本思路是将种质资源发掘、基因组研究和分子技术育种紧密结合，加强抗病、抗虫、抗逆、营养高效、高产、优质等重要性状的基因发掘，培育大批抗病、抗虫、抗逆、营养高效、高产、优质的新品种或组合（Zhang，2007）。种质（或基因）资源的发掘利用是培育新品种的物质基础，是进行生物学研究的重要材料。水稻育种的成功主要依赖于一系列优异基因的发掘和利用。如何合理有效地将品种资源，特别是野生稻和地方品种中潜在的有利基因加以发掘与应用，是培育绿色超级稻的重要任务和内容。

## 8.1 水稻种质资源的鉴定利用

### 8.1.1 水稻种质资源概况

种质资源（germplasm resource）又叫遗传资源或基因资源，是决定生物遗传性状并将遗传信息从亲代传递给子代的遗传物质的总称。携带植物种质的载体包括植物的个体或器官、组织、细胞以及染色体或控制生物遗传性状的基因。自然界存在的种质资源是在漫长的历史过程中由自然演化和人工创造而形成的，积累了极其丰富的遗传变异，是人类用以选育新品种的物质基础，也是进行生物学研究的重要材料。作物遗传改良实际是对各种性状的基因进行转移和重组。利用自然界的丰富遗传变异对农作物进行遗传改良是最为可行的途径。实践证明，优异基因（或种质）的发掘和利用是育种取得突破性进展的关键（潘家驹，2004）。作物种质资源的开发与利用，对选育高产、优质、抗逆、抗病新品种具有十分重要的意义，也直接关系到水稻产业的可持续发展。

就世界范围而言，水稻遗传资源是极为丰富的。仅国际水稻研究所就保存有约 10 万份的水稻种质资源。在我国，目前国家统一编目的稻种资源有 7 万多份，其中地方品种 5 万多份，国内选育品种（系）4000 多份，外国引进品种 8000 多份，野生稻资源近 7000 份（罗利军等，2002）。理论上，对水稻任何性状进行遗传改良，均可以在这些种质资源中找到所需要的基因资源。特别在野生稻和地方品种资源中，由于其在漫长的进化过程中长期处于不良环境的自然选择，保存了栽培稻不具有的或已消失的许多优异基因（汤圣祥等，2008），如抗病虫（如白叶枯病、稻瘟病、黄矮病、褐飞虱、稻瘿蚊等）以及抗逆性（耐寒、耐盐、耐旱以及耐瘠）等特异性状基因（表 8-1）。另外，由于热带地区病虫发生的种类较多，且十分频繁，热带地方水稻品种存在抗病虫的基因也相对较多；而以水源缺乏的陆稻为主的稻区培育品种一般均有较好的耐旱性。

表 8-1  野生稻中的优良性状（汤圣祥等，2008）

| 野生稻 | 染色体数（2n） | 染色体组 | 优良特性 |
| --- | --- | --- | --- |
| 尼瓦拉野生稻（O. nivara） | 24 | AA | 抗稻瘟病、东格鲁（Tungro）、褐飞虱、纵卷叶螟 |
| 普通野生稻（O. rufipogon） | 24 | AA | 高产基因，雄性不育；抗白叶枯、纹枯病、东格鲁、纵卷叶螟 |
| 短舌野生稻（O. breviligulata） | 24 | AA | 抗白叶枯、稻瘟病、锯齿病毒病、东格鲁、褐飞虱、纵卷叶螟、叶蝉；耐旱 |
| 长蕊野生稻（O. longistaminata） | 24 | AA | 抗白叶枯、稻瘟病、线虫；耐旱 |
| 南方野生稻（O. meridionalis） | 24 | AA | 节间快速生长；耐旱 |
| 展颖野生稻（O. glumaepatula） | 24 | AA | 节间快速生长；雄性不育 |
| 斑点野生稻（O. punctata） | 24，48 | BB，BBCC | 抗褐飞虱、电光叶蝉 |
| 小粒野生稻（O. minuta） | 48 | BBCC | 抗白叶枯、稻瘟病、纹枯病、褐稻虱、白背飞虱、叶蝉 |
| 药用野生稻（O. officinalis） | 24 | CC | 抗稻蓟马、白叶枯、东格鲁、褐飞虱、白背飞虱、叶蝉 |
| 根茎野生稻（O. rhizomatis） | 24 | CC | 生殖根 |
| 紧穗野生稻（O. eichingeri） | 24 | CC | 抗白叶枯病、褐飞虱、白背飞虱、叶蝉 |
| 阔叶野生稻（O. latifolia） | 48 | CCDD | 抗白叶枯病、褐飞虱、白背飞虱、叶蝉 |
| 高秆野生稻（O. alta） | 48 | CCDD | 抗褐稻虱、白背飞虱、高生物产量 |
| 重颖野生稻（O. grandiglumis） | 48 | CCDD | 高生物产量；抗三化螟、褐飞虱 |
| 澳洲野生稻（O. australiensis） | 24 | EE | 高生物产量 |
| 颗粒野生稻（O. granulata） | 24 | GG | 抗白叶枯、褐飞虱、耐旱 |
| 疣粒野生稻（O. meyeriana） | 24 | GG | 耐荫，适应旱地 |
| 长护颖野生稻（O. longiglumis） | 48 | HHJJ | 抗白叶枯、稻瘟病 |
| 马来野生稻（O. ridleyi） | 48 | HHJJ | 抗白叶枯、稻瘟病、褐飞虱、螟虫、稻水蝇 |
| 短药野生稻（O. brachyantha） | 24 | FF | 抗白叶枯、褐飞虱、大螟、纵卷叶螟、稻水蝇 |
| 极短粒野生稻（O. schlechteri） | 48 | HHKK | 匍匐生殖根 |

然而，大多数育成品种往往是集中利用少数遗传基础相近的优良品系进行重复杂交，从而导致新育成品种面临遗传背景单一、等位基因变异狭窄等问题。据估计，目前应用于水稻育种中的水稻资源不到全部资源的 5%。许多种质资源的遗传变异没有得到充分地开发利用，大量存于野生稻和地方品种资源中的有利基因并没有应用于现代栽培稻的遗传改良中。水稻品种的遗传基础变窄不仅使品种更易遭受病虫的危害，也降低了育种家发掘有利新基因组合的概率，导致在一段时间内水稻育种进程缓慢，许多育种目标性状（如水稻产量水平等）长期处于徘徊不前的状况。因此，如何合理有效地将品种资源，特别是野生稻和地方品种中潜在的有利基因加以发掘与应用，是培育绿色超级稻的重要任务和内容。

### 8.1.2 核心种质的概念

由于种质资源的重要性，种质资源的保护日益加强，种质资源基因库的规模变得越来越大。根据粮农组织（FAO）的统计资料，世界范围内作物种质资源收集品种约达 400 万份（http://www.fao.org/WAICENT/FaoInfo/Agricult/AGP/AGPS/pgrfa/pdf/SWRFULL2.PDF）。在中国，国家种质库储存的种质数量目前已达到 39 万余份（http://icgr.caas.net.cn/）。种质资源数量及资源库容量的不断增大，一方面为种质资源的遗传多样性保护、发掘应用提供了大量宝贵的样本资源，但另一方面也由于过于庞大而给保存、评价、研究和利用带来了很大困难。20 世纪 80 年代，Frankel 和 Brown（1984）和 Brown（1989）提出并完善了核心种质（core collection）的概念，即以最少的样本最大限度地代表基础种质的多样性，目标是以 10% 种质资源，代表 90% 以上基础种质的遗传多样性。核心种质是整个种质资源中最有代表性的样本，因而可以用相对较少的成本更加有效地对种质资源进行利用。核心种质在种质资源的保存、特征描述、评价鉴定以及基因发掘与利用等方面，均可以发挥重要作用。同时我们也注意到，即使按照传统方法去构建成核心种质，其规模依然很大，仍然会给管理和利用带来不便。以水稻为例，将保存在国际水稻研究所中的水稻种质资源按照 10% 的取样比例构建核心种质，其核心样品数仍然超过 8000 份，其规模甚至比很多物种的种质资源的原始群体还大。因此，有的学者提出微核心种质（mini-core collection）的概念，即将核心种质的规模进一步压缩，仅用 1% 或更少的样品数代表整个种质资源群体的遗传多样性（Upadhyaya and Ortiz，2001）。

### 8.1.3 水稻微核心种质的评价与应用

我国水稻种质资源丰富，已收集保存了大量的种质资源。但拥有种质资源并不等于拥有基因资源。为了能从大量的种质资源中有效地发掘和利用所需的基因资源，我国在"九五"期间（1996～2000 年）就开始研究建立中国栽培稻核心种质的原则和方法，即依据前期稻种资源编目入库和性状鉴定的资料，按照地理起源、生态区等分层分组，聚类分析，按比例随机取样结合特殊遗传性状取样构建核心种质（罗利军等，2002）。具体包括几点。

(1) 根据我国水稻生产的生态地区，即华南、西南、华中、西北、华北和东北大区，将全国约 4.5 万份水稻栽培稻划分为 6 大组。

(2) 依据稻种演化关系，即籼粳水陆黏糯早晚型再分组，这样将水稻分为 48 个小组。

(3) 依据现有的评价、鉴定资料（包括质量性状和数量性状），对每小组材料进行聚类分析（或多变量分析）。

(4) 根据遗传多样性分布现状，确定每小组的具体取样比例，即按 9%～14% 的比例预选出大约 5000 份样品。

(5) 在南北两点（杭州、北京）分籼、粳类型田间种植预选 5000 份品种，比较预选样品与原来整体样品的农艺性状方面的遗传多样性。

（6）对 5000 份预选样品进行同工酶或其他分子标记，根据标记鉴定基因多样性。

（7）对特殊材料进行专项取样，如抗病虫基因源、矮源、大穗多粒源、广亲和、耐逆源、优质性状、雄性不育基因、遗传标记材料等。

（8）如果预选出的样品在农艺性状、同工酶酶谱和遗传特性上能代表原来 4.5 万份样品的遗传多样性，再按 5%～6% 比例从每组预选和特效材料样品中取样。这样核心种质样品的总量在 3000 份左右。

随后，在国家"973"项目的资助下，我国科学家在国际上率先完成了水稻、小麦和大豆等作物核心种质的构建，并把核心种质进一步压缩精简成微核心种质。微核心种质仅占种质资源总份数的 1%，其多样性可达 65% 以上。也就是说我们已将数万份水稻种质资源中蕴藏的基因多样性富集到 200～300 份的微核心种质中。这为后续研究奠定了重要的基础。目前科学家们正大规模地鉴定和评价（微）核心种质资源，利用植物基因组学的技术或方法发掘（微）核心种质的有利基因并进行分子育种的研究。

同时，为了扩大我国栽培稻的遗传基础，在农业部"948"重大专项的资助下，我国科学家还引进了大量的国外优异资源和野生稻资源，通过大规模的回交育种，将我国微核心种质和全球水稻种质资源中的大量遗传变异（基因）导入我国目前各生态区域优良的水稻品种（遗传背景）中，创建了一批导入系群体，为大规模基因/QTL 发掘及分子育种奠定了良好的材料平台；期间，通过田间展示等活动，已向全国 20 个省（直辖市、自治区）的 60 多个科研单位分发了万余份次的核心种质资源和导入系材料。

我们在武汉和海南分别对 200 份左右水稻微核心种质进行了两年 3 季度正常栽培条件下重要性状的考察与鉴定。初步结果表明，水稻微核心种质具有较大的表型多样性（表 8-2）。通过对核心种质的苗期低磷、低氮胁迫条件下的生物学产量等考查以及营养管（PVC）的全生育期耐旱性鉴定等，筛选出在胁迫条件下表现较好的一些核心种质资源。

**表 8-2 水稻微核心种质的部分性状表现**（2006 年）

| 性　状 | 材料数 | 最大值 | 最小值 | 平　均 |
|---|---|---|---|---|
| 株高/cm | 211 | 214.0 | 67.0 | 126.5 |
| 抽穗期/天 | 211 | 148.0 | 56.0 | 88.0 |
| 有效穗/(个/株) | 211 | 27.0 | 3.0 | 12.0 |
| 穗长/cm | 211 | 40.0 | 13.5 | 26.0 |
| 每穗颖花数 | 211 | 323.0 | 22.0 | 131.0 |
| 单穗实粒数/粒 | 211 | 295.0 | 18.0 | 112.0 |
| 结实率/% | 211 | 96.8 | 21.1 | 69.7 |
| 千粒重/g | 211 | 38.8 | 14.1 | 22.9 |
| 单株实粒重/g | 211 | 124.4 | 2.1 | 26.7 |
| 整精米率/% | 207 | 70.0 | 10.0 | 50.0 |
| 谷粒长/mm | 207 | 10.3 | 6.1 | 8.0 |
| 谷粒宽/mm | 207 | 4.1 | 2.1 | 3.2 |

续表

| 性　状 | 材料数 | 最大值 | 最小值 | 平　均 |
|---|---|---|---|---|
| 糙米粒长/mm | 207 | 7.5 | 4.2 | 5.8 |
| 糙米粒宽/mm | 207 | 3.8 | 2.0 | 2.6 |
| 碱消值 | 207 | 7.0 | 2.0 | 5.0 |
| 直链淀粉含量/% | 207 | 32.6 | 1.6 | 21.0 |
| 蛋白质含量/% | 207 | 15.1 | 5.1 | 8.7 |
| 倒一节间长/cm | 207 | 72.5 | 6.0 | 35.6 |
| 倒二节间长/cm | 207 | 45.0 | 9.0 | 25.8 |
| 剑叶长/cm | 207 | 66.0 | 12.5 | 39.0 |
| 剑叶宽/cm | 207 | 3.0 | 0.8 | 1.6 |
| 倒二叶长/cm | 207 | 94.0 | 22.5 | 52.0 |
| 倒二叶宽/cm | 207 | 2.3 | 0.7 | 1.4 |
| 低磷苗干重/(g/株) | 175 | 9.88 | 0.08 | 1.22 |
| 低氮苗干重/(g/株) | 175 | 5.21 | 0.22 | 1.43 |
| 正常苗干重/(g/株) | 175 | 10.59 | 0.52 | 3.61 |
| 旱胁迫下分蘖数 | 171 | 7.0 | 0.0 | 3.0 |
| 旱胁迫下最大根长/cm | 171 | 28.0 | 15.0 | 21.0 |
| 旱胁迫下根体积/(m/cm$^3$) | 171 | 48.0 | 0.0 | 12.0 |

## 8.2　水稻有利基因资源

### 8.2.1　水稻抗病基因资源

#### 8.2.1.1　水稻白叶枯病抗性基因

水稻白叶枯病是世界上最重要的水稻细菌性病害之一，由黄单胞菌的变种 *Xanthomonas oryza* pv. *oryzae*（Xoo）引起。在水稻主要病害中，利用寄主的抗性来控制水稻白叶枯病的效果最为明显。水稻品种对白叶枯病的抗性具有很强的专化性，不同的品种表现的抗性不一致，但主要表现为主效基因控制。截至 2008 年 10 月，已报道的抗白叶枯病主效基因共有 30 个（章琦，2005；金旭炜等，2007），其中已鉴定克隆的有 6 个，分别是 *Xa1*、*xa5*、*xa13*、*Xa21*、*Xa26*（*t*）和 *Xa27*（*t*）。许多优良的抗性基因来源于野生种质（表 8-3）。例如，*Xa21* 是第一个从野生稻中克隆出来的重要基因，因其具有广谱抗白叶枯病，备受国内外育种家的关注，并迅速广泛地应用于国内外水稻抗白叶枯病育种。不过，*Xa21* 表现为成株抗性，抗性受发育时期的影响，即苗期感病逐渐发育到成株期表现高抗。*Xa23* 也是来源于野生稻的一个基因，该基因具有广谱高抗白叶枯病特性，而且全生育期抗病，表现为完全显性，抗性遗传传递力强，便于育种选择。

**表 8-3　部分水稻抗白叶枯病主效基因及其供体**

| 鉴定基因 | 供体资源 | 染色体 | 研究状态 |
| --- | --- | --- | --- |
| Xa1 | Kogyoku（黄玉），Java14 | 4 | 已克隆 |
| Xa3/Xa26(t) | 早生爱国3，Java14，明恢63，Semora Mangga，Zenith， | 11 | 已克隆 |
| Xa5 | DZ192，IR1545—339 | 5 | 已克隆 |
| Xa13 | BJ1，IRBB13 | 5 | 已克隆 |
| Xa21 | 长药野生稻（IRBB21） | 11 | 已克隆 |
| Xa23 | 普通野生稻（CBB23） | 11 | |
| Xa25(t) | 小粒野生稻78-1 | 未定位 | |
| Xa27(t) | Arai Ra | 6 | 已克隆 |
| Xa29(t) | 药用野生稻 | 1 | |
| Xa30(t) | 一年生野生稻（IRGC 81825） | 11 | |

在白叶枯病基因研究方面，作物遗传改良国家重点实验室的科学家也定位和克隆了一批有利用价值的抗病新基因。例如，Chen 等（2002）利用珍汕 97 与明恢 63 构建的重组自交系群体通过接种菲律宾小种 9，在水稻第 12 号染色体上发现了一个白叶枯病抗病新基因 $Xa25(t)$。Wang 等（2003）在云南地方品种扎昌龙中发现了一个新的白叶枯病抗性基因 $Xa22(t)$。扎昌龙在成株期对我国致病型 Ⅰ、Ⅱ、Ⅳ 和 Ⅶ，菲律宾小种 1、3、4、5 和 6 以及日本小种 Ⅰ、Ⅱ 和 Ⅲ 的 12 个代表菌株具有抗性，表现为 1 对显性基因遗传，且定位于水稻第 11 号染色体末端，与 $Xa4$ 紧密连锁。Yang 等（2003）则报道明恢 63 还有 1 个在苗期和孕穗期都抗中国菌株 JL691 的显性基因 $Xa26(t)$，定位在第 11 号染色体上，且与 $Xa4$ 紧密连锁。该基因已被克隆，且证明与 $Xa3$ 等位。最近，Chu 等（2006）利用 IRBB13 与 IR24 的 $F_2$ 群体接种菲律宾小种 6（PX099），利用图位克隆的方法成功分离了一个隐性抗白叶枯病基因 $xa13$。

#### 8.2.1.2　稻瘟病抗性基因

稻瘟病是由稻瘟病菌（*Pyriculari grisea* Cooke Sacc.）引起的水稻最严重的真菌性病害之一。稻瘟病流行年份重病区一般减产 10%～20%，严重的地方减产 40%～50%。利用抗病品种一直被公认为是防治稻瘟病最经济而有效的措施。近年来，分子标记技术的发展和利用大大加快了稻瘟病抗性基因的定位。迄今为止，已定位的水稻抗稻瘟病基因近 70 个（Amante-Bordeos et al.，1992）。目前，利用图位克隆技术已成功克隆和分离出抗病基因 $Pib$、$Pita$、$Pi9$、$Pi2$、$Pi36$、$Pid2$ 等（表 8-4）。另有一些基因据报道已获得克隆，正进行基因功能验证。$Pib$ 是第一个被克隆的抗稻瘟病基因，编码的氨基末端包含一个核苷酸结合位点（NBS 结构），羧基末端包含 17 个富亮氨酸重复（LRR），属于 NBS-LRR 抗病基因族成员（Wang et al.，1999）。$Pita$ 是一个编码细胞质膜受体蛋白，也含 NBS 结构和富亮氨酸 LRR 结构域，抗病基因 $Pita$ 与感病基因 $pita$ 仅有一个氨基酸的差异（Bryan et al.，2000）。$Pi9$ 由 Amante-Bordeos 等（1992）首先鉴定的，他们将源自小粒野生稻中的抗稻瘟病基因导入栽培稻中，并命名为 $Pi9$。Liu 等（2002）用来自 13 个国家的 43 个稻瘟病小种对 $Pi9$ 进行抗性鉴定，发现其对所有供试小种均表现出很高的抗性,并在水稻第 6 号染色体上找到与之紧密连锁的标记 RG64 和 R2132。Qu 等（2006）用图位克隆方法将 *Pi9* 分离克隆,发现其具有 NBS-LRR 结构域,是目前已克隆稻瘟病抗性基因中抗谱最广的一个。*Pi9* 与 *Pi2* 和 *Pizt* 是复等位基因,而 *Pi2* 和 *Pizt* 仅有 8 个氨基酸的差异,在 xxLxLxx 区域的差异可以特异识别各自的无毒蛋白（Qu et al., 2006; Zhou et al., 2006）。*Pid2* 是一个编码 825 个氨基酸的蛋白激酶,其氨基端含有 B-lectin 结构域,羧基端是一个典型的丝氨酸/苏氨酸激酶结构域（STK）,属于新的抗病基因类型,其抗感差异也是由一个单碱基突变造成的（Chen et al., 2006）。目前,许多实验室都在致力于稻瘟病抗性新基因的克隆。大量抗稻瘟病基因的染色体定位和克隆,为开展水稻抗稻瘟病分子标记辅助选择育种奠定了良好的基础。例如,刘士平等（2003）对 *Pi1*、*Pi2* 和 *Pi3* 聚合研究表明,聚合 *Pi1* 和 *Pi3*（*Pi1*＋*Pi3*）或 *Pi2* 和 *Pi3*（*Pi2*＋*Pi3*）,其抗性就会增加至 89.3%～93.3%。如果聚合 *Pi1*＋*Pi2*＋*Pi3*,其抗性更是增加至 97.3%,这充分表明了聚合稻瘟病抗性基因可以增宽抗谱和增强抗性。

表 8-4  已克隆的水稻抗稻瘟病基因及其供体

（引自国家水稻数据中心 http://www.ricedata.cn/gene/gene_pi.htm）

| 抗性基因或等位基因 | 所用菌株（小种） | 代表品种 | 染色体 |
| --- | --- | --- | --- |
| *Pib* | BN209 | IR24、BL1 | 2 |
| *Pita*，*Pita2*，*Pitan* | IK81-3、K81-25 等 | Pai-kan-tao 等 | 12 |
| *Piz*，*Pi2*，*Pi9*，*Pizt*，*Pigm* | IE-1k | Fukunishiki、谷梅 4 号等 | 6 |
| *Pid2* | ZB15 | 地谷 | 6 |
| *Pi36* | CHL39 | Q61 | 8 |
| *Pi37* | CHL1405 等 | St. No. 1 | 1 |

## 8.2.2 水稻抗虫基因资源

褐飞虱是水稻主要虫害之一。自 20 世纪 60 年代,科学家们开始筛选和鉴定抗褐飞虱材料,在栽培稻和野生稻材料中已陆续发现了一批抗虫资源,这些基因资源大多数来自抗虫品种——斯里兰卡和印度（罗利军等,2002）。目前已从这些抗虫种质中鉴定出 19 个抗褐飞虱主效基因。新发现的主效抗性基因大部分来自野生稻,如 *Bph10-Bph19* 来源于野生稻或者野生稻衍生的导入系（表 2-7）。这是因为野生稻长期处于野生状态,经受各种病虫害的自然选择,抗病虫性较强,具有丰富的遗传多样性。从野生稻寻找和发掘褐飞虱抗源逐渐成为发现新抗基因的主要途径。近年来,我们在我国水稻微核心种质中也发现一些抗褐飞虱的地方种质,如豪补卡、鱼眼糯等,但其所含抗虫基因还有待鉴定和研究。

在抗褐飞虱的品种培育方面,国际水稻研究所 1973 年推出了具有抗褐飞虱基因 *Bph1* 的抗虫品种 IR26,1976 年育成了具 *Bph2* 的 IR36 等抗虫品种。但目前这些品种的抗性已基本丧失。1982 年 IRRI 又育成了 IR56 等含有 *Bph3* 的抗虫品种,但近年来的调查表明,褐飞虱已适应了具 *Bph3* 基因的抗性品种。因此,还需要进一步发掘和利用新的褐飞虱抗性基因,以培育抗性稳定的新品种。

## 8.2.3 产量相关基因资源

水稻高产,一直是育种家们追求的主要目标之一。水稻产量性状可以分解成三个主要的构成因子:有效穗数、每穗粒数和千粒重。迄今已定位了上百个水稻产量和产量构成因子的 QTL(http://www.gramene.com)。表 8-5 列出了已经被克隆的一些主效 QTL(Sakamoto and Matsuoka,2008)。例如,*Gn1a* 是一个影响水稻枝梗数和每穗粒数的主效 QTL(Ashikari et al.,2005)。*Gn1a* 编码一种降解细胞分裂素的氧化/脱氢酶(CKX2)。高产品种(如 Habataki),由于基因 *OsCKX2* 的部分缺失,其表达量低于低产品种(如 Koshihikari)。该基因表达量的降低会引起细胞分裂素在花序分生组织的积累,从而增加生殖器官数目(穗颖花数)。在一个含有完全缺失了 *OsCKX2* 的大穗品种(5150)中,其低水平表达与花序分生组织中的细胞分裂素的高含量成正比。*GS3* 是一个控制粒长的主效 QTL,同时也对粒宽和粒重有效应(Fan et al.,2006),研究发现 *GS3* 的第二外显子的一个终止突变造成水稻谷粒变长;利用关联分析水稻微核心种质进一步证实,这个终止突变的两种等位变异(SNP)在籼稻和粳稻中都存在,且与粒长变化高度关联(Fan et al.,2008)。*GW2* 也是一个被克隆的粒宽和粒重的 QTL,它编码一种 RING 型泛素 E3 连接酶,通过 26S 的蛋白酶体降解某种靶定蛋白。该编码蛋白功能缺失后细胞分裂增加,从而粒重增加(Song et al.,2007)。最近,Xue 等(2008)成功克隆到同时影响穗粒数、抽穗期和株高的一个主效 QTL-*Ghd7*。该基因编码一类锌指转录因子,对光周期敏感,在长日照条件下,其增强表达可以使穗粒数增多,但抽穗期延迟,株高变高。*Ghd7* 存在几种等位基因的自然变异,它们在增加水稻产量和生态适应性上可能具有重要的作用。

表 8-5 部分克隆的与产量相关的基因

| 鉴定基因 | 性状 | 代表品种 | 染色体 |
| --- | --- | --- | --- |
| *Gn1a* | 粒数 | Koshihikara | 1 |
| *GW2* | 粒重 | WY3 | 2 |
| *GS3* | 粒重/粒长 | Minghui63 | 3 |
| *qGW5* | 粒重/宽 | Asominori | 5 |
| *GS5* | 粒宽 | Kasalath | 5 |
| *Ghd7* | 粒数/抽穗期等 | Minghui63 | 7 |
| *OsTB1/FC1* | 分蘖数 | M56 | 3 |
| *MOC1* | 分蘖数 |  | 6 |
| *PROG1* | 分蘖角/分蘖数 | 野生稻 | 7 |

从已克隆的少数几个影响产量构成性状的基因来看,它们既有调控表达的基因,也有结构基因。它们大多在水稻种质资源中存在不同的等位基因变异。这些自然存在的等位基因变异的充分鉴定,不仅有利于研究作物选择或驯化的机制,而且通过分子标记辅助选择重组影响产量的主效 QTL,如 *GS3*、*Gn1a*、*Ghd7* 或其他 QTL 的不同等位基因,将是一种提高水稻产量的有效途径。

### 8.2.4 抗逆性资源

水稻生产常会遭遇不同程度的非生物逆境（如盐、土壤养分、水分等）的影响。筛选利用水稻抗逆性种质资源，培育适应性广的水稻新品种，是提高水稻生产能力的重要内容。由于各种抗逆性状的遗传机制复杂，加上筛选鉴定上的困难，一些水稻自身的抗逆基因并没有能有效地用于水稻遗传育种的实践。最近，我国科学工作者在抗逆相关基因的定位和克隆方面取得了良好的进展。例如，在抗旱方面，Hu 等（2006）通过表达谱分析鉴定出一个受干旱、高盐、低温和 ABA 的诱导表达的转录因子 *SNAC1*。研究表明，在干旱条件下，*SNAC1* 在水稻保卫细胞特异诱导表达；在重度干旱条件下，超表达 *SNAC1* 使转基因单株在不改变其他农艺性状的条件下比对照结实率提高 22%～34%。在抗盐方面，Ren 等（2005）从耐盐品种 Nona Bokra 分离到 *SKC1* 基因，它编码一个 HKT 型转运子，该基因与维持体内 $K^+$、$Na^+$ 平衡能力密切相关。*SKC1* 在盐胁迫下调节水稻地上部的 $K^+/Na^+$ 平衡，即维持高钾、低钠的状态，从而增加水稻的耐盐性。Yi 等（2005）通过对磷高效水稻 Kasalath 差减扣除文库中的 ESTs 进行筛选和分析，发现一个编码 bHLH 类蛋白的转录因子 *OsPTF1*。该基因超表达使得植株在低磷条件下的干物重和磷含量比野生型高 30% 以上，而在 RNA 干涉该基因的植株中则比野生型低 20%～30%；但在高磷情况下（10mg/L），基因敲除的株系的干物重和磷含量显著降低，分别降低 30% 和 20% 左右。瞬时磷吸收速度的测定结果表明，*OsPTF1* 超表达的转基因水稻提高了植株对磷的瞬时磷吸收速度，表明 *OsPTF1* 是一个磷饥饿诱导参与耐低磷的转录因子。

综上所述，野生稻与地方品种等种质资源中蕴藏着大量的潜在有利基因。目前已经有一些抗病、抗虫、抗逆、高产的基因被鉴定和克隆，可望能较快地应用到绿色超级稻的培育计划中。但是，这些基因远远不能满足绿色超级稻培育的要求，特别是一些抗非生物逆境、营养高效利用等的基因还未能在遗传育种上得以实际应用。因此，挖掘野生稻与地方品种等中更多抗非生物逆境等的有利基因十分迫切，而加强抗逆及高效利用方面的种质筛选和鉴定方法的研究，对于提高鉴定基因的能力非常重要。

## 8.3 水稻基因的发掘策略

随着国际水稻基因组测序计划（IRGP）的完成以及新的测序技术的应用，人们可以利用迅猛增加的 DNA 测序信息开发出更多 SSR/SNP 分子标记，从而加速推动基因鉴定与利用的研究。目前，科学家们鉴定分离基因采用的策略有很多，而针对大量种质资源而言，基于高代回交导入系或近等基因系群体和基于连锁不平衡的关联分析，是发掘与利用自然存在（特别是野生种质）的等位基因的有效手段，也是当前品种改良的主要途径。

### 8.3.1 数量性状 QTL 定位

利用分子标记技术构建遗传连锁图谱进行水稻重要性状的 QTL 定位已经十分成熟。迄今已有大量 QTL 的定位研究报道。截止 2009 年 3 月，Gramene 数据库（http://

www.gramene.com) 中已有 8646 个 QTL 的基本信息，涉及水稻生育期、株高、产量及其构成性状、谷粒品质、抗病性、育性、耐盐、耐旱、耐寒以及其他非生物逆境和土壤养分有效利用等几乎所有的农艺性状。从 QTL 定位的结果可以归纳以下几个特点。

(1) 影响各性状的 QTL 数量较多并广泛分布于基因组中。

(2) 任何单一群体或单一环境可以检测某个性状的主效 QTL 数目很少（通常为 $5\sim8$ 个）。

(3) QTL 间存在广泛的上位性互作效应。

(4) 野生稻及特殊生态类型含有丰富的基因变异。

研究表明，在野生稻的定位群体中，鉴定的 QTL 有近 50% 的有利等位基因是来源于野生资源供体亲本。利用分子标记辅助选择野生种质和特殊生态类型资源中的有利基因可以改良栽培品种中包括产量在内的许多重要农艺性状。但在育种实践中，这些 QTL 对作物新品种培育的贡献并不像预期的令人满意（Tanksley and Nelson，1996）。可能的原因有以下几个：

(1) QTL 的定位分析与品种的培育相脱节。通常用于 QTL 定位的群体大多为特定的分离世代，如 $F_2$、$F_3$、回交群体或重组自交系。要利用这些群体中有价值的 QTL 培育出优良新品种，仍然需要经过多代的回交或自交，这需要相当长的时间。

(2) 在一个群体中发现的有利 QTL 被导入到其他优良品系的遗传背景后，由于存在较大程度的 QTL 上位性互作，可能会失去原有的效应。

(3) 对大多数与育种有关的 QTL 的等位基因变异及其育种价值研究不够，通常在栽培品种中新的等位变异较少，导致品种间的等位基因交换与累加的效率和效益不高。

(4) 数量性状极易受环境的影响，数量性状基因定位的准确性很大程度上依赖于考查田间性状的准确性；此外，微效基因及其上位性互作也不易被检测到。

(5) 在野生稻和地方品种资源构建的分离群体中，野生稻或地方品种的不利基因频率较高；水稻籼粳亚种间往往存在半不育现象，导致与育性基因连锁的其他性状基因的检测受到影响。

(6) 由于有利基因与控制其他性状的不利基因的连锁累赘 (linkage drag)，也使优异基因的发掘和转育利用存在困难。

在其他作物 QTL 分析与利用中也发现存在以上类似的原因，于是 Tanksley 和 Nelson（1996）提出了高代回交 QTL 分析策略（advanced backcross QTL analysis，AB-QTL）。该方法将 QTL 的分析与育种直接联系起来，在完成 QTL 定位后的 $1\sim2$ 年即可得到可直接用于生产的推广品种。自从提出 AB-QTL 策略之后，水稻、小麦和玉米等许多作物也开始应用该方法分析重要性状的 QTL。

### 8.3.2 高代 QTL 分析策略

高代回交 QTL 分析法（AB-QTL），作为一种将 QTL 检测和品种培育相结合的新育种方法，主要特点是在高回交世代（如 $BC_2$ 或 $BC_3$）才进行分子标记和表型分析。在水稻等自花授粉作物中，该方法的具体路线是：用一个待改良的品种与一供体（如近缘野生种）杂交得到 $F_1$，用待改良品种回交，得到 $BC_1$ 群体。在 $BC_1$ 代，可以根据表型如不育性、落粒性和生长习性等进行选择，剔除一些具有明显不良性状的单株。剩下的 BC₁ 个体用于继续回交产生一定数量个体的 BC₂ 后代。种植 BC₂ 和自交得到的 BC₂S₁ 家系，考察性状。在 BC₂ 代收集叶片提取 DNA 用于分子标记分析，基因型结果可以同时用于 BC₂ 或 BC₂S₁ 的分析。这时供体亲本的基因组所占的比例已大大减少，分离群体的遗传背景与轮回亲本已基本相同（与轮回亲本 85%～95% 的相似性），从而增加了加性效应 QTL 的检测能力。另外，在世代群体构建过程中，对不利基因型或表型的选择可以消除来源于供体的不利基因，避免了如种子落粒、不育、不理想的生长习性等不利性状对产量及其他重要农艺性状 QTL 检测的影响。一旦在高代（如 BC₂S₁）中检测到有利的 QTL，可以结合分子标记技术再通过 1～2 次回交加代，培育出 QTL 近等基因系（QTL-NIL）。利用这些 QTL-NIL 的田间重复试验与分析，可以验证 QTL 的效应。若 QTL-NIL 比原始待改良品种要优越，则可以直接替代原来的品种用于育种和生产实践（严长杰和顾铭洪，2000）。另外，通过 QTL-NIL 之间的有计划杂交，还可培育出更优良的品系。

在水稻中，已有几个关于产量和产量构成因子的 AB-QTL 研究的例证。研究者用来源于马来西亚的普通野生稻（IRGC 105491）作供体亲本，4 个不同的优良品种作轮回亲本：杂交稻亲本 V20、巴西旱稻 Caiapo、美国长粒粳稻品种 Jefferson 和优良热带栽培稻 IR64。Xiao 等（1996，1998）考察了 BC₂ 测交群体的 300 株家系的 12 个重要农艺性状。尽管普通野生稻所考察的性状表现都很差，但导入了野生稻基因后，分离世代中 12 个性状的平均表现均优于对照 V20/Ce64。在该群体中共检测到 68 个有显著效应的 QTL，其中 51% 含有来源于野生供体亲本的有利基因。重要的是，在第 1 号和第 2 号染色体上各检测到 1 个野生稻的增产基因，分别增加单株产量约 18% 和 17%，而对株高和生育期无任何影响。杨益善等（2006）将这两个来源于野生稻的产量 QTL 导入到恢复系测 64-7，育成新的优良恢复系远恢 611，野生稻高产 QTL 在新恢复系远恢 611 及其系列组合中得到了较好的表达，具有显著的增产效果和重要的育种价值。

Moncada 等（2001）用 Caiapo 作受体亲本构建含有 274 个株系的 BC₂F₂ 群体，在低水肥条件下考察了 8 个农艺性状。在考察的性状中，尽管普通野生稻中有 7 个性状表现都很差，但发现 56% 的增效 QTL 来源于野生稻。同样，用粳稻品种 Jefferson 作轮回亲本的回交群体，所检测到的产量及其构成因子的 QTL 中有利等位基因来源于普通野生稻的比例占 53%（Thomson et al.，2003）。在籼稻品种 IR64 作轮回亲本的研究中（Septiningsih et al.，2003），与产量相关的普通野生稻有利等位基因约占 33%，而品质 QTL 中源于野生稻的有利基因的比例较低。有意思的是，大多野生稻的产量或构成性状的增效基因与所检测到的不良品质 QTL 均无连锁（Septiningsih et al.，2003）。这说明利用分子标记有选择性地将普通野生稻中的增产 QTL 导入到 IR64 的背景将不会产生大量的连锁累赘。这些研究结果表明，普通野生稻尽管总体表现较差，但它却含有丰富的重要农艺性状的优良基因资源。高代回交 QTL 分析法对种质资源（特别是野生种质或种间）的有利基因发掘并将其导入到优良栽培品种中以丰富其遗传多样性是可行的。

### 8.3.3 回交导入系和近等基因系群体

导入系群体（introgression line，IL）也称染色体片段代换系（chromosome segment substitution line，CSSL）或近等基因系（near-isogenic line，NIL），一般是指通过连续回交和自交方式并结合分子标记辅助选择培育的一套仅含有单一或少量供体导入片段、其余基因组同受体（或轮回亲本）基本一致的特殊材料。尽管构建遗传背景一致的永久导入系群体并不是一项简单的工作，但由于其在定位和利用上的优势和特点，在过去十年中，遗传育种家们在水稻等作物中构建了不少导入系群体。其特点主要表现在以下几个方面：

（1）除了导入片段外，导入系的遗传背景与轮回亲本一致。这样在栽培种与野生种质（或亚种间）杂交时可以避免由于含有较高比例的外源基因组所导致的不协调（如不育）的问题。

（2）因为导入系和轮回亲本之间的表型差异仅与导入片段有关，所以增强了检测微效基因的能力。

（3）比较导入系与轮回亲本在目标性状上的差异，可以简化检测 QTL 的统计分析。通过对目标性状的比较，只要差异显著就表明导入片段含有一个或多个影响该性状的 QTL。

（4）降低了供体亲本其他染色体片段的基因互作（上位性）的影响。这在上位性效应普遍存在且影响几乎所有重要性状的情况下，尽量减低上位性的干扰、准确估计目标 QTL 的效应非常重要；另外，可以用同一供体片段在不同遗传背景下的导入系来精确估计 QTL 与遗传背景的互作程度。

（5）导入系群体作为一个永久性群体，基因型稳定，可以在不同年份不同环境进行重复试验，降低环境的影响，增加 QTL 检测的能力，同时也可以估计 QTL 与环境的互作（Gur and Zamir，2004）。重要的是，对导入系的所有性状在不同试验中的重复或补充考察，可以累积建立综合的表型数据库。

（6）通过构建含有导入片段更小的跨叠导入系，可以发现与目标 QTL 紧密连锁的分子标记以及精细定位或克隆目标基因；一旦导入的染色体片段被缩小，还可将不同导入系进行杂交来研究不同 QTL 之间的互作，以深入了解上位性的本质。

（7）由于纯合的导入系可以与不同的测验种杂交以考察杂交种的杂合效应，因此导入系也是研究杂种优势遗传基础的有力工具（Semel et al.，2006）。

（8）从育种角度考虑，在不需鉴定分离出单个基因情况下，也可以直接利用分子标记辅助选择聚合来自相同或不同亲本的目标 QTL 的导入片段，快速地改良作物的性状。

20 世纪末，国际水稻研究所启动了由 14 个水稻主产国参与的"全球水稻分子育种计划"，其基本思想是集中来自世界上各水稻主产国的丰富多样的品种资源，通过大规模杂交、回交和分子标记鉴别选择相结合的方法，将这些品种资源基因组片段导入到各国的优良品种中去，从而实现优良基因资源在分子水平上的大规模交流，培育出大量的近等基因导入系。在此基础上，进行水稻重要新基因发掘和突破性的新品种选育。我国学者积极地参与了该计划的策划与研究工作，并引进了国际优良稻种资源，创造出一大批具有优良性状的种质资源。1998年，我国部分科研单位加入到这一计划之中，随后获得国家自然科学基金国际合作重点项目资助。2001年，农业部"948"计划将"参与全球水稻分子育种计划研究"作为重大项目立项，组织我国水稻品种资源、遗传育种和生物技术研究的方面主要力量协同攻关。通过十年的努力，培育了数以万计的具有丰富遗传基础的优良育种材料，基本建成了我国水稻种质资源创新与功能基因研究的资源平台、分子育种的技术平台，为培育一批适应我国各稻作区生态环境的优良品种，实现我国水稻长期可持续发展奠定了重要基础。

这种通过大规模的回交育种，将水稻种质资源中的大量有利遗传变异（基因）导入我国主要生态区域的优良水稻品种（遗传背景）中，构建大批导入系群体的策略，具体操作包括两大部分，即回交基础亲本材料的选择和有利性状/基因向优良遗传背景下的大规模导入和鉴定（黎志康，2005）。图8-1是利用回交育种程序构建导入系群体、鉴定有利基因、培育新品种的流程。目前，第一阶段的大规模回交导入工作已经完成，第二阶段的导入系群体的目标性状筛选和有利基因的鉴定利用正在展开。

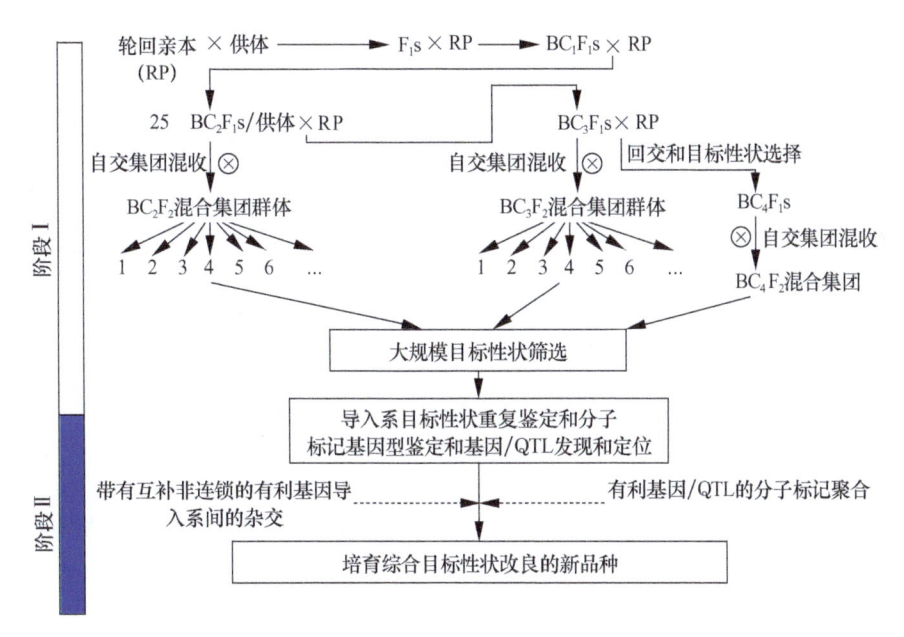

图 8-1 利用回交程序大规模培育导入系群体、鉴定利用目标基因的策略

⟶ 已实验 ⋯⋯› 未实验

（黎志康，2005，并略作修改）

回交基础亲本材料包括优良轮回亲本与供体亲本的部分。我国水稻分子育种协作网的所有参加育种单位选择代表当地优良的1~3个推广品种作为轮回亲本，供体亲本包括从国际水稻研究所提供的来源于24个国家和国际研究机构的各种优异种质资源约193份。这些亲本材料具有极为丰富的遗传多样性。应用101个SSR分子标记对193份亲本的基因型鉴定结果表明，这些亲本包括了栽培稻籼粳两大亚种的7种生态类型（图8-2），在DNA水平上具有极为丰富的遗传变异（Yu et al., 2003）。研究还表明，尽管

大多数供体亲本本身的农艺表现并不理想，但广泛存在着各种有利的目标性状基因（Ali et al.，2006）。目前，我们还将供体亲本扩展到中国微核心种质和部分野生稻，通过供体亲本与轮回亲本进行连续 2~3 次的回交，构建相应的导入系群体或近等基因系群体。

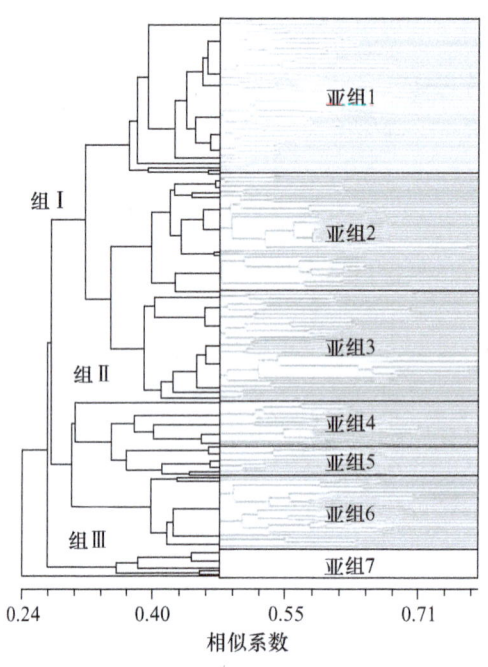

图 8-2　利用分子标记聚类分析来源于不同国家和地区的 193 份水稻供体亲本，表明这些材料至少可分为 3 大组 7 亚类，具有丰富的遗传多样性

（引自 Yu et al.，2003）

为了保证发掘供体所有的有利目标性状基因或 QTL，必须确保回交导入系群体中的供体导入片段能覆盖整个供体基因组，因此回交后代群体需要一定的容量。当回交进行到预期的高代（如 $BC_2F_1$ 或 $BC_3F_1$）时，所有回交 $BC_nF_1$ 家系需自交一代。将来自每个杂交组合（1 个供体与 1 个轮回亲本，称之为 1 个组合）的 $BC_nF_2$ 单株的自交种子混收，形成各组合高代回交群体的混合集团，以备足够多的回交后代种子进行不同目标性状的鉴定与筛选。

对 $BC_nF_2$ 或 $BC_3F_2$ 群体进行目标性状的鉴定与筛选是构建优良导入系群体的关键所在。研究表明，对回交后代目标性状的选择，施加高选择压比较有利于目标导入系的获得和后期有利性状/基因的鉴定。将回交群体置于各种逆境（如干旱、高盐、碱、缺磷、缺锌、低氧等）和各种病虫高诱发条件下鉴定，筛选逆境的强度一般控制能刚刚杀死轮回亲本或显著抑制轮回亲本的生长。在这样的条件下，选择能够存活或生长显著优于轮回亲本的回交后代单株。入选的回交后代在对目标性状进行重复鉴定和验证后，就成为带有特定目标性状的导入系。当对所有或大部分组合高代回交群体的性状筛选完成后，就每个轮回亲本而言，可以形成一套遗传背景相似的导入系群。每个导入系群中的各个导入系各自带有少数来源于某一供体的与特定目标性状有关的染色体片段。这些导入系群将成为进行大规模有利基因/QTL 发掘以及通过有利基因或 QTL 的高效聚合来定向改良农艺性状的分子育种的材料平台。

在此基础上，应用分子标记分析和跟踪导入系中来自已知供体的染色体片段及其频率，发现并定位影响各种目标性状的 QTL 及其复等位基因。基于连锁定位（linkage mapping）和连锁不平衡定位的原理（Li et al.，2005），利用分子标记对特定目标性状入选的导入系进行全基因组检测，可以确定每个导入系所携带的供体染色体片段，进而对每个供体片段的基因或基因型频率与其期望值进行卡方检验等分析，一旦某一供体片段的基因或基因型频率显著偏离其期望值，即说明该片段可能携带与目标性状有关的基因。此外，由于每套导入系中影响同一目标性状的基因/QTL 来自于许多不同的供体亲本，应用这一方法不仅可以发现大量的影响目标性状的不同 QTL，而且可以发现重要 QTL 位点上可能存在的复等位基因；还可以在不同环境和不同受体遗传背景下比较等位基因的效应；同时，根据筛选鉴定产生的大量资料建立导入系群的表型、QTL 效应及其基因在不同遗传背景和环境下的表达等数据库。这些导入系及其相应遗传信息无疑为进一步利用不同有利 QTL 的聚合、目标性状的分子设计和定向改良提供坚实的基础。

作为"全球水稻分子育种计划"的一部分，我们按照上述策略将生产上广泛应用的优良杂交稻亲本珍汕 97B 和 9311 作为轮回（受体）亲本，分别与供体亲本进行了大规模的杂交、回交工作。针对每个杂交组合，在回交过程中随机选择 20～25 单株与轮回亲本连续回交，直到获得 $BC_2$ 或 $BC_3$，然后自交 1～2 次，获得高代回交群体。根据表型性状及部分基因型分析选择遗传背景同轮回亲本一致、只有少数基因片段来源于供体亲本的导入系。目前已获得以珍汕 97B 为遗传背景的导入系 3700 多份，93-11 背景的导入系 2500 份左右。两套导入系群的特点是，每系只含有少量纯合的来自不同供体亲本的染色体片段，其遗传背景与珍汕 97B 或 9311 相似。在完成了大规模的回交导入工作后，我们正对这些导入系群分别进行不同条件下的目标性状的筛选和相关基因的鉴定。

同时，我们采用回交程序结合分子标记辅助选择构建了另外两套近等基因系群体。与以上导入系群的最大区别是：导入的染色体片段只来源于一个粳稻供体亲本（日本晴，Nipponbare），且其导入片段大小和位置通过分子标记分析已经界定。一套是以优良籼稻保持系珍汕 97B（Zhenshan97B）为遗传背景、含有粳稻日本晴单个或少数染色体片段的导入系群体，不同导入片段能重叠覆盖日本晴的全基因组，导入系的背景恢复率为 92.0%～99.9%，平均恢复率为 97.8%；另一套是以优良籼稻恢复系 9311 为背景、导入片段来源于日本晴的导入系群体，含有 125 个导入系跨叠覆盖日本晴全基因组（图 8-3），其平均背景回复率为 96.3%（徐华山等，2007）。值得提出的是，9311 作为我国超高产两系杂交稻的骨干亲本，日本晴作为国际水稻测序计划的测序粳稻品种，其全基因组测序已完成。我们正利用这两套"重叠"导入系进行目标性状 QTL 的全基因组检测以及目标区段 QTL 的精细定位，同时系统评价粳稻等位基因在籼稻遗传背景中的遗传效应，探讨控制产量性状的分子遗传机制。

通过构建和筛选大量水稻种质的导入系群体，结合关联分析、转基因转化等方法，将为鉴定克隆高产、优质相关基因，更多地了解自然变异的等位基因效应和育种价值奠定良好的基础。利用高代回交和导入系的策略实现有利基因聚合和重组，进行"设计育种"，无疑将是培育绿色超级稻的重要途径。

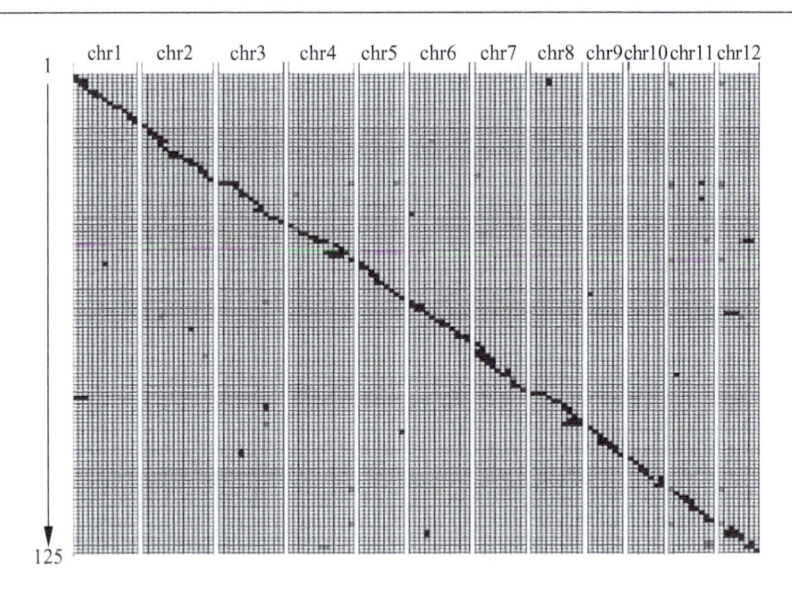

图 8-3 以优良籼稻恢复系 9311 为背景、导入片段来源于日本晴的 125 份导入系的图示基因型，显示含有的导入片段跨叠覆盖日本晴全基因组

chr 代表染色体，黑色条框代表导入片段，左侧 1~125 代表导入系编号，
如导入系 2 含有第 1 号染色体和第 8 号染色体 2 个导入片段

### 8.3.4 利用关联分析发掘基因

连锁不平衡（linkage disequilibrium，LD）是指一个群体内不同位点的等位基因间的非随机关联。如果一个位点上的特定等位基因变异与另一位点上的某等位基因变异同时出现的频率大于其在群体中完全随机组合一起的期望值时，那么这两个等位基因变异就处于连锁不平衡状态。当两位点处于紧密连锁状态时，其等位基因间可能存在较强的连锁不平衡关系。关联分析（association analysis），又称连锁不平衡作图，是一种以连锁不平衡为基础，鉴定某群体内性状与分子标记或候选基因关系的分析方法，通过分子标记和目标性状之间的相关性分析，检测性状相关基因（Gupta et al.，2005）。关联分析依赖于自然存在的种质资源群体，这与一般的 QTL 作图是不同的。QTL 作图一般只能检测双亲的等位基因差异，且需要构建双亲杂交衍生而来的分离群体精细定位目标基因。理论上，自然群体经历了长时间的遗传重组和突变的积累，会增加连锁位点间的遗传多样性，降低位点基因间的连锁不平衡性，有利于关联分析的精确作图。关联分析在精细定位方面比传统的双亲杂交的方法更直接和方便。近年来，随着模式植物全基因组测序的完成，植物基因组学的研究已经呈现出由简单质量性状向复杂数量性状转移的趋势，特别是大量 SNP 标记的开发以及生物信息学的迅猛发展，应用关联分析方法发掘植物数量性状基因已成为国际植物基因组学研究的热点之一。

#### 8.3.4.1 关联分析的策略

关联分析主要包括两种途径，即基于全基因组扫描和基于候选基因的关联分析（Flint-Garcia et al.，2005）。在全基因组扫描方法中，通常采用分布于基因组染色体上一定数量的标记对所选群体进行基因型鉴定；而基于候选基因的关联分析涉及对目标候选基因所进行的序列分析。由于自然群体中连锁不平衡的程度直接关系到关联分析结果的准确性与精确性，了解所研究群体的基因组连锁不平衡模式有利于我们选择适宜的关联分析方法。一般来说，对位点间连锁不平衡性较低的染色体区段，关联分析需要检测较多的分子标记，且容易找到与目标基因（或 QTL）紧密连锁的标记。反之，在连锁不平衡程度高的基因组区段，只需检测很少的标记就可以找到与目标基因相关联的标记，但不容易精细定位目标靶基因。对于具有高度连锁不平衡性的群体而言，常用全基因组扫描方法较好，采用这种方法可以减少所需标记的数量；而较低 LD 水平的群体适宜采用基于候选基因作图的方法。不管是何种途径，关联分析基本包括如下三个步骤：

第一步，种质群体的选择。种质资源的选择对发掘优异等位基因非常关键。为了能够检测到最多的等位基因，所选种质材料应尽可能地包括某物种全部的遗传变异。一般认为，对于已构建了核心种质的物种而言，核心种质是进行关联分析的最佳选择。种质材料的选择同样也决定了关联分析的精细作图能力（或分辨率）。具有高度多样性的种质材料能够包括历史上曾经发生过的更广泛的重组事件，因此这类群体具有较高的关联分析分辨率。

第二步，群体结构分析。在进行关联分析时，一个必须考虑和解决的问题是群体遗传结构。因为当所用群体存在较复杂的群体结构时，由于不同亚群内等位基因的频率不同，群体结构及亚群内等位基因的不均衡分布会增加染色体间的连锁不平衡性，从而导致基因型与表现型间的假阳性关联，即目的性状与不相关的基因间表现出关联，使关联分析更加复杂。因此，群体结构信息对关联分析的设计和数据处理非常重要。目前，通过全基因组范围内的一定量中性遗传标记（如 SSR 或 SNP 等）可以检测并校正种质资源的群体结构。

第三步，目标性状的选择及其表型鉴定。选择种质材料构建关联分析的群体，即可对无数特定的目标性状和候选基因进行研究。为了发掘更多的优异等位基因或微效等位基因，性状考察鉴定的准确性是非常重要的，因此所有种质材料需要进行多年、多点、多重复的表型鉴定。

两种关联分析策略在以上三个步骤是相同的，其差异仅在于基于全基因组扫描的关联分析，在分析了种质材料的群体结构、标记间 LD 水平和目标性状的表型数据后，即可运用专门软件（如 TASSEL 或 ANOVA 方法）进行关联分析；而在基于候选基因的关联分析策略中，候选基因的选择及其核苷酸多态性检测成为重要的环节。目前，候选基因的选择可借助已有的 QTL 作图、表达谱、突变体、生理生化、比较基因组学和蛋白质等其他组学的研究信息，优先选择与目标性状相关的候选基因。然后可综合种质材料的群体结构、目标性状的表型鉴定数据和候选基因的多态性进行关联分析。

#### 8.3.4.2 关联分析的特点

关联分析的对象是自然变异，不需要花费多年时间和大量精力去构建特定的分离群体。这种方法能够直接通过分析自然种质资源中分子标记与紧密连锁的 QTL 之间的关系，检测每个座位所包括的多个等位基因，明确不同种质资源中所携带的等位基因及其对目标性状的贡献。因此，关联分析不仅可以定位 QTL，而且可以鉴定由 QTL 所代表的与目标性状相关联的等位基因（Meuwissen and Goddard，2000；Whitt and Buckler，2003）。

作物的许多重要农艺性状均属于由多个基因控制的数量性状。由于这类性状由多基因控制，不同座位之间往往存在互作，基因表达与环境也存在相互作用，因此解析它们的遗传基础相当困难。目前，研究这些性状的主要方法是 QTL 作图。与 QTL 作图相比，采用关联分析方法研究复杂数量性状主要有两个强大的优势：首先，具有更广泛的遗传变异和较高的分辨率（Remington et al.，2001），如在玉米上，用关联分析法对 QTL 作图比用 $F_2$ 群体进行作图其分辨率可高 5000 倍（Thornsberry et al.，2001）；其次，对于种质资源研究来说，关联分析则具有独特的能同时分析多个等位基因的优势。因此，基于关联分析的等位基因发掘将成为今后种质资源评价的最重要的手段之一。

尽管关联分析在数量性状的解析中存在上述优势，但其不足之处也不容忽视。关联分析是根据连锁不平衡（LD）的大小来判断性状与标记间的关系。而群体中的 LD 水平是许多遗传因素和非遗传因素综合作用的结果（Flint-Garcia et al.，2003，2005）。虽然紧密连锁可导致较高的 LD 水平，但 LD 并非一定由连锁引起，选择和群体混合（admixture）同样会增加群体的 LD 水平；同时由于多代交配和进化等因素的影响，连锁的基因间也不一定出现明显的 LD。这是因为重组会增加连锁位点间的遗传多样性，降低其连锁不平衡性。关联分析在植物遗传学中应用的首要限制因素是其群体结构。许多重要作物有漫长的进化史和驯化史，其野生近缘种存在基因漂流，从而导致种质资源中存在复杂的群体结构（Sharbel et al.，2000）。当所用的研究群体结构简单时，关联分析的功效达到最大，并且假阳性关联的可能性最小（Doebley，2000；Garris et al.，2003）。复杂的群体结构将导致基因型与表型间的假阳性关联，使关联分析更加复杂。Andersen 等（2005）以 71 份欧洲玉米自交系构成的核心自交系进行控制玉米株高的基因 *Dwarf8* 的序列多态性检测和开花期表型鉴定，结果发现，在没有控制群体结构影响的前提下检测到了显著关联，但是当群体结构被控制后，就没有检测到关联性的存在。在另外一个用 375 个玉米自交系组成的作图群体进行 *Dwarf8* 基因序列多态性与开花期的关联分析中，其与玉米开花期的关联性却得到了验证（Camus-Kulandaivelu et al.，2006）。换而言之，具有一定遗传多样性代表性和恰当的样本数量的独立群体是关联分析的重要基础。尽管目前在水稻中应用关联分析检测数量性状位点的研究报道较少，但随着基因组测序技术的发展以及水稻（微）核心种质的构建完成，我们相信关联分析将成为剖析水稻数量性状位点、评价种质资源中等位基因的强有力工具。

### 8.3.5 QTL 作图和关联分析相结合

作物育种中具有重要经济价值与科学研究价值的基因正是某种特定的等位变异，如举世闻名的水稻"绿色革命"基因就是由赤霉素合成酶基因（*OsGA20ox*）的等位变异引起的，矮秆基因与高秆基因的差异仅在于与其编码区的碱基差异（Hedden，2003）。最近对产量基因的研究表明，自然存在的等位基因变异中，有些具有育种应用潜力，而有些虽具有更高的产量效应，但似乎对育种不利（Xue et al.，2008）。因此，从育种实践而言，从自然变异中发掘最适或最优等位基因是非常重要的。

连锁分析和关联分析是数量性状基因鉴定的两个主要手段。如上所述，它们在 QTL 定位的精度和广度上有较强的互补性，如连锁分析可以利用较少的分子标记定位 QTL，而关联分析则可以利用高密度的标记对 QTL 精细定位，甚至对其等位基因作功能验证。因此，综合利用它们的优势，将会加快种质资源等位基因的鉴定和分离克隆。

例如，在玉米中，Harjes 等（2008）通过候选基因的关联分析结合 QTL 作图和化学诱变体等途径，阐述了番茄红素环化酶基因（$lycE$）是控制玉米籽粒维生素 A 前体含量高低的关键位点；通过对 288 个玉米品系的关联分析还发现该基因启动子区的转座子插入和 3′非编码区的 8bp 插入的单倍型有较高的籽粒维生素 A 前体含量，由此提出利用相应的基因标记辅助筛选玉米种质资源，可望加速改良或强化现有玉米品种籽粒中功能营养成分的含量。

QTL 作图和关联分析相结合对数量性状基因的鉴定将更加有效。一个正在进行的研究可以说明这一点。Buckler 实验室通过多年的研究，构建了一套由 302 份自交系构成的关联分析群体，该群体代表了全球玉米育种计划中的玉米种质资源大约 85% 的 SNP 多态性，并且包含 50 个表型性状数据和表达谱数据（Flint-Garcia et al., 2005）。这样的独立群体使大规模开展玉米的关联分析成为可能。不仅如此，他们同时还将遗传差异较大的 25 个自交系分别与一个骨干品系（B73）杂交，构建包含 5000 个单株的重组自交系群体，计划结合基因组的数千个 SNP，进行候选基因的关联分析，并展开 QTL 作图定位、QTL 验证和等位基因发掘的工作（Yu et al., 2008）。这种 QTL 作图和关联分析相结合的策略将同样适合于水稻等其他作物的 QTL 等位基因的发掘研究。

## 8.4 小　　结

水稻育种的成功主要依赖于一系列优异基因的发掘和利用。近年来，世界各国的科学家将重要基因资源的鉴定以及功能基因组学研究的基础材料的创制列为首要任务，一批含重要基因的遗传材料不断涌现。我国科学家已收集评价了大量水稻核心种质并创建了大批的近等基因导入系，这为我国水稻育种及其相关研究提供了丰富的基因资源。优异种质的发掘和新基因发现将大大促进水稻新品种的选育。随着全基因组测序技术以及其他组学技术的发展，高通量的标记开发与应用成为现实，通过 QTL 作图和关联分析进行种质资源新基因的发掘，将进入一个前所未有的高速发展时期。

培育抗病、抗虫、抗逆、营养高效、高产、优质的绿色超级稻是一个庞大的系统工程，它涉及性状形成的生物学基础研究、育种应用、栽培体系创新以及品种的推广等各个方面。所以，培育并推广应用绿色超级稻的任务十分艰巨。尽管在重要基因鉴定等研究方面已经有了很大的进展，但种质资源中大量具有育种价值的最适或最优基因还有待鉴定和发掘。我们还需要根据不同生产或技术的要求，不断搜集、创建、评价、鉴定发掘以及利用新的基因资源，只有这样才能够培育出应用前景广泛、适应性强的绿色超级稻品种。

（作者：余四斌　王重荣）

## 参 考 文 献

金旭炜，王春连，杨清，江祺祥，樊颖伦，刘古春，赵开军. 2007. 水稻抗白叶枯病近等基因系 CBB30 的培育及 $Xa30$ ($t$) 的初步定位. 中国农业科学，40：1094-1100

黎志康. 2005. 我国水稻分子育种计划的策略. 分子植物育种，3：603-608

刘士平，李信，汪朝阳，李香化，何予卿. 2003. 基因聚合对水稻稻瘟病的抗性影响. 分子植物育种，1：22-26

罗利军，应存山，汤圣祥. 2002. 稻种资源学. 武汉：湖北科学技术出版社

潘家驹. 1994. 作物育种学总论. 北京：中国农业出版社

汤圣祥，魏兴华，徐群. 2008. 国外对野生稻资源的评价和利用进展. 植物遗传资源学报，9：223-229

徐华山，孙永建，周红菊，余四斌. 2007. 构建水稻优良恢复系背景的重叠片段代换系及其效应分析. 作物学报，33：979-986

严长杰，顾铭洪. 2000. 高代回交 QTL 分析与水稻育种. 遗传，22：419-422

杨善益，邓启云，陈立云，邓化冰，庄文，熊跃东. 2006. 野生稻高产 QTL 导入晚稻恢复系的增产效果. 分子植物育种，4：59-64

章琦. 2005. 水稻白叶枯病抗性基因鉴定进展及其利用. 中国水稻科学，19：453-459

Ali A J, Xu J L, Ismail A M, Fu B Y, Vijaykumar H M, Gao Y M, Domingo J, Maghirang R, Yu S B, Gregorio G, Yanaghihara S, Cohen M, Carmen B, Mackill D, Li Z K. 2006. Hidden diversity for abiotic and biotic stress tolerances in the primary gene pool of rice revealed by a large backcross breeding program. Field Crops Res，97：66-76

Amante-Bordeos A, Sitch L A, Nelson R, Dalmacio R D, Oliva N P, Aswidinnoor H, Leung H. 1992. Transfer of bacterial blight and blast resistance from the tetraploid wild rice *Oryza minuta* to cultivated rice, *Oryza sativa*. Theor Appl Genet，84：345-354

Andersen J R, Schrag T, Melchinger A E, Zein I, Lübberstedt T. 2005. Validation of *Dwarf8* polymorphisms associated with flowering time in elite European inbred lines of maize (*Zea mays* L.). Theor Appl Genet，111：206-217

Ashikari M, Sakakibara H, Lin S, Yamamoto T, Takashi T, Nishimura A, Angeles E R, Qian Q, Kitano H, Matsuoka M. 2005. Cytokinin oxidase regulates rice grain production. Science，309：741-745

Brown A H D. 1989. Core collections: a practical approach to genetic resources management. Genome，31：818-824

Brown A H D. 1989. The case for core collections. *In*: Brown A H D, Williams J T, Frankel O H Marshall D R. The use of plant genetic resources. Cambridge, UK: Cambridge University Press，136-156

Bryan G T, Wu K S, Farrall L, Jia Y, Hershey H P, McAdams S A, Faulk K, Donaldson G K, Tarchini R, Valent B. 2000. A single amino acid difference distinguishes resistant and susceptible alleles of the rice blast resistance gene *Pita*. Plant Cell，12：2033-2045

Camus-Kulandaivelu L, Veyrieras J-B, Madur D, Combes V, Fourmann M, Barraud S, Dubreuil P, Gouesnard B, Manicacci D, Charcosset A. 2006. Maize adaptation to temperate climate: relationship between population structure and polymorphism in the *Dwarf8* gene. Genetics，172：2449-2463

Chen H L, Wang S P, Zhang Q F. 2002. New gene for bacterial blight resistance in rice located on chromosome 12 identified from Minghui 63, an elite restorer line. Phytopathology, 92: 750-754

Chen X W, Shang J J, Chen D X, Lei C L, Zou Y, Zhai W X, Liu G Z, Xu J C, Ling Z Z, Cao G, Ma B T, Wang Y P, Zhao X F, Li S G, Zhu L H. 2006. A B-lectin recept or kinase gene conferring rice blast resistance. The Plant J, 46: 794-804

Chu Z H, Fu B Y, Yang H, Xu C G, Li Z K, Sanchez A, Park Y J, Bennetzen J L, Zhang Q F, Wang S P. 2006. Targeting xa13, a recessive gene for bacterial blight resistance in rice. Theor Appl Genet, 112: 455-461

Doebley J. 2000. A tomato gene weighs in. Science, 289: 71-72

Fan C C, Xing Y Z, Mao H L, Lu T T, Han B, Xu C G, Li X, Zhang Q F. 2006. GS3, a major QTL for grain length and weight and minor QTL for grain width and thickness in rice, encodes a putative transmembrane protein. Theor Appl Genet, 112: 1164-1171

Fan C C, Yu S B, Wang C R, Xing Y Z. 2008. A causal C-A mutation in the second exon of GS3 highly associated with rice grain length and validated as a functional marker. Theor Appl Genet, DOI 10.1007/s00122-008-0913-1

Flint-Garcia S A, Thornsberry T M, Buckler E S. 2003. Structure of linkage disequilibrium in plants. Annu Rev Plant Biol, 54: 357-374

Flint-Garcia S A, Thuillet A C, Yu J, Pressoir G, Romero S M, Mitchell S E, Doebley J, Kresovich S, Goodman M M, Buckler E S. 2005. Maize association population: a high-resolution platform for quantitative trait locus dissection. The Plant J, 44: 1054-1064

Frankel O H, Brown A H D. 1984. Plant genetic resources today: A critical appraisal. In: Holden J H W, Williams J T. Crop genetic resources: conservation & evaluation. London: George Allen & Urwin Ltd, 249-257

Garris A J, McCouch S R, Kresovich S K. 2003. Population structure and its effect on haplotype diversity and linkage disequilibrium surrounding the xa5 locus of rice (Oryza sativa L.). Genetics, 165: 759-769

Gupta P K, Rustgi S, Kulwal P L. 2005. Linkage disequilibrium and association studies in higher plants: Present status and future prospects. Plant Mol Biol, 57: 461-485

Gur A, Zamir D. 2004. Unused natural variation can lift yield barriers in plant breeding. PLoS Biol, 2: 1610-1615

Harjes C E, Rocheford T R, Bai L, Brutnell T P, Kandianis C B, Sowinski S G, Stapleton A E, Vallabhaneni R, Williams M, Wurtzel E T, Yan J, Buckler E S. 2008. Natural genetic variation in lycopene epsilon cyclase tapped for maize biofortification. Science, 319: 330-333

Hedden P. 2003. The genes of the green revolution. Trends Genet, 19: 5-9

Hu H H, Dai M Q, Yao J L, Xiao B Z, Li X H, Zhang Q F, Xiong L Z. 2006. Overexpressing a NAM, ATAF, and CUC (NAC) transcription factor enhances drought resistance and salt tolerance in rice. Proc Natl Acad Sci USA, 103: 12987-12992

Li Z K, Fu B Y, Gao Y M, Xu J L, Ali J, Lafitte H R, Jiang Y Z, Rey J D, Vijayakumar C H, Maghirang R, Zheng T Q, Zhu L H. 2005. Genome-wide introgression lines and their use in genetic and molecular dissection of complex phenotypes in rice (Oryza sativa L.). Plant Mol Biol, 59: 33-52

Liu G, Lu G, Zeng L, Wang G L. 2002. Two broad-spectrum blast resistance genes, Pi9 (t) and

*Pi2* (*t*), are physically linked on rice chromosome 6. Mol Genet Genomics, 267: 472-480

Meuwissen T H E, Goddard M E. 2000. Fine mapping of quantitative trait loci using linkage disequilibria with closely linked marker loci. Genetics, 155: 421-430

Moncada P, Martinez C P, Borrero J, Chatel M, Gauch H, Guimaraes E. 2001. Quantitative trait loci for yield and yield components in an *Oryza sativa* × *Oryza rufipogon* BC$_2$F$_2$ population evaluated in an upland environment. Theor Appl Genet, 102: 41-52

Qu S H, Liu G F, Zhou B, Bellizzi M, Zeng L, Dai L, Han B, Wang G L. 2006. The broad-spectrum blast resistance gene *Pi9* encodes an NBS-LRR protein and is a member of a multigene family in rice. Genetics, 172: 1901-1914

Remington D L, Thornsberry J M, Matsuoka Y, Wilson L M, Whitt S R, Doebley J, Kresovich S, Goodman M M, Buckler E S. 2001. Structure of linkage disequilibrium and phenotypic associations in the maize genome. Proc Natl Acad Sci USA, 98: 11479-11484

Ren Z H, Gao J P, Li L G, Cai X L, Huang W, Chao D Y, Zhu M Z, Wang Z Y, Luan S, Lin H X. 2005. A rice quantitative trait locus for salt tolerance encodes a sodium transporter. Nat Genet, 37: 1029-1030

Sakamoto S, Matsuoka M. 2008. Identifying and exploiting grain yield genes in rice. Curr Opinion in Plant Biology, 11: 209-214

Semel Y, Nissenbaum J, Menda N, Zinder M, Krieger U, Issman N, Pleban T, Lippman Z, Gur A, Zamir D. 2006. Overdominant quantitative trait loci for yield and fitness in tomato. Proc Natl Acad Sci USA, 103: 12981-12986

Septiningsih E M, Prasetiyono J, Lubis E, Tai T H, Tjubaryat T, Moeljopawiro S, McCouch S R. 2003. Identification of quantitative trait loci for yield and yield components in an advanced backcross population derived from *Oryza sativa* variety IR64 and the wild relative *O. rufipogon*. Theor Appl Genet, 107: 1419-1432

Septiningsih E M, Trijatmiko K R, Moeljopawiro S, McCouch S R. 2003. Identification of quantitative trait loci for quality in an advanced backcross population derived from *Oryza sativa* variety IR64 and the wild relative *O. rufipogon*. Theor Appl Genet, 107: 1433-1441

Sharbel T F, Haubold B, Mitchell-Olds T. 2000. Genetic isolation by distance in *Arabidopsis thaliana*: biogeography and postglacial colonization of European. Mol Ecol, 9: 2109-2118

Song X J, Huang W, Shi M, Zhu M Z, Lin H X. 2007. A QTL for rice grain width and weight encodes a previously unknown RING-type E3 ubiquitin ligase. Nat Genet, 39: 623-630

Tanksley S D, Nelson J C. 1996. Advanced backcross QTL analysis: a method for the simultaneous discovery and transfer of valuable QTLs from unadapted germplasm into elite breeding lines. Theor Appl Genet, 92: 191-203

Thomson M J, Tai T H, McClung A M, Lai X H, Hinga M E, Lobos K B, Xu Y, Martinez C P, McCouch S R. 2003. Mapping quantitative trait loci for yield, yield components and morphological traits in an advanced backcross population between *Oryza rufipogon* and the *Oryza sativa* cultivar Jefferson. Theor Appl Genet, 107: 479-493

Thornsberry J M, Goodman M M, Doebley J, Kresovich S, Nielsen D, Buckler E S. 2001. *Dwarf8* polymorphisms associate with variation in flowering time. Nat Genet, 28: 286-289

Upadhyaya H D, Ortiz R. 2001. A mini core subset for capturing diversity and promoting utilization of chickpea genetic resources in crop improvement. Theor and Appl Genet, 102: 1292-1298

Wang C T, Tan M P, Xu X, Wen G G, Zhang D P, Lin X H. 2003. Localizing the bacterial blight resistance gene, *Xa22* (*t*), to a 100-kilobase bacterial artificial chromosome. Phytopathol, 93: 1258-1262

Wang Z X, Yano M, Yamanouchi U, Iwamoto M, Monna L, Hayasaka H, Katayose Y, Sasaki T. 1999. The *Pib* gene for rice blast resistance belongs to the nucleotide binding and leucine rich repeat class of plant disease resistance genes. The Plant J, 19: 55-64

Whitt S R, Buckler E S. 2003. Using natural allelic diversity to evaluate gene function. Methods Mol Biol, 236: 123-139

Xiao J H, Grandillo S, Ahn S N, McCouch S R, Tanksley S D, Li J M, Yuan L P. 1996. Gene from wild rice improve yield. Nature, 384: 223-224

Xiao J H, Li J M, Grandillo S, Ahn S N, Yuan L P, Tanksley S D, McCouch S R. 1998. Identification of trait-improving quantitative trait loci alleles from a wild rice relative, *Oryza rufipogon*. Genetics, 150: 899-909

Xue W Y, Xing Y Z, Weng X Y, Zhao Y, Tang W J, Wang L, Zhou H J, Yu S B, Xu C G, Li X H, Zhang Q F. 2008. Natural variation in *Ghd7* is an important regulator of heading date and yield potential in rice. Nat Genet, 40: 761-767

Yang Z F, Sun X L, Wang S P, Zhang Q F. 2003. Genetic and physical mapping of a new gene for bacterial blight resistance in rice. Theor Appl Genet, 106: 1467-1472

Yi K K, Wu Z C, Zhou J, Du L M, Guo L B, Wu Y R, Wu P. 2005. *OsPTF1*, a novel transcription factor involved in tolerance to phosphate starvation in rice. Plant Physiology, 138: 2087-2096

Yu J, Holland J B, McMullen M D, Buckler E S. 2008. Genetic design and statistical power of nested association mapping in maize. Genetics, 178: 539-551

Yu S B, Xu W J, Vijayakumar C H, Ali J, Fu B Y, Xu J L, Jiang Y Z, Marghirang R, Domingo J, Aquino C, Virmani S S, Li Z K. 2003. Molecular diversity and multilocus organization of the parental lines used in the international rice molecular breeding program. Theor Appl Genet, 108: 131-140

Zhang Q F. 2007. Strategies for developing green super rice. Proc Natl Acad Sci USA, 104: 16402-6409

Zhou B, Qu S H, Liu G F, Dolan M, Sakai H, Lu G, Bellizzi M, Wang G L. 2006. The eight amino acid differences within three leucine-rich repeats between *Pi2* and *Piz-t* resistance proteins determine the resistance specificity to *Magnaporthe grisea*. Mol Plant Microbe Interact, 19: 1216-1228

# 第9章 水稻功能基因组和绿色超级稻培育

水稻不仅是世界上最重要的粮食作物，而且由于其相对较小的基因组，成熟的遗传转化体系，与玉米、大麦及小麦等禾本科粮食作物的共线性，从而成为作物分子遗传学及基因组学研究的模式植物。继模式植物拟南芥和水稻全基因组序列工作完成后，各国相继启动了小麦、玉米、高粱、油菜、大豆等重要农作物的基因组测序计划。2008 年 3 月美国科学家成功测序高产玉米杂交种亲本 B73 的全基因组草图，2009 年 1 月高粱全基因组鸟枪法测序完成。多种重要农作物全基因组测序工作的启动或完成，为破解基因的功能和作用机制，解释物种的起源和进化奠定了重要基础，继而开创了植物功能基因研究的新时代。功能基因组学的研究成果将改变传统的育种模式，向更为精准、快速的分子设计育种模式转变，为培育绿色超级稻提供系统的理论与技术支撑。

## 9.1 水稻功能基因组研究内容和意义

功能基因组研究的内容是利用基因组序列信息，发展和应用新的实验手段大规模地分析基因的功能，其研究的特点是高通量（Hieter and Boguski，1997）。功能基因组研究的最终目标不仅是提供所有基因功能的简单列表，而且是要弄清生物体中各组分是如何工作并形成有功能的细胞、组织及整个生物体。目前，水稻基因组研究正处在功能基因组研究阶段。

模式植物拟南芥基因组计划的实施极大地推动了水稻功能基因组研究的开展。拟南芥基因较小（约120Mb），于 2000 年完成了其全基因组测序（The Arabidopsis Genome Initiative，2000），是国际上第一个完成全基因组测序的植物，预测基因数目为 28 523 个。为了完全弄清楚每一个基因的功能，国际上提出了拟南芥功能基因组研究的 2010 年宏伟计划（Arabidopsis 2010），即在拟南芥测序完成后用 10 年左右的时间，在细胞、物种和进化各层面上揭示拟南芥全部基因的功能，揭示生长发育、环境应答互作的分子网络，全面阐明拟南芥的生物学基础。从测序完成到现在的 8 年中，拟南芥功能基因组计划得到了很好的实施并取得了令人瞩目的成就。据拟南芥功能基因组计划 2008 年年报（http://arabidopsis.info/progreports.html）统计，全部基因中的 26 772 个基因至少含有 1 个插入标签，基因组中 12 823 个基因已有一个或多个纯合插入突变体，突变体种子已经在拟南芥资源库中保存并公开发放；至少 22 696 个基因创建了约 36 000 个 RNAi（RNA 干涉）载体，其中 3592 个载体已经转化拟南芥；全部 28 523 个基因中 20 623 个基因获得全长 cDNA 克隆，19 639 个克隆已提供给不同的实验室；15 907 个基因的 ORF 序列已经确定，另外有 1236 个基因确定了部分的 ORF 序列；26 670 个基因有表达数据的支持。在拟南芥功能基因组计划的引领下，分别形成了生物信息、全长 cDNA、蛋白质组、自然变异和比较基因组、表型组、系统生物学等研究领域和国际协调组织，各个领域均取得了很好的研究成果。拟南芥功能基因组研究也从当初提出弄清每一个基因的功能到如今深化拓展到一些新的研究领域：大规模的蛋白质作用图谱、深度序列测定 20 个生态型的拟南芥基因组、小分子 RNA 调控靶基因组的新模式等。拟南芥功能基因组的研究揭示了植物生长发育及其与环境应答互作等一些基础科学问题，其成果已经为拟南芥之外的植物尤其是重要的农作物研究所借鉴。据访问拟南芥信息数据库（TAIR，http://www.arabidopsis.org/）的科研人员统计，约 62% 的访问人员是从事作物或其他植物的科学家。

经多国科学家的共同努力，水稻基因组的精确序列已于 2004 年完成。基于粳稻品种日本晴精确测序的结果，水稻基因组大小为 389Mb（国际水稻基因组测序计划 International Rice Genome Sequencing Project，2005），预测编码约 32 000 个基因（水稻基因组注释项目 The Rice Annotation Project，2007，2008）。为了弄清水稻基因组中控制重要农艺性状基因的功能，解决我国乃至世界的粮食安全问题，保持人类的生存和可持续发展，我国于 2002 年适时启动了水稻功能基因组重大专项（Rice Functional Genomics Project of China）。该重大专项汇集了全国水稻功能基因组的科研人员共同参与。我国水稻功能基因组研究主要包括两大内容：水稻功能基因组研究的技术平台和重要农艺性状的功能基因组。以拟南芥功能基因研究的技术平台为参照，水稻功能基因组主要创建了大型突变体库，基因全长 cDNA 文库，基因表达谱芯片以及相应的生物信息学分析平台。在重要农艺性状功能基因方面，瞄准高产、优质、抗逆等重要农艺性状，为确保我国水稻高产、稳产，保持水稻的可持续发展储备基因资源。目前，我国水稻功能基因组计划已建立了较为完善的水稻功能基因组研究的技术平台，克隆了一大批水稻重要农艺性状功能基因，使我国的水稻功能基因组研究进入国际先进水平。随着水稻功能基因组研究的不断深入，克隆了一批具有我国自主知识产权的重要农艺性状的功能基因，如抗病、抗旱、营养高效利用、产量和生长发育等相关基因。如果将这些重要基因直接用于农作物的遗传改良，可以缓解或解决我国水肥资源短缺、生态环境恶化、粮食安全威胁等问题，保障我国农业持续高效发展。综合国内外水稻功能基因组研究的发展态势，我国科学家提出的水稻功能基因组 2020 年研究战略（Zhang et al.，2008），得到了世界各国科学家的响应，必将极大地推动包括我国在内的全世界水稻功能基因组的研究进程。

我国是世界人口大国，但是人均耕地面积很少，资源短缺，实现我国粮食生产高产、稳产的目标形势严峻。水稻作为我国重要的粮食作物和禾本科功能基因组研究的模式植物，大规模地发掘和利用水稻抗病虫、抗旱、营养高效利用、产量和生长发育等重要农艺性状的功能基因，弄清调控这些性状的分子调控网络，最终实现水稻的分子设计育种，培育适合不同生态和地域环境的绿色超级稻，从而缓解和解决我国粮食供需矛盾，保障我国农业持续高效发展具有十分重要的现实意义（Zhang，2007）。同时，水稻功能基因组的研究成果将直接促进我国的植物功能基因组学研究，带动本学科和相关领域学科的快速发展，研究中积累的新理论、新技术和新方法将极大地丰富和发展现有的生物学理论和技术方法，为其他作物的遗传改良积累研究思路和基因资源，提供了非常重要的科学价值。

## 9.2 水稻大型突变体库的创制

突变体在功能基因组研究中扮演着重要的角色,根据基因突变的表型才能最终阐释基因的功能。由于基因自然突变的频率非常低,品种之间的遗传差异有限,为了创建基因突变的资源,人们相继采用理化诱变、转座子插入、T-DNA 插入等方法创制了水稻大型突变体库,以实现水稻功能基因组高通量研究基因功能的目的。

最常见的理化诱变是利用快中子、γ射线或甲基磺酸乙酯(ethyl methane sulfonate,EMS)处理水稻种子获得突变体。这些诱变剂往往随机地造成植物基因组中碱基突变,如快中子容易造成小片段 DNA 的缺失,EMS 突变是造成 DNA 中 G 向 A 的转换。基因突变的频率与使用的诱变剂强度有关。理化诱变建立大型突变体库较容易,但难以建立突变体与突变基因的联系。早期采用正向遗传学研究的方法,通过建立含有突变表型的分离群体,利用图位克隆的方法来分离突变基因。近年来发展的定向诱导基因组局部突变(targeting induced local lesion in genome,TILLING)技术可以鉴定寡核苷酸产生的点突变(Colbert et al.,2001),在理化诱变突变体库中借助 TILLING 的方法使寻找特定基因的突变体成为可能。理化诱变往往造成植物基因组多位点突变,因此覆盖全基因组需要构建的突变体库较小,加之操作方便,构建突变体库相对容易一些。另外,理化诱变不涉及植物组织培养和植物遗传转化,因此它不存在组织培养或遗传转化过程中基因型的限制。例如,Leung 等(2001)创制了籼稻品种 IR64 的理化诱变突变体库。但是理化诱变造成基因组的多位点突变使突变体的遗传背景很复杂,给突变基因的鉴定和分离带来了一定的困难;由于理化诱变处理的植物为植物种子,由种子发育而成的突变体会有大量嵌合体存在,很难获得遗传稳定的突变体。

插入突变是一种基于外源 DNA 插入基因内部导致其失活的基因功能研究方法。插入突变元件包括植物转座子和农杆菌 T-DNA。用于创建水稻突变体库的转座子主要有玉米 $Ac/Ds$ 和 $En/Spm$ 转座子等,由于转座子具有转座特性,因此建立含转座子插入的突变体库较容易。近年来,拟南芥和水稻利用异源的 $Ac/Ds$ 转座子创造了许多插入突变体(Greco et al.,2001;Martienssen,1998)。研究发现 $Ds$ 的转座活性只在第一次转座中较高,以后虽然存在 $Ac$ 转座酶,其转座活性明显下降(Izawa et al.,1997)。因此,人们一般采用 $Ac$ 自主型的转座子。Enoki 等(1999)分析了来自 4 个转 $Ac$ 因子经过 3 代繁殖后产生的 559 棵水稻植株,证明 18.9% 的植株有新的 $Ac$ 因子插入,分析转座子插入位点的侧翼序列表明转座子容易插入到基因的编码区。另外,$Ac/Ds$ 在异源基因组中转座往往发生在邻近位点,虽然邻近转座可以得到串联重复基因不同位点的突变体,但对于构建全基因组的饱和突变体库来说是个限制因素。同 $Ac/Ds$ 转座子相比,$En/Spm$ 在拟南芥基因组中转座时会分布到不同的染色体上,而不是集中于某一区域(Wisman et al.,1998)。但 $En/Spm$ 在水稻基因组中的转座活性很低(Hirochika,2001),且 $En/Spm$ 转座子容易扩增,在基因组中拷贝数较多,使突变表型和基因位点共分离分析变得复杂(Jeon and An,2001)。

T-DNA 标签是以农杆菌介导的遗传转化为基础的一种插入突变体的创建方法。

T-DNA是根癌农杆菌内Ti质粒上的一段DNA，在病原菌致病过程中，它能稳定地整合到植物基因组中。随着大多数粳稻和少数籼稻品种的农杆菌遗传转化体系的建立，通过T-DNA插入的办法破坏基因的功能来创建水稻大型T-DNA插入突变体库成为可能。由于插入到水稻基因组中的T-DNA区段序列已知，插入到植物基因组中的T-DNA类似于给基因"贴"了一个序列标签。通过分离T-DNA标签位点的侧翼水稻基因组序列，可以快捷地找到含有标签的基因，经过插入标签基因与突变体表形的共分离检测，从而获得基因的生物学功能。水稻突变体库相继在不同国家水稻功能基因组研究单位创制，我国在"九五"末启动了水稻大型突变体库的创建计划，"十五"期间分别在武汉、北京、上海创建了总库容量20万以上的大型突变体库。以华中农业大学作物遗传改良国家重点实验室创建的水稻突变体库为例，采用带有enhancer trap元件的T-DNA插入办法创建了约129 000个独立的水稻转基因株系，T-DNA插入的拷贝数较低，平均约为2个拷贝，并且能稳定遗传（Wu et al., 2003）；并收集整理了一批与抗逆、营养高效、生长发育等性状相关的突变体3万多份（图9-1），所有的突变体信息均收入在公共数据库http://rmd.ncpgr.cn/中，供全世界水稻功能基因组研究共享。据不完全统计，自2006年数据库公开以来，平均每月来自世界各地的突变体索取量在200份以上，为方便水稻功能基因组研究提供了宝贵的研究材料。利用水稻突变体库相继分离克隆了水稻抽穗期 *RID1* 等一批控制重要农艺性状的功能基因（Wu et al., 2008）。此外，其他一些研究单位如韩国的POSTECH大学、法国的Genoplant研究所、我国台湾地区的植物研究院等也相继建立了大型的水稻突变体库（Jeon et al., 2000; Sallaud et al., 2003; Hsing et al., 2007），这些突变体资源大多实现了全球共享（表9-1）并被Salk网站（http://signal.salk.edu/cgi-bin/RiceGE）收录，水稻T-DNA插入突变体库已成为水稻功能基因组研究的重要平台。

水稻功能基因组研究中使用较成功的另一个突变体库是 *Tos17* 插入突变体库。*Tos17* 为水稻内源的逆转录转座子，它在组织培养的条件下激活，细胞分化成植株后没有活性，因此 *Tos17* 插入引起的突变可以稳定遗传；*Tos17* 的拷贝数随着组织培养的时间的延长而增多，经过5个月的组织培养后，平均每个再生植株含有10个 *Tos17* 个拷贝，因此 *Tos17* 逆转录转座子突变体库是水稻功能基因组研究的一个有用资源。日本Hirochika课题研究组构建了50 000多个独立的再生植株，获得了大约$5.0 \times 10^5$个插入位点（Miyao et al., 2003）的水稻基因组序列，并对突变产生的表型进行了分类（Miyao et al., 2007），利用 *Tos17* 逆转录转座子突变体库分离克隆了控制染色体配对基因 *PAIR1* 等一批重要功能基因（Nonomura et al., 2004）。但也有研究表明，*Tos17* 在转座过程中存在几类转座热点，它容易插入到与抗病相关基因及蛋白激酶基因中。*Tos17* 偏向于插入水稻中的较大的染色体，且插入密度和染色体大小高度相关。在染色体两端分布较多，在着丝粒附近和染色体中部分部较少。同时，*Tos17* 插入突变体库中观察到的突变体大约只有10%的突变是真正由于 *Tos17* 插入造成的（Delseny et al., 2001），另外的突变可能是由于组织培养过程中体细胞变异造成的，也有可能是组织培养激活了其他类的转座子发生转座所致。

图 9-1 水稻 T-DNA 插入突变体库中鉴定的不同类型的突变体

A. 白化苗；B. 黄化苗；C. 易倒伏；D. 多分蘖；E. 簇生；F. 耐低氮（左：突变体；右：野生型对照）；G. 独杆；H. 晚抽穗（左：突变体；右：野生型对照）；I. 冷害敏感（左：野生型对照；右：突变体）；J. 短粒（左：野生型对照；右：突变体）；K. 耐旱；L. 类病斑；M. 节上长分蘖；N. 叶片卷曲；O. 穗形态突变（左：野生型对照；右：突变体）

表 9-1 全世界水稻突变体资源 (Krishnan et al., 2009)

| 研究所 | 品种 | 突变源 | 突变位点数 | FSTs/Screen | FST/Availability | 数据库 | 联系人 |
|---|---|---|---|---|---|---|---|
| CIRAD-INRAIRD-CNRS, Ge'noplante, FR | Nipponbare | T-DNA ET | 45 000 | 14 137 | 17 414 | http://urgi.versailles.inra.fr/OryzaTagLine | E. Guiderdoni guiderdoni@cirad.fr |
| | Nipponbare | Tos17 | 100 000 | 13 745 | 11 488 (March 2009) | | |
| CSIRO Plant Industry, AU | Nipponbare | Ac-Ds GT/ET | 16 000 | 611 | Approximately 50% lines no seed | http://www.pi.csiro.au/fgrttpub | N. M. Upadhyaya narayana.upadhyaya@csiro.au |
| EU-OSTID, EU | Nipponbare | Ac-Ds ET | 25 000 | 1380 | 1300 | http://orygenesdb.cirad.fr/ | E. Guiderdoni guiderdoni@cirad.fr |
| IRRI, PH | IR64 | Fast neutron X-ray DEB, EMS | 500 000 | Deletion database; 400 genes | Selected lines | http://www.iris.irri.org/cgibin/MutantHome.pl | H. Leung h.leung@cgiar.org |
| Gyeongsang National University, KR | Dongjin Byeo | Ac-Ds GT | 30 000 | 4820 | 4820 | KRDD http://www.niab.go.kr/RDS | C.-D. Han cdhan@nongae.gsnu.ac.kr |
| NIAS, JP | Nipponbare | Tos17 | 500 000 | 34 844 | 34 844 | http://tos.nias.affrc.go.jp | H. Hirochika hirohiko@nias.affrc.go.jp |
| NIAS, JP | Nipponbare | X-ray ion beam | 15 000 M2 7000 M2 | DNA pools | Selected lines | | M. Nishimura nisimura@affrc.go.jp |
| POSTECH, KR | Dongjin, Hwayoung | T-DNA ET/AT Tos17 | 150 000 400 000 | 84 680 | 58 943 | RISD http://an6.postech.ac.kr/pfg | G. An genean@postech.ac.kr |
| Huazhong Agricultural University, CN | Zhonghua 11 Zhonghua 15 Nipponbare | T-DNA ET | 113 262 14 197 1101 | 16 158 | 26 000 (Dec. 2008) | RMD http://rmd.ncpgr.cn | Q. Zhang qifazh@mail.hzau.edu.cn |

续表

| 研究所 | 品种 | 突变源 | 突变位点数 | FSTs/Screen | FST/Availability | 数据库 | 联系人 |
|---|---|---|---|---|---|---|---|
| SIPP, CN | Zhonghua 11 | T-DNA ET | 97 500 | 8840 | 8840 FST + 11000 lines | http://ship.plantsignal.cn/home.do | F. Fu ship@sibs.ac.cn |
| Temasek Lifesciences, SG | Nipponbare | Ac-Ds GT | 20 000 | 3500 | 2000 | | R. Srinva sansri@tll.org.sg |
| IPMB, Academia Sinica, TW | Tainung 67 | T-DNA AT | 30 000 | 18 382 | 31 000 | TRIM http://trim.sinica.edu.tw | Y. C. Hsing bohsing@gate.sinica.edu.tw |
| University of California, Davis | Nipponbare | Ac-Ds GT Spm/dSpm | 20 000 | Ds 4735 dSpm 9469 | 4630 9036 | http://www-plb.ucdavis.edu/Labs/sundar | V. Sundaresan sundar@ucdavis.edu |
| University of California, Davis | Nipponbare | Sodium azide +MNU | 6000 | TILLING screen | Selected lines | http://tilling.ucdavis.edu | L. Comai lcomai@ucdavis.edu |
| Zhejiang University, CN | Nipponbare Zhonghua 11 | T-DNA | | 1009 | 1009 | http://www.genomics.zju.edu.cn/ricetdna | P. Wu clspwu@zju.edu.cn |
| Zhejiang University, CN | Kasalath SSBM | g-ray EMS | 40 000 | Selected lines | Selected lines | http://www.genomics.zju.edu.cn | P. Wu clspwu@zju.edu.cn |

由于基因组中存在大量的功能冗余基因，它们的丧失功能突变体往往不会表现出突变性状。为了研究这些基因的功能，人们试图改变基因的表达模式，创建获得功能的突变体。目前创建水稻获得功能的突变体库的方式主要有两种：一种是在 T-DNA 载体上构建激活标签（activation tagging），其原理是将几个串联的增强子构建在 T-DNA 边界上，当 T-DNA 整合到水稻基因组后由于增强子的作用导致插入位点邻近基因的组成型表达，从而得到基因功能获得突变体。Jeong 等（2006）建立了 47 932 个独立的激活标签突变体，至少有一半的突变体检测到插入位点附近基因的上升表达，激活作用在 10kb 范围内起作用，并且没有方向性，对上下游基因都可以起到激活作用。另一种创建获得功能的突变体的方式是采用 FOX-hunting 系统，其策略是构建水稻全长 cDNA 的超量表达转化载体，混合质粒转化水稻创建获得功能的突变体群体。Nakamura 等（2007）利用这一系统产生了 12 000 个独立的转化株系，研究表明 16.6% 的转化株系产生了突变的表型，采用该系统鉴定了一个新的赤霉素氧化酶基因的功能。

标签插入突变体库利用的关键环节需要分离标签位点的侧翼水稻基因组序列，然后通过比对水稻全基因组序列明确插入位点的基因信息，在后代分离群体中检测突变基因与表型是否共分离，从而明确插入位点基因的生物学功能。分离标签侧翼序列的技术方法主要有 5 种：热不对称交错 PCR（thermal asymmetric interlaced PCR，tail-PCR）技术（Liu and Whittier，1995）、反向 PCR（inverse PCR，IPCR）技术（Triglia et al.，1988）、质粒拯救（plasmid rescue）技术（Grant et al.，1990）、PCR 步移（PCR-walking）技术（Siebert et al.，1995）、接头 PCR 等。以我国 T-DNA 插入突变体库为例，主要采用 tail-PCR 的方法，Zhang 等（2007）以华中农业大学的 10 多万突变体为材料，分离了 T-DNA 插入位点侧翼水稻基因组序列近 3 万条。侧翼序列的分离不仅有利于鉴定插入位点基因的功能，而且大量的 T-DNA 侧翼序列的分析可以明晰 T-DNA 在水稻基因组中的分布规律，进而指导构建较为完善的 T-DNA 插入突变体库。分析 T-DNA 标签在水稻基因组中的分布表明，T-DNA 偏爱于插入到水稻中长度较大的染色体上，其插入密度与染色体大小显著正相关；在同一染色体上，T-DNA 的分布更倾向于插入到远离着丝粒的染色体两端，且与染色体区段上的全长 cDNA 数目显著正相关（图 9-2）；T-DNA 在基因组中转座子相关序列中插入极显著偏少；在水稻的基因区域中，T-DNA 偏爱于插入到上游 1kb 区和下游 500bp 区而趋向于不插入到编码区；但在基因的编码区内，T-DNA 插入在外显子和内含子之间不存在偏爱性；T-DNA 在不同"功能类型"的基因中同样也存在着分布的偏爱性，它偏向于插入到"antioxidant"和"catalytic"两类功能基因中，不偏向于插入到"nutrient reservoir"、"enzyme regulator"、"transcription regulator"和"ligand binding and carrier"，在其他类型的功能基因中基本上呈一种随机分布。最近本课题组研究结果表明，T-DNA 在同一插入位点串联重复普遍存在，其中正向重复、头对头反向重复和尾对尾反向重复的比例分别达到了 19.9%、10.5% 和 25.4%；此外，Ti 质粒载体骨架序列导入到水稻基因组中的现象也很普遍。农杆菌介导的 T-DNA 整合到植物基因组的不规则性、转座子标签的串联重复和邻近转座等在一定程度上限制了大规模侧翼序列的分离，导致部分突变体很难通过标签法分离克隆基因。

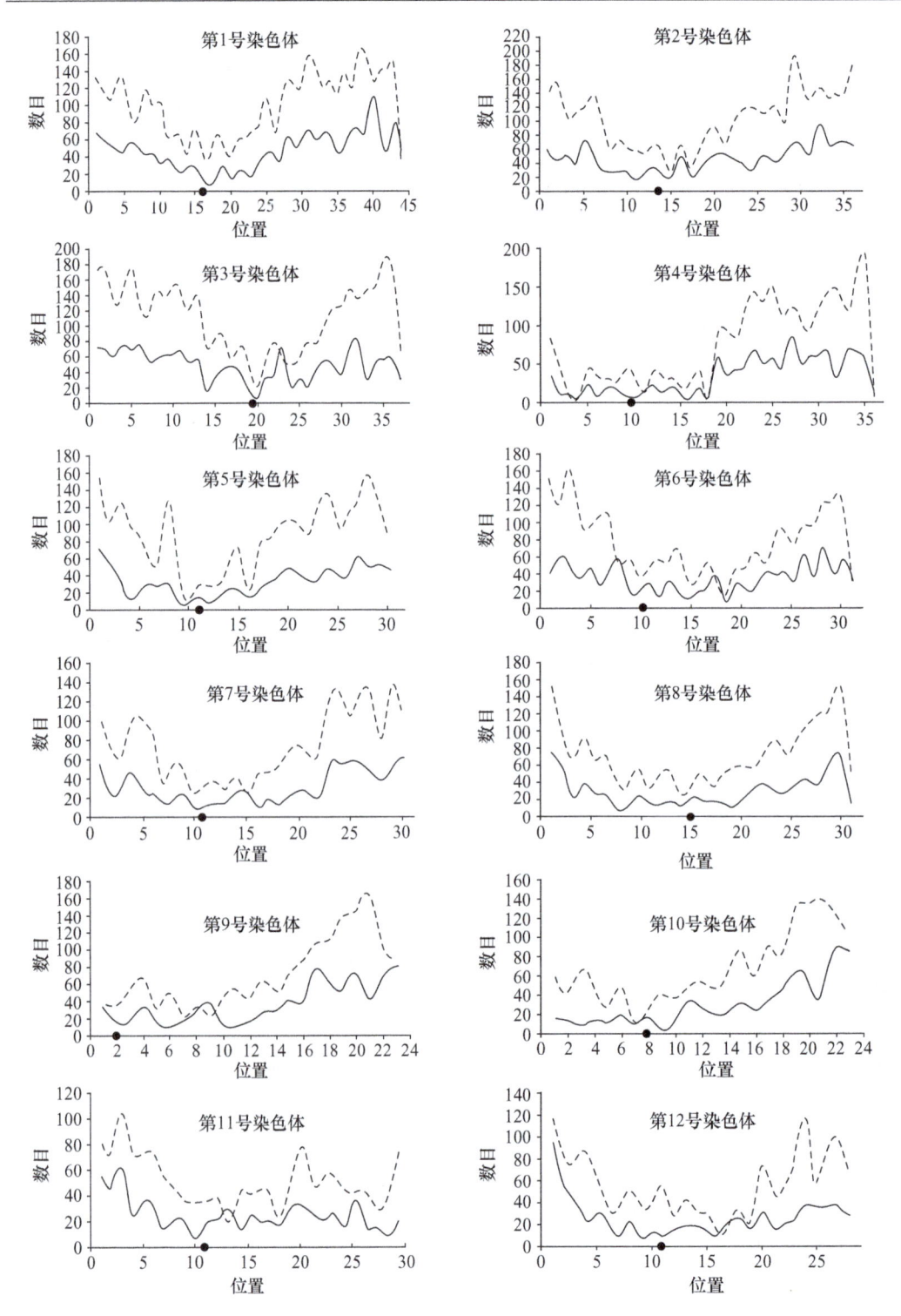

图 9-2 水稻 T-DNA 标签和全长 cDNA 在染色体上的分布

横轴代表假定染色体上的位置，单位是兆碱基（Mb）；纵轴代表每 500kb 范围内 T-DNA 插入或全长 cDNA 的数目

(Zhang et al., 2007)

此外，新近发展的 RNA 干涉技术也逐渐应用到水稻突变体的创建和基因功能研究中。特别值得关注的是人工小分子 RNA（artificial microRNA，amiRNA）技术已成功运用于水稻基因功能的研究。Warthmann 等（2008）以水稻内源 microRNA 前体为骨架，分别构建了水稻已知功能的三个基因的 amiRNA，分别转化水稻的粳稻和籼稻品种，均出现了预期抑制基因功能的突变表形，说明 amiRNA 技术是一个创建水稻丧失功能突变体的有效工具。

随着各种突变体创制技术的日益完善和发展，不同类型的水稻突变库相继在各个实验室建立，同时突变表形和插入位点的基因信息日益丰富，使得从基因寻找表形性状的反向遗传学和从突变体表形寻找目标基因的正向遗传学两条研究基因功能的途径变得更为快捷，从而会加快鉴定和分离出一批控制水稻重要农艺性状的基因。

## 9.3　基因的全长 cDNA 文库

为了大规模研究水稻基因的功能，首先需要确定表达基因的结构、基因的时空表达性和同一个基因的不同转录本，以 mRNA 为模板逆转录成 cDNA 的序列信息成为研究基因结构和功能的初始步骤。同时，随着全基因组测序工程的完成，水稻功能基因组研究需要大规模地注释基因功能。早期大规模 EST 测序虽然提供了基因转录的部分区段和表达谱信息，但难以满足高通量研究基因功能的要求，因此分离克隆基因的全长 cDNA（full-length cDNA，FLcDNA）成为水稻功能基因组研究的重要平台。

全长 cDNA 是指一个基因的完整的 mRNA 的逆转录序列。全长 cDNA 在基因编码区域的确定、转录和翻译水平上基因的调控及基因的表达分析等方面发挥着不可替代的作用。由于某些基因的表达丰度很低，mRNA 的二级结构复杂或 mRNA 分离方法不合适，往往导致逆转录的 cDNA 序列不完整，即非全长 cDNA。如何得到基因的全长 cDNA 是分子克隆技术的一个难题。一般来说，全长 cDNA 的克隆主要有两个策略：一是构建 FLcDNA 文库，通过对文库进行测序获得大量基因的全长 cDNA 序列；二是根据已知序列信息（如 EST 序列）设计基因特异引物，以逆转录的 cDNA 第一链为模板通过 PCR 扩增分别获得 3′端和 5′端序列，然后拼接出全长 cDNA 序列。另外，随着新一代测序技术的出现，对随机测定的 cDNA 序列拼接也可以获得全长 cDNA 序列。

### 9.3.1　全长 cDNA 文库的构建

全长 cDNA 文库的构建是大规模获得基因全长的一种经济、快速、有效的途径，它符合功能基因组研究高通量的特点。目前，构建全长 cDNA 文库的方法主要包括三种：Cap trapping、Cap linker 和 Cap switch。每种方法采用的策略不同，实验操作复杂程度各异，文库构建的完整性也有差异，因此三种方法在不同实验室均有采用。

#### 9.3.1.1　Cap trapping

Cap trapping 方法于 1996 年由 Carninci 等提出，后经不断改进，现已日渐完善。由于完整的 mRNA 5′端及 3′端存在一个共同的二醇结构，首先利用高碘酸钠将这种二醇结构氧化成二醛基团，继而在一定条件下可与生物素结合。设计逆转录引物经逆转录合成 cDNA 后形成生物素标记 RNA-DNA 杂合体，用切割单链的 RNase I 消化，使所有 RNA 分子 3′端的生物素标签被去除，如果合成的 cDNA 不完整，其 5′端的生物素标签也将被切除。理论上，只有连接在全长 cDNA 5′端的生物素标签由于形成双链而未被降解。后经免疫磁珠吸附并使用弱碱降解 mRNA，获得单链 cDNA，在末端转移酶的催化下进行 5′端 oligo（G）加尾，然后再进行第二链的合成，连接到克隆载体即可得到全长 cDNA 文库（图 9-3）。目前，拟南芥等许多物种的 cDNA 文库都采用 cap trapper 方法构建（Seki et al.，1998），这种方法的优点在于获取全长的效率高，可达到 90%以上，所得文库质量好。然而这种方法也存在一些缺点，如实验流程长、技术要求高、操作繁琐等。

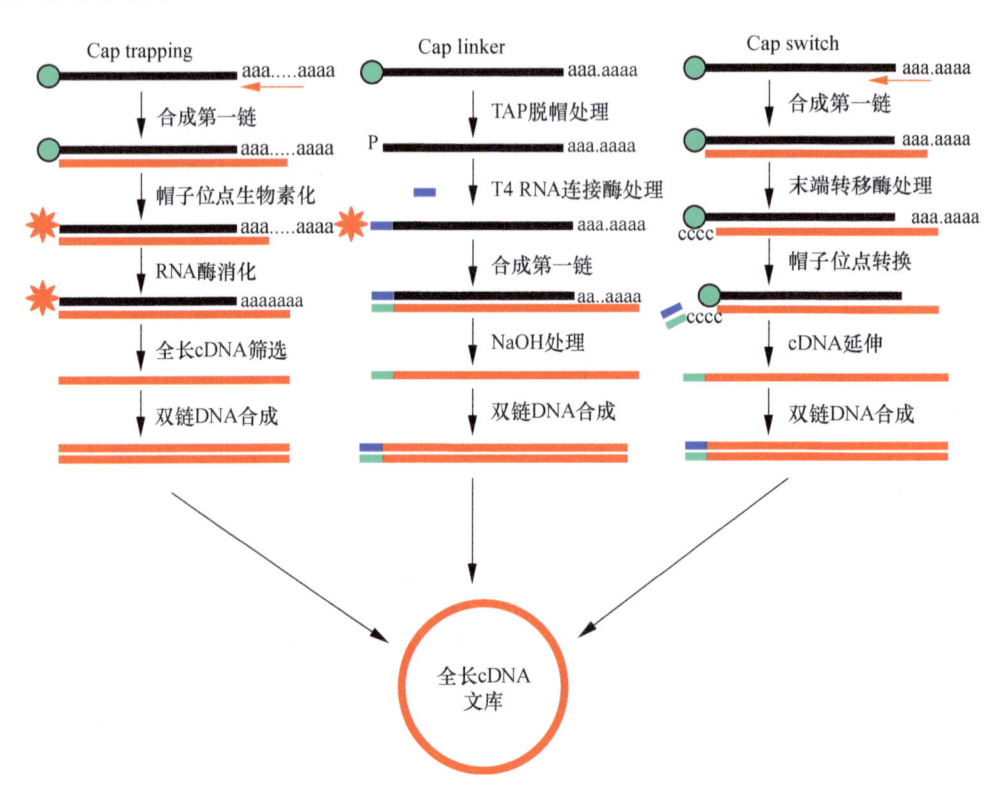

图 9-3 三种制备全长 cDNA 文库的流程示意图

### 9.3.1.2 Cap linker

1994 年 Maruyama 和 Sugano 建立了一种构建全长 cDNA 文库的方法——oligo-capping，也称之为 Cap linker 方法。Cap linker 获得全长 cDNA 的策略是利用了完整的 mRNA 分子含有 5′端帽子结构，而部分降解的 mRNA 分子由于缺少此帽子结构而被淘汰。首先，用细菌碱性磷酸酶（bacterial alkalinephosphatase，BAP）去除不完整 mRNA 5′端游离的磷酸基团，完整 mRNA 由于其 5′端有帽子结构得到保护而不受影响；然后，用磷酸基团替代经烟草酸性磷酸酶（tobacco acid pyrophosphatase，TAP）除去完整 mRNA 5′端帽子结构，使 mRNA 5′端帽子结构处的磷酸基团暴露出来，通过 T4 RNA 连接酶将一段寡核糖核苷酸连接到 mRNA 5′端，作为引发第二链 cDNA 合成的引物结合位点。由于 RNA 连接酶需要 3′端羟基受体和 5′端磷酸供体，而不完整的 mRNA 分子缺乏 5′端磷酸结构，因而不能连接寡核糖核苷酸；最后，经逆转录、PCR 扩增、酶切等步骤构建 FL cDNA 文库（图 9-3）。Cap linker 法对模板 RNA 的需求很少，且其 5′端序列能够得到很好的富集，是一种构建全长 cDNA 文库常用的方法。该方法的缺点在于涉及的酶促反应较多，因此对 RNA 的操作技术水平和操作环境都有较高的要求。

#### 9.3.1.3 Cap switch

Cap switch 是一种基于 SMART（switching mechanism at 5′ end of the RNA transcript）技术的一种分离克隆全长 cDNA 的方法。SMART 技术的出现是分离全长 cDNA 的一个新的里程碑（Chenchik et al., 1996）。SMART 技术的原理是：SMART 逆转录酶以 mRNA 为模板合成 cDNA，在到达 mRNA 的 5′端的帽子结构时，会发挥其末端转移酶的活性，连续在 cDNA 末端加上几个 dC，而非全长的末端由于缺乏帽子结构不能加上 dC。由于反应体系中事先加入了 3′端带 oligo（dG）的 SMART 引物，它能与 cDNA 末端突出的几个 C 配对后形成 cDNA 的延伸模板，逆转录酶会自动转换模板（template switch），以 SMART 引物为起点继续延伸 cDNA 直至末端。SMART 方法合成全长 cDNA 的原理如图 9-3 所示。SMART 技术的优点在于：对 mRNA 不需要进行酶促反应处理，操作极其简便，而且一定程度上提供了全长 cDNA 合成的可能性。但是，该方法也存在明显不足，如由于相当多的 cDNA 内部存在寡聚 dC，它们也可以与 dG 引物退火，产生非全长的 cDNA，造成 FL cDNA 文库专一性不够等。

### 9.3.2 基于 PCR 技术扩增全长 cDNA 的方法

采用构建全长 cDNA 文库大方法往往会遗漏一些低丰度表达的基因，为了研究某些在全长 cDNA 文库中缺少的目的基因的功能，人们常采用 PCR 扩增的方法来获得单个基因的全长 cDNA 序列。基于 PCR 技术扩增全长 cDNA 的方法主要包括两种：一种方法是 cDNA 末端快速扩增（rapid amplification of cDNA end，RACE）扩增技术，根据基因已知的部分 cDNA 序列设计特异巢式引物，与 poly（dT）引物或 SMART 引物分别扩增 cDNA 的 3′端或 5′端序列，从而获得目的基因的全长 cDNA 序列信息；另一种方法是基于反向 PCR 技术，采用合适的接头引物，将逆转录合成的双链 cDNA 合成后酶切后连接环化，用位于已知序列内的限制性核酸内切酶切割线性化或用 NaOH 处理使之变性，然后用基因特异的引物对重新线性化或变性的 cDNA 进行扩增。反式 PCR 的主要优势在于，它提供两条基因特异性引物来扩增未知区序列，不易产生非特异扩增。可以快速、高效地扩增 cDNA 或基因组中已知序列两侧位置的片段。由于 PCR 技术扩增过程快捷，不需要建立文库，针对少数基因的全长 cDNA 制备非常有效。

### 9.3.3 全长 cDNA 的电子克隆

基于表达序列标签（EST）的"电子克隆"，主要指采用生物信息学的方法通过计算分析延伸 EST，以期获得基因的部分乃至全长的 cDNA 序列（Adams et al., 1991）。

其基本过程为：用已知的 EST 序列为起始序列，采用 Blast 检索程序检索数据库中与其同源或有部分重叠的 EST 序列，以多个 EST 序列电子延伸组装为重叠群；通过与已知的 EST 序列重叠区的配对延伸，组装成连续体序列；以此序列为被检序列再进行 Blast 检索；重复以上过程，直至没有更多的重叠 EST 检出和重叠群延伸。与其他方法相比，电子克隆具有高效、廉价、简便和自动化的优点，但核酸序列进行电子延伸的结果只是一种参考，真正的 cDNA 序列还是需通过实验进行验证。然而，这种分析方法为实验研究提供了重要的线索，对随后的研究起到了事半功倍的作用，极大地提高了工作效率（杨锡明等，2005）。

此外，第二代测序技术的发展使得全长 cDNA 的获得更为简单、迅捷（Lister et al.，2008）。利用 mRNA 深度测序技术可以帮助研究者跨过文库构建这一实验步骤，同时在转录组水平上进行表达丰度计数和序列分析。mRNA 深度测序通过把细胞内的 mRNA 打断成小片段，加接头后运用新一代测序仪进行高通量测序实现。这种方法可以通过对测得的每条序列进行计数获得每个特定转录本的表达量，能检测到丰度非常低的转录本。并且通过分析测得的序列，进行 RNA 序列拼接，可以大规模地获得全基因组基因的全长信息。

全长 cDNA 的获得是获取基因完整序列信息的基础，是开展功能基因组研究、进行基因的功能及产物分析的必要前提。目前，用于水稻功能基因组研究的全长 cDNA 序列分离进展良好。日本 FAIS、RIKEN 和 NIAS 三家研究单位于 2000 年初实施了水稻全长 cDNA 计划。2003 年他们报道分离了 28 469 条粳稻品种日本晴的全长 cDNA（Kikuchi et al.，2003），同年 10 月序列增至 32 127 条，截止到 2007 年 9 月又增加全长 cDNA 序列 4902 条。所有 FL cDNA 的信息可以在 KOME (Knowledge-Based Oryza Molecular Biological Encyclopedia，KOME) 页面检索得到 (http://cdna01.dna.affrc.go.jp/cDNA/)。这些全长 cDNA 序列的长度从 55bp 到 8232bp 不等，平均大小为 1.7kb，序列的精确度达到了 99.99%，覆盖了水稻基因组预测基因的一半以上，其中 94% 的序列已经定位到水稻基因组上。我国水稻功能基因组的全长 cDNA 分离以籼稻品种为主，2005 年作物遗传改良国家重点实验室分离了籼稻品种明恢 63 中 10 828 条全长 cDNA 的克隆，序列信息收录于 REDB 网站（http://redb.ncpgr.cn/modules/redbtools/；Xie et al.，2005）。2008 年国家基因研究中心公布了 20 000 多条籼稻品种广矮 4 号和明恢 63 的全长 cDNA 序列，收录于 RICD 网站（http://www.ncgr.ac.cn/ricd/；Lu et al.，2008）。水稻全长 cDNA 文库序列的建立，研究者们不仅获得了大量的基因序列结构信息，对于比较不同品种基因表达差异，基因功能和表达蛋白的分析具有深远的理论和实践意义。

## 9.4 基因表达谱的制作

研究基因的时空表达模式，确定其在不同细胞类型、发育阶段与环境条件下的表达差异，是研究基因功能的一条重要途径。Northern 杂交、RT-PCR、实时定量 RT-PCR 等方法常被用来分析单个或少数基因的时空表达谱。随着水稻功能基因组高通量研究平台的相继建立，大规模研究参与某个发育过程或不同处理条件下基因的表达谱已成为实验室研究基因功能的常用手段之一。早期寻找差异基因表达模式的方法主要包括基因表达差异筛选、抑制削减杂交和 cDNA-AFLP 等方法，目前水稻上相继采用了 SAGE 标签、基因芯片和基于报告基因表达谱等策略来大规模研究基因的表达差异。

早期寻找差异表达基因大多使用抑制削减杂交（suppression subtractive hybridization，SSH）技术，它是一种简便而高效地寻找差异表达基因的方法。抑制削减杂交的基本原理是将测试样品 cDNA 分成两份，经限制性核酸内切酶消化后分别接上不同的接头，然后分别与过量的对照样品 cDNA 进行杂交，依照杂交动力学的原理，两组样品中共有的分子会形成双链杂交体，在测试样品中特异 cDNA 片段仍然为单链，然后将连有不同接头的两份测试样品杂交，采用与接头配对的引物进行 PCR 扩增，非目的序列片段因两端反向重复序列在退火时产生类似发夹的互补结构而无法作为模板与引物配对，从而选择性地扩增差异表达的基因。1996 年 Diatchenko 等构建了第一个 SSH 文库，并通过与人类 Y 染色体的 Cosmid 文库杂交证实了该方法的有效性。运用该技术仅通过一轮反应即可使特异表达的基因富集 1000 倍以上。Gepstein 等（2003）利用 SSH 方法从拟南芥中得到了约 800 个自然衰老相关的 cDNA 片段，Chu 等（2004）使用该方法鉴定了水稻中 702 个与抗病基因 $xa13$ 介导的抗病反应相关的 EST。

虽然不同的方法均可用于基因表达谱分析，但为了满足功能基因组学时代全面、系统、高通量的分析基因差异表达的要求，研究者发展了一系列能够大规模地进行基因差异谱研究的技术，主要包括基因表达的系统分析（serial analysis of gene expression，SAGE）、cDNA 微阵列（cDNA microarray）及报告基因表达谱等分析技术。此外，蛋白质芯片技术也正逐步应用于基因表达产物蛋白质的差异分析。

### 9.4.1 基因表达系列分析（SAGE）

SAGE 是 1995 年由 Velculescu 等建立的一种新的基因表达模式研究技术，它可以在整体水平对细胞或组织中的大量转录本同时进行定量分析。SAGE 技术的基本原理主要基于：①一段来源于转录本的 14～15bp 的序列标签可以提供足够的信息来代表这个转录本；②不同的序列标签（可以多达 70～100 个）可以被串联成一定长度的多联体（concatamer），克隆到载体进行测序；③同一标签的重复次数代表该转录体的表达水平，结合生物信息学方法可以确定表达的基因种类和基因的表达丰度（Gibbings et al.，2003）。

然而，由于 SAGE 标签是一个较小的 EST，仍存在多个 mRNA 同时对应一种标签的可能，也存在多个标签对应一种基因的可能。尤其对于重复序列以及复杂基因组来说，原始的 SAGE 方法很难确定结果是否可靠。因此，需要尽可能增加标签的长度，以提高标签和基因之间的对应性。Saha 等（2002）首次提出了一种 LongSAGE 的改进方法，可以使标签序列长度达到 21bp，这些长序列标签可以同时用于人类的基因组注释和表达谱分析。Gowda 等（2004）在 LongSAGE 的基础上发展了一种新的称为 Robust-LongSAGE 的方法，与其他各种 SAGE 方法相比，Robust-LongSAGE 具有以下特点：①对 mRNA 的量相对要求较少，因此这种方法能够检测那些 RNA 含量很低的组织的基因表达谱；②通过延长连接反应的时间，以及在克隆前利用 $Nla$Ⅲ对多联体进行部分酶切处理,大大提高了克隆效率。利用 Robust-LongSAGE 的方法,研究者可以在短短一个月的时间内产生 2~3 个包含 450 万个标签序列的文库;通过对 3000 个克隆进行测序,就可以分离获得大约 10 万个独立标签(Gowda et al.,2007)。Venu 等(2007)采用 Robust-LongSAGE 技术从纹枯病菌侵染的水稻及对照植株中分别鉴定了 24 049 和 20 233 个标签序列,其中近半数的 2 次以上重复出现的重要标签序列与 TIGR 注释的基因或 KOME 上的全长 cDNA 相匹配。此外,60%的文库特异的序列标签(10 次以上重复)和差异表达的序列标签(4 倍以上差异)都是新的转录本,它们可以与基因组序列匹配但没有对应的基因注释。研究还发现,70%的这些利用 Robust-Long-SAGE 鉴定的基因表达模式类似于芯片分析获得的基因表达模式,而且一些候选的由 Robust-LongSAGE 和芯片分析获得的序列标签或基因位于已知的纹枯病 QTL 中。

### 9.4.2 基因芯片表达谱

cDNA 微阵列(或 cDNA 芯片)技术是基于核酸探针互补杂交技术原理而研制的,基本原理是采用 cDNA 或寡核苷酸片段作探针,固化在芯片上;将待测样品(处理组)与对照样品的 mRNA 以两种不同的荧光分子进行标记;然后同时与芯片进行杂交,通过分析两种样品与探针杂交的荧光强度的比值,来检测基因表达水平的变化。

1995 年 Stanford 大学的 P. Brown 实验室发明了第一块以玻璃为载体的基因微矩阵芯片。基因芯片技术已被开发应用于不同的研究领域,从比较基因差异表达的传统芯片发展到了全基因组的覆瓦式芯片。基因差异表达分析的芯片也由双色芯片向单色芯片发展,应用基因芯片技术研究植物基因表达谱已成为功能基因组研究的一个重要工具。例如,Hu 等(2006)用含有 60 000 寡核苷酸探针(代表水稻全部预测表达基因)的芯片检测抗旱转基因植株(过量表达 SNAC1 基因的水稻)中基因的表达情况,除了检测到一些已知逆境相关基因之外,也检测到了另外一些未知功能基因的表达变化。Li 等(2006)设计了一种高密度的寡核苷酸 tiling microarray 方法,主要是从全基因组序列上每隔 35bp 设计一段 25bp 长度的探针,通过高密集的探针数保证对整个基因组全转录本的扫描。实验结果显示,水稻 35 970(81.9%)个预测基因具有转录表达活性,而另外检测到的 5646 个基因间区域的信号簇,可能是目前算法和软件无法预测的新基因。通过将这些可能的新基因序列与植物 EST 数据库比对发现,其中近 30%的序列与植物基因存在同源性,并成功地克隆到了部分新基因的序列。

为了精确比较不同组织细胞基因的表达谱,从复杂、不均一的样品中获得期望的均一的、更接近具有生物活性的目标细胞用于基因芯片分析,人们研制了各种先进的技术手段。从植物中分离同质细胞样品的方法主要有三种:第一种是微穿刺技术(micropipetting),用毛细管从植物活体中获得目标细胞,所获得的细胞样品能进行部分基因表达的分析;第二种方法是激光捕获显微分离技术(laser capture microdissection,LCM),可以在保持细胞特定的生理状态下,快速准确地从冰冻或者石蜡包埋的组织中分离均一的目标细胞;第三种方法是从植物组织中分离原生质体,这种方法能够获得很多同一种类型的细胞。不同的方法均可以获得较为均一的细胞样品,但获得细胞的难易程度和基因表达的忠实性存在差异,它们植物芯片样品的制备中均有使用(Lee et al.,2005)。

### 9.4.3 报告基因标签技术研究基因表达谱

分离克隆特异的时空调控序列（启动子、增强子）是操作基因表达的一条有效途径，但是用于作物遗传改良的功能明确的启动子或增强子数量有限，并且调控元件功能的发挥还受到转基因剂量效应以及位置效应的影响。为了大规模发掘和利用水稻基因组中的调控序列，T-DNA 或转座子插入突变体库往往构建了基因陷阱（gene trap）元件，通过检测不同株系中报告基因的表达模式来跟踪插入位点内源基因的表达谱。

迄今为止，已发展了几种不同类型的基因诱捕（gene trap）系统。广义 gene trap 主要有三个基本类型：增强子诱捕（enhancer trap）、启动子诱捕（promoter trap）和狭义基因诱捕（gene trap）（Springer 2000）。基因诱捕和启动子诱捕中报告基因不带启动子，只有正向插入到内源基因的转录区域，受到内源基因的启动子驱动才能表达。而增强子诱捕中，报告基因带有一个剪切过的小启动子，仅含 TATA Box 和转录起始点，不足以启动报告基因的表达，而只有借助邻近的增强子元件中才有活性。每一种基因诱捕中报告基因的表达都取决于插入元件位置的调控序列的存在与否，因此报告基因的表达模式反映了插入位点调控元件在组织细胞中表达的特异性，通过插入标签分离侧翼基因组序列，可以高通量地分离不同类型的调控元件；如果基因诱捕中引入"GAL4-UAS"等基因调控表达的双元系统，可以直接利用报告基因表达的模式系，实现目的基因的异位表达（Liang et al.，2006）。

Campisi 等（1999）通过农杆菌介导的 T-DNA 转移在拟南芥中建立了含 11 370 个 enhancer trap 系的群体，大约 31% 的株系在花器官中特异检测到报告基因 GUS 的表达，找到了一些在花的不同部位（如雄蕊、柱头、花瓣、心皮等部位）特异表达的株系，初步阐明了花器官的形态建成过程。Yu 等（2007）利用 gene trap 或 promoter trap 技术对水稻 T-DNA 插入突变体库中报告基因表达谱分析表明：在 8200 份 T-DNA 插入突变体中，11% 的植株在营养器官中检测到了 GUS 表达，而 22% 的植株在花器官中检测到了 GUS 表达，不同株系中报告基因呈不同的表达模式。此外，华中农业大学作物遗传改良国家重点实验室创建的水稻大型突变体库使用了带有"GAL4-UAS"的 enhancer trap 元件，通过大规模筛选鉴定 5000 多份突变体材料，建立了不同株系中报告基因 GFP 的时空表达谱，获得了一批报告基因分别在根、叶鞘、叶片、叶枕、幼叶、茎、茎节、颖壳、雄蕊、雌蕊、胚、胚乳等部位特异表达的稳定纯系（Wu et al.，2003），图 9-4 显示了鉴定出的部分 enhancer trap 系中报告基因 GFP 在水稻花、种子中呈不同的表达模式。gene trap 系中报告基因的表达模式反映了水稻基因组内源基因的表达谱，检测基因的表达模式直观可靠。

### 9.4.4 蛋白质芯片技术

蛋白质芯片是指用于蛋白质功能研究和相互作用分析的生物芯片，利用原位合成、机械点样或共价合成等方法将各种蛋白质有序地固定于硅片、玻璃片和尼龙膜等固相介质上形成的生物分子点阵。然后用标记了特定荧光抗菌素体的蛋白质或其他成分与蛋白质芯片的探针分子杂交，再利用荧光扫描仪或激光共聚焦扫描技术，测定芯片上各点的

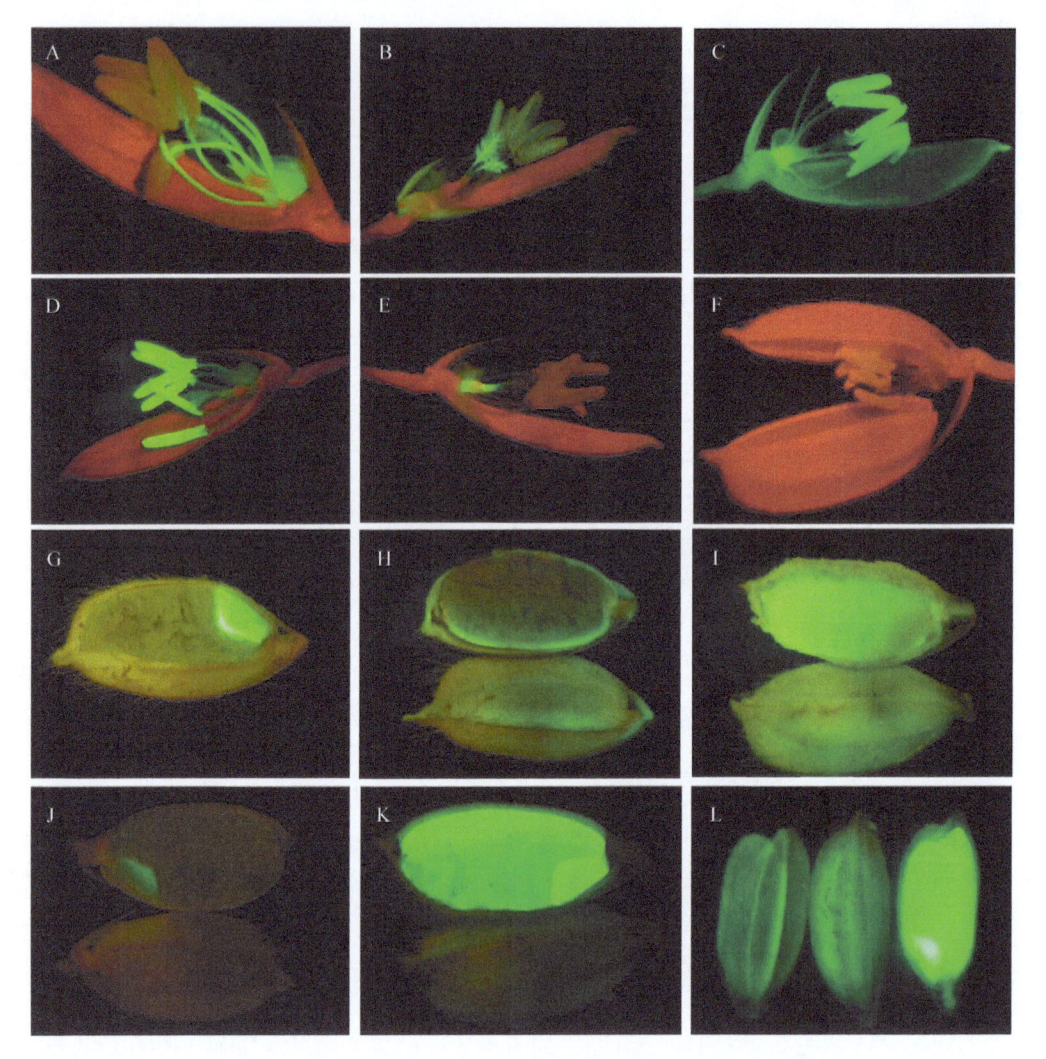

图 9-4  水稻 enhancer trap 系中报告基因 GFP 在水稻花、种子中的表达模式
A. 花丝；B. 柱头；C. 花；D. 雄蕊；E. 子房；F. 阴性对照；G. 胚；H. 种皮；I. 胚乳；J. 部分胚；
K. 胚、胚乳；L. 颖壳、胚、胚乳

荧光强度，分析蛋白质与蛋白质之间相互作用的关系和基因表达产物的差异，从而达到高通量测定各种蛋白质功能的目的（Zhu and Snyder，2003；Bertone and Snyder，2005）。

Zhu 等（2001）建立了包含 5800 个酵母蛋白的蛋白质芯片，利用该蛋白质芯片来筛选鉴定出 6 种已知的钙调蛋白的配偶体，还找到 33 种另外的钙调蛋白可能的配偶体。在植物中，蛋白质芯片已逐渐在拟南芥和大麦中得到应用，在大麦中鉴定了 21 个 CK2α 激酶的潜在目标蛋白，其中包括一些已知的 CK2α 激酶的底物蛋白（Kersten et al.，2003；Kramer et al.，2004）。

## 9.5 水稻重要农艺性状的功能基因

水稻大型突变体库，基因全长 cDNA 文库，基因表达谱芯片等研究平台的建立，加快了高产、优质、抗逆和营养高效等重要农艺性状的功能基因的分离。许多控制水稻高产、优质、抗逆和营养高效等重要农艺性状的功能基因表现出良好的应用前景，这些具有重要应用前景的功能基因为绿色超级稻的培育储备了良好的基因资源。表 9-2 列举了近年来分离克隆的部分水稻重要功能基因，主要包括控制水稻产量、株型、育性、抗逆等性状的功能基因。

表 9-2 近年来分离克隆的部分水稻重要功能基因

| 性状 | 基因名称 | 编码蛋白质 | 基因功能 | 克隆方法 | 参考文献 |
|---|---|---|---|---|---|
| 产量 | GHD7 | 含 CCT 结构域蛋白 | 株高、生育期、穗大小 | 图位克隆 | Xue et al., 2008 |
| | GS3 | 含 PEBP 类似结构域蛋白 | 粒长、粒重 | 图位克隆 | Fan et al., 2006 |
| | GW2 | RING 类-E3 泛素连接酶 | 粒宽、粒重 | 图位克隆 | Song et al., 2007 |
| | DEP1 | 类似 PEBP 结构域的蛋白 | 穗形 | 图位克隆 | Huang et al., 2009 |
| | GIF1 | 细胞壁蔗糖酶 | 籽粒充实度 | 图位克隆 | Wang et al., 2008 |
| | Gn1a | 细胞分裂素氧化酶 | 穗大小 | 图位克隆 | Ashikari et al., 2005 |
| | qSW5 | 未知蛋白 | 粒宽 | 图位克隆 | Shomura et al., 2008 |
| 株型 | MOC1 | GRAS 家族蛋白 | 控制分蘖数量 | 图位克隆 | Li et al., 2003 |
| | FC1 | 肉桂醇脱氢酶 | 木质素合成、茎秆强度 | T-DNA 标签 | Li et al., 2009 |
| | BC1 | COBRA 类蛋白 | 纤维素合成、茎秆强度 | 图位克隆 | Li et al., 2003 |
| | LAZY1 | 未知蛋白 | 分蘖角度 | 图位克隆 | Li et al., 2007 |
| | TAC1 | 未知蛋白 | 分蘖角度 | 图位克隆 | Yu et al., 2007 |
| | PROG1 | Cys2-His2 锌指蛋白 | 分蘖角度 | 图位克隆 | Tan et al., 2008<br>Jin et al., 2008 |
| | SD1 | GA20 氧化酶 | GA 生物合成，株高 | 图位克隆 | Sasaki et al., 2002 |
| | EUI | 细胞色素 P450 单加氧酶 | GA 代谢，穗颈长度 | 图位克隆 | Zhu et al., 2006 |
| | SLL1 | KANADI 转录因子 | 调节叶片卷曲度 | 图位克隆 | Zhang et al., 2009 |
| 抗逆 | SKC1 | 离子转运蛋白 | 维持钠钾离子平衡，抗盐 | 图位克隆 | Ren et al., 2005 |
| | SNAC1 | NAC 类转录因子 | 调控气孔关闭，抗旱 | 基因芯片 | Hu et al., 2006 |
| | OsSKIPa | Ski-作用蛋白 | 细胞的活力，抗旱 | 基因芯片 | Hou et al., 2009 |
| | xa13 | 一结瘤素 MtN3 类似基因 | 隐性抗白叶枯病基因 | 图位克隆 | Chu et al., 2006 |
| | Xa26 | LRR 类受体蛋白激酶 | 抗白叶枯病基因 | 图位克隆 | Sun et al., 2004 |
| | OsPFT1 | 一种新的转录因子 | 低磷胁迫应答 | 抑制消减杂交 | Yi et al., 2005 |
| | OsPHR2 | MYB 类转录因子 | 磷信号转导 | 同源基因法 | Zhou et al., 2008 |
| | OsSPX1 | SPX 结构域蛋白 | 磷信号转导 | 同源基因法 | Wang et al., 2009 |
| 育性 | S5 | 天冬氨酰蛋白酶 | 籼粳杂种育性 | 图位克隆 | Chen et al., 2008 |
| | Sa | E3 类泛素连接酶、F-box 蛋白 | 籼粳杂种育性 | 图位克隆 | Long et al., 2008 |
| | TDR | bHLH 类转录因子 | 花粉育性 | 图位克隆 | Li et al., 2006 |
| | orf79 | 细胞质雄性不育基因 | 细胞毒素肽 | 图位克隆 | Wang et al., 2006 |
| | PAIR1 | coiled-coil 结构域蛋白 | 同源染色体配对 | Tos17 标签法 | Nonomura et al., 2004 |
| | PAIR3 | coiled-coil 结构域蛋白 | 同源染色体配对 | T-DNA 标签法 | Yuan et al., 2009 |
| 抽穗期 | RID1 | 锌指类转录因子 | 成花转换 | T-DNA 标签 | Wu et al., 2008 |
| | HD1 | 锌指类转录因子 | 短日照促进开花、长日照抑制开花 | 图位克隆 | Yano et al., 42000 |
| | EHD1 | B 类型调控单元 | 短日照促进开花 | 图位克隆 | Doi et al., 2004 |

## 9.5.1 产量性状相关基因

产量性状属于复杂的数量性状，在遗传基础上是由多个基因所控制，在遗传群体中性状分离表现为连续变异。水稻产量的构成因子主要包括：有效穗数、穗粒数和粒重。Xue 等（2008）采用图位克隆的策略分离到一个同时控制水稻的株高、抽穗期和穗粒数的主效基因 Ghd7。Ghd7 属于 CCT 基因家族的成员，将含有来自明恢 63 的基因区段转化合江 19、牡丹江 8 号、日本晴等小穗品种后，转基因植株表现抽穗延迟、株高增高、每穗颖花数显著增加，证实了该基因是同时控制水稻的株高、抽穗期和穗粒数的基因。Fan 等（2006）利用大粒品种明恢 63 和小粒品种川 7 构建的近等基因系，克隆了位于第 3 染色体上控制粒长和千粒重的主效 QTL GS3，该基因编码一个跨膜蛋白。GS3 可解释 80%～90% 的粒长和千粒重表型变异，并且对粒宽和粒厚也具有微效作用。对 180 个不同粒长的品种 GS3 比较测序发现，第 2 个外显子碱基 A 和 C 的差异与粒长性状高度关联，由此开发的功能标记可以应用于分子标记辅助选择 GS3 基因改良稻米外观、品质和产量（Fan et al.，2009）。Song 等（2007）以小粒籼稻品种"丰矮占 1 号"（Fengaizhan-1，FAZ1）和大粒粳稻品种"WY3"作为亲本材料，定位并成功克隆了一个位于第 2 号染色体上对粒宽性状的贡献率高达 65.5% 的主效 QTL GW2。与小粒亲本 FAZ1 的等位基因相比，大粒亲本 WY3 的 GW2 等位基因存在 3 处变异，导致等位基因突变蛋白翻译的提前终止。比较测序结果显示，该基因的变异引起大粒表型，即该基因可能负调控水稻谷粒宽度的发育。利用分子标记辅助选择将来源于大粒品种 WY3 的 GW2 导入到小粒品种 FAZ1 中后，近等基因系 NIL（GW2）谷粒和糙米比轮回亲本 FAZ1 显著变宽，千粒重提高了 49.8%，表现出极好的应用前景。此外，控制穗大小的基因 Gn1a（Ashikari et al.，2005）、穗形态基因 DEP1（Huang et al.，2009）和籽粒灌浆充实度基因 GIF1（Wang et al.，2008）等均对水稻产量性状的遗传改良具有良好的应用前景。

## 9.5.2 株型相关基因

水稻株型指水稻的分蘖数、分蘖角度、植株的高度、叶片与茎秆的夹角等，理想的水稻株型可以提高光合作用效率，从而提高单位面积的产量，是水稻遗传改良的重要农艺性状之一。Li 等（2003）通过图位克隆的方法克隆了控制水稻分蘖的基因 MOC1。MOC1 突变植株只有主茎，没有分蘖，MOC1 编码的蛋白质为 GRAS 家族的成员与番茄 lateral suppressor（LS）同源性高达 44%，MOC1 基因不仅控制腋生分生组织的起始和分蘖芽的形成，同时还具有促进分蘖芽生长的功能。MOC1 可能是控制水稻分蘖的基因分子开关基因，转 MOC1 基因的植株分蘖能力明显比野生型强，表现出重要的育种应用潜力。

对水稻分蘖角度的研究，Li 等（2007）分离了一个控制水稻分蘖角度的基因 LAZY1，它为禾本科植物所特有。LAZY1 对植物生长激素的极性运输（polar auxin transport，PAT）具有负调控作用，在 LAZY1 功能丧失的突变体中 PAT 作用加强，IAA 在茎中的分配被改变从而导致水稻分蘖角增大。除了 LAZY1 基因外，我国科学家近年来还分离克隆了 TAC1 (tiller angle control 1)、PROG1 (prostrate growth 1) 等一些控制分蘖角度的关键基因。2008 年 11 月 Nature Genetics 杂志同一期发表了我国的两个不同的实验室用不同的亲本材料克隆的控制野生稻匍匐生长习性的基因 PROG1。Tan 等 (2008) 以来源于我国云南省的野生稻 (YJCWR, O. rufipogon) 为供体、栽培稻品种特青 (O. sativa L. ssp. indica) 为受体的导入系为材料，定位克隆了该基因。Jin 等 (2008) 则以来源于我国海南省的野生稻为供体、特青为受体的导入系克隆了 PROG1。该基因位于水稻第 7 号染色体短臂上，编码一个 Cys2-His2 类锌指蛋白。在水稻的进化过程中，由野生稻的 PROG1 基因进化为栽培稻的 prog1 后，基因的功能丧失，不仅由匍匐生长变成直立生长，株型得到改良，更适合密植，而且穗粒数增加，产量大幅度提高。比较测序发现，来自不同国家的 182 个水稻品种的 prog1 基因表现相同的变异，说明该基因可能是单起源的。弄清水稻分蘖能力，分蘖角度的调控机制，既有利于培育理想株型的水稻品种从而提高单位面积产量，又有利于机械化种植。

### 9.5.3 抗逆相关基因

土壤的盐碱化和干旱是粮食生产面临的一个严峻的环境问题，严重威胁着世界农业生产和粮食供应。近年来，我国科学家在抗逆功能基因的分离克隆方面也积累了优良的基因资源。以在沿海沼泽地中发现的高度耐盐的籼稻品种 Nona Bokra (O. sativa L. ssp. indica var. Nona Bokra) 与盐敏感的优质粳稻栽培品种越光 (O. sativa L. ssp. japonica var. Koshihikari) 为亲本，定位了 11 个与盐胁迫相关的 QTL (Lin et al., 2004)，并于 2005 年成功克隆了一个对表型变异的贡献率达到 40.1% 的主效 QTL 基因 SKC1 (Ren et al., 2005)。SKC1 编码一个 HKT (high-affinity $K^+$ transporter) 家族的离子转运蛋白。序列分析表明两个亲本的 SKC1 蛋白 NSKC1 (Nona Bokra) 和 KSKC1 (越光) 之间有 4 个氨基酸的替换。耐盐品种 Nona Bokra 的 SKC1 基因导入盐敏感品种中花 11 号后，经 140mmol/L NaCl 处理后，转基因植株的地上部 $K^+$ 浓度显著高于对照，证明 SKC1 是 Nona Bokra 中的耐盐基因。采用分子标记辅助选择方法将耐盐品种 Nona Bokra 的 SKC1 片段导入轮回亲本"越光"的遗传背景后获得的近等基因系 NIL (SKC1) 对盐的耐受能力大大增加，表明这一基因在水稻甚至其他作物耐盐品种培育中有重要的应用价值。

在基因芯片中寻找水稻干旱胁迫下差异表达基因，通过超量表达或 RNA 干涉等技术，Hu 等 (2006) 成功分离克隆了多个参与水稻抗旱的关键基因，其中 SNAC1 是一个与逆境应答的 NAC 类转录因子，它的表达受干旱、高盐、低温和 ABA 的诱导，并在干旱条件下在保卫细胞中被特异诱导表达。超量表达转基因植株虽然与野生型植株没有任何形态差异，但是，其在苗期和成株期的抗旱性明显增强，特别是在重度干旱条件下，野生型植株的结实率低于 5%，而转基因水稻的结实率在 20% 以上。扫描电镜观察结果表明转基因植株的气孔关闭数要显著高于野生型植株；在干旱过程中，转基因植株丧失水分的速率要慢于野生型，具有更低的临界相对含水量。最近鉴定的 OsSKIPa 调控了细胞的活力，超量表达该基因后可以提高水稻在缺水条件下的生存能力，降低干旱引起的产量损失 (Hou et al., 2009)。

### 9.5.4 籼粳杂种育性基因

水稻籼粳亚种间具有强大的杂种优势，但是籼粳杂种 $F_1$ 普遍存在不育或者半不育的现象，限制了亚种间杂种优势的利用。水稻广亲和品种作为一类特殊的种质资源，与籼稻或粳稻品种杂交都可表现为正常的育性。水稻广亲和品种中的广亲和基因可以有效地克服籼粳亚种间杂种的不育性。已经发现 20 多个与水稻杂种育性有关的基因座，如导致雌配子不育的 *S5*、*S7*、*S8*、*S9*、*S15*、*S17*，导致雄配子不育的 *Sa*、*Sb*、*Sc*、*Sd*、*Se*、*Sf* 等。2008 年，在美国科学院院刊上分别发表了 *S5* 和 *Sa* 对控制杂种育性基因的研究成果，为深入揭示杂种不育的机制奠定了坚实的基础，同时也为亚种间杂种优势的利用提供了可能。*S5* 基因编码一个天冬氨酰蛋白酶，通过控制雌配子的育性而影响结实率。籼粳稻的 *S5* 等位基因间仅两个碱基的差别，引起相应蛋白质两个氨基酸的替换，造成其杂种的不育。广亲和品种的 *S5* 等位基因（广亲和基因）则因其大片段缺失，导致功能丧失，造成蛋白质亚细胞定位的改变，这可能使其功能丧失，从而使其与籼稻和粳稻杂交，都不影响杂种的育性（Chen et al.，2008）。与 *S5* 不同，克隆的 *Sa* 基因座是影响雄配子育性的基因。*Sa* 由两个相邻的基因组成，第一个基因命名为 *SaM*$^+$（籼型 indica）或 *SaM*$^-$（粳型 japonica）；第二个基因含有 F-box 结构域，命名为 *SaF*$^+$（indica）或 *SaF*$^-$（japonica）。大部分籼稻具有 *SaM*$^+$*SaF*$^+$ 基因型，部分籼稻品系为亲和（中性）的基因型 *SaM*$^+$*SaF*$^-$，它们与粳稻（*SaM*$^-$*SaF*$^-$）杂交可以产生亲和性即杂种可育。转基因和蛋白质互作实验表明，SaF 蛋白与 SaM$^-$ 截断蛋白的直接相互作用，并在与 SaM$^+$ 的间接相互作用下控制花粉的发育。本研究提出 *Sa* 座位杂种不育与亲和的分子作用机制模型：双基因/三因子互作（two-gene/three-component interaction）模型，首次揭示了水稻籼粳杂种雄性不育的分子基础（Long et al.，2008）。

随着水稻功能基因组研究平台的不断完善，鉴定分离重要功能基因的技术途径日益丰富和成熟，相信越来越多的重要功能基因将会被分离，并在绿色超级稻的培育中发挥重要的作用。

## 9.6 小 结

随着水稻大型突变体库、基因全长 cDNA 文库、基因表达谱芯片等一批水稻功能基因组研究平台的建立，通过插入标签、基因表达信息及图位克隆等方法分离克隆基因的技术体系日益完善，快速分离克隆控制水稻重要性状的功能基因已成为现实。将来水稻功能基因组计划还将建立蛋白质组学和代谢组学的研究平台，有望从基因组水平上明确基因的功能及其调控网络；阐明控制水稻产量、抗逆、营养高效等重要农艺性状的生物学路径；高通量地分离克隆控制水稻农艺性状的关键基因；对这些优良基因进行有机组合从而服务于水稻分子设计育种。目前水稻转基因技术、基因表达调控技术和分子标记辅助选择技术日趋成熟，功能基因组学的研究成果将改变传统的育种模式，向更为精准、快速的分子设计育种模式转变，为培育绿色超级稻提供系统的理论与技术支撑。

## 第 9 章 水稻功能基因组和绿色超级稻培育

分子设计育种的基本思想是对优良基因的聚合和基因与表达调控元件的有机整合，依赖于重要功能基因资源的发掘和基因表达调控方式的优化。富含 β-胡萝卜素的金色稻米的培育是采用分子设计育种的典型实例，Ye 等（2000）采用农杆菌介导的基因转移法将 β-胡萝卜素合成途径的三个关键酶（八氢番茄红素合成酶、细菌八氢番茄红素去饱和酶、番茄红素 β-环化酶）同时转入水稻中，转基因水稻种子中类胡萝卜素增加，胚乳呈黄色。我国科研人员已分离克隆了一系列的调控水稻重要农艺性状的关键基因，如抗旱基因 *SNAC1*、解决籼粳亚种杂交的广亲和基因 *S5*、高产基因 *Ghd7* 等均表现出重大的应用前景。深入了解这些基因的调控网络，采用合适的遗传表达调控体系，将使这些基因的功能得到合理的应用，利用分子设计育种方法培育绿色超级稻。

在基因表达调控体系方面，通过芯片和报告基因表达谱的途径可以发掘鉴定时空特异性表达的启动子，这些特异性启动子组装重要的功能基因，可以实现分子设计培育遗传改良的水稻品种。此外，我国水稻功能基因研究项目突变体库平台使用的"GAL4/UAS"双因子系统是另一种实现基因定向调控表达的有效途径。GAL4 是一个反式激活因子，它特异识别顺式因子 UAS（upstream activating sequence）序列并启动其控制的目标基因。双因子系统的基本思想是在植物上分别构建两种不同的转化株系，一种称为模式系（activator line），一种称为目标系（target line）。模式系是由时空特异型或者诱导型的顺式调节因子控制的表达 GAL4 基因的株系；目标系则是指带有能与 GAL4 的特异结合的 UAS 序列和受 UAS 序列控制的目标基因的株系。对双元系统而言，模式系只需要特异表达 GAL4 即可。为了便于检测 GAL4 的表达，在 GAL4 元件后面往往加入了由 UAS 元件控制的报告基因，由于 GAL4 识别 UAS 的特异性，因此只有在 GAL4 存在的情况下，报告基因才会表达，且报告基因的表达模式与 GAL4 一样。在目标系中，由于缺少 GAL4，目标基因不会表达。当模式系与目标系杂交后，杂交 $F_1$ 中 UAS 控制的下游基因将与模式系中的 GAL4 表达模式相一致（图 9-5），通过与报告基因时空特异性的模式系杂交，就可以实现目标基因的时空特异表达或者诱导型表达。因此，只要有足够的特异表达模式系，就可以实现目标基因组在全生育期中的任何时期或器官中表达，从而评价目标基因改良水稻的效果。为了将"GAL4-UAS"双元表达体

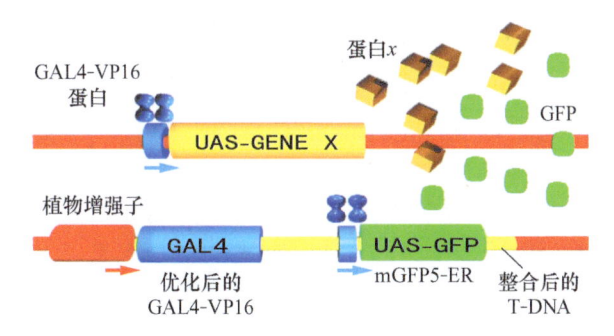

图 9-5 GAL4/UAS 双元系统

GAL4-VP16 蛋白：GAL4-VP16 反式激活因子蛋白；UAS-GENE X：上游激活序列融合未知功能蛋白；
蛋白 X：未知蛋白 X；GFP. 绿色荧光蛋白；UAS-GFP：上游激活序列融合绿色荧光蛋白

（Haseloff, 1999）

系运用于水稻基因功能研究，我国水稻大型突变体库T-DNA载体上带有"GAL4-UAS"系统的enhancer trap元件，不同株系中报告基因呈不同的表达模式（Wu et al., 2003），现已初步建立了报告基因在水稻根、叶、叶鞘、茎、花、胚、胚乳等组织器官特异表达的系列模式系，与UAS驱动功能基因的目标系杂交后，成功实现了功能目标基因的异位表达（Liang et al., 2006）。利用该系统，只要有了相应的模式系，就可以将目标基因的表达限定于植物生长的某一特定时期、特定器官甚至特定细胞中，获得理想的分子设计育种材料。采用"GAL4-UAS"双因子系统，有望实现优良性状基因特异表达于预期时期的组织、器官或细胞中，如控制根长的基因限定在根中表达，抗虫基因特异不在水稻种子中表达等，从而优化功能基因的表达部位，使功能基因组研究成果更好地运用于作物遗传改良。

（作者：吴昌银）

## 参 考 文 献

杨锡明，高磊，栾静. 2005. 获取基因全长cDNA的方法及其进展. 现代检验医学杂志，20：80-83

Adams M D, Kelley J M, Gocayne J D, Dubnick M, Polymeropoulos M H, Xiao H, Merril C R, Wu A, Olde B, Moreno R F, Kerlavage A R, McCombie W R, Venter J C. 1991. Complementary DNA sequencing: expressed sequence tags and human genome project. Science, 252: 1651-1656

Ashikari M, Sakakibara H, Lin S, Yamamoto T, Takashi T, Nishimura A, Angeles E R, Qian Q, Kitano H, Matsuoka M. 2005. Cytokinin oxidase regulates rice grain production. Science, 309: 741-745

Bertone P, Snyder M. 2005. Advances in functional protein microarray technology. FEBS J, 272: 5400-5411

Campisi L, Yang Y Z, Yi Y, Heilig E, Herman B, Cassista A J, Allen D W, Xiang H J, Jack T. 1999. Generation of enhancer trap lines in *Arabidopsis* and characterization of expression patterns of the inflorescence. Plant J, 17: 699-707

Carninci P, Kvam C, Kitamura A, Ohsumi T, Okazaki Y, Itoh M, Kamiya M, Shibata K, Sasaki N, Izawa M, Muramatsu M, Hayashizaki Y, Schneider C. 1996. High-efficiency full length cDNA cloning by biotinylated cap trapper. Genomics, 37: 327-336

Chen J J, Ding J H, Ouyang Y D, Du H Y, Yang J Y, Cheng K, Zhao J, Qiu S Q, Zhang X L, Yao J L, Liu K D, Wang L, Xu C G, Li X H, Xue Y B, Xia M, Ji Q, Lu J F, Xu M L, Zhang Q F. 2008. A triallelic system of S5 is a major regulator of the reproductive barrier and compatibility of indica-japonica hybrids in rice. Proc Natl Acad Sci USA, 105: 11436-11441

Chenchik A, Moqadam F, Siebert P. 1996. A new method for full-length cDNA cloning by PCR. In: Krieg P A. A laboratory guide to RNA: isolation, analysis, and synthesis. New York: Wiley-Liss. 273-321

Chu Z H, Ouyang Y, Zhang J, Yang H, Wang S P. 2004. Genome-wide analysis of defense-responsive genes in bacterial blight resistance of rice mediated by the recessive R gene *xa13*. Mol Genet Genomics, 271: 111-120

Chu Z H, Yuan M, Yao L L, Ge X J, Yuan B, Xu C G, Li X H, Fu B Y, Li Z K, Bennetzen J L,

Zhang Q F, Wang S P. 2006. Promoter mutations of an essential gene for pollen development result in disease resistance in rice. Genes Dev, 20: 1250-1255

Colbert T, Till B J, Tompa R, Reynolds S, Steine M N, Yeung A T, McCallum C M, Comai L, Henikoff S. 2001. High-throughput screening for induced point mutations. Plant Physiol, 126: 480-484

Delseny M, Salses J, Cooke R, Sallaud C, Regad F, Lagoda P, Guiderdoni E, Ventelon M, Brugidou C, Ghesqèuire A. 2001. Rice genomics: present and future. Plant Physiol Biochem, 39: 323-334

Diatchenko L, Lau Y F, Campbell A P, Chenchik A, Moqadam F, Huang B, Lukyanov S, Lukyanov K, Gurskaya N, Sverdlov E D, Siebert P D. 1996. Suppression subtractive hybridization: a method for generating differentially regulated or tissue-specific cDNA probes and libraries. Proc Natl Acad Sci USA, 93: 6025-6030

Doi K, Izawa T, Fuse T, Yamanouchi U, Kubo T, Shimatani Z, Yano M, Yoshimura A. 2004. Ehd1, a B-type response regulator in rice, confers short-day promotion of flowering and controls FT-like gene expression independently of Hd1. Genes Dev, 18: 926-936

Enoki H, Izawa T, Kawahara M, Komatsu M, Koh S, Kyozuka J, Shimamoto K. 1999. Ac as a tool for the functional genomics of rice. Plant J, 19: 605-613

Fan C H, Xing Y Z, Mao H L, Lu T T, Han B, Xu C G, Li X H, Zhang Q F. 2006. GS3, a major QTL for grain length and weight and minor QTL for grain width and thickness in rice, encodes a putative transmembrane protein. Theor Appl Genet, 112: 1164-1171

Fan C C, Yu S B, Wang C R, Xing Y Z. 2009. A causal C-A mutation in the second exon of *GS3* highly associated with rice grain length and validated as a functional marker. Theor Appl Genet, 118: 465-472

Gepstein S, Sabehi G, Carp M J, Hajouj T, Nesher M F, Yariv I, Dor C, Bassani M. 2003. Large-scale identification of leaf senescence-associated genes. Plant J, 36: 629-642

Gibbings J G, Cook B P, Dufault M R, Madden S L, Khuri S, Turnbull C J, Dunwell J M. 2003. Global transcript analysis of rice leaf and seed using SAGE technology. Plant Biotechnol J, 1: 271-285

Gowda M, Jantasuriyarat C, Dean R A, Wang G L. 2004. Robust-Long SAGE (RL-SAGE): a substantially improved long SAGE method for gene discovery and transcriptome analysis. Plant Physiol, 134: 890-897

Gowda M, Venu R C, Jia Y, Stahlberg E, Pampanwar V, Soderlund C, Wang G L. 2007. Use of robust-long serial analysis of gene expression to identify novel fungal and plant genes involved in host-pathogen interactions. Methods Mol Biol, 354: 131-144

Grant S G, Jessee J, Bloom F R, Hanahan D. 1990. Differential plasmid rescue from transgenic mouse DNAs into *Escherichia coli* methylation-restriction mutants. Proc Natl Acad Sci USA, 87: 4645-4659

Greco R, Ouewerkerk P B F, Sallaud C, Kohli A, Colombo L, Puigdomènech P, Guiderdoni E, Christou P, Harry J H C, Pereira A. 2001. Transposon insertional mutagenesis in rice. Plant Physiol, 125: 1175-1177

Haseloff J. 1999. GFP variants for multispectral imaging of living cells. Methods Cell Biol, 58: 139-151

Hieter P, Boguski M. 1997. Functional Genomics: it's all how you read it. Science, 278: 601-602

Hirochika H. 2001. Contribution of *Tos17* retrotransposon to rice functional genomics. Curr Opin Plant Biol, 4: 118-122

Hou X, Xie K B, Yao J L, Qi Z Y, Xiong L Z. 2009. A homolog of human ski-interacting protein in rice positively regulates cell viability and stress tolerance. Proc Natl Acad Sci USA, 106: 6410-6415

Hsing Y I, Chern C G, Fan M J, Lu P C, Chen K T, Lo S F, Sun P K, Ho S L, Lee K W, Wang Y C, Huang W L, Ko S S, Chen S, Chen J L, Chung C I, Lin Y C, Hour A L, Wang Y W, Chang Y C, Tsai M W, Lin Y S, Chen Y C, Yen H M, Li C P, Wey C K, Tseng C S, Lai M H, Huang S C, Chen L J, Yu S M. 2007. A rice gene activation/knockout mutant resource for high throughput functional genomics. Plant Mol Biol, 63: 351-364

Hu H H, Dai M Q, Yao J L, Xiao B Z, Li X H, Zhang Q F, Xiong L Z. 2006. Overexpressing a NAM, ATAF, and CUC (NAC) transcription factor enhances drought resistance and salt tolerance in rice. Proc Natl Acad Sci USA, 103: 12987-12992

Huang X Z, Qian Q, Liu Z B, Sun H Y, He S Y, Luo D, Xia G M, Chu C C, Li J Y, Fu X D. 2009. Natural variation at the DEP1 locus enhances grain yield in rice. Nat Genet, 41: 494-497

International Rice Genome Sequencing Project. 2005. The map-based sequence of the rice genome. Nature, 436: 793-800

Izawa T, Ohnishi T, Nakano T, Ishida N, Enoki H, Hashimoto H, Itoh K, Terada R, Wu C, Miyazaki C, Endo T, Iida S, Shimamoto K. 1997. Transposon tagging in rice. Plant Mol Biol, 35: 219-229

Jeon J, An G. 2001. Gene tagging in rice: a high throughput system for functional genomics. Plant Sci, 161: 211-219

Jeon J S, Lee S, Jung K H, Jun S H, Jeong D H, Lee J, Kim C, Jang S, Yang K, Nam J, An K, Han M J, Sung R J, Choi H S, Yu J H, Cho S Y, Cha S S, Kim S I, An G. 2000. T-DNA insertional mutagenesis for functional genomics in rice. Plant J, 22: 561-570

Jeong D H, An S, Park S, Kang H G, Park G G, Kim S R, Sim J, Kim Y O, Kim M K, Kim S R, Kim J, Shin M, Jung M, An G. 2006. Generation of a flanking sequence-tag database for activation-tagging lines in japonica rice. Plant J, 45: 123-132

Jin J, Huang W, Gao J P, Yang J, Shi M, Zhu M Z, Luo D, Lin H X. 2008. Genetic control of rice plant architecture under domestication. Nat Genet, 40: 1365-1369

Kersten B, Feilner T, Kramer A, Wehrmeyer S, Possling A, Witt I, Zanor M I, Stracke R, Lueking A, Kreutzberger J, Lehrach H, Cahilll D J. 2003. Generation of *Arabidopsis* protein chips for antibody and serum screening. Plant Mol Biol, 52: 999-1010

Kramer A, Feilner T, Possling A, Radchuk V, Weschke W, Burkle L, Kersten B. 2004. Identification of barley CK2 alpha targets by using the protein microarray technology. Phytochemistry, 65: 1777-1784

Krishnan A, Guiderdoni E, An G, Hsing Y I C, Han C D, Lee M C, Yu S M, Upadhyaya N, Ramachandran S, Zhang Q F, Sundaresan V, Hirochika H, Leung H, Pereira A. 2009. Mutant resources in rice for functional genomics of the grasses. Plant Physiol, 149: 165-170

Lee J Y, Levesque M, Benfey P N. 2005. High-throughput RNA isolation technologies. New tools for high-resolution gene expression profiling in plant systems. Plant Physiol, 138: 585-590

Leung H, Wu C, Baraoidan M, Bordeos A, Ramos M, Madamba S, Cabauatan P, Cruz C, Portugal

A, Reyes G, Bruskiewich R, McLaren G, Lafitte R, Gregorio G, Bennett J, Brar D, Khush G, Schnable P, Wang G, Leach J. 2001. Deletion mutants for functional genomics: progress in phenotyping, sequence assignment, and database development. *In*: Khush G S, Brar D S, Hardy B. Rice genetics IV. IRRI: Science Publishers, 239-251

Li L, Wang X F, Stolc V, Li X Y, Zhang D F, Su N, Tongprasit W, Li S G, Cheng Z K, Wang J, Deng X W. 2006. Genome-wide transcription analyses in rice using tiling microarrays. Nat Genet, 38: 124-129

Li N, Zhang D S, Liu H S, Yin C S, Li X X, Liang W Q, Yuan Z, Xu B, Chu H W, Wang J, Wen T Q, Huang H, Luo D, Ma H, Zhang D B. 2006. The rice tapetum degeneration retardation gene is required foe tapetum degradation and anther development. Plant Cell, 18: 2999-3014

Li P J, Wang Y H, Qian Q, Fu Z M, Wang M, Zeng D L, Li B H, Wang X J, Li J Y. 2007. LAZY1 controls rice shoot gravitropism through regulating polar auxin transport. Cell Res, 17: 402-410

Li X Y, Qian Q, Fu Z M, Wang Y H, Xiong G S, Zeng D L, Wang X, Liu Q X, Teng S, Hiroshi F, Yuan M, Luo D, Han B, Li J Y. 2003. Control of tillering in rice. Nature, 422: 618-621

Li X J, Yang Y, Yao J L, Chen G X, Li X H, Zhang Q F, Wu C Y. 2009. FLEXIBLE CULM 1 encoding a cinnamyl-alcohol dehydrogenase controls culm mechanical strength in rice. Plant Mol Biol, 69: 685-697

Li Y H, Qian Q, Zhou Y H, Yan M X, Sun L, Zhang M, Fu Z M, Wang Y H, Han B, Pang X M, Chen M S, Li J Y. 2003. *BRITTLE CULM1*, which encodes a COBRA-like protein, affects the mechanical properties of rice plants. Plant Cell, 15: 2020-2031

Liang D C, Wu C Y, Li C S, Xu C G, Zhang J W, Kilian A, Li X H, Zhang Q F, Xiong L Z. 2006, Establishment of a patterned GAL4-VP16 transactivation system for discovering gene function in rice. Plant J, 46: 1059-1072

Lin H X, Zhu M Z, Yano M, Gao J P, Liang Z W, Su W A, Hu X H, Ren Z H, Chao D Y. 2004. QTLs for $Na^+$ and $K^+$ uptake of shoot and root controlling rice salt tolerance. Theor Appl Genet, 108: 253-260

Lister R, Gregory B D, Ecker J R. 2009. Next is now: new technologies for sequencing of genomes, transcriptomes, and beyond. Curr Opin Plant Biol, 12: 107-118

Liu Y G, Whittier R F. 1995. Thermal asymmetric interlaced PCR: automatable amplification and sequencing of insert end fragments from P1 and YAC clones for chromosome walking. Genomics, 25: 674-681

Long Y M, Zhao L F, Niu B X, Su J, Wu H, Chen Y L, Zhang Q Y, Guo J X, Zhuang C X, Mei M T, Xia J X, Wang L, Wu H B, Liu Y G. 2008. Hybrid male sterility in rice controlled by interaction between divergent alleles of two adjacent genes. Proc Natl Acad Sci USA, 105: 18871-18876

Lu T T, Huang X H, Zhu C R, Huang T, Zhao Q, Xie K B, Xiong L Z, Zhang Q F, Han B. 2008. RICD: a rice indica cDNA database resource for rice functional genomics. BMC Plant Biol, 8: 118

Martienssen R A. 1998. Functional genomics: probing plant gene function and expression with transposons. Proc Natl Acad Sci USA, 95: 2021-2026

Maruyama K, Sugano S. 1994. Oligo-capping: a simple method to replace the cap structure of eukaryotic mRNAs with oligoribonucleotides. Gene, 138: 171-174

Miyao A, Iwasaki Y, Kitano H, Itoh J, Maekawa M, Murata K, Yatou O, Nagato Y, Hirochika H. 2007. A large-scale collection of phenotypic data describing an insertional mutant population to facilitate functional analysis of rice genes. Plant Mol Biol, 63: 625-635

Miyao A, Tanaka K, Murata K, Sawaki H, Takeda S, Abe K, Shinozuka Y, Onosato K, Hirochika H. 2003. Target site specificity of the Tos17 retrotransposon shows a preference for insertion within genes and against insertion in retrotransposon-rich regions of the genome. Plant Cell, 15: 1771-1780

Nakamura H, Hakata M, Amano K, Miyao A, Toki N, Kajikawa M, Pang J, Higashi N, Ando S, Toki S, Fujita M, Enju A, Seki M, Nakazawa M, Ichikawa T, Shinozaki K, Matsui M, Nagamura Y, Hirochika H, Ichikawa H. 2007. A genome-wide gain-of-function analysis of rice genes using the FOX-hunting system. Plant Mol Biol, 65: 357-371

Nonomura K, Nakano M, Fukuda T, Eiguchi M, Miyao A, Hirochika H, Kurata N. 2004. The novel gene HOMOLOGOUS PAIRING ABERRATION IN RICE MEIOSIS1 of rice encodes a putative coiled-coil protein required for homologous chromosome pairing in meiosis. Plant Cell, 16: 1008-1020.

Ren Z H, Gao J P, Li L G, Cai X L, Huang W, Chao D Y, Zhu M Z, Wang Z Y, Luan S, Lin H X. 2005. A rice quantitative trait locus for salt tolerance encodes a sodium transporter. Nat Genet, 37: 1141-1146

Saha S, Sparks A B, Rago C, Akmaev V, Wang C J, Vogelstein B, Kinzler K W, Velculescu V E. 2002. Using the transcriptome to annotate the genome. Nat Biotechnol, 20: 508-512

Sallaud C, Meynard D, van Boxtel J, Gay C, Bes M, Brizard J P, Larmande P, Ortega D, Raynal M, Portefaix M, Ouwerkerk P B, Rueb S, Delseny M, Guiderdoni E. 2003. Highly efficient production and characterization of T-DNA plants for rice (Oryza sativa L.) functional genomics. Theor Appl Genet, 106: 1396-1408

Sasaki A, Ashikari M, Ueguchi-Tanaka M, Itoh H, Nishimura A, Swapan D, Ishiyama K, Saito T, Kobayashi M, Khush GS, Kitano H, Matsuoka M. 2002. Green revolution: a mutant gibberellin-synthesis gene in rice. Nature, 416: 701-702

Seki M, Carninci P, Nishiyama Y, Hayashizaki Y, Shinozaki K. 1998. High-efficiency cloning of Arabidopsis full-length cDNA by biotinylated Cap trapper. Plant J, 15: 707-720

Shomura A, Izawa T, Ebana K, Ebitani T, Kanegae H, Konishi S, Yano M. 2008. Deletion in a gene associated with grain size increased yields during rice domestication. Nat Genet, 40: 1023-1028

Siebert P D, Chenchick A, Kellog D E, Lukyanov K A, Lukyanov S A. 1995. An improved PCR method for walking in uncloned genomic DNA. Nucleic Acids Res, 23: 1087-1088

Song X J, Huang W, Shi M, Zhu M Z, Lin H X. 2007. A QTL for rice grain width and weight encodes a previously unknown RING-type E3 ubiquitin ligase. Nat Genet, 39: 623-630

Springer P S. 2000. Gene traps: tools for plant development and genomics. Plant Cell, 12: 1007-1020

Sun X L, Cao Y L, Yang Z F, Xu C G, Li X H, Wang S P, Zhang Q F. 2004. Xa26, a gene conferring resistance to Xanthomonas oryzae pv. oryzae in rice, encodes an LRR receptor kinase-like protein. Plant J, 37: 517-527

Tan L B, Li X R, Liu F X, Sun X Y, Li C G, Zhu Z F, Fu Y C, Cai H W, Wang X K, Xie D X, Sun C Q. 2008. Control of a key transition from prostrate to erect growth in rice domestication. Nat Genet, 40: 1360-1364

The Arabidopsis genome initiative. 2000. Analysis of the genome sequence of the flowering plant *Arabidopsis thaliana*. Nature, 408: 796-815

The Rice Annotation Project Consortium. 2008. The rice annotation project database (RAP-DB): 2008 update. Nucleic Acids Res, 36: D1028-D1033

The Rice Annotation Project. 2007. Curated genome annotation of *Oryza sativa* ssp. *japonica* and comparative genome analysis with *Arabidopsis thaliana*. Genome Res, 17: 175-183

The Rice Full-length cDNA Consortium. 2003. Collection, mapping, and annotation of over 28,000 cDNA clones from *japonica* Rice. Science, 301: 376-379

Triglia T, Peterson M G, Kemp D J. 1988. A procedure for *in vitro* amplification of DNA segments that lie outside the boundaries of known sequences. Nucleic Acids Res, 16: 81-86

Velculescu V E, Zhang L, Vogelstein B, Kinzler K W. 1995. Serial analysis of gene expression. Science, 270: 368-369

Venu R C, Jia Y, Gowda M, Jia M H, Jantasuriyarat C, Stahlberg E, Li H, Rhineheart A, Boddhireddy P, Singh P, Rutger N, Kudrna D, Wing R, Nelson J C, Wang G L. 2007. RL-SAGE and microarray analysis of the rice transcriptome after *Rhizoctonia solani* infection. Mol Genet Genomics, 278: 421-431

Wang C, Ying S, Huang H J, Li K, Wu P, Shou H X. 2009. Involvement of OsSPX1 in phosphate homeostasis in rice. Plant J, 57: 895-904

Wang E, Wang J, Zhu X D, Hao W, Wang L Y, Li Q, Zhang L X, He W, Lu B R, Lin H X, Ma H, Zhang G Q, He Z H. 2008. Control of rice grain-filling and yield by a gene with a potential signature of domestication. Nat Genet, 40: 1370-1374

Wang Z H, Zou Y J, Li X Y, Zhang Q Y, Chen L, Wu H, Su D H, Chen Y L, Guo J X, Luo D, Long Y M, Zhong Y, Liu Y G. 2006. Cytoplasmic male sterility of rice with Boro II cytoplasm is caused by a cytotoxic peptide and is restored by two related PPR motif genes via distinct modes of mRNA silencing. Plant Cell, 18: 676-687

Warthmann N, Chen H, Ossowski S, Weigel D, Hervé P. 2008. Highly specific gene silencing by artificial miRNAs in rice. Plos one: e1892-e1829

Wisman E, Cardon G H, Fransz P, Saedler H. 1998. The behaviour of the autonomous maize transposable element *En/Spm* in *Arabidopsis thaliana* allows efficient mutagenesis. Plant Mol Biol, 37: 989-999

Wu C Y, Li X J, Yuan W Y, Chen G X, Kilian A, Li J, Xu C G, Li X H, Zhou D, Wang S P, Zhang Q F. 2003. Development of enhancer trap lines for functional analysis of the rice genome. Plant J, 35: 418-427

Wu C Y, You C J, Li C S, Long T, Chen G X, Byrne M E, Zhang Q F. 2008. RID1, encoding a Cys2/His2-type zinc finger transcription factor, acts as a master switch from vegetative to floral development in rice. Proc Natl Acad Sci USA, 105: 12915-12920

Xie K B, Zhang J W, Xiang Y, Feng Q, Han B, Chu Z H, Wang S P, Zhang Q F, Xiong L Z. 2005. Isolation and annotation of 10828 putative full length cDNAs from indica rice. Sci China Ser C Life Sci, 48: 445-451

Xue W Y, Xing Y Z, Weng X Y, Zhao Y, Tang W J, Wang L, Zhou H J, Yu S B, Xu C G, Li X H, Zhang Q F. 2008. Natural variation in Ghd7 is an important regulator of heading date and yield potential in rice. Nat Genet, 40: 761-767

Yano M, Katayose Y, Ashikari M, Yamanouchi U, Monna L, Fuse T, Baba T, Yamamoto K, Umehara Y, Nagamura Y, Sasaki T. 2000. Hd1, a major photoperiod sensitivity quantitative trait locus in rice, is closely related to the Arabidopsis flowering time gene CONSTANS. Plant Cell, 12: 2473-2484

Ye X, Al-Babili S, Kloti A, Zhang J, Lucca P, Beyer P, Potrykus I. 2000. Engineering the provitamin A (beta-carotene) biosynthetic pathway into (carotenoid-free) rice endosperm. Science, 287: 303-305

Yi K K, Wu Z C, Zhou J, Du L, Guo L, Wu Y R, Wu P. 2005. OsPTF1, a novel transcription factor involved in tolerance to phosphate starvation in rice. Plant Physiol, 138: 2087-2096

Yu B S, Lin Z W, Li H X, Li X J, Li J Y, Wang Y H, Zhang X, Zhu Z F, Zhai W X, Wang X K, Xie D X, Sun C Q. 2007. TAC1, a major quantitative trait locus controlling tiller angle in rice. Plant J, 52: 891-898

Yu S M, Ko S S, Hong C Y, Sun H J, Hsing Y I, Tong C G, Ho T H. 2007. Global functional analyses of rice promoters by genomics approaches. Plant Mol Biol, 65: 417-425

Yuan W Y, Li X W, Chang Y X, Wen R Y, Chen G X, Zhang Q F, Wu C Y. 2009. Mutation of the rice gene PAIR3 results in lack of bivalent formation in meiosis. Plant J, 59: 303-315

Zhang G H, Xu Q, Zhu X D, Qian Q, Xue H W. 2009. SHALLOT-LIKE1 is a KANADI transcription factor that modulates rice leaf rolling by regulating leaf abaxial cell development. Plant Cell, 21: 719-735

Zhang J, Guo D, Chang Y X, You C J, Li X W, Dai X X, Weng Q J, Zhang J W, Chen G X, Li X H, Liu H F, Han B, Zhang Q F, Wu C Y. 2007. Non-random distribution of T-DNA insertions at various levels of the genome hierarchy as revealed by analyzing 13804 T-DNA flanking sequences from an enhancer-trap mutant library. Plant J, 49: 947-959

Zhang Q F, Li J Y, Xue Y B, Han B, Deng X W. 2008. Rice 2020: a call for an international coordinated effort in rice functional genomics. Mol Plant, 1: 715-719

Zhang Q F. 2007. Strategies for development green super rice. Proc Natl Acad Sci USA, 104: 16402-16409

Zhou J, Jiao F C, Wu Z C, Li Y Y, Wang X M, He X W, Zhong W Q, Wu P. 2008. OsPHR2 is involved in phosphate-starvation signaling and excessive phosphate accumulation in shoots of plants. Plant Physiol, 146: 1673-1686

Zhu H, Bilgin M, Bangham R, Hall D, Casamayor A, Bertone P, Lan N, Jansen R, Bidlingmaier S, Houfek T, Mitchell T, Miller P, Dean RA, Gerstein M, Snyder M. 2001. Global analysis of protein activities using proteome chips. Science, 293: 2101-2105

Zhu H, Snyder M. 2003. Protein chip technology. Curr Opin Chem Biol, 7: 55-63

Zhu Y, Nomura T, Xu Y, Zhang Y, Peng Y, Mao B, Hanada A, Zhou H, Wang R, Li P, Zhu X, Mander L N, Kamiya Y, Yamaguchi S, He Z. 2006. ELONGATED UPPERMOST INTERNODE encodes a cytochrome P450 monooxygenase that epoxidizes gibberellins in a novel deactivation reaction in rice. Plant Cell, 18: 442-456

# 第10章 水稻育种的新趋势和绿色超级稻的技术集成

在过去60年的水稻育种和水稻生产发展中，由于半矮秆基因和杂种优势的利用，以及种植面积的扩大和栽培管理技术的进步，稻谷产量的平均增长和人口的平均增长几乎是同步的，从而保持了世界粮食供需的基本平衡。近二十年来，随着世界尤其是发展中国家工业化和城市化程度的不断提高，水稻种植面积不但没有扩大，反而有所缩小；同时在水稻育种上没有出现突破性增产基因和技术；在栽培管理技术方面，也很难继续通过增加化学肥料和农药的施用量来提高产量了。于是，Zhang（2007）基于水稻转基因技术臻于成熟，多种分子标记高密度连锁图构建成功，大量的基因和数量性状位点（QTL）被鉴定定位，一大批控制重要农艺性状的功能基因被分离克隆，水稻全基因组高质量测序已经完成，功能基因组研究技术和资源平台的建成等科学进步，提出了绿色超级稻培育的策略。

## 10.1 水稻生产的历史成就

回顾世界水稻生产的发展历史，可以发现从1948年到1958年，世界水稻总产增加了54.1%，其中播种面积扩大了35%，单位面积产量（简称单产）提高了14.3%（表10-1）。该数据表明，20世纪40~50年代水稻总产的提高主要以扩大种植面积为主、提高单产为辅。主要原因是在第二次世界大战结束以后，水稻生产为恢复性的发展，育种技术和栽培管理水平都很落后。但是，从20世纪50年代开始，世界水稻育种的研究快速发展，水稻品种的矮秆化使得水稻单产大幅度提高；70年代，中国杂交水稻的研制成功和推广，又使单产上了一个新台阶。从1958年到1998年的40年间，由于矮秆水稻（也称现代水稻）品种在全世界推广和杂交水稻在中国全面应用的共同作用，使得世界稻谷总产增加了1倍多。这一时期总产的增加主要来自单产的提高，播种面积的扩大所起的作用非常有限。可是，从1998开始，世界稻谷生产的播种面积、单产和总产都出现了徘徊的局面。比较2007年与1998年的数据，世界水稻播种面积仅扩大了1.2%，单产和总产分别也只提高了7.3%和8.5%，平均每年不到1%（表10-1）。

表 10-1 世界水稻生产的发展

| 年 份 | 总产/亿 t | 增比/% | 面积/亿 hm² | 增比/% | 单产/(t/hm²) | 增比/% |
| --- | --- | --- | --- | --- | --- | --- |
| 1948 | 1.4540 | — | 0.867 | — | 1.68 | — |
| 1958 | 2.2409 | 154.1 | 1.1701 | 135.0 | 1.92 | 114.3 |
| 1968 | 2.85808 | 127.5 | 1.28593 | 109.9 | 2.22 | 115.6 |
| 1978 | 3.85445 | 134.9 | 1.43618 | 111.7 | 2.68 | 120.7 |
| 1988 | 4.90807 | 127.3 | 1.46425 | 102.2 | 3.35 | 125.0 |
| 1998 | 5.86454 | 119.5 | 1.52678 | 104.3 | 3.84 | 114.6 |
| 2007 | 6.36493 | 108.5 | 1.54436 | 101.2 | 4.12 | 107.3 |

数据来源：IRRI World Rice Statistics。

中国是世界上最大的水稻生产国和稻米消费国。1950 年，水稻种植面积为 2619.1 万 hm²（3.93 亿亩），以后年平均扩大 1% 左右。到 1976 年，我国的水稻种植面积达到最大，为 3621.7 万 hm²（5.43 亿亩），比建国初期扩大了 38.28%。其后，随着联产承包责任制政策的实施、农业结构的调整和工业化及城市化的发展，水稻种植面积缓慢下降。1990 年与 1980 年相比，水稻播种面积减少 69 万 hm²（1035 万亩），同比缩小 5.72%。2006 年与 1990 年相比，水稻播种面积又减少 377 万 hm²（5655 万亩），同比缩小 11.40%。而 2006 年与 1950 年相比，水稻种植面积仅仅扩大了 310.4 万 hm²（4656 万亩），同比扩大 11.85%。但是，56 年间中国的人口从 5.52 亿增加到 13.14 亿，增加了 138.04%。可见，中国稻米的供应主要是依靠单产的提高来实现的（表 10-2）。

表 10-2　中国水稻播种面积和产量的发展

| 年　份 | 面积/khm² | 增比/% | 单产/(t/hm²) | 增比/% | 总产/千 t | 增比/% |
| --- | --- | --- | --- | --- | --- | --- |
| 1950 | 26 191 | — | 2.11 | — | 55 208 | — |
| 1960 | 29 469 | 112.52 | 2.02 | 95.73 | 59 634 | 108.02 |
| 1970 | 32 558 | 110.48 | 3.32 | 164.36 | 107 955 | 181.03 |
| 1980 | 33 755 | 103.68 | 4.13 | 124.40 | 139 257 | 129.00 |
| 1990 | 33 065 | 97.96 | 5.73 | 138.74 | 189 332 | 135.96 |
| 2000 | 29 962 | 90.62 | 6.27 | 109.42 | 187 908 | 99.25 |
| 2006 | 29 295 | 97.77 | 6.23 | 99.36 | 182 572 | 97.16 |

数据来源：中国农业统计年鉴，2007。

纵观过去 60 年世界和中国水稻生产的发展历史，可以认为，在播种面积基本稳定以后，科学技术的发展实现了品种的改良，现代改良品种的全面推广、化学肥料和化学农药的使用以及栽培管理技术的进步，使水稻单产的大幅度提高，从而满足了人口增加对粮食的需求。可是，自 20 世纪 60 年代水稻矮秆基因的利用和 70 年代杂种优势的利用成功以后，已经 40 多年没有新基因和突破性的新技术用于水稻单产的提高上了。同时，60 多年来的化学肥料和化学农药的过度使用，导致了环境的极度恶化，再加上水资源的匮乏，水稻生产的可持续发展面临极大的挑战。

科学家们在总结过去 60 年的水稻生产发展历史以后，认为在耕地面积和水资源有限的基本状况面前，要继续保持水稻生产和人口增长同步，保持世界粮食安全，特别是人口众多且以稻米为主食的亚洲国家的粮食安全，必须在现有基础上进一步改良品种和栽培技术，同时扩大目前水稻种植面积较小、自然条件适合水稻种植地区（如非洲和南美洲）的水稻播种面积。

## 10.2　水稻育种技术及其主要发展阶段

水稻育种技术的演变与其他作物的育种技术演变一样，是随着人类科学技术的进步和需求而发展的。育种的本质是从遗传变异的群体中，定向选择符合人类需要的个体，通过多种方法使其成为具有特异性、一致性和稳定性的品种。按照品种本身的基因型和所用育种方法的差异，作者在这里将水稻育种分为常规稻育种、杂交稻育种和超级稻育种等几个发展阶段。

### 10.2.1 常规稻育种

常规品种，从理论上来说基因型是纯合的，种子可以多代使用。常规稻育种所用的育种方法是最悠久、最普通的技术。过去、现在和将来继续使用的方法，主要有以下几种。

#### 10.2.1.1 纯系育种

在 20 世纪 50 年代末期前，主要是对地方高秆品种进行评选和选育。根据育种目标和当时的市场需求，从品种原始群体中选择优异单株或单穗，对其后代株系或穗系进行鉴定比较，再择优繁殖和推广。地方水稻品种一般都是经长期栽培而形成的一个较为复杂的群体，即使是改良品种其遗传性也并不是完全纯一的，尤其当外界条件发生变化时，往往会出现新的变异类型，从而为纯系育种提供了可能。在我国的水稻纯系育种中有两个突出事例：一是从高秆早籼南特 16 中选得矮秆变异型矮脚南特，并继而从矮脚南特通过纯系育种直接衍生出 11 个新品种，其中有早熟 10 余天的矮南早 1 号和青小金早、粒型变团的团粒矮、抗病性改善的南早 1 号、耐酸、抗寒的饶平矮，以及不落粒的不脱矮南特等，均比原品种矮脚南特在某些特性上有所改进。二是从晚粳农垦 58 中通过系统育种直接衍生出 27 个新品种（60 年代育成 13 个，70 年代育成 14 个），其中大面积推广的有早熟 15 天的武农早、沪选 19、当晚选 2 号、植株较矮的郴矮粳、较耐盐碱的双丰 1 号、较耐肥抗倒的鄂宜 105、较抗稻瘟病和小球菌核病的邵粳 2 号，以及苏州青和嘉农 14 等。纯系育种具有方法简便、育种周期较短的特点，选择效果也较明显。但此法因局限于利用自然变异，较之其他能人为创造变异的育种方法显得相形见绌。目前，使用纯系育种的人越来越少，育成的品种比例也越来越小。

#### 10.2.1.2 杂交育种

从 20 世纪 50 年代后期开始，随着科学技术的迅速进步，水稻育种技术也得到快速发展，并出现了以杂交育种为主的多种育种技术并进的局面。水稻品种选育的目标性状主要是矮秆、高产和早熟。杂交育种是通过不同亲本间的有性杂交创造遗传变异和基因重组，再经过若干世代的性状分离、选择和鉴定，以获得符合育种目标要求的新品种的方法。从亲本来源和亲缘的远近，分为品种间杂交育种、亚种间杂交育种和种间杂交育种等几种方式。

（1）品种间杂交育种。我国的水稻品种间杂交育种大体经历了由高秆亲本利用到矮秆亲本利用、国内资源利用到国外资源利用、单交到复交的发展过程。矮源利用是水稻品种间杂交育种最突出的成就，仅利用矮仔占 4 号这一矮源，通过 8 个辈序衍生出的熟期配套的早籼矮秆良种就达 205 个之多。抗源利用是水稻品种间杂交育种的又一重要方面，在抗稻瘟病育种上，如珍珠矮与汕矮选 4 号杂交育成的珍汕系统；在抗白叶枯病育种中，利用 IR29 为抗源育成的早籼二九丰和以 IR20 为抗源育成的晚籼青华矮 6 号；在抗条纹叶枯病育种上，有以抗源 C4-63 为亲本育成的中作 180、京稻系统，在京津一带推广后基本上控制了当时该病的流行；在抗虫育种上，利用抗褐飞虱的抗源如 Mudgo、Babawee 及其衍生系育成籼稻湘早籼 3 号、浙丽 1 号、扬稻 1 号以及粳稻丙 629、沪粳抗、P339、江苏 80047 等品种。这些品种为我国当时的水稻生产做出了巨大的贡献。

（2）亚种间杂交育种。籼粳亚种各有其特定的利用价值和对不同生态环境的适应性。我国开展亚种间杂交育种研究的主要目的是为了把籼稻的矮秆基因和抗稻瘟病、抗褐飞虱基因输导给粳稻品种，以克服粳稻株型不理想和易感稻瘟病及褐飞虱等的弊端。虽然也有设想通过籼粳杂交以改进籼稻的耐寒性和抗白叶枯病性，但并未获得显著成效。在杂交方式上通常采用复交法以克服籼粳单交后代结实率低和性状不易稳定的缺点。育成的大面积推广的粳稻良种有矮粳 23、鄂晚 5 号、南粳 35、辽粳 5 号等。此外，在粳型杂交稻中普遍应用的粳型恢复系 C57 也是籼粳复交育成的。

（3）种间杂交育种。栽培稻与普通野生稻均具有 AA 型基因组，杂交亲和性好，但杂种后代结实率很低、分离严重、不良性状连锁累赘现象普遍，需要通过多次回交而转移目标性状。丁颖（1957）从野生稻与栽培稻天然杂交后代中育成了中山 1 号，以后又从中衍生出一大批推广良种，在生产上应用长达半个世纪之久。20 世纪 70 年代以来，栽野杂交主要是用于选育质核互作型雄性不育系，但也有以野生稻作为抗性供体而用于常规稻品种选育的。至于栽培稻与非 AA 基因组的野生稻的杂交，则一般由于育性障碍而需要采用幼胚培养等途径，也有从栽培稻与宽叶野生稻杂交后代中获得粳稻新品系的报道。此外，在我国还有栽培稻与高粱、玉米、芦苇、李氏禾等杂交成功并获得变异后代的报道。

### 10.2.1.3 诱变育种

诱变育种是指利用物理、化学方法诱发作物产生突变，并进而从中鉴定、选择优良品种的方法。我国的水稻诱变育种始于 20 世纪 50 年代末，70～80 年代广泛使用，育成了一批在生产上推广应用的品种。其中，多数是对稳定品种或杂种后代直接诱变育成，也有少数是以突变体为杂交亲本育成的。在直接诱变育成的品种中，最早问世的是 1964 年育成的矮辐 9 号，曾推广 150 万亩。推广面积最大的品种是 1973 年育成的原丰早和 1980 年育成的浙辐 802，先后成为长江中下游地区早籼主栽良种之一。诱变在水稻农艺性状改良上具有明显效果，特别在株高、熟期上，也有关于产量构成性状、品质、抗性上的变异。1966 年我国通过 γ 射线处理首次将高秆品种莲塘早和陆财号分别诱变为矮秆品种辐莲矮、辐莲早 3 号和辐射 31，其后又从水芽 156 育成比原品种矮 40cm 的水辐 170 等。在生育期改良上，通过 15kR 和 30kR γ 射线处理，从二九矮诱变后代中分别获得早熟 10～15 天的辐育 1 号和二辐早；在稻米品质变异上，最常见的是由非糯性变为糯性，如湘辐糯、宜辐糯 1 号、双城糯、荆糯 6 号等；但也有关于直链淀粉含量由高变中、胶稠度由硬变软的变异，如通过电子流处理，从红 410（28.0%，29.0mm）育成红突 31（16.3%，77.0mm）。在抗性改良上也有某些成效，如经 1.5kR γ 射线进行合子期处理，从感稻瘟病品种桂朝 2 号中育成抗病早熟品种辐桂 1 号。辐射诱变在创造新的优异种质上也有应用价值，如福建农学院曾用 γ 射线处理 IR54 而获得以温敏为主的核雄性不育系 5460S，丰富了两用不育系资源；再如中国水稻研究所对

Basmati370 选进行离体辐射而从后代中获得新质源雄性不育系 TBA 等。此外，在诱变后代中，还有关于粒型、穗型、粒重、蛋白质含量、叶型等方面发生各种变异的报道。至于航天育种，是近几年兴起的一种诱变育种方法，但缺乏科学理论支持。

#### 10.2.1.4 花培育种

花培育种是指从花药培养或花粉培养的单株，经鉴定、比较和选择育成有推广价值的新品种（系）。花药培养（以花药为外植体）和花粉培养（以花粉粒为外植体）是指雄性小孢子在合成培养基上进行细胞分裂而发育成完整植株的技术。以花粉作外植体可避免体细胞的干扰，但技术难度较大。在水稻基因型上，粳稻的花培效率较高、籼稻较低。从单个花粉粒发育成的植株应为单倍体，但其中 50%～60% 的花粉粒可自然染色体加倍；也可通过 0.025%～0.05% 秋水仙碱溶液处理，人工使其染色体加倍，这两种二倍体专称为双单倍体（DH）。此外，多倍体或非整倍体植株在花培过程中也时有发生。我国水稻花培研究始于 1970 年，形成成套技术后即与水稻杂交育种相结合，以提高选种效率和加速育种进程。我国花培育成的品种（系）较多，其中通过审定推广的良种有浙粳 66、铜花 2 号和中花 8 号、中花 9 号等。花培育成的中花 11 成为创建突变体库和基因转化的优良受体亲本之一。此外，该项技术还能用于常规品种或雄性不育系的原种繁殖。

### 10.2.2 杂交稻育种

杂交稻区别于常规稻的特性是，理论上的基因型是杂合的，种子只能使用一个世代。1964 年，袁隆平提出利用水稻杂种优势的设想并开展研究（袁隆平，1966）。1970 年发现野败型不育株，随后湖南、江西、新疆、福建、安徽、广东、广西、湖北等省（区）以"野败"不育株为母本，与长江流域矮秆早、中籼稻杂交并连续回交完成核置换，于 1973 年育成我国首批籼型不育系及相应的保持系，如珍汕 97A 及相应保持系珍汕 97B、V20A 及相应保持系 V20B、二九南 A 及相应保持系二九南 B 等。这些不育系的不育株率都达到了 100%，不育度在 99.5% 以上，达到了可以实际应用的标准。其中有些不育系及保持系至今仍在生产上应用。在育成不育系的基础上，广西、湖南、广东等省（区）通过对野败型不育系的广泛测交，从来自东南亚的籼稻品种中筛选出具恢复力的 IR24（简称 2 号恢复系，下同）、IR661（3 号）、IR26（6 号）、泰引 1 号（1 号）等恢复系，从而实现了籼型杂交稻三系配套。1974 年选配出第一批强优组合，如汕优 2 号、汕优 3 号、汕优 6 号、南优 2 号、南优 3 号、南优 6 号等并试种成功。1975 年全国种植 373.3hm$^2$，一般亩产达到 500kg，高的超过 600kg，比常规品种增产 20%～30%。1975 年在第 4 次全国杂交稻科研协作会上，制定了对杂交稻的命名方法。1976 年开始在南方稻区推广，面积达 13.4 万 hm$^2$。

粳型三系杂交稻的选育几乎同时起步。1965 年李铮友在台北 8 号品种田中发现低不育株的天然籼粳杂交株，从中选出不育株，经与当地粳稻红帽缨杂交并回交，于 1969 年育成台北 8 号细胞质的红帽缨粳型不育系，命名为滇一型的粳稻不育系。此后相继育成滇三、滇五、滇七型红帽缨不育系和滇二型农台迟不育系、滇四型科情 3 号不育系、滇六型昭通背子谷不育系、滇八型台中1号不育系等。全国其他育种研究单位应用经过转育滇一型不育系，又育成了丰锦、徒稻4号、76-27等不育系。1972年，中国农业科学院作物育种栽培研究所从日本引入Chinsuran Boro Ⅱ细胞质的台中65不育系、台中65和TB-Z保持系、BT-A和BT-X恢复系。当年冬季赴海南繁殖后，于1973年向全国21个省（区）54个单位提供了BT型三系种子，各单位利用该不育资源与国内粳稻品种进行转育，育成一大批BT型不育系，成为我国粳型不育系中极为重要的一类，如黎明A、秀岭A、当选晚2号A和六千辛A、农虎26A、农进2号A、秋光A等。据不完全统计，1973～1988年，全国以BT型细胞质转育的不育系达100个以上，均属配子体不育型，其中有些至今仍然是常用的不育系或不育资源。至于恢复系的选育，直到辽宁杨振玉提出"籼粳架桥制恢"技术之后才得以真正突破。通过这一方法产生的恢复系C系统（IR8/科情3号//京引35）衍生出诸多恢复系，如C55、C57、C53等。使我国在1975年实现了粳三系配套，为南北方杂交粳稻发展奠定了基础。

两系法水稻杂种优势利用是在三系杂交稻的技术基础上发展形成的，相对于三系法来说，既是技术上的进步，又可扩大亲本利用范围，特别是两系法更有利于利用亚种间杂种优势来进一步提高产量，因而受到广泛的重视。两系法是指利用水稻光、温敏核不育系与常规品种杂交配组，以获得杂种优势的方法。这种光、温敏核不育系在特定光温条件下，有自交结实持续繁衍不育系的特性，无需依靠保持系通过异交繁殖不育系，故称之为两系法。1973年湖北沔阳县（现仙桃市）沙湖原种场石明松在晚粳稻农垦58大田中发现3株自然雄性不育株（石明松，1981）。1974年进行分株移栽比较，其中一株行48株没有形态变异，整齐一致，但在育性上分不育与可育两种类型。至1977年，利用测交、回交、姐妹交等方法寻找保持系均未获成功。1979～1980年石明松将农垦58不育材料提供给湖北省农业科学院、武汉大学、华中农业大学等单位研究，并做分期播种试验，发现同批来源的种子早播不育，晚播可育，初步定名为"自然高温不育系"。随后又发现，日照长度是这批不育材料育性变化的主导因子，而高温不是形成不育的主要因素，遂于1981年首次提出利用其在长日高温下制种、短日低温下繁种，一系两用选育杂交稻新组合的设想。1982年湖北省科委将两用系杂交水稻研究列入"六五"湖北省科技重点攻关项目，组织省内有关高校、科研单位协作攻关，开展育性稳定性和遗传机理研究。同年农业部也拨款资助光敏不育水稻的研究工作，以后该研究又得到国家自然科学基金会的资助。经过华中农业大学、湖北省农业科学院、武汉大学的联合研究，于1985年10月通过技术鉴定，正式定名为"湖北光周期敏感核不育水稻"，英文名称为Hubei Photoperiod-Sensitive Genic Male-Sterile Rice，简称HPGMR。随后，湖南、福建等地发现了温敏型不育系。1989年7月下旬南方稻区的华中、华南、华东地区大范围出现夏季长日异常低温，日平均温持续3～4天低于23℃以下，许多当时认为是光敏不育系的籼稻不育系，甚至部分粳型不育系都出现了育性反复，从不育转为可育，甚至无不育期。1991年秋季短日异常高温下，相反出现一些不育系的可育性下降，根据不育系在人工气候箱内的光温鉴定结果，结合这些不育系在年度间的育性表现，育种家们认识到这些核不育系的育性变化实际上受光长和温度的双重影响，原来设想的纯光敏性是不存在的，只是不同不育系间育性的主要控制因子和影响的程度有所不同。由此提出根据不育系育性转换的特性将不育系分为光敏和温敏两大类型,前者的育性转换受光温共同作用,以光为主,温度作用为辅;后者的育性转换以温度为主,光长起一定修饰作用。

温敏核不育现象的发现及由此从指导思想上明确提出对两类核不育系的划分非常重要和关键,它对日后选育实用型光、温敏核不育系标准的提出、育种技术路线和育性鉴定方法的改进都起了决定性的作用,大大加速了两系法育种进程。一批实用型低温敏核不育系相继育成,使籼型两系杂交稻育种获得了突破。

对于光、温敏不育系的品种名称,经袁隆平等提议,统一在不育系品种名称辅以英文字母"S"表示,以区别于三系杂交稻中的核质互作型不育系,如农垦58S、培矮64S等。

中国是世界上第一个成功地利用水稻杂种优势的国家。杂交水稻的培育成功及其大面积应用是水稻育种史上一个划时代的里程碑,它不仅大幅度提高了水稻产量,而且丰富了水稻遗传育种和高产栽培的理论与实践。它的发展历程,从育种方法上来说,由三系法到两系法,最后可能到一系法,程序上由繁到简;从提高杂种优势水平来说,从品种间杂种优势利用到亚种间杂种优势利用,最后到远缘杂种优势利用,优势将会越来越强。

### 10.2.3 超级稻育种

20世纪80年代初,日本水稻育种家提出了水稻超高产育种研究计划,简称"逆753计划"(程式华等,1998)。试图通过籼粳稻杂交的方法选育产量潜力高的新品种,再辅之以相应的高产栽培技术,目标是实现糙米产量 $10t/hm^2$ 以上,单产比普通品种提高50%。经过10年左右的实践,由于抗性和品质达不到要求,放弃了该项研究计划。1989年,国际水稻研究所提出了以改良株型为主要策略的超高产育种计划,称为"新株型(new plant type)超级稻育种计划"。通过多学科科学家的共同探讨,设计出了数量化的水稻株型模式。新株型水稻的主要特征是,"少蘖大穗",每株3~4个穗,无无效分蘖,每穗200~250粒,株高90~100cm,茎秆粗壮,叶片厚、直立,叶色浓绿,根系活力强,综合抗病虫性好,全生育期110~130天,收获指数达到0.6,目标稻谷产量13~15$t/hm^2$ (Chen et al., 2001)。1994年,国际水稻研究所在国际农业研究磋商小组召开的会议上,通报了该所新株型育种的进展,在热带旱季产量潜力达到12.5$t/hm^2$。新闻传媒以《新"超级稻"将有助于多养活近5亿人口》为题进行了报道,从而引起了世界各产稻国政府和科学家们的极大关注,超级稻这一名词也因此传遍全球(http://www.abc.net.au/science/slab/rice/story.htm)。

我国关于水稻超高产育种,在1996年前,有黄耀祥提出的矮生早长或丛生早长型(黄耀祥,1983)。其特点是在营养生长前期就长出较长、较厚、较大的叶片和叶鞘,利于营养物质的大量合成和储存,为孕育穗大粒多提供物质保证,株高105~115cm,每株9~13穗,每穗150~250粒,生育期115~140天。代表的品种有桂朝2号、特青、胜优等。周开达等(1995)基于四川盆地少风、多湿、高温、常有云雾的生态条件,提出了"亚种间重穗型三系杂交稻超高产育种"。其主要特点是适当放宽株高,减少穗数,增加穗重，提高群体光合作用与物质生产能力，减轻病虫危害，从而获得超高产。杨守仁（1987）提出以直立穗为主要特征、籼粳交为主要方法的理想株型与优势利用相结合的超高产水稻育种理论。

基于国际和国内关于水稻超高产育种的发展，中国农业部1997年启动了以常规水稻育种为主的超级稻育种项目。1998年科技部"863"计划启动了"超级杂交水稻育种"项目。2001年以后，两个项目合并为"中国超级稻育种计划"。2005年，农业部办公厅提出了中国超级稻品种产量、品质和抗性指标（表10-3）。该计划实施10年来，已经认定了一批超级稻品种，如三系杂交稻的协优9308、国稻1号、国稻3号、中浙优1号、丰优299、金优299、Ⅱ优明86、Ⅱ优航1号、特优航1号、D优527、协优527、Ⅱ优162、Ⅱ优7号、Ⅱ优602、天优998、Ⅱ优084、Ⅱ优7954，两系杂交稻的两优培九、准两优527、扬两优6号、两优287等。

表10-3 中国超级稻品种产量、品质和抗性指标

| 区域 | 生育期/天 | 产量/(kg·亩) 耐肥型 | 产量/(kg·亩) 广适型 | 品质 | 抗性 |
|---|---|---|---|---|---|
| 长江流域早稻 | 102～112 | 600 | 省级以上区试平均比对照增产8%以上，生育期与对照相近 | 北方粳稻达到部颁2级米以上（含）标准，南方晚籼达到部颁3级米以上（含）标准，南方早籼和一季稻达到部颁4级米以上（含）标准 | 抗当地1～2种主要病害 |
| 东北早熟粳稻 长江流域中熟晚稻 | 110～120 | 680 | | | |
| 华南早晚兼用稻 长江流域迟熟晚稻 | 121～130 | 780 | | | |
| 长江流域一季稻 东北中熟粳稻 | 135～155 | 780 | | | |
| 长江上游迟熟一季稻 东北迟熟粳稻 | 156～170 | 850 | | | |

数据来源：农业部办公厅农办科【2005】39号文。

## 10.3 水稻育种新技术和新趋势

### 10.3.1 分子标记与分子标记辅助选择

分子标记是以个体间遗传物质内核苷酸序列变异为基础的遗传标记，是DNA水平遗传多态性的直接的反映。除了分子标记以外，还有其他几种遗传标记，如形态学标记、生物化学标记、细胞学标记等。与其他的遗传标记相比，分子标记最突出的优点就是数量大。由于生物体基因组DNA变异极其丰富，分子标记的数量几乎是无限的。在育种上，利用分子标记对基因型进行鉴定和选择具有许多的优点：①分子标记的差异来自DNA序列的多态性，不受环境的影响，比表型鉴定的结果更客观、准确；②可为共显性，对隐性性状的选择十分便利；③在生物发育的任何阶段和不同组织都可用于分析；④检测过程相对简单和迅速。

随着分子生物学技术的不断发展，目前已经出现了10多种的分子标记技术。根据其原理和方法的不同，分子标记大致可以划分为4类：第一类是基于分子杂交的标记技术，典型的代表有限制性片段长度多态性（restriction fragment length polymorphism，

RFLP)。第二类是基于 PCR 扩增技术的分子标记，这类标记中比较常用的有：随机扩增多态性 DNA（random amplified polymorphism DNA，RAPD）、序列特异性扩增区（sequence-characterized amplified region，SCAR）、序列标签位点（sequence tagged site，STS）和简单重复序列（simple sequence repeat，SSR）等。第三类是 PCR 和限制性酶酶切相结合的技术，比较有代表性的标记包括：扩增片段长度多态性（amplified fragment length polymorphism，AFLP）和酶切扩增多态性序列（cleaved amplified polymorphism sequence，CAPS）等。第四类是一些新型的分子标记，也被称为第三代分子标记，如单核苷酸多态性（single nucleotide polymorphism，SNP）。SNP 是指基因组内 DNA 中单个核苷酸位置上的碱基转换、颠换、插入、缺失等变化。从理论上说，SNP 是所有分子标记中数量最丰富的一种标记，因此 SNP 也被认为是目前最有应用前景的一种分子标记。

虽然各种各样的分子标记技术层出不穷，究其本质是一样的，即生物体遗传物质 DNA 序列的多态性。不同分子标记技术之间的差异仅仅是检测的方法和标记表现形式的不同。因此，在实际应用中使用者还可以根据需要对不同的分子标记进行相互转换。

分子标记辅助选择（marker-assisted selection，MAS）是现代分子标记技术与传统杂交改良的方法相结合产生的一种新的育种手段。MAS 的基本原理是利用与目标基因紧密连锁或共分离的分子标记对选择的作物品种进行目标基因区域以及全基因组背景筛选，减少连锁累赘并提高育种效率。传统育种技术主要是通过杂交的方式，将大批的优良基因导入被改良的作物品种中，通过在同一品种中聚积众多优良基因从而获得优良品种。由于杂交后新品种的选育主要依靠田间表型鉴定，因此存在种种弊端。首先，在引入优良基因的同时，一些不良的基因会随之被带入。因此在杂交后，育种家还需要通过与被改良的原亲本进行反复回交逐步去除带入的不良基因，费时费力。其次，由于某些不良基因与优良基因在基因组上的位置靠得很近，因而很难在保留这些优良基因的同时去除不良基因，这种情况常被称为"连锁累赘"。再次，对于表型鉴定困难或由微效基因控制、受环境影响较大的性状，如抗性、产量、品质等，改良起来非常困难。因此，传统育种的方法不仅费时费力，而且成功与否与育种家个人的经验甚至运气成分有很大关系，具有不确定性和低效率等缺点。MAS 的出现可以解决上述传统育种的诸多缺陷，大大提高育种效率。和传统的育种技术相比，MAS 的突出优势主要表现在以下两个方面。

首先，MAS 可以有效减少"连锁累赘"并快速恢复背景。通过对于紧靠目标基因区域两侧的分子标记基因进行选择可以将导入的外源片段控制在极小的范围内，从而可以有效避免"连锁累赘"。而利用目标基因区域外的分子标记进行反向选择，可以快速恢复轮回亲本的基因型。一般情况下，MAS 只需要 3 代就可以恢复轮回亲本的遗传背景，与传统回交转育的方法相比，育种效率可提高 2~3 倍。

其次，利用 MAS 鉴定性状也更准确和迅速。由于 MAS 在目标基因的筛选上只需要跟踪与目标基因共分离或紧密连锁的分子标记状态，因此具有诸多优点。例如，对目标性状的选择不受基因表达和环境的影响，更加准确和客观；可以在水稻发育的任何阶段进行选择，加速育种进程，节省人力、物力和财力；可有效地对表型鉴定困难的性状进行判断；此外由于很多分子标记是共显性标记，可于选择当代区分纯合和杂合个体，因而对分离群体中目标基因的选择，尤其是对隐性农艺性状的选择十分便利。

由于有以上两个突出优势，MAS在定向改良品种和多基因聚合，特别是要聚合分散于不同品种中的多个优良基因时，可以显著提高育种效率，大大加快育种进程。

### 10.3.2 转基因技术

转基因技术是将外源基因（人工分离和修饰过的基因）导入到生物体基因组中，并进行表达的技术。它能引起生物体性状的可遗传的修饰。和常规育种手段相比，转基因技术的主要优势在于可以打破自然界中存在的物种间生殖隔离的障碍，为物种间基因交流，扩大可用于育种的优良基因来源提供便利。

目前植物转基因的方法不下10种，大致可以分为两大类。一类是通过物理或化学手段将DNA直接导入受体细胞的转化方法，常见的有PEG介导法、脂质体介导法、电击法、超声波介导法、激光微束介导法、显微注射法、基因枪法以及花粉管通道。另一类就是通过载体系统介导的转化方法，常见的有农杆菌介导法和病毒载体介导法。其中，最常用和最成熟的植物遗传转化方法是基因枪法和农杆菌介导法，绝大部分的转基因植物都是通过这两种方法产生的。花粉管通道法在转基因棉花上应用的比较成功，但是在转基因水稻上未见成功报道的例子。

基因枪法又称为"粒子轰击技术"、"生物发射技术"或"高速微粒子发射技术"，是一种DNA直接导入的转化方法。基因枪法的主要原理是依赖高速度发射的惰性金属颗粒（又称微弹）将外源DNA片段引入活体细胞的一种转化技术。最早的基因枪装置出现在20世纪80年代末期，是一种依赖火药爆炸来进行微弹发射的装置。由于火药爆炸的量能不好控制，随后又出现了利用电压或气压进行发射的基因枪。电压或气压驱动的基因枪可以通过调节气压或电压强度来控制微弹发射的初始速度，可用于摸索最佳转化条件，提高转化效率。

农杆菌转化系统是一种天然的基因转化系统。根癌农杆菌的基因组外含有一个独立的环形Ti质粒。Ti质粒上有一段T-DNA，可以携带生长素和细胞分裂素等致瘤基因。根癌农杆菌侵染植物时，可以将其T-DNA上的致瘤基因转移到植物基因组上进行表达，从而引起植物细胞特化形成冠瘿瘤。利用根癌农杆菌这种天然的转基因系统，将Ti质粒上T-DNA区中的致瘤基因用外源基因替换，并保留T-DNA转移的相关基因功能，就可以将外源基因转化到植物细胞中去了。最早的转基因植物就是利用农杆菌介导的遗传转化方法获得的（Zambryski et al.，1983）。

随着转基因技术的成熟，人们不再仅仅满足于将外源基因导入到生物体基因组中。根据不同的试验目的一些新的转基因技术被逐步发展起来。

(1) 多基因转化。多基因转化主要在两个方面的应用具有重要意义。一方面，在进行经典的基因图位克隆时，最关键的一步就是需要通过遗传转化来确定候选基因片段。当一次可转化的基因数目越多，则转化所需总的工作量就越小，此时多基因转化技术就显得非常重要。

另一方面，多基因转化在水稻的转基因育种上也具有重要的意义。目前已经实现商品化的转基因作物中，被导入的外源基因通常都是单个基因，控制单个性状，如抗虫、抗病、抗除草剂等。然而在作物中，有许多优良性状是由多个数量性状基因控制的。为了改良这些性状，就需要把多个基因同时转入一种作物中去。此外，为了快速聚合多个质量性状或将由多个基因控制的新代谢途径引入到转基因作物中去，都需要采用多基因转化的方法。比较著名的一个多基因转化的例子就是金稻米（golden rice），它是通过转入两个新的基因而在水稻的胚乳中建立了β-胡萝卜素的合成途径（Ye et al.，2000）。多基因转化一般可以采用两种策略：一种策略是将不同的外源基因构建到不同的载体上进行转化。这种策略可通过共转化、重复转化或分别转化获得转基因植株后再杂交等不同的方法实现多基因的聚合，前面提到的金稻米就是采用的这种策略。另一种策略就是将多个基因构建到同一个载体上，通过一次转化而将多个基因一起导入到受体植物中去（Daniell and Dhingra，2002）。很显然，和第一种策略比起来，使用一个载体的策略不仅更容易操作，而且省时、省钱。但是，这个策略需要克服的困难就是大片段 DNA 克隆的问题。目前植物遗传转化常用的双元 Ti 载体，如 pCAMBIA 系列载体等，携带的是质粒载体的复制元件，克隆外源片段的能力比较有限。通常来说，普通的双元 Ti 载体最大可以容纳的外源基因片段小于 20kb。这个大小大概只能同时装载 2~3 个植物基因，难以满足多基因转化的需要。为了提高转化载体的克隆能力，人们构建了一些特殊的转化载体。这些特殊的载体可以大大提高转化载体的克隆能力，从而实现大片段 DNA 的转化。目前，可进行大片段转化的载体主要有两种：基于细菌人工染色体改造的双元 BAC 载体 BIBAC（binary BAC）（Hamilton et al.，1996）以及基于 P1 人工染色体改造的可转化人工染色体 TAC（transformation-competent artificial chromosome）（Liu et al.，1999）。这两个载体理论上均可以转化大于 100kb 的 DNA 片段。目前，这两种载体均在水稻中成功实现了转化（周艳玲等，2005；何瑞锋等，2006）。随着利用这两种载体转化水稻技术的逐步成熟，多基因转化技术将在未来水稻的转基因育种上具有广阔的应用前景。

(2) 组织特异性/诱导性表达。目前转基因育种中使用最多的就是组成型高效表达的 CaMV 35S 启动子或玉米 Ubiquitin 启动子。使用组成型启动子会使外源基因在转基因植物的全组织全生育期表达，这往往会带来一系列的问题。例如，增加了转基因植物的代谢负担；外源基因在食用部位的积累会带来了人们对食用安全的担忧；此外一些优良基因如抗逆基因因为转录因子类基因，组成性表达还会引起植物生长发育的异常。因此，组织特异性/诱导性表达外源基因对于转基因育种也是至关重要的。实现组织特异性/诱导性表达一般需要通过使用特异性的启动子来实现。

转 $Bt$ 基因抗虫水稻是目前研究最成熟和最接近商品化的转基因水稻品种之一。但是，公众对 Bt 蛋白食用安全性的担忧是阻碍其商品化的主要原因之一。Ye 等（2009）采用根癌农杆菌 Ti 质粒介导的遗传转化法，将绿色组织特异性表达的 $rbcS$ 基因启动子驱动下的 $cry1C^*$ 基因导入粳稻品种中花 11，获得了高效抗虫且 Bt 蛋白仅在绿色组织中高效表达的转基因株系。在这种转基因植株中，Bt 蛋白仅在害虫攻击的绿色组织部位如茎秆和叶片中高效表达，保护水稻不受害虫伤害；而在水稻的食用部位胚乳中几乎不表达。与 Tang 等（2006）的结果相比，使用 $rbcs$ 启动子，Bt 蛋白在叶片里的表达量是玉米 Ubiquitin 启动子的 3 倍，而在胚乳中的表达量不到 Ubiquitin 启动子的 1/1000（Ye et al., 2009）。这种绿色组织特异性表达的 Bt 水稻显然更易被消费者接受，更具商业化的前景。

需要注意的是，要实现外源基因组织特异性/诱导性表达，就需要鉴定并克隆一大批的组织特异性/诱导性的特异启动子。相对于大规模的基因资源的发掘和克隆，启动子的研究工作还相对滞后。但是，人们已经逐渐认识到了启动子在转基因育种上的应用价值，其相应的研究工作也越来越受重视。相信不久的将来会有一大批各具特色的组织特异性/诱导性的启动子被克隆出来，以满足转基因育种的需要。

（3）叶绿体转化技术。叶绿体的遗传转化是一种比较特殊的转化技术。该技术一般通过基因枪将携带有外源基因的载体质粒发射到叶绿体内。外源基因的两侧带有叶绿体基因组的同源序列，可以通过同源重组的方式整合到叶绿体的基因组中。和普遍采用的细胞核遗传转化技术相比，叶绿体转化具有两个突出的优点：①转入的外源基因拷贝数多，外源基因表达效率高。一般一个植物细胞中含有 10～100 个叶绿体，每个叶绿体又携带 10～100 个拷贝的环状叶绿体基因 DNA。因此，理论上一个植物细胞的叶绿体中可携带的外源基因拷贝数可以达到 10 000 个，这个数量要远远高于细胞核转化中外源基因整合的拷贝数。因此，叶绿体转化的外源基因的表达效率要高于细胞核转化。目前报道的叶绿体转化可以积累的外源蛋白含量可以占到植物总可溶蛋白的 47%。②整合到叶绿体上的外源基因的遗传方式是母系遗传。也就是说，外源基因不会随着转基因植物的花粉向非转基因品种或野生近缘种漂移。因此，通过叶绿体转化进行转基因植物的田间试验或商品化生产时，其环境风险更小，更加的安全。此外，叶绿体转化技术还具有其他的一些优点。例如，外源基因通过同源重组整合，整合位点比较明确，外源基因的表达没有整合的位点效应，不同转化子中外源基因表达的水平基本一致；叶绿体基因组中许多基因都是以操纵子（operon）的形式存在的，即一个启动子可以调控多个基因以多顺反子（polycistron）的方式表达，因而使得多基因的转化更加便利；另外，与细胞核转化技术相反，叶绿体转化尚未发现有转基因沉默的现象（Daniell and Dhingra, 2002）。

虽然叶绿体转化具有以上诸多的优点，是一种非常有希望的转化技术。但是，由于该方法的研究起步相对较晚，在技术还不够成熟，目前的应用范围远没有细胞核转化那么广泛。目前仅有 10 多种植物成功实现了叶绿体的转化，在水稻上也只有为数不多的报道（Lee et al., 2006；李轶女等，2007；钱雪艳等，2008）。

### 10.3.3 品种资源的大规模发掘利用

自 20 世纪末以来，我国的水稻产量、品质长期徘徊不前，在水稻育种上没有新的突破。造成这种状况的一个重要原因就是目前的常规育种对与种质资源利用不充足以及在育种手段上缺乏创新和突破。世界上的水稻种质资源是非常丰富的，现存于世界各国收集并保存的水稻及其近缘野生种的种质资源高达 25 万余份。但是，这些种质资源中有 95%的以上的材料从未在育种中使用过（黎志康，2005）。

1998 年，国际水稻研究所启动了由 14 个水稻主产国参与的"全球水稻分子育种计划",其基本策略就是广泛收集来自世界各水稻主产国的优质品种资源,通过大规模的杂交回交并结合分子标记鉴定选择的办法,将这些品种资源的基因组片段导入各国的优良品种中去,从而实现优良品种资源在分子水平上的大规模交流,培育出大量的近等基因导入系。然后以这些近等基因导入系为基础材料,进行水稻重要基因的发掘和突破性新品种的选育。全球分子育种计划涉及来自22个水稻主产国家和地区的178份种质资源,其中包括中国41份、印度39份、国际水稻所14份、越南14份、马来西亚9份、尼泊尔9份、菲律宾7份、缅甸7份、伊朗6份、斯里兰卡6份、韩国5份、泰国4份、孟加拉3份、日本3份、巴基斯坦3份、美国2份、马达加斯加、秘鲁、意大利、法国、埃及、几内亚等国家各1份。通过分子标记对这些材料进行基因型的鉴定,结果表明这些材料具有丰富的遗传变异(罗利军,2005;余四斌等,2005)。

为了利用这一国际合作机会,广泛引进和利用国际优良稻种资源,培育我国新的优良品种,我国部分科研单位加入了这一计划。2001年,我国在农业部"948"重大专项的支持下,启动了"参与全球水稻分子育种计划研究"(罗利军,2005)。在此背景下,以华中农业大学作物遗传改良国家重点实验室、中国农业科学院农作物基因资源和遗传改良国家重大科学工程中心、上海农业生物基因资源中心三家单位为中心,联系我国主要水稻生态区域具有育种实力的省级农业科学院或大学育种单位,建立了全国的水稻分子育种协作网。该协作网的所有参加育种单位选择代表当地最优良的1~3个推广品种作为轮回亲本,以通过全球水稻分子育种计划引入的178份来自22个不同国家和地区的优异种质资源为供体亲本,开展大规模的杂交和回交育种,将全球的水稻种质资源中大量有利基因导入我国目前主要生态区域最优良的水稻品种中去,培育成近等基因导入系(黎志康,2005)。

近等导入系构建的基本技术路线是,将供体亲本与轮回亲本杂交一次得到杂种$F_1$,$F_1$再与轮回亲本回交3~4次,然后自交1~2次。最后从高世代的回交群体中选择遗传背景同轮回亲本一致,但有少数基因片段来源于供体亲本的近等基因导入系(余四斌等,2005)。为了确保导入系群体携带所有供体亲本的有利基因,导入系群体中的供体导入片段必须覆盖整个供体亲本的基因组。获得导入系群体后,再对其进行各种目标性状的鉴定,并通过分子标记确定导入系中来自供体亲本的具体染色体片段及其频率,发现并精确定位影响个体育种目标性状的QTL及其复等位基因系列,确定与其紧密连锁的分子标记。最后依据导入系的基因型及表型等信息进行目标性状的遗传设计,确定亲本选配以及杂交后代大规模分子标记辅助聚合育种的方案,培育在产量、稳定性及品质等综合性状上具有突破,并能适应不同生态区域的水稻新品种(黎志康,2005)。

通过对近等基因导入系大规模的筛选,目前已经鉴定了上千份的各种抗病、抗褐飞虱、耐低肥、耐逆境、优质等具有各种优良性状的导入系新材料(龙萍等,2009)。由于这些导入系的受体材料本身就是各地的优良品种,因此这些导入系将是非常好的育种和新基因发掘的基础材料。大规模的导入系的建立,将为绿色超级稻的研制提供坚实的基础。

## 10.4 绿色超级稻育种进展

### 10.4.1 利用 MAS 技术创建抗稻瘟病新材料

由真菌 *Pyricularia grisea* 引起的稻瘟病是广泛发生在世界稻区的主要病害之一，已有 85 个国家报道有此病发生。稻瘟病的防治一直是影响全世界农业生产的大难题。我国是稻瘟病的重灾区。由于稻瘟病抗性研究相对困难，加上其病源微生物变异幅度较大，稻瘟病是长期困扰我国育种家的主要病害之一。近几年来，稻瘟病在我国有加重的趋势。为此，国家区域试验中规定，在长江上游、武陵山区和北方稻区，区试品种在两年 4~6 个鉴定点中，有 1 个点穗颈瘟达到 9 级，即一票否决；在其他稻区，稻瘟病综合抗性大于 7 级，也被淘汰。在省级区试中，如四川、江西、浙江、湖南、安徽等也采用此项标准。实行此项措施，就是希望提高推广品种的稻瘟病抗性，降低生产风险。同时，长期的育种和生产实践证明，培育抗病品种不仅经济有效，而且在水稻高产、稳产及降低环境污染等方面均起到重要作用。可是，目前国内 98% 的水稻品种（包括杂交水稻）都是高感（9 级）或感（7 级）稻瘟病。虽然已经定位的稻瘟病基因达到 30 多个（鄂志国等，2008），由于生态环境中，稻瘟病生理小种多且变异快，同时缺乏有效的育种技术，使得稻瘟病一直是困扰水稻育种和生产的最重要病害之一。

通过多年的研究，已经积累了一定的抗性基因资源并创建了一批抗稻瘟病的育种材料。刘士平等（2003）以来源于国际水稻研究所构建的 CO39 为背景，且具有 *Pi1*、*Pi2* 和 *Pi3* 的不同近等基因系为材料，考察了它们对稻瘟病的抗性表现，发现了单基因材料 *Pi1* 和 *Pi2* 基因具有广谱的稻瘟病抗性，它们分别对稻瘟病生理小种的抗性达到 82.7% 和 85.3%。如果 *Pi1* 和 *Pi2* 基因分别与 *Pi3* 基因聚合，抗谱可以达到 90% 以上；而 *Pi1*、*Pi2* 和 *Pi3* 基因聚合，抗谱可以达到 97.3%，充分表明了多个抗稻瘟病基因聚合可以培育出持久、广谱高抗稻瘟病的水稻新品种（表 10-4）。Liu 等（2003）还建立了稻瘟病 *Pi1* 的分子标记辅助选择体系，通过分子标记辅助选择将 *Pi1* 导入到珍汕 97 中，培育了稻瘟病明显提高的改良珍汕 97 新品系。

表 10-4 *Pi1*、*Pi2* 和 *Pi3* 的不同基因组合的抗性表现

| 株 系 | 基 因 | 接种菌株数 | 抗性频率/% |
| --- | --- | --- | --- |
| C101LAC | *Pi1* | 13 | 82.7 |
| C101A51 | *Pi2* | 11 | 85.3 |
| C104PKT | *Pi3* | 57 | 24.0 |
| BL1 | *Pi1*+*Pi3* | 8 | 89.3 |
| BL2 | *Pi1*+*Pi3* | 7 | 90.7 |
| BL5 | *Pi1*+*Pi3* | 5 | 93.3 |
| BL3 | *Pi2*+*Pi3* | 4 | 94.7 |
| BL4 | *Pi2*+*Pi3* | 5 | 93.3 |
| BL6 | *Pi1*+*Pi2*+*Pi3* | 2 | 97.3 |
| CO39（对照） | — | 75 | 0 |
| Zhenshan 97 | 未知 | 46 | 38.7 |

注：—表示不含 *Pi* 基因。下同。

李信（2003）通过 MAS 的方法将水稻抗稻瘟病基因 $Pi1$、$Pi2$ 聚合到了水稻保持系珍汕 97B 中,获得了一系列带有 $Pi1$、$Pi2$ 和两基因聚合的家系,在湖北省远安稻瘟病自然诱发点全生育期鉴定其对稻瘟病抗性,发现珍汕 97 遗传背景且带有 $Pi1$、$Pi2$ 及其聚合品系对苗瘟、叶瘟和穗颈瘟的抗性极显著提高,均达到抗级水平,而对照珍汕 97 和 CO39 在抽穗期前因高感稻瘟病而死亡（表 10-5）。

表 10-5 珍汕 97/BL6 回交 $BC_3F_3$ 株系在湖北远安自然条件下的叶瘟和穗颈瘟鉴定

| 株 系 | 基因型 | 叶瘟评级 | 穗颈瘟评级 |
| --- | --- | --- | --- |
| Zhenshan 97-19 | $Pi1$ | 2.0 | 3.0 |
| Zhenshan 97-20 | $Pi1$、$Wx$ | 2.5 | 4.0 |
| Zhenshan 97-22 | $Pi1$、$Wx$ | 2.0 | 3.0 |
| Zhenshan 97-30 | $Pi2$ | 2.0 | 3.0 |
| Zhenshan 97-34 | $Pi2$ | 2.0 | 3.0 |
| Zhenshan 97-2 | $Pi1$、$Pi2$ | 1.5 | 1.0 |
| Zhenshan 97-8 | $Pi1$、$Pi2$ | 2.0 | 1.0 |
| Zhenshan 97-13 | $Pi1$、$Pi2$、$Wx$ | 1.5 | 1.0 |
| BL6 | $Pi1$、$Pi2$、$Pi3$ | 1.0 | 1.0 |
| C101LAC | $Pi1$ | 2.0 | 3.0 |
| C101A51 | $Pi2$ | 2.0 | 3.0 |
| Zhenshan 97（对照） | 未知 | 6.0 | 死 |
| CO39（对照） | — | 7.0 | 死 |

本课题育成的两系杂交早稻组合"华两优 105",在江西省早中熟组区域试验中,平均亩产 476.65kg,比对照浙 733 增产 4.75%,两年均为第一位,平均全生育期 107.2 天,比对照浙 733 早 1.3 天,稻米品质优,是一个集早熟、高产、优质于一体的杂交早稻组合,突破了长江中下游双季早稻长期"早而不优（势）"的瓶颈（牟同敏和李春海,2005）。2005 年通过审定,2006 年获得农业部后收购项目资助。但是由于其不抗稻瘟病,一直未能推广。为了提高稻瘟病的抗性,我们通过 1 次杂交 3 次回交并结合 MAS 选择,将 $Pi2$ 基因转移到父本 T1007 中,再配组,稻瘟病抗性得到明显提高（表 10-6,表 10-7）,从感或高感提高到中抗,但产量、生育期和品质保持不变。结果表明,通过分子标记进行目标基因的转移是提高稻瘟病抗性的有效技术。为了达到持久抗性和扩大抗谱,还需要不断地聚合多个抗性基因。

表 10-6 T1007 改良株系在宜昌远安望家乡稻瘟病自然诱发鉴定结果

| 名 称 | 系谱来源 | 世代 | 叶瘟病级 | 发病率/% | 发病率病级 | 穗颈瘟损失指数/% | 损失病级 | 终抗指数 | 抗感级别 | 抗性水平 |
| --- | --- | --- | --- | --- | --- | --- | --- | --- | --- | --- |
| T1007 | 浙农 571/舟优 903 | $F_{12}$ | 3 | 54 | 9 | 27.00 | 5 | 5.5 | 5 | MS |
| 华两优 105 | 华 103S/T1007 | $F_1$ | 3 | 66 | 9 | 41.90 | 7 | 6.5 | 7 | S |
| VE6219（改良株系） | T1007[4]/C101A51 | $BC_3F_4$ | 2 | 14 | 5 | 4.85 | 1 | 2.3 | 3 | MR |
| 新华两优 105 | 华 103S/VE6219 | $F_1$ | 3 | 35 | 7 | 8.65 | 3 | 4.0 | 3 | MR |
| VE6225（改良株系） | T1007[4]/C101A51 | $BC_3F_4$ | 2 | 12 | 5 | 2.70 | 1 | 2.3 | 3 | MR |
| 新华两优 105 | 华 103S/VE6225 | $F_1$ | 2 | 33 | 7 | 6.05 | 3 | 3.8 | 3 | MR |
| 原丰早 | 对照 | | 8 | 96 | 9 | 54.10 | 9 | 8.8 | 9 | HS |

注:MS. 中感;S. 感;MR. 中抗;HS. 高感。下同。

表 10-7  T1007 改良株系和部分组合在恩施两河口稻瘟病自然诱发鉴定结果

| 株系名称 | 世代 | 叶瘟/级 | 穗颈瘟/% | 损失率/% | 病级 | 抗性水平 |
|---|---|---|---|---|---|---|
| T1007 |  | 7 | 100 | 100 | 9 | HS |
| 华两优 105 | $F_1$ | 6 | 100 | 100 | 9 | HS |
| VE6219（改良株系） | $BC_3F_4$ | 0 | 38 | 17 | 5 | MS |
| 华 103S/VE6219 | $F_1$ | 0 | 30 | 15 | 3 | MR |
| VE6225（改良株系） | $BC_3F_4$ | 2 | 30 | 15 | 3 | MR |
| 华 103S/VE6225 | $F_1$ | 0 | 50 | 20 | 5 | MS |
| 金 23B（对照） |  | 0 | 100 | 100 | 9 | HS |

### 10.4.2 利用 MAS 技术创建抗白叶枯病新材料

华中农业大学作物遗传改良国家重点实验室从 20 世纪 90 年代中期开始进行抗白叶枯病材料的创建。明恢 63 是我国非常优良的恢复系之一，其和"珍汕 97A"所配的杂交组合"汕优 63"曾经是我国推广面积最大的杂交组合，最初用于生产时被认为是抗白叶枯病的品种。然而，随着汕优 63 长期大面积的种植和相应病原微生物的变化，明恢 63 的白叶枯病抗性逐步丧失。这也成为了随后汕优 63 种植面积大幅下降的原因之一。Chen 等（2000）利用 MAS 将来自 IRBB21 的广谱、高抗的白叶枯病抗性基因 $Xa21$ 转移到明恢 63 中，改良了明恢 63 的白叶枯抗性。他们用两个与 $Xa21$ 基因共分离的分子标记进行正向选择，用 $Xa21$ 两侧遗传距离为 3.8cM 的两个分子标记进行负选择，同时利用遍布全基因组的 158 个分子标记进行遗传背景的筛选。经过 3 次回交和 1 次自交，就得到了只转移了 $Xa21$ 基因区段，其他遗传背景基本相似的新明恢 63，命名为明恢 63（$Xa21$）。明恢 63（$Xa21$）理论上引入的 IRBB21 的基因组片段小于 3.8cM（约为全基因组的 0.21%）。经过田间接病鉴定和农艺性状考察，明恢 63（$Xa21$）及其所配组合汕优 63（$Xa21$）与原始明恢 63 和汕优 63 相比，白叶枯抗性显著增强，其他农艺性状完全一致。

近几年来，在水稻育种上除了使用 $Xa21$ 以外，增加了 $Xa7$ 和 $Xa23$ 的使用。将这 3 个基因分别转移到本实验室选育的恢复系华恢 1035 背景中，用国内 11 个代表菌株进行接种鉴定，按国家水稻区域试验的评价标准进行评价（表 10-8），结果表明 $Xa23$ 抗性最强并且抗谱最宽，$Xa7$ 次之，$Xa21$ 相对较差（表 10-9，图 10-1）。$Xa23$ 对 11 个菌株中的 9 个表现高抗，对 2 个菌株表现为抗级；$Xa7$ 对 11 个菌株中的 8 个菌株表现高抗，对 1 个菌株（HN11）表现抗级；对 YN24 表现中抗，但对 FJ1 表现中感；$Xa21$ 对 11 个菌株中，只有 8 个表现抗级，没有高抗的，而对 FJ1 表现高感，对华南优势菌株 V 型（GD1358）菌表现中感。

表 10-8  白叶枯病人工接种抗性评价分级标准

| 病级 | 抗性反应 | 抗性评价 |
|---|---|---|
| 0 | 病斑长度纵向扩展小于 1cm | 高抗（HR） |
| 1 | 病斑长度 1.1～3cm | 抗（R） |
| 3 | 病斑长度 3.1～5cm | 中抗（MR） |

续表

| 病 级 | 抗性反应 | 抗性评价 |
|---|---|---|
| 5 | 病斑长度 5.1~12cm | 中感（MS） |
| 7 | 病斑长度 12.1~20cm | 感（S） |
| 9 | 病斑长度大于 21cm | 高感（HS） |

**表 10-9  3 个白叶枯病抗性基因对国内 11 个白叶枯病菌株的抗性反应**

| 株系 | 基因 | 菌株 ||||||||||
|---|---|---|---|---|---|---|---|---|---|---|---|
| | | YN1 | YN7 | YN11 | YN18 | YN24 | FJ1 | ScYc6 | HN11 | GD414 | ZHE173 | GD1358 |
| HBQ802 | $Xa7$ | HR | HR | HR | HR | MR | MS | HR | R | HR | R | HR |
| HBQ804 | $Xa21$ | R | R | R | R | MR | HS | R | R | R | R | MS |
| HBQ810 | $Xa23$ | HR | HR | HR | HR | HR | HR | HR | R | HR | HR | R |
| 华恢 1035 | — | MS | MS | MS | MR | S | HS | MS | MS | MS | MS | HS |

图 10-1  分子标记改良的抗白叶枯病恢复系
左：含 $Xa7$ 基因的华恢 1035；右：华恢 1035。白叶枯病菌株浙 173 接种 20 天

Zhang 等（2006）以明恢 63（$Xa21$）和抗恢 63 为材料，首先将 $Xa7$ 基因定位于水稻第 6 号染色体上，并利用分子标记辅助选择将 $Xa21$ 和 $Xa7$ 分别聚合于恢复系明恢 63 背景中，用 10 个菌株接种进行抗性鉴定，结果表明，除单个 $Xa7$ 基因恢复系完全不抗菲律宾小种 PXO99 外，$Xa21$ 和 $Xa7$ 单个基因对其他 9 个白叶枯病小种的抗性分别表现为不完全抗性。但是如果 $Xa21$ 和 $Xa7$ 聚合后，其抗性得到明显提高，除了 PXO99 的叶片病斑长度为 10cm 左右外，对其余小种的抗性病斑长度均达到高抗水平（表 10-10）。利用明恢 63 遗传背景且带有 $Xa21$ 和 $Xa7$ 及其聚合材料配制杂交种，同样接种白叶枯病考察其抗性，发现杂交组合中除 $Xa7$ 单个基因完全不抗菲律宾小种 PXO99 外，单个 $Xa21$ 和 $Xa7$ 基因对白叶枯病的抗性相对于恢复系的抗性明显减弱，说明了利用单个 $Xa21$ 和 $Xa7$ 基因还不足以改良杂交水稻对白叶枯病的抗性，而 $Xa21$ 和 $Xa7$ 基因聚合的杂交种对除 PXO99 外的其他 9 个白叶枯病小种的抗性抗谱拓宽、抗性能力均达到高抗水平，充分说明了 $Xa21$ 和 $Xa7$ 基因聚合对杂交水稻白叶枯病的遗传改良具有较好效果（表 10-11）。

表 10-10　*Xa21* 和 *Xa7* 在明恢 63 背景的抗性反应（病斑长度，cm）

| 菌 株 | 明恢 63（对照） | 明恢 63（*Xa7*） | 明恢 63（*Xa21*） | 明恢 63（*Xa21/Xa7/Bt*) 1 | 2 | 3 | 4 |
|---|---|---|---|---|---|---|---|
| PXO99 | 34.2 | 31.9 | 14.7 | 10.8 | 7.9 | 8.9 | 10.7 |
| KS-1-21 | 33.6 | 16.6 | 9.2 | 0.86 | 1.6 | 0.38 | 0.35 |
| GX325 | 21.2 | 6.8 | 8.2 | 0.6 | 0.9 | 0.5 | 0.3 |
| PXO145 | 5.9 | 1.6 | 3.1 | 0.31 | 1.0 | 0.43 | 0.1 |
| 0249 | 4.4 | 4.3 | 1.8 | 0.58 | 0.32 | 0.25 | 0.37 |
| Zhe173 | 29.5 | 3.2 | 5.5 | 0.37 | 0.55 | 0.51 | 0.47 |
| PXO71 | 2.0 | 2.9 | 2.6 | 0.58 | 0.79 | 0.33 | 0.55 |
| PXO11 | 17 | 1.3 | 2.2 | 0.32 | 0.32 | 0.44 | 0.43 |
| T7133 | 15.2 | 1.8 | 2.75 | 0.3 | 0.49 | 0.21 | 0.24 |
| LN44 | 22.4 | 1.2 | 3.6 | 0.25 | 0.35 | 0.39 | 0.59 |

表 10-11　*Xa21* 和 *Xa7* 在汕优 63 背景的抗性反应（病斑长度，cm）

| 菌 株 | 汕优 63 | 汕优 63（*Xa7*） | 汕优 63（*Xa21*） | 汕优 63（*Xa7/Xa21/Bt*) Zh7 | Zh8 | Zh9 | Zh25 |
|---|---|---|---|---|---|---|---|
| PXO99 | 23.92 | 22.85 | 17.03 | 18.82 | 17.51 | 17.71 | 16.91 |
| KS-1-21 | 23.36 | 18.44 | 10.83 | 0.78 | 0.71 | 0.46 | 0.45 |
| GX325 | 24.80 | 16.55 | 8.38 | 0.48 | 0.47 | 0.45 | 0.41 |
| PXO145 | 17.88 | 3.58 | 4.31 | 1.14 | 0.53 | 0.76 | 0.47 |
| FJ23 | 4.55 | 3.15 | 2.41 | 0.81 | 0.96 | 0.85 | 1.19 |
| Zhe173 | 14.86 | 2.24 | 4.26 | 0.36 | 0.28 | 0.35 | 0.32 |
| PXO61 | 15.67 | 6.41 | 2.41 | 0.43 | 0.38 | 0.50 | 0.42 |
| PXO71 | 9.94 | 4.44 | 1.35 | 0.50 | 0.49 | 0.44 | 0.77 |
| T7133 | 20.63 | 0.52 | 3.33 | 0.42 | 0.43 | 0.29 | 0.34 |
| LN44 | 17.29 | 1.62 | 3.86 | 0.24 | 0.38 | 0.51 | 0.46 |

杨子贤等（2004）将 *Xa21* 和 *cry1Ab/1Ac* 基因利用分子标记辅助选择导入到优良两系杂交稻亲本 9311 中，获得了一系列 9311 遗传背景且带有 *Xa21* 和 *cry1Ab/1Ac* 基因的家系，接种 5 个菌株鉴定结果表明，除了对菌株 PXO99 表现中抗以外，对其他 4 个菌株表现抗或高抗，与原 9311 相比，抗性明显提高（表 10-12）。将含 *Xa21* 基因的 9311 与培矮 64S 和粤泰 A 配组，比原组合两优培九和红莲优 6 号的抗性明显提高。除了对 PXO99 中感以外，对其他菌株均达到中抗到抗的水平（表 10-12）。

表 10-12　含 *Xa21* 基因的 9311 及其所配组合的白叶枯病抗性表现（病斑长度，cm）

| 株系或组合 | PXO99 | PXO61 | LN44 | T7133 | KS-1-21 |
|---|---|---|---|---|---|
| 9311 | 20.40±4.90 | 4.38±1.65 | 6.89±2.76 | 8.08±2.01 | 4.96±1.90 |
| 9311（*Bt/Xa21*） | 4.54±1.98 | 1.70±1.32 | 2.20±1.24 | 0.88±1.07 | 1.08±1.26 |
| 培矮 64S | 24.47±3.47 | 13.23±3.77 | 12.27±2.99 | 0.43±0.88 | 7.96±3.61 |
| 两优培九 | 28.53±4.32 | 16.01±4.47 | 16.10±3.79 | 11.48±4.30 | 13.25±3.45 |
| 培矮 64S/9311（*Xa21/Bt*） | 7.10±1.84 | 2.08±0.73 | 2.12±0.74 | 2.15±0.85 | 2.43±0.98 |
| 粤泰 A | 26.00±3.88 | 25.07±5.83 | 15.77±5.51 | 12.00±7.20 | 15.00±4.58 |
| 红莲优 6 号 | 24.09±5.73 | 12.75±2.78 | 15.38±2.25 | 8.39±1.52 | 10.83±2.37 |
| 粤泰 A/9311（*Xa21/Bt*） | 8.58±2.18 | 2.53±1.27 | 3.09±1.29 | 4.67±1.59 | 4.63±1.36 |

通过回交和 MAS 选择，将 $Xa7$ 和 $Xa21$ 基因转移到目前大面积推广的杂交晚稻金优 207 的父本先恢 207 中，用 12 个菌株接种鉴定表明，原先恢 207 除了中抗菌株 GD414 以外，对其他 11 个菌株均表现中感到高感（表 10-13）。含有单个基因 $Xa7$ 或 $Xa21$ 的株系，抗性和抗谱均有较大的提高。同时含有 2 个基因的株系，除了对 PXO99 的抗性与含单个基因的株系相同以外，对其他菌株的抗性有进一步的明显提高。表 10-13 的结果显示，除了抗性基因有累加效应以外，与华恢 1035 和明恢 63 的改良株系比较，在不同的遗传背景下，抗性基因的抗性和抗谱表现也有差异。华恢 1035 遗传背景下的株系抗性相对较强；先恢 207 背景的次之；明恢 63 背景的株系抗性较差。

表 10-13 $Xa7$ 和 $Xa21$ 基因在先恢 207 背景的白叶枯病抗性表现

| 株系 | 基因 | 菌株 ||||||||||||
|---|---|---|---|---|---|---|---|---|---|---|---|---|
| | | PXO99 | PXO61 | ZHE173 | YN1 | YN7 | YN11 | YN18 | YN24 | FJ1 | ScYc6 | HN11 | GD414 |
| LY8012 | $Xa7$ | MS | MR | MR | MR | R | R | HR | S | S | HR | S | HR |
| LY8013 | $Xa7$ | MS | R | MR | HR | R | R | R | MS | MS | HR | MS | R |
| LY8014 | $Xa21$ | MS | MR | MS | MR | MS | MR | MR | MS | HS | MR | R | R |
| LY8015 | $Xa21$ | MS | MR | MS | MR | MR | MR | MR | MR | S | MR | MR | R |
| LY8016 | $Xa7Xa21$ | MS | R | R | HR | R | HR | MS | MS | R | MR | MR | R |
| LY8017 | $Xa7Xa21$ | MS | HR | R | HR | HR | HR | MS | MS | HR | MR | HR | HR |
| 先恢 207 | — | HS | HS | HS | S | MS | MS | MS | S | S | MS | S | MR |

华 201S 是本实验室育成的水稻光温敏核不育系，于 2005 年通过湖北省审定（牟同敏和李春海，2005）。所配组合"华两优 1206"分别于 2005 年和 2007 年通过湖北省和国家审定。以本实验室选育并含有 $Xa7$ 和 $Xa21$ 基因的华恢 20 为供体，利用多次回交和 MAS 技术，把白叶枯病抗性基因 $Xa7$ 和 $Xa21$ 转移到华 201S 中，已经育成 7 个含有不同基因的稳定株系。用 PXO99、PXO61 和 ZHE173 进行接种鉴定，结果表明，华 201S 本身对 PXO99 表现为感，对 PXO61 和 ZHE173 表现为中感。含有 $Xa7$ 基因的改良株系对 PXO99 表现为中感，而对 PXO61 和 ZHE173 表现为抗或高抗。含有 $Xa21$ 的改良株系，对 3 个菌株表现为抗到中抗的水平。同时含有 2 个基因的改良株系，对 3 个菌株表现为抗到高抗的水平。表明改良的光温敏不育系对白叶枯病抗性同样得到明显提高（表 10-14）。

表 10-14 $Xa7$ 和 $Xa21$ 基因在华 201S 背景的白叶枯病抗性表现（病斑长度，cm）

| 株系 | 系谱 | 世代 | 抗性基因 | 菌株 |||
|---|---|---|---|---|---|---|
| | | | | PXO99 | PXO61 | ZHE173 |
| YR7016 | 华 201S$^4$/华恢 20 | $BC_2F_6$ | $Xa7$ | 7.87±3.51 | 0.81±0.39 | 1.26±1.12 |
| YR7020 | 华 201S$^4$/华恢 20 | $BC_3F_4$ | $Xa7$ | 9.55±2.82 | 1.23±0.73 | 1.76±1.25 |
| YR7009 | 华 201S$^4$/华恢 20 | $BC_3F_4$ | $Xa21$ | 3.42±1.33 | 2.02±2.39 | 3.50±2.04 |
| YR7014 | 华 201S$^4$/华恢 20 | $BC_3F_4$ | $Xa21$ | 2.95±0.94 | 1.59±0.74 | 1.44±0.47 |
| YR7023 | 华 201S$^4$/华恢 20 | $BC_3F_3$ | $Xa21$，$Xa7$ | 1.58±0.66 | 0.28±0.17 | 0.18±0.10 |
| YR7026 | 华 201S$^4$/华恢 20 | $BC_3F_3$ | $Xa21$，$Xa7$ | 2.21±1.62 | 0.28±0.32 | 0.40±0.44 |
| YR7027 | 华 201S$^4$/华恢 20 | $BC_3F_3$ | $Xa21$，$Xa7$ | 1.56±0.61 | 0.31±0.27 | 0.28±0.20 |
| 华 201S | | | — | 12.47±4.58 | 6.20±1.46 | 8.55±3.30 |

### 10.4.3 利用 MAS 技术创建抗稻褐飞虱新材料

本实验室与武汉大学何光存教授合作将高抗褐飞虱水稻品系 B5 的 2 个抗褐飞虱主效显性基因 $Bph14$ 和 $Bph15$ 分别定位在第 3 号染色体长臂和第 4 号染色体短臂上。$Bph14$ 被定位于遗传距离 1.0cM 的范围内,并找到一些与之紧密连锁的分子标记,如 MRG2329、MRG2346、MRG2684、R1925 和 R2443 等;$Bph15$ 被定位于遗传距离小于 0.3cM 的范围内,也找到一些与之紧密连锁的分子标记,如 MRG4319、RM261、MS1、MS5、MS10、RG1 和 RG2 等(Huang et al.,2001;Yang et al.,2004)。李信(2003)已经将 $Bph14$ 和 $Bph15$ 分别通过分子标记辅助选择导入到明恢 63 和珍汕 97 中,通过进一步的转育和选择获得了一系列抗稻飞虱的恢复系和不育系。

田间虫量调查结果显示,移栽 50 天后,感褐飞虱对照 TN1 上的褐飞虱平均虫量达到了 91.5 头/丛,抗褐飞虱对照 B5 上的褐飞虱平均虫量为 18.88 头/丛,认为田间褐飞虱已经大发生。此时各株系上的褐飞虱虫量有明显差异,其中新育成株系 TMQ8131 和 TMQ8242 上的褐飞虱虫量与 B5 相当,表现为高抗褐飞虱(表 10-15)。

表 10-15 不同水稻株系对褐飞虱的苗期和大田抗性反应

| 株系 | 基因 | 苗期死亡率/% | 抗性评分 | 田间虫量/(只/丛) | 抗性级别 |
| --- | --- | --- | --- | --- | --- |
| TMQ8131 | $Bph14$、$Bph15$ | 0.00 | 0 | 11.13 | HR |
| TMQ8242 | $Bph14$、$Bph15$ | 0.00 | 0 | 20.25 | HR |
| B5 | $Bph14$、$Bph15$ | 3.58 | 1 | 18.88 | HR |
| 鄂中 5 号 | 未知 | 69.57 | 7 | 55.13 | MS |
| R1104 | 未知 | 90.00 | 9 | 34.25 | MS |
| TN1 | 未知 | 100.00 | 9 | 91.50 | HS |

### 10.4.4 运用转基因技术创建抗螟虫材料

我国水稻的常年种植面积为 4.5 亿亩左右,产量损失的主要原因之一是病虫种类多、危害大。例如,据盛承发等(2003)估算,我国每年水稻二化螟、三化螟的发生面积达 2.25 亿亩,防治面积 5.7 亿亩,防治代价连同残虫损失合计 115 亿元(以 2002 年价格计)。

引入种质资源中没有的优良基因是转基因技术不可替代的优点。水稻有着非常丰富的种质资源。但迄今为止,水稻中尚没有发现抗螟虫基因资源。而水稻螟虫(如二化螟、三化螟以及稻纵卷叶螟等)又恰恰是水稻生产上危害最大的一类害虫。长期以来,水稻生产都依赖于化学杀虫剂来防治,这不仅会危害环境,还会通过药剂残留或食物链传导而危害人类自身健康。转基因抗虫水稻可以有效地控制水稻螟虫的危害,保护生态环境。这种转基因抗虫水稻表达了一种来源于 Bt 细菌的杀虫晶体蛋白,该蛋白质可以高效、专一的杀死水稻螟虫,对人畜安全无害。田间试验表明,在不喷施任何杀虫剂的情况下转基因抗虫水稻与非转基因的对照相比,对螟虫的控制效果可达 90% 以上,其控制效果好于使用化学杀虫剂的效果。Tu 等(2000)将 $cry1Ab/Ac$ 融合基因转入了明恢 63，获得了转基因抗虫水稻 TT51。转基因抗虫水稻 TT51 可以高抗二化螟、三化螟及稻纵卷叶螟。几年来，在湖北、福建等地的生产性试验表明，该抗虫稻在整个种植季节可基本不喷防螟虫的农药，且较非抗虫水稻增产 6%～12%，不仅创造每亩 60～80 元的经济效益，而且可大大缓解由于外出打工、农村青壮年劳动力不足的矛盾，深受农民的欢迎。按国家相关法规要求，该抗虫稻已完成中间试验、环境释放、生产性试验等田间安全评价环节，且通过了食品、环境等安全性评价，正在等待有关部门的批准。一旦获准进行商品化生产，预期该抗虫稻将会产生巨大的经济、社会和生态效益。

从 1999 年开始，以 TT51 的 $cry1Ab/Ac$ 基因亲本以及明恢 63 背景带有白叶枯病基因 $Xa21$ 和 $Xa7$ 供体基因等，通过分子标记辅助选择导入到国内大面积推广的主要杂交稻恢复系如绵恢 725、绵恢 501、明恢 86、蜀恢 838、蜀恢 527、先恢 207、9311 中，通过杂交和回交，已经将抗虫和抗白叶枯病基因转移到这些恢复系之中，这些新恢复系对稻纵卷叶螟、二化螟和三化螟以及白叶枯病抗性均达到高抗水平（Jiang et al.，2004；杨子贤等，2004）。2008 年有 100 多个杂交中稻组合进行比产试验，在全程不防螟虫的栽培条件下，50% 以上的组合比对照 II 优 838 或扬两优 6 号增产 20%～40%；在全程防虫的栽培条件下，有 10% 左右的组合比对照增产 7%～16%（表 10-16，表 10-17，图 10-2）。

表 10-16　2008 年全程不防螟虫栽培条件下抗虫组合的产量表现（3 次重复）

| 组合名称 | 实际亩产/kg | 比扬两优 6 号增产/% | 比 II 优 838 增产/% |
| --- | --- | --- | --- |
| 华 893S/华抗恢 345 | 653.69 | 42.68 | 43.45 |
| 巨风 A/华抗恢 316 | 601.15 | 31.21 | 31.92 |
| 华 201S/华恢 3 号 | 593.77 | 29.60 | 30.30 |
| 华 201S/华抗恢 345 | 586.88 | 28.09 | 28.79 |
| 华 893S/华抗恢 324 | 581.52 | 26.92 | 27.61 |
| 华 201S/华抗恢 320 | 577.99 | 26.15 | 26.84 |
| 华 201S/华抗恢 324 | 574.88 | 25.47 | 26.15 |
| 巨风 A/华抗恢 320 | 569.16 | 24.23 | 24.90 |
| 巨风 A/华抗恢 304 | 568.38 | 24.06 | 24.73 |
| 巨风 A/华抗恢 291 | 565.70 | 23.47 | 24.14 |
| 巨风 A/华抗恢 345 | 563.10 | 22.90 | 23.57 |
| 巨风 A/华抗恢 312 | 562.71 | 22.82 | 23.48 |
| 华 201S/华抗恢 929 | 562.71 | 22.82 | 23.48 |
| 华 201S/华抗恢 291 | 560.78 | 22.40 | 23.06 |
| 巨风 A/华抗恢 317 | 558.95 | 22.00 | 22.66 |
| 华 893S/华抗恢 312 | 557.52 | 21.69 | 22.34 |
| 巨风 A/华抗恢 306 | 551.25 | 20.32 | 20.97 |
| 巨风 A/华抗恢 305 | 550.23 | 20.10 | 20.74 |
| 扬两优 6 号 | 458.16 | 0.00 | 0.54 |
| II 优 838 | 455.70 | −0.54 | 0.00 |

表 10-17　2008 年抗虫中稻组合防螟虫栽培条件下比产表现较好的组合

| 组合名称 | 母本/父本 | 亩产/kg | 比扬两优 6 号增产/% | 比 II 优 838 增产/% |
| --- | --- | --- | --- | --- |
| 华两优 9317 | 华 893S/06HN317 | 573.33 | 4.54 | 9.60 |
| 华两优 9336 | 华 893S/WH836 | 562.12 | 2.49 | 7.45 |
| 扬两优 6 号 |  | 548.46 | 0.00 | 4.84 |
| II 优 838 |  | 523.13 | −4.62 | 0.00 |
| 华两优 9338 | 华 893S/TmE62138 | 607.64 | 12.96 | 16.10 |
| 华两优 9302 | 华 893S/华抗 402 | 563.50 | 4.76 | 7.67 |
| 扬两优 6 号 |  | 537.91 | 0.00 | 2.78 |
| II 优 838 |  | 523.38 | −2.70 | 0.00 |

图 10-2　抗虫水稻华两优 9317（右）和对照组合 II 优 838（左）

根据不完全统计，目前长江中下游稻区以绵恢 725、绵恢 501、明恢 86、蜀恢 838、蜀恢 527、先恢 207、9311 等恢复系配制的杂交水稻组合占中、晚籼杂交水稻种植面积的 60% 以上。一旦 TT51 及其汕优 TT51 通过安全评价，获准商品化生产，那么以 TT51 为基因供体转育的恢复系和相应的杂交组合就可以直接申报生产性试验。这些恢复系和杂交组合的育成，为抗虫转基因水稻在长江中下游稻区的产业化奠定了坚实的物质基础。

## 10.5　绿色超级稻的技术集成

绿色超级稻的主要目标是"少打农药、少施化肥、节水耐旱、优质高产"。为了少打或基本不打农药，就必须具备对多种病虫害的抗性。为了减少化肥使用量，水稻品种就必须对营养元素具有高效吸收和利用的能力。为了节水耐旱，就必须有较强的抗（耐）旱性。而高产优质是水稻品种必须具备的基本特性。不同的品种类型和不同的稻区，育种方法不一样，性状要求也不一样。

对于常规稻品种，由于基因型是纯合的，既可以利用显性基因也可以利用隐性基因。而杂交稻品种,由于基因型是杂合的,当利用隐性基因时,必须父母本都具有该基因。但在利用显性基因时,只要父母本之一具有目标基因,杂种就具有抗性。更有利的是,当需要聚合多个基因时,可以分别导入父、母本中,这比常规稻聚合多个基因要容易。

### 10.5.1 抗病性改良的技术集成

关于白叶枯病的抗性,目前已有 6 个抗病基因（$Xa1$、$Xa3/26$、$xa5$、$xa13$、$Xa21$ 和 $Xa27$）被分离克隆,8 个抗病基因 [$Xa4$、$Xa7$、$Xa10$、$Xa22(t)$、$Xa23$、$xa24$、$Xa25(t)$、$Xa31(t)$] 被精细定位,可以运用 MAS 和转基因技术把抗性基因转移到目标品种之中,就中国目前的白叶枯病生理小种致病性来看,抗性比较好的基因是 $Xa7$、$Xa21$ 和 $Xa23$,但各个稻区有一定的差异,可因地制宜的使用不同的白叶枯病抗性基因（详细参考第 3 章）。稻瘟病的抗性基因比较多,目前已鉴定了 60 多个抗性主效基因（鄂志国等,2008）,其中 10 个基因（$Pib$、$Pi$-$d2$、$Pikm$、$Pi$-$ta$、$Pizt$、$Pi2$、$Pi5$、$Pi9$、$Pi36$、$Pi37$）已被分离克隆,精细定位了多个基因,也发现了一批与抗稻瘟病相关的微效 QTL 基因。由于稻瘟病病原菌变异多,各稻区致病生理小种差异也很大。因而在稻瘟病抗性育种中,需要主效基因和微效 QTL 同时使用,才能提高抗性水平和实现持久抗性的效果（详细参考第 3 章）。目前在水稻中还没有鉴定出抗纹枯病、抗稻曲病和抗细条病的主效基因。

### 10.5.2 抗虫性改良的技术集成

水稻害虫虽然有300多种,但是在中国稻区田间的主要害虫只有螟虫（包括二化螟、三化螟、稻纵卷叶螟、大螟）、稻飞虱（包括褐飞虱和白背飞虱）、稻瘿蚊和稻蓟马等。水稻种质资源中没有发现抗螟虫的基因,但来自苏云金芽孢杆菌（$Bt$）的 δ-内毒素蛋白对螟虫具有特异的杀虫效果,通过转基因技术将 $Bt$ 基因转移到水稻之中,具有良好的抗性,目前已转入水稻的 $Bt$ 基因包括 $cry1Ab$、$cry1B$、$cry1C$、$cry1Ab/cry1Ac$ 和 $cry1Ab$-$1B$ 等,转 $Bt$ 水稻大多都表现对二化螟、三化螟、稻纵卷叶螟具有良好的抗性,高者可达 100% 的杀虫活性（详细参考第 2 章）。褐飞虱、白背飞虱、灰飞虱、黑尾叶蝉、白翅叶蝉等,但目前在中国稻区危害最严重的是褐飞虱,其次是白背飞虱。关于褐飞虱的抗性基因,已先后发现和鉴定了 19 个主基因,其中 11 个显性基因,8 个隐性基因,大多数来自野生稻（详细参考第 2 章）,这些基因可以运用 MAS 技术进行基因转移。目前,已经精细定位使用效果比较好的基因有 $bph2$、$Bph14$、$Bph15$、$Bph18$、$Bph19$ 等。对于白背飞虱,已发现和命名的抗性基因有 6 个,但尚未精细定位。对于稻瘿蚊,发现和命名了 9 个抗性基因,定位了其中 7 个。

### 10.5.3 耐旱性和营养高效的技术集成

第 4 章详细介绍了水稻抗旱性的研究进展,已经发现了许多与抗旱相关的基因和 QTL,并进行了功能分析和抗性鉴定。但是,由于水稻抗旱性非常复杂,在育种使用上效果还不是很明显。将分子育种手段（包括 MAS 和转基因技术）有效地整合到传统育种程序中去，将是今后抗旱育种的重要途径。一方面，需要利用 MAS 和常规育种手段将各种种质资源中鉴定出的抗旱基因（或等位基因）通过导入系的策略导入到高产优质的水稻品种或亲本的遗传背景中；另一方面，需要将已经证实在抗旱改良方面具有显著效果的基因转化到优良杂交亲本或品种中。

水稻的营养高效指的是水稻在生长发育过程中高效率地利用环境中的营养元素。用育种和栽培的术语加以表达，就是少施肥或在肥力较低的土壤条件下能获得相对一般品种较高的产量。回顾水稻生产的发展历程，我们知道中国传统高秆水稻品种产量为 1~4t/hm$^2$，收获指数低。传统高秆水稻品种不施用化肥，只施用有限的有机肥料，甚至不施肥料，但是其对肥料的利用率很高，如果超量施用肥料，容易倒伏，不但不能增产，反而减产；矮秆品种，抗倒性好、单位面积有效穗数和收获指数提高，加上化学肥料的发明，使产量获得了大幅度提高。杂交水稻与常规矮秆品种相比，最显著的特点是每穗粒数和根系吸收能力的提高，使得产量又一次大幅度提高，但必须增加化肥的施用量；目前的超级稻在特定栽培条件和特定生态环境下，产量大幅度提高，但这是在所谓的强化栽培管理下实现的（袁隆平，2001），农民稻田并没有提高产量。从矮秆品种到杂交稻以及超级稻，除了水稻本身的特性改变以外，增加化肥的施用量是提高产量的重要因素。但大量施用化肥导致了肥料的利用率越来越低，甚至再增加肥料也不能再提高产量了，同时还导致了肥料的大量浪费和环境的污染。绿色超级稻的目标之一是少施肥料也可获得高产。实现少施肥料的重要途径是提高水稻对肥料的利用率，即营养高效。第 5 章已经全面地介绍了水稻对营养元素的吸收原理和控制营养元素吸收的基因。但目前的进展很有限，能够作为育种可以利用的主效基因或 QTL 还不明确，需要进一步的研究。对于绿色超级稻的育种，比较实用的方法是在中等肥力水平，即 150kg/hm$^2$ 左右氮的条件下，选择高产的品种。

### 10.5.4 产量和品质性状的技术集成

水稻产量是由单位面积中的有效穗数、每穗颖花数、结实率和千粒重 4 个因素构成的。这些性状都是由多基因位点控制的数量性状（QTL），每个基因位点的效应大小不一，有些是可加的，有些是互作或上位的。目前已经定位了大量的水稻产量性状 QTL，第 7 章的表 7-1 和图 7-1 列出了一些主效的产量性状 QTL，表 7-2 列出了已经克隆的主效 QTL。育种家们可以根据不同稻区对高产品种的要求，进行分子设计，确定需要重点考虑的目标性状基因，运用 MAS 或基因转化聚合这些基因的优良等位基因，选育出产量潜力更高的超级稻。

稻米品质包括外观品质、加工品质、蒸煮品质和营养品质 4 个部分，不同地区的人们对食用稻米的品质要求不同，不同类型的品种品质指标不同，不同用途对稻米品质的要求也不同。因而，稻米品质的优劣要根据品种类型、地区人们的习惯和用途来衡量。第 6 章已经全面介绍了控制稻米品质性状的基因定位研究进展。育种主要涉及基因转移，可以通过杂交、回交和 MAS 选择的方法实现目标基因的转移和聚合。常规稻品种的品质改良比较容易，只要进行单个或多个基因的渗入，不必考虑显隐性关系，就可以达到改良品质性状的目标。而杂交水稻品质的改良难度较大，因为需要同时改良父母本的性状，另外杂交稻的种子实际是 $F_2$，而品质性状如直链淀粉含量、胶稠度、糊化温度、蛋白质含量、脂肪含量和微量元素等均为胚乳性状，我们食用的是 $F_2$ 混合群体。根据目前优质稻米的标准，优质稻米主要特点是细长粒、中等直链淀粉含量、软胶稠度、中等糊化温度和低垩白率。遗传研究表明，细长粒为隐性，高直链淀粉含量对低直链淀粉含量为部分显性，硬胶稠度对软胶稠度也是部分显性，高糊化温度对低糊化温度为显性，垩白率性状表现比较复杂，部分显性、显性和超显性都有表现。因而，在杂交稻选育中，父母本都要细长粒、中等直链淀粉、中等胶稠度、中等糊化温度以及低垩白粒率。

## 10.6 小　　结

绿色超级稻战略的提出是立足于目前水稻生产上存在的实际问题，其最终目的是解决水稻生产上面临的困难，从而实现水稻生产可持续的健康发展。因此，绿色超级稻的研发在时间上具有紧迫性。完全依赖传统育种技术是很难在短期内完成如此艰巨的任务。Zhang 在 2007 年提出了完成绿色超级稻战略构想和策略，即依靠大规模水稻种质资源的发掘和利用、非水稻来源基因的转化、基因组学研究等多种方法来获得一大批抗病虫、抗逆、氮磷营养高效、产量、品质等重要性状的基因，利用传统育种技术与现代分子生物学相结合的策略提高优良基因整合的速度，保证绿色超级稻尽快尽早的实现，早日形成社会经济效益，实现农业的可持续发展。绿色超级稻战略的核心就是充分应用现代水稻分子生物学研究领域最新的研究成果和技术，打破水稻育种长期没有新突破的现状，实现水稻育种的第二次绿色革命。

（作者：牟同敏　陈　浩　何予卿）

**参 考 文 献**

程式华，廖西元，闵绍楷. 1998. 中国超级稻研究：背景、目标和有关问题的思考. 中国水稻科学，1：3-5

丁颖. 1957. 中国栽培稻种的起源及其演变. 农业学报，8：243-260

鄂志国，张丽靖，焦桂爱，程本义，王磊. 2008. 稻瘟病抗性基因的鉴定及利用进展. 中国水稻科学，22：533-540

何瑞锋，王媛媛，杜波，唐明，游艾青，祝莉莉，何光存. 2006. 水稻双元细菌人工染色体载体系统转化体系的建立. 遗传学报，33：269-276

黄耀祥. 1983. 水稻丛化育种. 广东农业科学，1：1-5

李轶女，孙丙耀，苏宁，孟祥勋，张志芳，沈桂芳. 2007. 水稻叶绿体表达体系的建立及抗 PPT 叶绿体转化植株的获得. 中国农业科学，40：1849-1855

李信. 2003. 应用分子标记辅助选择改良水稻对稻瘟病、稻飞虱的抗性. 华中农业大学硕士学位论文

黎志康. 2005. 我国水稻分子育种计划的策略. 分子植物育种，3：603-608

刘士平，李信，徐才国，李香花，何予卿. 2003. 基因聚合对水稻稻瘟病的抗性影响. 分子植物育种，1：23-27

龙萍，杨华，余四斌，梅捍卫，黎志康，罗利军. 2009. 水稻导入系群体的构建与保存. 植物遗传资源学报，10：51-54

罗利军. 2005. 水稻等基因导入系构建与分子技术育种. 分子植物育种, 3: 609-612

牟同敏, 李春海. 2005. 两系杂交早稻新组合华两优 105. 杂交水稻, 20: 71-72

牟同敏, 李春海. 2005. 中籼型光温敏核不育系华 201S 的选育与应用研究. 西南农业学报. 增刊: 36-40

钱雪艳, 杨向东, 郭东全, 赵桂兰, 王丕武. 2008. 植物叶绿体遗传转化及研究进展. 分子植物育种, 6: 959-966

盛承发, 王红托, 高留德, 宣维健. 2003. 我国水稻螟虫大发生现状、损失估计及防治对策. 植物保护, 29: 37-39

石明松. 1981. 晚粳自然两用系的选育及应用初报. 湖北农业科学, 7: 1-3

杨子贤, 姜恭好, 徐才国, 何予卿. 2004. 利用分子标记辅助选择改良 93—11 对白叶枯病和螟虫抗性. 分子植物育种, 2: 473-480

杨守仁. 1987. 水稻超高产育种的新动向——理想株型与优势利用相结合. 沈阳农业大学学报, 18: 1-5

余四斌, 穆俊翔, 赵胜杰, 周红菊, 谭友斌, 罗利军, 张启发. 2005. 以珍汕 97B 和 9311 为背景的导入系构建及其筛选鉴定. 分子植物育种, 3: 629-636

袁隆平. 1966. 水稻的雄性不孕性. 科学通报, 11: 185-188

袁隆平. 2001. 水稻强化栽培体系. 杂交水稻, 16: 1-3

周开达, 马玉清, 刘太清. 1995. 杂交水稻亚种间重穗型组合选育. 四川农业大学学报, 13: 403-407

周玲艳, 姜大刚, 吴豪, 庄楚雄, 刘耀光, 梅曼彤. 2005. 基于 TAC 载体的水稻转化系统的建立. 遗传学报, 32: 514-518

Chen H L, Chen B T, Zhang D P, Xie Y F, Zhang Q F. 2001. Pathotypes of *Pyricularia grisea* in rice fields of central and Southern China. Plant Disease, 85: 843-850

Chen S, Lin X H, Xu C G, Zhang Q F. 2000. Improvement of bacterial blight resistance of Minghui 63, an elite restorer line of hybrid rice, by molecular marker-assisted selection. Crop Sci, 40: 239-244

Chen W F, Xu Z J, Zhang W Z. 2001. Creation of new plant type and breeding rice for super high yield. Acta Agr Sinica, 27: 665-672

Daniell H, Dhingra A. 2002. Multigene engineering: dawn of an exciting new era in biotechnology. Curr Opin Biotechnol, 13: 136-141

Daniell H, Muhammad S, Allison K L. 2002. Milestones in chloroplast genetic engineering: an environmentally friendly era in biotechnology. Trends Plant Sci, 7: 84-91

Hamilton C M, Frary A, Lewis C, Tanksley S D. 1996. Stable transfer of intact high molecular weight DNA into plant chromosomes. Proc Natl Acad Sci USA, 93: 9975-9979

Huang Z, He G C, Shu L, Li X H, Zhang Q F. 2001. Identification and mapping of two brown planthopper resistance genes in rice. Theor Appl Genet, 102: 929-934

Jiang G H, Xu C G, Tu J M, Li X H, He Y Q, Zhang Q F. 2004. Pyramiding of insect- and disease-resistance genes into an elite indica, cytoplasm male sterile restorer line of rice, Minghui 63. Plant Breed, 123: 112-116

Lee S M, Kang K, Chung H, Yoo S H, Xu X M, Lee S B, Cheong J J, Daniell H, Kim M. 2006. Plastid transformation in the monocotyledonous cereal crop, rice (*Oryza sativa*) and transmission of transgenes to their progeny. Mol Cells, 21: 401-410

Liu S P, Li X, Wang C Y, Li X H, He Y Q. 2003. Improvement of resistance to rice blast in Zhenshan 97 by molecular marker-aided selection. Acta Botannica Sinica, 45: 1346-1350

Liu Y G, Shirano Y, Fukaki H, Yanai Y, Tasaka M, Tabata S, Shibata D. 1999. Complementation of plant mutant with large genomic DNA fragments by a transformation-competent artificial chromosome vector accelerates positional cloning. Proc Natl Acad Sci USA, 96: 6535-6540

Tang W, Chen H, Xu C G, Li X H, Lin Y J, Zhang Q F. 2006. Development of insect-resistant transgenic indica rice with a synthetic cry1C* gene. Mol Breed, 18: 1-10

Tu J M, Zhang G A, Data K, Xu C G, He Y Q, Zhang Q F, Khush G S, Datta S K. 2000. Field performance of transgenic elite commercial hybrid rice expressing *Bacillus thuringiensis* δ-endotoxin. Nat Biotechnol, 18: 1101-1104

Yang H Y, You A Q, Yang Z F, Zhang F F, He R F, Zhu L L, He G C. 2004. High-resolution genetic mapping at the *Bph15* locus for brown planthopper resistance in rice (*Oryza sativa* L.). Theor Appl Genet, 110: 182-191

Ye R J, Huang H Q, Zhou Y, Chen T, Liu L, Li X H, Chen H, Lin Y J. 2009. Development of insect-resistant transgenic rice with *cry1C*-free endosperm. Pest Manag Sci, 65: 1015-1020

Ye X, Al-Babili S, Kloti A, Zhang J, Lucca P, Beyer P, Potrykus I. 2000. Engineering the provitamin A (beta-carotene) biosynthetic pathway into (carotenoid-free) rice endosperm. Science, 287: 303-305

Zambryski P, Joos H, Genetello C, Leemans J, van Montagu M, Schell J. 1983. Ti plasmid vector for the introduction of DNA into plant cells without alteration of their normal regeneration capacity. EMBO J, 2: 2143-2150

Zhang J F, Li X, Jiang G H, Xu Y B, Li X H, He Y Q. 2006. Pyramiding of *Xa7* and *Xa21* for the improvement of disease resistance to bacterial blight in hybrid rice. Plant Breed, 125: 600-605

Zhang Q F. 2007. Strategies for developing green super rice. Proc Natl Acad Sci USA, 104: 16402-16409

# 第 11 章　绿色超级稻的生态适应性与高产高效栽培

水稻产量是基因与环境互作的结果，优良的品种只有通过与品种特性相适应的配套栽培技术才能充分发挥其增产潜力。水稻品种的适应性是指其适应的环境范围和在一定环境范围内的适应程度，其在不同生态气候条件下表现出的稳产性是品种适应性的重要指标。栽培技术措施可以在一定程度上改善品种的高产和稳产性，通过茬口的合理搭配、肥水管理等可以实现动态调控水稻的生长发育过程，通过合理的资源投入实现可持续高产稳产，达到高产高效的目标。绿色超级稻可为水稻高产稳产高效提供基因型，但同时也需要通过整合各种栽培管理措施，才能充分发挥品种的产量和资源利用效率的潜力，实现高产高效目标。

## 11.1　水稻的生物学特性及其对生态环境的要求

### 11.1.1　水稻的生长特性

水稻为一年生植物，在我国华南稻作区一年可种 2～3 季，华中、西南地区可种植单、双季，华北、东北、西北地区可种植单季。在热带地区，经适当管理，某些水稻可以多年生。然而，在我国长江流域及其以北地区，栽培水稻在自然条件下不能越冬。部分野生稻为多年生，但在我国北方地区自然条件下不能越冬。

水稻的繁殖方式主要靠有性繁殖。水稻雌雄同花，着生在茎端的圆锥花序上，为严格的自花授粉植物，天然异交率少于 1%。栽培水稻的大多数品种是可育的，但在自然界或人工条件下可产生不育系，不育类型大多为花粉败育型。在自然条件下引起水稻雄性不育的因素包括高温、低温、干旱、辐射以及化学药物处理等。水稻品种中也存在受遗传控制的不育类型，如受细胞质基因控制的细胞质不育型、核基因控制的核不育型、质核互作雄性不育型（三系杂交稻）以及温光条件诱导的核不育型（两系杂交稻）。

水稻从播种至成熟的天数称为全生育期，短的不足 100 天，长的超过 180 天。水稻生育期主要由遗传特性决定，但可以随生长季节的温度、日照长短而变化。生产上所指水稻生育期是指某品种在当地正常生长季节适时播种至成熟的天数。同一品种在同一地区，在适时播种和适时移栽的条件下，其生育期是相对稳定的，它是品种固有的遗传特性。同一品种在同一地域，随纬度增高，生育期延长；纬度相近，随海拔增高，生育期延长；在同一地点，随播期推迟，生育期缩短。华中地区单季、双季稻稻作区水稻的生育期如表 11-1 所示。

表 11-1　华中地区单季、双季稻稻作区水稻生育期一览表（胡立勇，2008）

| 品种类型 | | 全生育期/天 | 播种期（月/旬） | 抽穗期（月/旬） | 成熟期（月/旬） |
|---|---|---|---|---|---|
| 早稻 | 早熟 | 115 以内 | 3/下～4/初 | 6/中 | 7/中 |
| | 中熟 | 120 左右 | 3/下～4/初 | 6/中、下 | 7/中、下 |
| | 迟熟 | 125 左右 | 3/下～4/初 | 6/下～7/上 | 7/下～8/初 |
| 连作晚稻 | 早熟 | 115 以内 | 7/初 | 9/上 | 10/中 |
| | 中熟 | 120 左右 | 6/下 | 9/中 | 10/中、下 |
| | 迟熟 | 125～140 | 6/中 | 9/中、下 | 10/下～11/上 |
| 一季中稻 | | 135～165 | 4/中～5/上 | 8/下 | 9/中、下 |
| 一季晚稻 | | 140～155 | 5/中～6/上 | 9/下 | 10/中、下 |

## 11.1.2　水稻生长对生态环境的要求

（1）温度。水稻是喜温、喜光植物，稻种发芽的最低温度，粳稻为10℃、籼稻为12℃，生产上常把这个温度作为开始播种的最低温度。种子萌发的最适温度为28～36℃，热带品种偏高，北方粳稻品种偏低；水稻的根生长的最适土壤温度为30～32℃，低于15℃、高于37℃时，生长受阻；温度影响水稻的出叶速度和总叶片数（Yin et al.，1996；Sie et al.，1998），叶生长的最适温度为25～32℃，温度高出叶速度快；分蘖发生的最适气温为30～32℃，最适水温为32～34℃，气温低于20℃、水温低于16～17℃或气温超过38～40℃、水温超过40～42℃均不利于分蘖发生。

极端温度会对水稻造成各种伤害，如高温或低温可导致颖花不育。稻穗分化最适宜的温度为30℃左右，籼稻日平均温度低于21℃、粳稻日平均温度低于17℃会影响幼穗发育，结实率降低；水稻抽穗期低温伤害的温度指标为日平均温度连续3天以上低于20℃（粳）、22℃（籼）或23℃（籼型杂交稻），一般以秋季日平均温度稳定通过20℃、22℃、23℃的终日，分别作为粳稻、籼稻与籼型杂交稻的安全齐穗期；水稻开花时间为上午9时～12时，气温高则开花提前，通常籼稻比粳稻开花早1～2h；水稻花粉的寿命很短，自然条件下放置3min生活力降低一半，5min后绝大部分死亡，10～15min基本丧失生活力；抽穗开花期最适温度为24～29℃，温度低于23℃（籼稻）或高于35℃，花药开裂就要受到影响；灌浆结实期日平均气温为21～26℃，昼夜温差大籽粒灌浆速度快，结实率高。

（2）水分。水稻作为一种好水作物，某一地区的水分多少决定了该地区水稻的分布类型、范围及种植制度。从生理学上看，水分几乎影响到水稻的每个生理生化过程，小到细胞，大到群体。水稻的细胞代谢活性与其水分含量密切相关。随着水分含量的降低，会导致细胞膨压的减少和细胞萎蔫，细胞的伸长停止、气孔关闭、酶活性减弱、光合作用降低、碳水化合物积累减少，最终影响到水稻的产量形成。

（3）光周期。水稻作为一种短日照作物，光周期对其产生重要影响。水稻生育期的长短和开花时间决定于日照时数的多少。如果某一生态区域日照时数不能较好地满足水稻的生长需要，它就会影响着水稻各个时期的生长发育、干物质积累和最终的产量。原产低纬度地区的水稻品种感光性强，而原产高纬度地区的水稻品种对日长的反应钝感或无感。我国南北稻区水稻生育期的日长大致在 11~17h，诱导感光性品种形成幼穗的日长一般为 12~14h。人工控制光照条件下 9~12h 促进出穗最显著。部分学者认为现代品种的感光性变弱，不过最近的研究表明幼穗分化期后短时间内，水稻仍旧对光周期敏感。

（4）土壤肥力水平。土壤肥力是指土壤为植物生长供应和协调营养条件和环境条件的能力。土壤肥力按其在农业生产所产生的效益可分为有效肥力和潜在肥力。有效肥力是指在农业生产上直接表现出来、产生经济效益的那部分肥力。因受环境条件和生产管理，包括耕作、施肥、栽培等技术水平的限制，没有在农业生产上直接反映出来的那部分肥力称为潜在肥力。但是，潜在肥力可以在人为调控下转化为有效肥力，直接为农业生产所利用。绿色超级稻携带有营养高效基因，对土壤有效肥力和潜在肥力的利用效率应有较大提高，但目前这一领域缺乏大田实验验证，有必要探明绿色超级稻对土壤肥力状况的要求和适应能力，为大面积应用提供理论依据。

### 11.1.3 绿色超级稻的生物学特性

绿色超级稻培育的基本思路是将品种资源研究、基因组研究和分子育种紧密结合，加强抗病、抗虫、抗逆、营养高效、高产、优质等重要性状生物学基础的研究和基因发掘，进行品种改良，培育大批抗病、抗虫、抗逆、营养高效、高产、优质的新品种（张启发，2005；Zhang，2007）。绿色超级稻试种及大面积应用前，需要探明其基本营养生长性、感温性和感光性，以合理安排品种布局和播插期；研究绿色超级稻对肥料的增产效应，合理安排肥料用量和运筹；探明绿色超级稻在不同生态条件的分蘖特性、干物质积累与产量形成特征，比较和分析其适应性和所具有的增产增效潜力。由于绿色超级稻通过系统抗逆筛选或遗传改良，对多种生物或非生物逆境（如干旱、营养胁迫、盐碱、高温与低温胁迫、病害和虫害等）表现出较强的抗（耐）性，其生产适应性应优于普通水稻。值得注意的是，绿色超级稻由于遗传改良过程中遗传基因的改变可能导致某些代谢过程发生改变，如编码天门冬氨酸转氨酶的 *AAT* 基因和编码谷氨酰胺合成酶的 *GS* 基因超量表达的转基因材料可能引起水稻氮代谢过程和氮素转运等发生改变（Zhou et al.，2009；Cai et al.，2009），这种改变对水稻生长发育和产量形成过程的影响需要在大田条件下进一步观察和明确。

## 11.2 绿色超级稻的营养特性和养分高效管理

### 11.2.1 水稻对养分的吸收和积累

水稻生长过程中需要从土壤中吸收一定数量的各种营养元素，如氮、磷、钾、硫、钙、镁、一些微量营养元素及硅等，才能正常生长发育。其中对氮、磷、钾的需求量较大，而土壤供应量相对不足，需要以肥料的形式大量补充。水稻对氮、磷、钾的吸收量除受品种因素影响以外，还受产量水平、施肥量、施肥方法和水分管理等多方面的影响。通常粳稻比籼稻、晚稻比早稻、北方比南方需氮较多而需钾较少；此外，随着产量水平的增加，水稻每生产 1000kg 稻谷对氮、磷、钾的需求量增大。据我们课题组多年的研究，结合其他研究报道进行估算，水稻每生产稻谷 1000kg 需要吸收氮（N）14.0～22.7kg、磷（P）3.3～5.8kg、钾（K）17.7～25.8kg（表 11-2）。

表 11-2 不同产量水平下水稻氮、磷、钾的吸收量

| 产量水平/kg | 养分吸收量/(kg/hm²) | | | 生产 1000kg 稻谷养分需求量/kg | | |
| --- | --- | --- | --- | --- | --- | --- |
| | N | P | K | N | P | K |
| 单季稻（中稻或一季晚稻） | | | | | | |
| 7500 | 105～135 | 30～40 | 145～170 | 14.0～18.0 | 4.0～5.3 | 19.3～22.6 |
| 9000 | 140～180 | 40～50 | 180～215 | 15.5～20.0 | 4.4～5.5 | 20.0～23.8 |
| 10 500 | 178～225 | 50～60 | 220～265 | 16.9～21.4 | 4.7～5.7 | 20.9～25.2 |
| 12 000 | 225～270 | 60～70 | 270～310 | 18.7～22.5 | 5.0～5.8 | 22.5～25.8 |
| 双季稻（早稻或晚稻） | | | | | | |
| 4500 | 75～80 | 15～20 | 80～90 | 16.6～17.7 | 3.3～4.4 | 17.7～20.0 |
| 6000 | 105～120 | 22～28 | 108～125 | 17.5～20.0 | 3.6～4.6 | 18.0～20.8 |
| 7500 | 135～165 | 30～37 | 135～160 | 18.0～22.0 | 4.0～4.9 | 18.0～21.3 |
| 9000 | 165～205 | 38～45 | 170～215 | 18.3～22.7 | 4.2～5.0 | 18.8～23.8 |

数据来源：部分引自张福锁，2009。

水稻对各种养分的吸收可以从水稻种子萌发后长出新根开始，直至接近水稻成熟期，只要土壤水分和养分供应充分，水稻植株都可以吸收和积累无机营养元素。在多数情况下，水稻植株内积累的营养元素的高峰期出现在孕穗期或抽穗期，而吸收养分最大速率出现在水稻拔节期前后或水稻幼穗分化和发育期。图 11-1 为在菲律宾国际水稻研究所旱季采用 $^{15}$N 标记尿素基施、分蘖期追施、幼穗分化期追施后连续动态取样测定植株中 $^{15}$N 吸收和吸累的动态变化。可以看出，水稻对幼穗分化期追施尿素的吸收速率比分蘖期追施或作基肥施用高得多，因此在幼穗分化期追施氮素的吸收利用率较高。

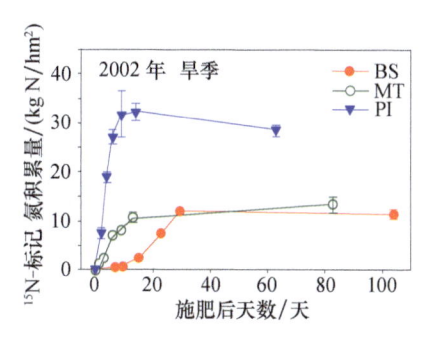

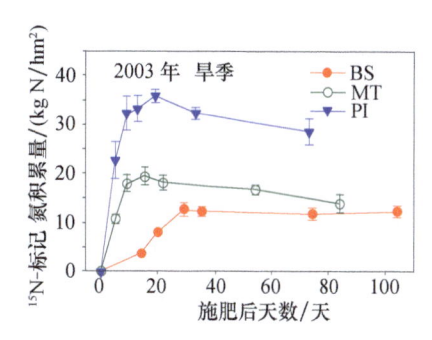

图 11-1 $^{15}$N 标记尿素不同施用时期水稻植株中 $^{15}$N 积累动态（2002 年、2003 年旱季）

菲律宾国际水稻研究所旱季大田试验，左图为 2002 年旱季试验，右图为 2003 年旱季试验

BS. $^{15}$N 标记尿素作基肥施用；MT. $^{15}$N 标记尿素于分蘖期追施；PI. $^{15}$N 标记尿素于幼穗分化期追施

### 11.2.2 水稻对养分的利用效率指标与评价

目前关于养分利用效率的评价指标很多，单项指标往往侧重吸收、利用或生产效率等诸多因素的某一方面。常用的指标包括养分吸收利用率（recovery efficiency 或 uptake efficiency，RE）、养分生理利用率（physiological efficiency，PE）、养分农学利用

率（agronomic efficiency，AE）和养分偏生产力（partial factor productivity of applied nutrient，PFP）。

养分吸收利用率（RE）定义为当季作物施用肥料后地上部某一养分积累的增加值（以缺素处理的空白区做对照）占总养分施用量的百分数。养分的生理利用率（PE）定义为施肥引起的籽粒产量的增加值与施肥所致的植株养分吸收增加量的比值。养分的农学利用率（AE）表示为单位施肥量增加的经济产量。而养分偏生产力（PFP）是一个经济学领域的概念，表示为单位养分施用量的经济产量，它将土壤养分的矿化、土壤微生物固氮、灌溉水和降雨以及施肥等各种途径所提供的某一养分对稻谷生产的贡献合并到一起进行计算，来评价施肥的投资效益。

在水稻对养分吸收利用的研究中，氮肥或氮素利用率是研究热点。评价氮肥或氮素利用效率的指标有十多项。除上述的4个指标以外，还包括氮素籽粒生产效率（nitrogen use efficiency in grain production，NUEg）、氮素干物质生产效率（nitrogen use efficiency in biomass production，NUEb）、氮素转运率（nitrogen transportation rate，NTR）、氮素收获指数（nitrogen harvest index，NHI）、氮素籽粒生产效率指数（nitrogen use efficiency index in grain production，NPI）等，主要氮效率评价指标的计算公式见表11-3（Peng et al.，1996；Peng et al.，1999；Peng et al.，2002；彭少兵等，2002）。由于与不同定义对应的氮效率指标的构成因素中存在着交互作用，因此不同的氮效率指标之间存在着补偿效应。土壤供氮能力、氮肥用量、氮肥施用方法等影响作物生长和产量形成而影响着氮效率。因此，目前还没有一个通用的标准来评价不同基因型的氮效率，同时也难以对不同的研究结果进行相互比较。

表11-3 作物（水稻）对氮肥或氮素利用效率的主要评价指标

| 评价指标 | 计算公式 | 单位 |
| --- | --- | --- |
| 氮肥吸收利用率（$RE_N$） | $(TNH_{+N}-TNH_{-N})/FN \times 100\%$ | % |
| 氮肥农学利用率（$AE_N$） | $(GY_{+N}-GY_{-N})/FN$ | kg Gr/kg N |
| 氮肥生理利用率（$PE_N$） | $(GY_{+N}-GY_{-N})/(TNH_{+N}-TNH_{-N})$ | kg Gr/kg N |
| 氮肥偏生产力（$PFP_N$） | $GY_{+N}/FN$ | kg Gr/kg N |
| 氮素籽粒生产效率（NUEg） | $GY_{+N}/TNH_{+N}$ | kg Gr/kg N |
| 氮素干物质生产效率（NUEb） | $TM_{+N}/TNH_{+N}$ | kg DW/kg N |
| 氮素运转效率（NTR） | $(GTNH_{+N}-GTNF_{+N})/TNF_{+N} \times 100\%$ | % |
| 氮素收获指数（NHI） | $TNG_{+N}/TNH_{+N} \times 100\%$ | % |
| 氮素籽粒生产效率指数（NPI） | $NUEg_{(+N)}/NUEg_{(-N)}$ |  |

$TNH_{+N}$. 成熟期施氮处理植株地上部氮素积累量；$TNH_{-N}$. 成熟期不施氮空白区植株地上部氮素积累量；FN. 氮肥施用量；$GY_{+N}$. 施氮区稻谷产量；$GY_{-N}$. 不施氮小区稻谷产量；$TM_{+N}$. 施氮小区地上部干物质积累总量；$TNF_{+N}$. 施氮小区齐穗期地上部植株氮素积累量；$GTNF_{+N}$. 施氮小区齐穗期稻谷中氮素积累量；$GTNH_{+N}$. 成熟期施氮小区稻谷中氮素积累量；$NUEg_{(+N)}$. 施氮小区氮素稻谷生产效率；$NUEg_{(-N)}$. 未施氮小区氮素稻谷生产效率。

彭少兵等在国际水稻研究所选用了包括新株型（NPT）、常规籼稻和杂交籼稻共13个不同类型水稻，分别在旱季和雨季设置了两种不同的施氮处理，较为系统地比较分析了不同氮效率之间的关系。结果证明，不同的生长季节和不同施氮处理下部分氮效率指标（NUEg、NHI、NTR和NPI等）表现出极显著的相关性，说明这些衡量指标在本质上有共同点。相对而言，NUEb受环境因素和氮素供应量的影响较大，不同年份和施氮量条件下NUEb的测定值的相关性不显著。对各项氮效率指标相关分析发现，氮素吸收利用率（RE$_N$）和氮素籽粒生产效率（NUEg）与其他大多数氮效率指标有较好的相关性（表11-4）。由于测定过程中前者（RE$_N$）需要设置不施氮处理，而后者（NUEg）可以通过测定水稻吸氮总量和籽粒产量进行计算，操作上更简单方便，因此可以采用该指标作为衡量水稻氮效率的综合指标。需要引起注意的是，在育种中如果单纯以NUEg为指标进行氮效率基因型材料的筛选，可能选到氮吸收量相对较低产量也不高的基因型。要避免这一风险，所筛选的材料必须同时具备较高的产量和NUEg的特征。

表 11-4 不同氮效率指标之间相关性分析 ($n=13$)

| 氮效率指标 | RE$_N$ | NUEg | NUEb | AE$_N$ | NHI | NTR |
|---|---|---|---|---|---|---|
| NUEg | 0.83** | | | | | |
| NUEb | −0.33 | −0.03 | | | | |
| AE$_N$ | 0.92** | 0.89** | −0.23 | | | |
| NHI | 0.86** | 0.79** | −0.56 | 0.81** | | |
| NTR | 0.94** | 0.79** | −0.51 | 0.87** | 0.94 | |
| NPI | 0.05 | 0.41 | 0.28 | 0.07 | 0.23 | 0.06 |

RE$_N$. 氮肥吸收利用率；NUEg. 氮素籽粒生产效率；NUEb. 氮素干物质生产效率；AE$_N$. 氮肥农学利用率；NHI. 氮收获指数；NTR. 氮素转运率；** 在 $P=0.01$ 水平上显著。

产量和NUEg均较高的水稻基因型除了需要保证吸收足够多的氮素（吸收利用率高）以外，还表现为成熟期稻草和籽粒中氮浓度较低。研究发现，籽粒氮浓度降低0.1%，其氮素籽粒生产效率（NUE$_g$）增加 7~10kg/kg（Inthapanya et al.，2000；Koutroubas and Ntanos，2003）。此外，收获指数较高的基因型往往氮素利用效率较高（Inthapanya et al.，2000）。

### 11.2.3 水稻养分管理与高效施肥技术

水稻养分管理总的原则是根据水稻品种特性、栽培地区的土壤和生态气候特性，合理地安排肥料用量和各时期肥料比例，以促进水稻对养分的吸收利用，提高肥料增产效益，并减少肥料向环境的排放。对于大多数稻田土壤（质地较轻的沙质土除外）而言，由于磷、钾肥在土壤中不如氮肥那样容易损失，因此磷、钾肥管理的原则是采用保持土壤中有效磷和钾含量不降低的恒量监控技术，中微量元素做到因缺补缺。表11-5和表11-6分别为不同土壤有效磷、钾含量和目标产量下的磷、钾肥推荐用量。

表 11-5 南方稻区不同土壤有效磷含量和目标产量下的磷肥推荐用量

| 目标产量/(kg/hm²) | 肥力等级 | 土壤有效磷/ (Olsen-P, P$_2$O$_5$, mg/kg) | 磷肥用量/ (kg P$_2$O$_5$/hm²) |
|---|---|---|---|
| 4500 | 低 | <7 | 60 |
| | 较低 | 7~15 | 45 |
| | 较高 | 15~20 | 30 |
| | 高 | >20 | — |

续表

| 目标产量/(kg/hm²) | 肥力等级 | 土壤有效磷/(Olsen-P, P₂O₅, mg/kg) | 磷肥用量/(kg P₂O₅/hm²) |
| --- | --- | --- | --- |
| 6000 | 低 | <7 | 75 |
| | 较低 | 7~15 | 60 |
| | 较高 | 15~20 | 45 |
| | 高 | >20 | 30 |
| 7500 | 较低 | 7~15 | 90 |
| | 较高 | 15~20 | 60 |
| | 高 | >20 | 30 |
| 9000 | 较低 | 7~15 | 105 |
| | 较高 | 15~20 | 80 |
| | 高 | >20 | 60 |
| 10 500 | 较高 | 15~20 | 105 |
| | 高 | >20 | 90 |

表 11-6 南方稻区不同土壤有效钾含量和目标产量下的钾肥推荐用量

| 目标产量/(kg/hm²) | 肥力等级 | 土壤速效钾/(K₂O, mg/kg) | 钾肥用量/(kg K₂O/hm²) |
| --- | --- | --- | --- |
| 4500 | 低 | <70 | 45 |
| | 中 | 70~100 | 30 |
| | 高 | >100 | — |
| 6000 | 低 | <70 | 60 |
| | 中 | 70~100 | 45 |
| | 高 | >100 | 30 |
| 7500 | 低 | <70 | 90 |
| | 中 | 70~100 | 60 |
| | 高 | >100 | 45 |
| 9000 | 低 | <70 | 105 |
| | 中 | 70~100 | 90 |
| | 高 | >100 | 75 |
| 10 500 | 低 | <70 | 135 |
| | 中 | 70~100 | 105 |
| | 高 | >100 | 95 |

若双季稻生产中稻草直接或间接还田，稻草中钾素还田比例较大，钾肥用量可参考表 11-6 下移一个等级。

氮肥的施用除需要考虑氮肥用量和氮肥在各个时期的分配比例以外，还需要根据氮肥形态、有机肥或秸秆还田数量、氮肥施用方法、硝化抑制剂和脲酶抑制剂等增效剂的应用、水分管理等诸多因素进行相应调整。其中，适宜的氮肥推荐用量是氮肥合理施用的关键。氮肥适宜施用量的推荐方法包括：以土壤供氮量预测为基础建立的供需平衡法和测土配方施肥法；大区域估算适宜平均施氮量如"平均适宜施氮量法"；根据土壤地力产量和目标产量预确定氮肥总量，在水稻生长过程中根据植株氮素营养状况动态调节追肥量的实时实地氮肥管理技术等。近年来，大量的试验研究和大田示范试验证明实时实地养分管理技术能实现田块水平下的施肥技术优化（Dobermann et al., 2002; Buresh et al., 2005; Peng et al., 2006; Hu et al., 2007）。

水稻实地氮肥管理技术（site specific nitrogen management，SSNM）是根据品种、气候和地力特性确定可达到的目标产量，根据目标产量需要的氮素与土壤能提供的氮素差值除以氮肥利用率初步估算氮肥用量（预估值），根据高产水稻对氮素吸收、利用的阶段特性，在各生育期合理分配氮肥比例。基肥施用时按上述预设的比例施入，中后期追肥量（水稻分蘖期、幼穗分化期和抽穗期追肥）则根据水稻氮素营养状况适当上调或下调。水稻氮素营养状况可采用 SPAD 叶绿素仪或 LCC 叶色卡快速测定。在没有 SPAD 叶绿素仪或 LCC 叶色卡的情况下，可以根据水稻田间叶色深浅（浓绿还是淡黄）、水稻叶片的披垂程度、分蘖数的多少等作为水稻氮素营养状况的诊断指标对追肥用量做相应调整。水稻实地氮肥管理技术 2005 年起先后在湖北、湖南、江苏、广东、浙江、黑龙江等省大面积示范和推广并获得成功，比农民习惯施肥法降低肥料用量 20%～30%，稻谷产量提高 2.5%～7.5%，节本增效效果显著（刘立军等，2003；贺帆等，2008；Huang et al.，2008）。图 11-2 为该技术模式 2006 年在湖北省孝南区新铺镇徐山村大面积示范应用，水稻后期落色清秀，长势健壮的高产景象。

图 11-2 水稻实地氮肥管理技术（SSNM）示范应用

（黄见良摄，2006）

制定水稻实地氮肥管理技术规程需要了解水稻的需氮量、田块当季适宜的收获产量（目标产量）、田块肥力的高低（即不施肥能获得的产量，或称地力产量）、氮肥利用率、氮肥在各生育阶段的分配比例、追肥时水稻的氮素营养状况。水稻每生产 1t 稻谷的需氮量参见表 11-2；目标产量通常采用过去 3～5 年的平均产量加上 10%～20% 的增产幅度，或者选择不高于某特定品种在当地表现出的最高产量（产量潜力）的 80%～85% 来确定；地力产量最好是通过空白试验来确定，如果生产上应用时没有这样的资料也可以通过估算得到，通常在中等肥力的稻田种植中稻或一季晚稻的地力产量 5500～6500kg/hm$^2$，早稻和双季晚稻 3500～4800kg/hm$^2$，肥力好的田块略高一些。表 11-7 为实地氮肥管理水稻氮肥施用的预估值。

表 11-7 实地氮肥管理预定氮肥施用总量的估算

| 地力产量*/(kg/hm²) | 水稻目标产量/(kg/hm²) | | | |
| --- | --- | --- | --- | --- |
| | 6000 | 7500 | 9000 | 10 500 |
| 3500 | 150 | — | | |
| 4500 | 90 | 150 | — | |
| 5500 | 30 | 120 | 215 | — |
| 6500 | — | 75 | 180 | 225 |

\* 地力产量是指不施氮肥时获得的产量。

确定了氮肥预定施用总量后,氮肥基肥、分蘖期、幼穗分化期和抽穗期追肥的比例分别为 35%~45%、15%~35%、20%~45%和 0~10%。基肥按预定量施入,追肥根据水稻生长状况进行动态调节(表 11-8)。生产应用时也可以参照这一模式,采用目测水稻叶色、分蘖数、叶片披垂程度等评估水稻氮素营养状况调节氮肥施用量。目测时分蘖肥视水稻茎蘖数和叶色调整,茎蘖数多、叶色浓绿、叶片披垂则说明氮素营养过旺,分蘖期追肥用量可减轻,反之加重;幼穗分化期采用同样的原则适当增加或减少氮肥用量。注意早稻与中稻中后期氮肥用量可适当增大,晚稻适当减少。

表 11-8 实地氮肥管理不同时期氮肥施用比例参考表

| 氮肥施用时期 | 早稻/% | 中稻/% | 晚稻/% |
| --- | --- | --- | --- |
| 基肥 | 40 | 35 | 45 |
| 分蘖期 | 25±10* | 25±10 | 25±10 |
| 幼穗分化期 | 35±10 | 30±10 | 30±10 |
| 抽穗期 | — | 10 | — |
| 全生育期 | 80~120 | 80~120 | 80~120 |

\* 如果叶色卡(LCC)或 SPAD 测定值大于最大临界值,在施肥基数上减去 10%,若低于最小临界值,则在施肥基数上增加 10%,介于最小临界值与最大临界值之间时按表中列出的施肥基数施用。叶色卡(LCC)的最小临界值为 3.5,最大临界值为 4;SPAD 最小临界值为 35,最大临界值为 39。如果没有 SAPD 叶绿素仪或 LCC 叶色卡,可以观察水稻叶色和分蘖情况进行调整,最小临界值为:叶色偏黄、分蘖数不足、叶片略短偏竖立;最大临界值为:叶色浓绿、分蘖数过多、叶片长而披散。

### 11.2.4 绿色超级稻的营养特性与施肥策略

绿色超级稻在养分高效利用的遗传改良研究主要是氮、磷的高效利用,氮效率的遗传改良目前主要集中于氮高效利用基因的筛选。方萍等已经在水稻第 2 号、第 5 号、第 6 号和第 12 号染色体上分别检测到与 $NH_4^+$-N、$NO_3^-$-N 吸收能力和稻苗生理利用效率相关的 QTL。也有研究进行了控制水稻氮同化相关酶如 GS、GOGAT、AAT、Rubisco 等的基因在水稻中超量表达(方萍等,2001;Ishimaru K et al.,2001;Tomokuki et al.,2002;Zhou et al.,2009;Cai et al.,2009)。Wissuwa 等(2002)在水稻的第 12 号染色体上定位到低磷条件下磷高效吸收利用的主效 QTL *Pup1*,在此基础上开展了磷高效吸收利用的遗传改良。因此,生产实践中应当根据绿色超级稻的这些营养特性合理地调整施肥策略。

如通过遗传改良提高了氮吸收效率,但利用效率中等的水稻基因型,在氮肥管理时应适当减少施氮量尤其是基蘖肥施用量,降低苗峰,增施穗肥促大穗形成,或增加粒肥提高籽粒充实度。相反,对氮素吸收率不高、利用率较高的品种,需要增大水稻栽插密度,前期适当增加施氮量促进分蘖,通过构建较大的群体以提高对氮素的吸收效率,实现高产高效的目标。

## 11.3 绿色超级稻的生态适应性

### 11.3.1 水稻品种的生态适应性与稳产性

作物品种的适应性是指其适应的环境范围和在一定环境范围内的适应程度。作物的稳产性是指给定的基因型在环境条件变幅较大的范围内维持相对稳定产量的能力（Tollenaar and Lee，2002）。品种稳定性可分为静态稳定性和动态稳定性。静态稳定性指作物品种产量表现不随环境变化而变化或变化很小，静态稳定性高的品种不利于高产栽培。动态稳定性指作物品种产量随环境呈较为稳定的变化。理想的品种应该是平均产量高且动态稳定性好（Tollenaar and Lee，2002）。

农作物品种推广后的产量表现是品种×环境（G×E）互作的结果。由于作物生产过程中生态环境条件各异，并且面临各种生物和非生物逆境胁迫，因此作物品种的稳定性和适应性在很大程度上决定一个品种的推广面积。关于作物品种稳定性可以采用方差分析（analysis of variance，ANOVA）模型、线性回归（liner regression，LR）模型和主效累加互作可乘（additive main effect and multiplicative interaction，AMMI）模型等进行分析。不同的稳定性分析模型均有各自的适用前提，如 ANOVA 模型适用于平衡数据分析，且误差方差必须具有同质性；LR 模型建立在品种与环境指数呈线性关系的基础上进行分析；AMMI 模型通过主成分轴去分析互作，在显著的主成分轴中用尽量小的自由度捕捉尽量大的变异，通过从加性模型的残差中分离出模型误差与干扰，可以提高相应参数的估计精度（Crossa et al.，1990）。尽管有多种评价方法和模型，但评价结果的重现性不是很稳定，在评价过程中设置大量的观察试验点和多年的年度重复有利于获得更为客观准确的评价结果（Robert，2002；Cox and Gerard，2007）。根据稳产性选择的品种并不一定表现出高产，在品种筛选时需要同时考虑其产量表现，以获得产量较高、稳产性强的品种（Kang，1988；Fan et al.，2007）。

作物品种是在自然选择和人工选择双重作用下形成的。由于人工选择的作用，现代高产品种在特定生态气候条件下表现出较高的产量潜力，但在大面积应用时，由于生态气候条件复杂多变，这些高产品种表现出稳定性和适应程度变差。例如，我国超级稻育种在世界上处于领先地位，目前已育成一批在生产上推广应用的超级稻品种或组合。这些品种在小面积试验或特定气候条件下产量可达到 $12\sim18t/hm^2$，展示了超级稻品种巨大的增产潜力。但是，大多数超级稻品种的高产记录的重演性差，在地区间或不同年度间产量波动很大。而高产稳产品种在较大范围内能稳定高产，大面积推广应用时获得的平均产量往往优于产量波动大的超级稻品种。

### 11.3.2 影响水稻品种适应性和稳产性的环境因素

影响水稻品种适应性和稳产性的环境因素包括温度、水分、光周期、土壤肥力水平和栽培管理等（Chloupek et al.，2004）。我国水稻生长和种植的生态条件复杂，除了具有提供适宜生长的温、光、水条件外，也会遭遇低温冷害、高温热害、旱害和低地洪涝等自然灾害，甚至受到盐碱地、盐酸地、丘陵山区的侧渗田、冷浸田、洼地不透气的青泥土田、砂礓结核田以及保水保肥性极差的高沙土田等低产田的限制。这些环境因素的变化节律与水稻品种生长发育和产量形成过程的节律是否吻合，决定和影响着水稻产量的高低。吻合度高，水稻生长发育就好，容易获得高产，稳产性提高；相反，吻合度低，不利于水稻生长发育，产量波动大，稳产性下降。

环境因子之间存在着互作关系，表现为协同或补偿效应，这种互作的结果可使水稻生态适应性发生正向或负向的变化。协同效应表现为某一因子不适应可以促进或加剧另一因子的适应性下降，如温度过高或过低时，就会影响水稻对水分的吸收利用；补偿效应表现为某一因子不适应产生的效应，可以通过其他因子补偿和消除，如水稻轻度干旱，可以通过施肥促进水稻的生长（杨建昌等，1995）。

对于产量潜力较高、动态稳定性好的水稻品种，可以通过栽培调控改善其对环境的适应和稳产性。例如，调控水稻生长发育节律与环境因子变化节律最大限度地同步；合理调整播种期，避免在关键生育期遭遇不利的环境胁迫（高温、低温、阴雨和洪涝等）；优化水分和养分管理提高水肥利用效率，充分发挥有限资源的最大效益；栽培管理中注意用地与养地相结合，促进土壤肥力的提高，实现水稻可持续高产稳产。

### 11.3.3 绿色超级稻种植的生态环境效应

稻田生态系统是在人工定向培育下的一类湿地兼农田生态系统，是由稻田生物系统、环境系统和人为调节控制系统三部分组成的复合系统。稻田生态系统组分复杂，生物组分主要包括水稻、稻田害虫、天敌、土壤微生物、土壤动物和稻田水体生物等；环境组分包括影响稻田生物组分的土壤、大气、水体和人为措施等。各个组分之间密切联系，相互作用共同完成了稻田生态系统能量生产、水分养分转化与循环、稻田土壤肥力的形成与维持等生态过程。稻田生态系统中任何一个组分的变化都会影响到其生态过程，继而表现出不同的产出、资源利用、水分和气体调节等服务功能。各组分之间只有处于协调状态，才能表现出良好的生态功能。

水稻是稻田生态系统中的优势种，它在很大程度上决定了稻田生态系统的结构和功能。首先，水稻的光合生产能力是稻田生态系统生产力的重要指标，其大小同时决定了土壤中碳的输入、转化，影响着微生物的活性和多样性。其次，围绕水稻高产、抗性为目的的各种田间管理措施，如施肥、打药、灌溉等影响着稻田土壤中的生态过程，继而影响着土壤中的 N、P、K 等养分的状态和供应以及温室气体的排放，通过稻田生态系统进而影响到大尺度的区域生态系统。

过去 20 多年来的粮食丰产，大多采用了高肥水栽培方法。由于过量施肥和滥施农药，严重破坏了稻田生态环境，产生了大量的农业污染。近十年来，农业生产的环境友好和可持续发展已经被联合国和多个国际机构提到重要议事日程。近年来，我国科学家提出的绿色超级稻的策略将为减少农业污染，保障农业可持续发展提供可行的技术途径（张启发，2005；Zhang，2007）。绿色超级稻全面整合水稻对主要病虫害的抗性，具有较强的抗旱能力，较高的水分利用效率，高效吸收和利用土壤与环境中的氮、磷、钾及微量元素养分的能力，同时具备高产与优质等诸多性状于一体，理论上可以从根本上解决水稻高产、稳产、优质与资源高效利用之间的矛盾，这一模式下所对应的稻田生态系统的结构和功能也将发生大的变化。

(1) 稻田生物群落结构的变化。由于绿色超级稻具有抗病、抗虫特性,可大量减少农药使用,会引起稻田病原微生物群落、害虫群落的变化,继而引起稻田天敌群落的变化。此外,绿色超级稻的高效吸收水分和养分的特征可能与根系数量增大、在土层中分布变深有关,加之施肥量和灌溉量的降低,可能导致根际生态发生改变,引起土壤微生物和动物群落发生变化。

(2) 稻田环境的变化。随着绿色超级稻种植过程中灌溉用水量与化肥施用量的减少以及水稻根际生态的变化,土壤通气性、pH、氧化还原特性、有机质储量、养分存在状态和供应特点等物理化学特性也会发生变化,而其中受较大影响的是土壤有机质含量的变化。土壤有机质是土壤供应养分的重要保障和缓冲库,对水稻的高产、稳产起着很大的作用。一方面,绿色超级稻灌溉用水少,土壤变得干燥,会增强稻田土壤呼吸,降低有机质含量;另一方面,由于氮肥用量的减少,又会使C/N增大,降低土壤微生物对有机质的分解强度,可能有利于有机质的积累。因此,绿色超级稻种植后,稻田土壤有机质的变化还有待进一步研究。

(3) 稻田生态过程和功能的变化。随着稻田生物群落及稻田环境的变化,C、N、P、K等物质的循环也会发生变化,继而带来稻田生产、养分利用、气体排放等功能的变化。首先,碳循环将发生显著的变化。按绿色超级稻的理念,在大面积实现高产稳产将增加碳同化总量,通过根系分泌和残留输入到土壤的有机质应增加,如果再增加秸秆还田的措施,可以增加稻田的碳固定量。随着绿色超级稻稻田用水量的减少,土壤变干燥,土壤氧化还原电位升高,可抑制产甲烷细菌的活性,增强甲烷的氧化,继而会减少甲烷、氧化亚氮等温室气体的排放。可见,随着碳固定的增加,温室气体排放的减少,种植绿色超级稻将有益于减缓全球气候变暖。另外,绿色超级稻可提高养分吸收利用效率,减少化肥使用量,有利于改善过量施肥引起的面源污染问题。

中国的水稻土面积约 3000 万 $hm^2$,占全国耕地总面积的 1/4,占世界稻田面积的 23%,稻谷产量占全国粮食总产量的 40%,稻田生态系统是我国农田生态系统的主要类型。可见,稻田生态系统的生态过程和生态功能的变化对全球生态系统的变化起着重要的影响。因此,有必要研究绿色超级稻稻田的生态功能及其服务价值的变化,客观准确地评估绿色超级稻生产在减缓全球气候变暖、水体污染等方面的贡献,为政府、公众正确地认识和评价绿色超级稻在增产、增效、保护生态环境等方面发挥的作用和功能提供依据。

## 11.4 绿色超级稻高产高效栽培技术

### 11.4.1 高产水稻的形态与生理特性

(1) 水稻高产与品种改良。水稻产量的提高与品种改良密不可分,全世界过去 50 年来水稻产量增加的幅度大约年增加 1%,这与品种改良、肥料用量的增加和栽培技术的改进密切相关。Peng 等(2000)对 IRRI 不同年代育成的品种进行分析发现,1980 年以前水稻产量的提高主要是通过提高收获指数来实现,1980 年以后育成的品种收获指数变幅较小,产量的增加主要依赖生物产量的提高。近年来更多的研究认为现代品种的收获指数已经接近最大,进一步增加产量只有提高生物产量来实现。提高光能利用率或延长光合功能期是提高水稻生物产量的可能途径。然而,大量研究证明,现代高产水稻品种的光能利用率差异不大,生物产量的提高主要通过延长品种的生育期(光合功能期)来实现(Sheehy et al., 2006)。因此,高产水稻品种应当具有合适的生育期,充分利用特定生态气候区的温、光资源,提高生物产量。

(2)高产水稻的株型特征。高产水稻品种具有根系发达、活力强的特性,表现为根系生物量大,深层根系比例高,具有较强吸水、吸肥、抗旱和耐早衰能力;穗型可以包含大穗型和中等穗型。大穗型品种分蘖能力中等,前期散生,后期直立,有利于塑造前期生长稳健、抽穗后群体光合能力强的高光效群体;中等穗型品种要求分蘖力较强,株型前期散生、后期较为紧凑,通过增加单位面积的有效穗数来获得高产;叶片角度开张较小,直立性好,易形成适宜的叶面积指数;株高适中,茎秆粗壮,抗倒伏能力强;大穗型品种具有穗茎节较粗、着粒密度大、穗重较重的穗部特征。

(3)高产水稻的源库特征。水稻群体的源库特征一方面受品种遗传力的控制,表现为库限制型、源限制型和源库协调型;另一方面源库特征受环境条件的影响。同一水稻品种可以通过栽培调控构建大小不同的群体,表现出不同的源库特征,并且这种源库关系是变化的,通常小群体条件下为库限制型,而大群体条件下是源限制型(王夫玉和黄丕生,1997)。凌启鸿(2000)研究发现,江苏品种演替过程中总体趋势是提高了总颖花量,扩大了库容,提高了抽穗后光合生产量。进一步分析发现,产量提高的途径有两条,一条是平行增加了群体叶面积和总颖花量,另一条是叶面积未增加但是总颖花量增加,相对提高了粒叶比。由于粒重变化不大,库容的增加可以通过增加有效穗数或每穗粒数来实现,如果栽培不当,穗数不足,高产品种并不能取得高产(杨慧杰等,1999;杨建昌等,2006)。对于大穗型品种,主要通过增加每穗粒数扩大库容,这一类品种往往更容易通过合理的栽培措施来实现高产或超高产。对于中小穗型品种,则需要通过增加有效穗数来扩大库容,这一类型品种有利于大面积稳产高产,但不容易实现超高产。

(4)水稻产量构成因素的决定期。水稻产量是各产量构成因素(有效穗数、每穗颖花数、结实率和千粒重)的乘积。高产栽培条件下产量构成因素中,千粒重较为稳定,而有效穗数、每穗颖花数和结实率的变化较大。有效穗数主要决定于水稻的分蘖期,同时受幼穗分化期成穗率的影响,秧苗素质、秧龄大小、栽插密度、施肥量(尤其是氮和磷肥)及其分配、水分管理等均影响到水稻有效穗的形成。大田中保持较长的有效分蘖期(如小苗移栽)和合理的肥水管理可以提高有效穗数;大龄秧苗移栽后叶龄余数少,不利于有效穗数的提高,因此需要增加栽插密度和本苗数。每穗颖花数决定于水稻穗分化期至孕穗期,影响颖花的分化与退化过程的因素都会影响到每穗颖花数。对于大穗型品种而言,适当控制分蘖苗峰,提高分蘖的成穗率,在幼穗分化期保障水稻植株中较高的氮浓度,可以显著提高每穗颖花数。千粒重和结实率同时受颖花分化和开花后灌浆结实过程的影响,但主要决定于灌浆结实期。由于幼穗分化过程影响到籽粒颖壳体积,抽穗前储存的非结构性碳水化合物又影响到开花后灌浆过程的启动,从而影响到千粒重和结实率。灌浆结实期群体的光合产物的绝大部分被转运到籽粒中,这一时期群体光合能力强,高光效持续时间长均有利于结实率和千粒重的提高。

（5）高产水稻产量的形态与生理指标。凌启鸿（2000）描绘的高产水稻（700~800kg/亩）的群体发展动态的形态生理指标（图11-3）。可以总结为苗峰不过旺，分蘖成穗率高，最大叶面积指数7左右，抽穗期生物产量应达到800kg/亩，抽穗后生物产量增加500kg/亩，成熟期叶青籽黄。

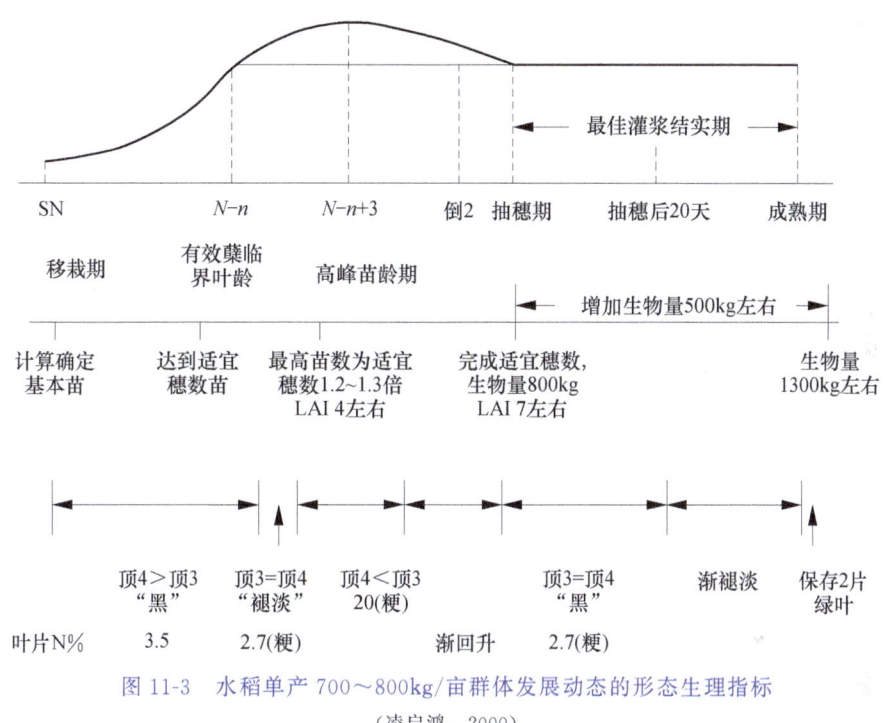

图 11-3 水稻单产 700~800kg/亩群体发展动态的形态生理指标

（凌启鸿，2000）

### 11.4.2 水稻高产高效栽培技术

（1）一季稻高产栽培技术。总体原则：长江中下游地区适宜选择生育期135~150天的高产品种；在培育壮秧的基础上合理密植，采用实地氮肥管理原理或其他的氮肥管理模式进行氮肥运筹；前期薄水层促分蘖，中后期湿润灌溉；控制苗峰提高分蘖成穗率，在保证足量有效穗数的前提下促进大穗形成；构建前期生长稳健、后期光合势强的高光效群体。具体的技术措施如下。

培育壮秧。在前茬、后茬不矛盾的前提下，根据避开水稻抽穗期遭遇高温确定适宜的播期。采用旱育秧和小苗移栽的方式可以减少植伤和缩短缓苗期，秧田与大田比例以1∶12左右为宜，高温季节秧龄过长不利于大穗的形成；如果采用湿润育秧方式或水育秧方式育秧应注意适当稀播，秧田与大田比例以1∶8以上为宜，秧龄30天以上时尤为重要。秧龄过长时需要采用化学调控剂处理，抑制株高和促进分蘖。

适龄适密度移栽。采用旱育秧小苗（3叶以下）移栽时适当稀植（18万穴/hm²左右，基本苗36万左右），秧龄较大时适当增大密度（22.5万穴/hm²左右，基本苗45万左右）。栽插方式最好采用宽窄行或宽行窄株，株行距根据栽插密度调整。旱育秧小苗移栽时也可以带土抛植，但应当注意抛植前分厢，适当增加抛植本苗数。

施肥方式。磷、钾肥用量参见表 11-5 和表 11-6；氮肥用量和动态调节按实地氮肥管理措施，参见表 11-7 和表 11-8。一季稻于移栽后 10 天左右追分蘖肥；移栽后 40~45 天追施穗肥；在水稻抽穗期，根据天气情况和水稻叶色，考虑适量追壮籽肥。

水分管理。分蘖期保持薄水层，大田茎蘖数达到计划穗数的 80% 开始晒田，土壤质地重的田块重晒，质地轻的田块轻晒，至叶色褪淡时改为干湿交替灌溉。遭遇夏季高温时灌深水以减轻高温危害。

病虫害防治。虫害防治根据虫情测报防治。高产水稻群体较大，应加强对纹枯病和稻曲病的防治。

(2) 双季稻高产技术集成。主要技术要点是充分发挥高产品种的增产潜力，应用高产中熟或迟熟早稻与迟熟或中熟晚稻搭配为宜，早稻实行旱育秧结合双膜覆盖提早播种，晚稻采用湿润育秧结合化学调控培养多蘖矮壮秧；施肥管理以实地氮肥管理模式为基础的养分精量管理；水分管理采用前期浅水灌溉，中期适时晒田控苗，中后期采用湿润灌溉的水分管理模式；采用化学除草剂防除杂草，及时防治病虫害。

品种搭配。不同的水稻产区资源条件不同，需要采用不同的早晚稻品种搭配模式。例如，湖北省鄂东丘陵岗地双季稻区和鄂东南低山丘陵双季稻区可以考虑采用迟熟-中熟、中熟-迟熟搭配；江汉平原双季稻区和鄂东北低山丘陵单、双季稻区种植双季稻时，季节矛盾更大，可采用早熟-迟熟、中熟-中熟、迟熟-早熟等品种搭配方式。

培育壮秧。早稻采用旱育秧模式为佳，可以采用地膜覆盖或双膜覆盖提早播种，如湖北省可以在 3 月中下旬抢晴天播种，旱育秧田与大田比例为 1∶15 左右，湿润育秧或旱育秧秧龄 30 天以上时注意适当稀播，秧田与大田比例为 1∶10 左右。晚稻根据所种植品种的生育期、各地的安全齐穗期和早稻的计划收割期确定适宜的播期。晚稻以湿润育秧方式为主，注意稀播，秧田与大田比例以 1∶8~1∶10。

适龄足密度移栽。由于湖北省双季稻有效分蘖期较短，高产的关键措施之一是保证密度和栽插基本苗数以增加有效穗数。早稻采用旱育秧小苗（3 叶以下）移栽时适当稀植（30 万穴/hm² 左右，基本苗 60 万左右），秧龄较大时适当增加本苗数（如移栽叶龄达到 6 叶龄时，应保证基本苗在 120 万/hm² 以上）。晚稻早熟或中熟品种可以参照早稻的栽插密度和本苗数移栽；晚稻迟熟品种可以适当稀植，22.5 万穴/hm² 左右，小苗基本苗 45 万/hm² 左右，叶龄达到 6 叶龄时，应保证基本苗在 120 万/hm² 以上；栽插方式最好采用宽窄行或宽行窄株；株行距根据栽插密度调整。早稻或早熟晚稻旱育秧小苗移栽时也可以带土抛植，但应当注意抛植前分厢，比移栽方式适当增加抛植本苗数。

施肥管理。磷、钾肥用量参见表 11-5 和表 11-6；氮肥用量和动态调节按实地氮肥管理措施，参见表 11-7 和表 11-8。早稻于移栽后 14 天左右、晚稻于移栽后 7 天左右追分蘖肥；早稻在移栽后 40 天左右、晚稻在移栽后 25 天左右（大约在幼穗分化始期，视幼穗分化进程而定，通常结合晒田控苗后复水时追施）追施穗肥；在水稻抽穗期，根据天气情况和水稻叶色，考虑适量追壮籽肥。

水分管理。分蘖期保持薄水层，中后期以湿润灌溉为主。垄厢栽培时长期保持厢沟有水，厢面湿润。在水稻茎蘖数达到计划穗数的 90% 时，晒田控制无效分蘖，提高成穗率。

病虫害防治。全程精细管理，严格控制病虫害。高产水稻群体较大，应加大对纹枯病和稻曲病的防治。

课题组应用上述集成技术，2005～2009年连续5年双季稻同田周年产量1200kg/亩以上，最低（2007年）为1218kg/亩，最高（2008年）为1329kg/亩，平均周年产量1279kg/亩，实现了持续高产稳产（表11-9）。图11-4为采用该技术模式长期定位田块早晚稻成熟期的丰产长势长相。以该技术为基础构建的高产栽培技术模式，大面积应用实现增产15%以上。

表11-9 双季稻超高产栽培长期定位田块的产量表现

| 年 份 | 早稻/(kg/亩) | 晚稻/(kg/亩) | 周年产量/(kg/亩) | 品 种 |
| --- | --- | --- | --- | --- |
| 2005 | 639 | 666 | 1305 | 早稻两优287、晚稻两优培九 |
| 2006 | 680 | 602 | 1282 | 早稻两优287、晚稻鄂粳杂3号 |
| 2007 | 608 | 610 | 1218 | 早稻两优287、晚稻鄂粳杂3号 |
| 2008 | 662 | 667 | 1329 | 早稻两优287、晚稻T优207 |
| 2009 | 670 | 589 | 1259 | 早稻两优287、晚稻T优207 |
| 平均 | 647 | 636 | 1279 | |

图11-4 双季稻超高产栽培长期定位田块成熟期长相

上图为2006年早稻，下图为2005年晚稻

（湖北省武穴市，黄见良摄）

## 11.5 小　　结

绿色超级稻培育计划的基本目标是在水稻生产中实现少打农药、少施化肥、节水抗旱、优质高产，注重资源节约，保护生态环境。基于上述理念，绿色超级稻的栽培定位同样符合"高产、优质、高效、生态、安全"的高产高效栽培原则。由于绿色超级稻在不同生态气候条件下的生长发育特性、生态适应性、栽培调控及其精确定量栽培的研究不多，因此系统地开展相关研究，可为绿色超级稻大面积应用提供栽培理论与技术支撑。开展这一领域的研究需要有多学科的科学家共同协作来完成，其挑战性在某种意义上来说，不亚于品种改良本身（Zhang，2007）。

总体来看，绿色超级稻由于具有抗病、抗虫和高效吸收利用土壤及环境养分的能力，在栽培模式的制定时应该在普通水稻高产高效栽培技术模式的基础上做出相应调整，包括减少肥料的用量、减少农药的施用次数和用量等。理论上绿色超级稻的生态适应性和稳产性优于普通水稻品种，尤其在粗放型生产模式下优势可能更明显。即便如此，在绿色超级稻大面积应用之前，系统地研究和探明绿色超级稻在不同生态气候条件下的生物学特性，阐明各项栽培措施对绿色超级稻产量形成过程的影响和调控效果，将为充分发挥绿色超级稻的产量潜力，真正实现高产高效提供栽培理论参考和调控技术参数。

（作者：黄见良　曹凑贵）

### 参 考 文 献

方萍，陶勤南，吴平．2001．水稻吸氮能力与氮素利用效率的 QTLs 及其基因效应分析．植物营养与肥料学报，7：159-165

贺帆，黄见良，崔克辉，王强，汤蕾蕾，龚伟华，徐波，彭少兵，Buresh R J．2008．实时实地氮肥管理对不同杂交水稻氮肥利用率的影响．中国农业科学，41：470-479

胡立勇．2008．作物栽培学．北京：科学出版社

凌启鸿．2000．作物群体质量．上海：上海科学技术出版社

刘立军，桑大志，刘翠莲，王志琴，杨建昌，朱庆森．2003．实时实地氮肥管理对水稻产量和氮素利用率的影响．中国农业科学，36：1456-1461

彭少兵，黄见良，钟旭华，杨建昌，王光火，邹应斌，张福锁，朱庆森，Buresh R，Witt C．2002．提高中国稻田氮肥利用率的研究策略．中国农业科学，35：1095-1103

王夫玉，黄丕生．1997．水稻群体源库特征及高产栽培策略研究．中国农业科学，30：25-33

杨慧杰，李义珍，黄育民．1999．超高产水稻的产量构成和库源结构．福建农业学报，14：1-5

杨建昌，杜永，吴长付，刘立军，王志琴，朱庆森．2006．超高产栽培迟熟粳型水稻生长发育特性的研究．中国农业科学，39：1336-1345

杨建昌，王志琴，朱庆森．1995．水稻品种的抗旱性及其生理特性的研究．中国农业科学，28：65-72

张福锁．2009．中国主要作物施肥指南．北京：中国农业大学出版社

张启发．2005．绿色超级稻培育的设想．分子植物育种，3：1-2

Buresh R J，Witt C，Ramanathan R，Mishra B，Chandrasekaran B，Rajendran R．2005．Site-specific nutrient management: managing N, P, and K for rice. Fertiliser News, 50: 25-28, 31-37

Cai H M, Zhou Y, Xiao J H, Li X H, Zhang Q F, Lian X M. 2009. Overexpressed glutamine synthetase gene modifies nitrogen metabolism and abiotic stress responses in rice. Plant Cell Rep, 28: 527-537

Chloupek P, Hrstkova P, Schweigert. 2004. Yield and its stability, crop diversity, adaptability and response to climate change, weather and fertilisation over 75 years in the Czech Republic in comparison to some European countries. Field Crops Res, 85: 167-190

Cox M S, Gerard P D. 2007. Soil Management zone determination by yield stability analysis and classification. Agron J, 99: 1357-1365

Crossa J, Gauch H G, Zobel R W. 1990. Additive main effects and multiplicative interaction analysis of two international maize cultiva trials. Crop Sci, 30: 493-500

Dobermann A, Witt C, Dawe D, Gines H C, Nagarajan R, Satawathananont S, Son T T, Tan P S, Wang G H, Chien N V, Thoa V T K, Phung C V, Stalin P, Muthukrishnan P, Ravi V, Babu M, Chatuporn S, Kongchum M, Sun Q, Fu R, Simbahan G C, Adviento M A A. 2002. Site-specific nutrient management for intensive rice cropping systems in Asia. Field Crops Res, 74: 37-66

Fan X M, Kang M S, Chen H M, Zhang Y D, Tan J, Xu C X. 2007. Yield stability of maize hybrids evaluated in multi-environment trials in Yunnan. China Agron J, 99: 220-228

Hu R F, Cao J M, Huang J K, Peng S B, Huang J L, Zhong X H, Zou Y B, Yang J C, Buresh R J. 2007. Farmer participatory testing of standard and modified site-specific nitrogen management for irrigated rice in China. Agr Syst, 94: 331-340

Huang J L, He F, Cui K H, Buresh R J, Xu B, Gong W H, Peng S B. 2008. Determination of optimal nitrogen rate for rice varieties using a chlorophyll meter. Field Crops Res, 105: 70-80

Inthapanya P S, Sihavong P, Sihathep V, Chanphengsay M, Fukai S, Basnayake J. 2000. Genotypic performance under fertilised and non-fertilised conditions in rainfed lowland rice. Field Crops Res, 65: 1-14

Ishimaru K, Kobayashi N, Ono K, Yano M, Ohsugi R. 2001. Are contents of Rubisco, soluble protein and nitrogen inflag leaves of rice controlled by the same genetics. J Exp Bot, 362: 1827-1833

Kang M S. 1988. A rank-sum method for selecting high-yielding, stable corn genotypes. Cereal Res Commun, 16: 113-115

Koutroubas S D, Ntanos D A. 2003. Genotypic differences for grain yield and nitrogen utilization in *Indica* and *Japonica* rice under Mediterranean conditions. Field Crops Res, 83: 251-260

Peng S B, Buresh R J, Huang J L, Yang J C, Zou Y B, Zhong X H, Wang G H, Zhang F S. 2006. Strategies for overcoming low agronomic nitrogen use efficiency in irrigated rice systems in China. Field Crops Res, 96: 37-47

Peng S B, Garcia F V, Laza R C, Sanico A L, Visperas R M, Cassman K G. 1996. Increased N-use efficiency using a chlorophyll meter on high yielding irrigated rice. Field Crops Res, 47: 243-252

Peng S B, Gassman K G, Virmani S S, Sheehy J, Khush G S. 1999. Yield potential trends of tropical rice since release of IR8 and the challenge of increasing rice yield potential. Crop Sci, 39: 1552-1559

Peng S B, Laza R C, Visperas R M, Sanico A L, Cassman K G, Khush G S. 2000. Grain yield of rice cultivars and lines developed in the Philippines since 1966. Crop Sci, 40: 307-314

Peng S B, Huang J L, Zhong X H, Yang J C, Wang G H, Zou Y B, Zhang F S, Zhu Q S, Buresh R J, Witt C. 2002. Challenge and opportunity in improving fertilizer-nitrogen use efficiency of irrigated rice in China. Agr Sci China, 1: 776-785

Robert N. 2002. Comparison of stability statistics for yield and quality traits in bread wheat. Euphytica, 128: 333-341

Sheehy J E, Mitchell P L, Allen L H, Ferrer A B. 2006. Mathematical consequences of using various empirical expressions of crop yield as a function of temperature. Field Crops Res, 98: 216-221

Sie M, Dingkuhn M, Wopereis M C S, Miezan K M. 1998. Rice crop duration and leaf appearance rate in a variable thermal environment. III. heritability of photothermal traits. Field Crops Res, 58: 141-152

Tollenaar M, Lee E A. 2002. Yield potential, yield stability and stress tolerance in maize. Field Crop Res, 75: 161-169

Tomokuki Y, Mitsuhiro O, Hiroyuki N. 2002. Genetic manipupation and quantitative trait loci mapping for nitrogen recycling in rice. J Exp Bot, 370: 917-925

Wissuwa M, Wegner J, Ae N, Yano M. 2002. Substitution mapping of *Pup1*: a major QTL increasing phosphorus uptake of rice from a phosphorus-deficient soil. Theor Appl Genet, 105: 890-897

Yin X Y, Kropff M J, Goudrianm J. 1996. Differential effect of day and night temperature on development to flowering in rice. Ann Bot, 77: 203-213

Zhang Q F. 2007. Strategies for developing green super rice. Proc Natl Acad Sci USA, 104: 16402-16409

Zhou Y, Cai H M, Xiao J H, Li X H, Zhang Q F, Lian X M. 2009. Over-expression of aspartate aminotransferase genes in rice resulted in altered nitrogen metabolism and increased amino acid content in seeds. Theor Appl Genet, 118: 1381-1390

# 第 12 章  绿色超级稻的经济效益、生态效益、社会效益分析

我国水稻生产与资源环境之间的矛盾日益突出。如何依靠科技进步转变水稻发展方式，克服经济成本和环境成本上升带来的巨大压力与挑战，培育"少打农药、少施化肥、节水抗旱、优质高产"的绿色超级稻，成为水稻育种的世界性前沿重大课题。绿色超级稻将有效解决传统水稻生产"高投入、高消耗、高浪费、低效益"的粗放式发展问题，有助于水稻产业的可持续发展，实现经济效益、生态效益和社会效益的有机统一。

## 12.1  问题的提出

### 12.1.1  粮食生产与安全面临新挑战

水稻是我国种植面积最大、总产最多的粮食作物（图 12-1，图 12-2），水稻生产在我国粮食生产与安全中占有极其重要的地位。我国水稻常年种植面积约 3000 万 $hm^2$，占全国谷物种植面积的 30%，占世界水稻种植面积的 20%；稻谷总产量近 2 亿 t，占全国粮食总产的 40%，占世界稻谷总产量的 35%；稻谷平均单产 6.2t/$hm^2$，是单产最高的粮食作物。水稻为我国 65% 以上的人口提供食粮，85% 以上的稻米是作为口粮消费的，在我国城乡居民口粮消费总量中，稻谷的年消费量达 1750 亿 kg，并且还有上升趋势（中华人民共和国农业部，2006）。目前，全球每年粮食的正常贸易量为 2.2 亿～2.3 亿 t，即使全部购买下来也只能满足我国粮食需求的 45%。以历史经验看，如果我国进口的粮食占国际粮食市场上贸易量的 10%，那么国际市场的粮价完全有可能上涨 100%，所以我国粮食问题必须以国内解决为主（林铁刚，2005）。由于我国政府始终高度重视粮食这一战略产业，围绕提高粮食综合生产能力做出了不懈努力，采取了一系列政策措施，成功地解决了亿万人民的温饱问题，取得了用全球 9% 的耕地养活世界 21%

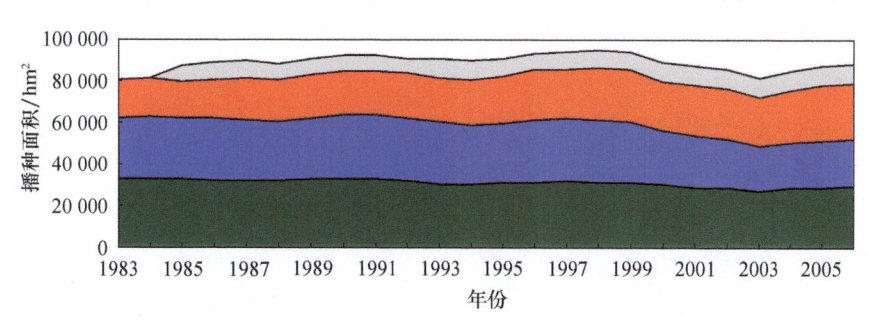

图 12-1  1983～2005 年 4 种粮食播种面积变化图

稻谷播种面积　小麦播种面积　玉米播种面积　大豆播种面积

（国家发展与改革委员会价格司，2006）

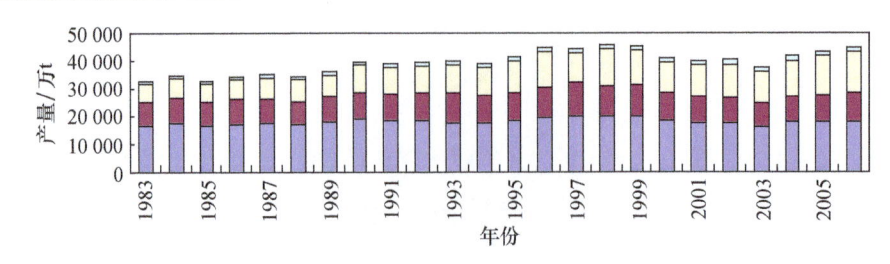

图 12-2 中国粮食生产构成

■稻谷产量 ■小麦产量 □玉米产量 □大豆产量

（国家发展与改革委员会价格司，2006）

人口的伟大成就。然而，我国粮食安全的基础比较脆弱。从今后发展趋势看，随着工业化、城市化的发展以及人口增加和人民生活水平提高，耕地减少、水资源短缺、气候变化等对粮食生产的约束日益突出，我国粮食的供需将长期处于紧平衡状态，保障粮食安全面临严峻挑战。其中，包括两大突出的挑战：一是来自"第一次绿色革命"的负效应，二是来自中国粮食生产的现实国情。

### 12.1.2 "第一次绿色革命"负效应的挑战

自新中国成立以来，我国水稻育种实现了两次重要突破：第一次是 20 世纪 60 年代，在世界兴起的高秆变矮秆的育种成功，使粮食产量由 $2.5t/hm^2$ 提高到 $4t/hm^2$；第二次是 70 年代中期，杂交水稻的问世，将产量又提高到 $7\sim8t/hm^2$（陈炳松等，2002）。这两次突破缓解了长期困扰我国的"吃不饱"的难题，被认为是"第一次绿色革命"。然而，"吃的好"、"吃的久"的问题并未得到很好的解决。水稻育种一直把提高水稻产量作为追求目标，以农业生产要素的高投入换取水稻的高产量。这种高投入高产量、高污染低效益的传统发展模式，一方面增加了农民的投入成本，加重了农民的经济负担，减少了种粮收益；另一方面也使水稻生产与资源、环境之间的矛盾日益尖锐，影响了水稻产业的可持续发展，使"第一次绿色革命"的负效应日渐显现，粮食危机不断发生。

据报道，2008 年上半年肯尼亚玉米价格上涨了 22%，小麦价格上涨了 67%，稻米价格也上涨了约 10%；乌干达玉米面的价格上涨了 75%，稻米价格涨幅超过 30%；科特迪瓦、塞内加尔和喀麦隆等西非国家的稻米价格均上涨了 50%，塞拉利昂的稻米价格甚至上涨了 300%（中国农业品牌网，2008）。

面对日益严重的全球性粮食危机，世界各国有识之士不断反思"第一次绿色革命"的负效应，大力倡导"第二次绿色革命"。2008 年联合国秘书长潘基文在联合国可持续发展委员会部长级会议上紧急呼唤全球发展"第二次绿色革命"。潘基文把"第二次绿色革命"界定为以可持续发展为目标，实现农业产量稳步提高，同时也实现农业耕作对环境影响最小化。他认为，"第一次绿色革命"的"脆弱性"已突出显现。脆弱性表现为全球粮食市场上供应与需求之间出现缺口，粮食价格急剧攀升，一些国家出现社会动荡，更多贫困民众陷入难以果腹的境地。FAO 总干事迪乌夫（2006）认为，发起"第二次绿色革命"与实现"第一次绿色革命"相比，面临更多课题，涉及环境和资源保护，同时也承受全球气候升温的压力。迪乌夫认为今后几十年间，世界人口将从 60 亿急增至90亿，国际社会必须做出重大努力，为如此庞大的人口提供食品，但又不能采取竭泽而渔和破坏环境的手段，而必须采取可持续发展的方式。迪乌夫认为"第二次绿色革命"不仅仅是培育和使用更高产的种子，也要更有效地使用和保护有限的自然资源。"第一次绿色革命"的脆弱性或者说是负效应，在于它过多地依赖开拓耕地和大量使用淡水资源，并过度使用化肥和农药。然而，现在地球上的可耕地和淡水资源越来越紧缺，化肥和农药对环境和人类健康都会产生不良影响，气候变化也在影响着农作物的生长，因此有必要进行"第二次绿色革命"。

如何以可持续发展为目标，实现粮食产量稳步提高，同时也实现农业耕作对环境负面影响最小化，成为"第二次绿色革命"需要承担并亟待解决的世界性难题。可以说，如何克服"第一次绿色革命"的负效应，克服经济成本和资源环境成本上升带来的巨大压力与挑战，培育优质高产、节肥省药、节水抗旱、省工省力的绿色超级稻，成为水稻育种的世界前沿性重大课题。绿色超级稻培育的基本设想就是将水稻品种资源研究、基因组研究和分子技术育种密切结合，对水稻品种进行改良，培育大批具有抗病、抗虫、抗逆、营养高效、高产、优质的水稻新品种（Zhang，2007），它与世界上正在大力倡导的"第二次绿色革命"的理念和思想是完全契合的。

## 12.1.3 水稻生产中现实国情的挑战

我国水稻生产始终面临着人多地少这一基本国情的挑战。我国粮食生产虽然取得了巨大成就，近十年来我国粮食自给率基本保持在95%以上。但随着耕地日趋减少、人口的不断增长（预计到2030年我国人口将达到16亿），对粮食的需求总量将继续呈现刚性增长态势。据预测，到2010年我国居民人均粮食消费量为389kg，粮食需求总量达到5250亿kg；到2020年人均粮食消费量为395kg，需求总量5725亿kg（中华人民共和国国家发展和改革委员会，2008）；到2030年人均粮食消费量为400~450kg，需求总量为6400亿~6890亿kg。如果按到2030年粮食播种面积为13.5亿亩（梅方权，1995），亩产391kg计算，总产量为5278.5亿kg，届时粮食缺口将为1121.5亿~1611.5亿kg，粮食安全形势十分严峻。

就稻米而言，一方面它在我国居民口粮消费中约占65%，且比重还在逐步提高，呈现刚性增长态势；但另一方面，南方水稻主产区水田不断减少，水稻种植面积大幅下降，恢复和稳定生产的难度很大，稻谷供需总量将长期偏紧。近年来，由于化肥、农药、农用柴油等农业生产资料价格上涨和人工成本上升，农民种粮成本大幅增加，农民种粮比较效益下降，影响了种粮积极性；而且水稻生长发育环境和技术措施复杂，耕作栽培细致，生产环节多，用工量多，劳动强度大，农民种植水稻十分辛苦，农民特别是青年农民种粮意愿日益下降。转变水稻产业发展方式，改变水稻落后的生产方式，减轻农民劳动强度，减少农药化肥等成本投入，提高农民种粮收入，一直是广大农民的迫切愿望。发展生物技术，培育高产、优质、高效水稻新品种是确保粮食安全、提高水稻生产率和国际竞争力、增加农民收入、改善生态环境、实现水稻产业可持续发展的重要途径之一。如何通过水稻技术的研发，在保证水稻稳产、高产、优质的前提下，提高生产要素的利用效率，减少对生态环境的破坏，提高农民种植水稻的比较效益，成为水稻技术变迁的重要动因与目标，绿色超级稻正是基于我国水稻生产发展的种种严峻挑战和基本国情做出的重大技术选择，将具有重要的经济价值、生态价值和社会价值。

## 12.2 研究内容与方法

新时期水稻生产的关键性投入要素包括化肥、农药、水资源、人工。采用理论、实证、对比方法考察这些要素投入的经济成本、环境成本和社会成本，继而从技术变迁角度出发，具体阐释发展优质高产、节肥省药、节水抗旱、省工省力的绿色超级稻的必然性以及它的经济效益、生态效益及社会效益。

通过研究水稻投入要素的价格变动趋势，分析技术选择路径。根据中华人民共和国国家发展和改革委员会价格司主编的《全国农产品成本收益资料汇编—2006》，稻谷投入要素包括以下两大类：第一类为物质与服务性投入，包括直接投入和间接投入。直接性投入包括：种子、化肥、农家肥、农药、农膜、租赁作业、机械作业、排灌、畜力、燃料动力、技术服务、工具材料、修理维护、其他直接性投入等费用；而间接性投入则包括：固定资产折旧、税金、保险费、管理费、财务费、销售费等。第二类为人工投入，包括家庭用工投入和雇工投入。图12-3为水稻生产中的物质与服务性投入以及人工投入两大类投入的详细情况。然而，这些投入要素的作用和地位不同，根据大量实证研究与经验数据，我们认为化肥、农药、农业用水、耕地面积、人工等要素对水稻生产具有重要作用。

水稻生产投入要素
- 直接费用
  - 种子费
  - 化肥费
  - 农家肥费
  - 农药费
  - 农膜费
  - 租赁作业费
  - 机械作业费
  - 排灌费
  - 畜力费
  - 燃料动力费
  - 技术服务费
  - 工具材料费
  - 修理维护费
  - 其他直接费用
- 间接费用
  - 固定资产折旧
  - 税金
  - 保险费
  - 管理费
  - 财务费
  - 销售费
- 人工成本
  - 家庭用工费用
  - 雇工费用

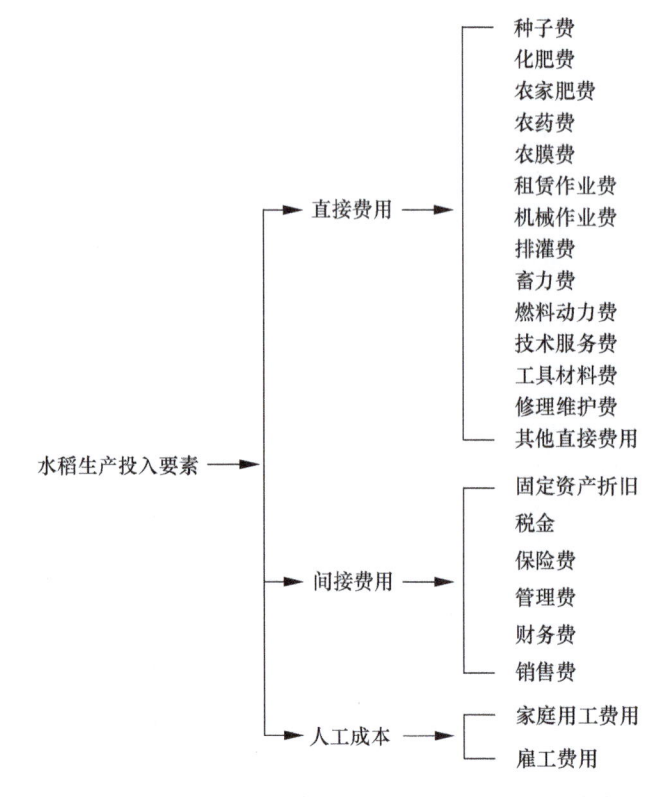

图 12-3　水稻生产中的直接费用、间接费用及人工成本

(国家发展与改革委员会价格司，2006)

## 第12章 绿色超级稻的经济效益、生态效益、社会效益分析

鉴于土地问题的特殊性，在水稻生产成本中我们没有计算土地成本，因而后面就没有对此进行分析。我们只选择了化肥、农药、水资源和人工作为主要生产要素进行了研究。从1996～2007年中国耕地面积的变化趋势可以发现（图12-4），我国耕地面积逐年呈明显下降趋势（赵钦和王晞，2008）。2007年全国耕地面积为18.26亿亩，比1996年减少了1.25亿亩。全国人均耕地面积为1.38亩，仅为世界平均水平的40%。此外，受干旱、瘠薄、盐碱等多种因素影响土地质量不断下降，中低产田约占总面积的2/3；土地沙化、土壤退化、"三废"污染等问题严重（中华人民共和国国家改革和发展委员会，2008）。由于受工业化、城市化和受农业内部产业结构调整、生态退耕、自然灾害损毁和非农建设占用等影响，我国耕地总面积逐年减少、耕地质量不断下降，守住18亿亩耕地红线的任务十分艰巨。这意味着通过扩大种植面积来实现粮食增产的可能性大大降低，也意味着"第一次绿色革命"依靠优质土地和扩大耕种面积增加水稻产量的路径越来越受到约束，这也从一个侧面证明了发展绿色超级稻对我国粮食安全的重大意义。

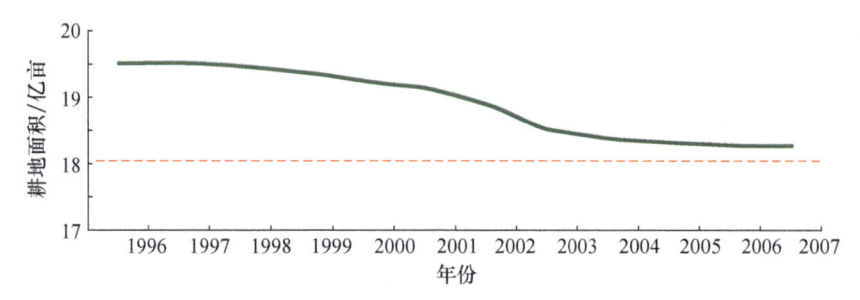

图12-4 1996～2007年中国的耕地面积

在水稻生产中，农药、化肥、水是最基本的和不可或缺的物质条件。从图12-5（根据1978～2005水稻生产要素投入成本估算而来）可以发现，化肥、农药、人工成本

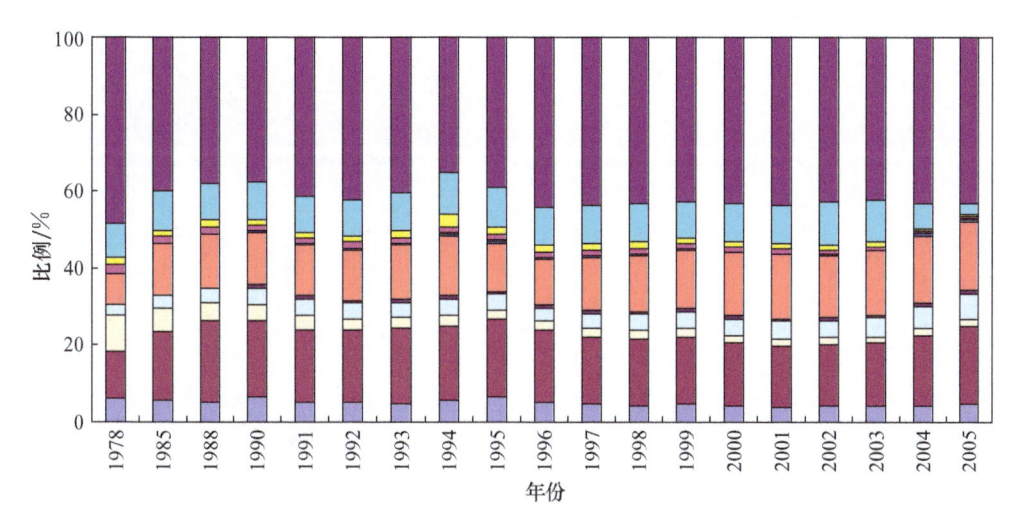

图12-5 水稻生产中的投入要素成本变动趋势

■种子费 ■化肥费 □农家肥费 □农药费 ■农膜费 ■租赁作业费 ■燃料动力费
□技术服务费 ■工具材料费 ■修理维护费 □其他直接费用 □间接费用 ■每亩人工成本

（国家发展与改革委员会价格司，2006）

之和接近水稻生产总成本的70%；其中，化肥在粮食种植成本中比例为24%（顾宗勤，2007），劳动力成本约占生产总成本的40%。绿色超级稻的农艺性状与这些生产要素密切相关，重点研究这些要素及其组合的经济、生态和社会成本与收益的关系，对绿色超级稻的生产推广具有重要的现实意义。

## 12.3 水稻生产中关键性要素的投入情况

### 12.3.1 化肥要素在水稻生产中投入情况

#### 12.3.1.1 化肥施用对粮食生产的影响

化肥是粮食的"粮食"。我国是化肥使用大国，据农业部公布的数据，我国2005年粮食生产化肥的使用量达到5000万t（折纯）左右，约占世界化肥消费总量的1/3，化肥对发展我国种植业、确保国家粮食安全和农产品有效供给发挥了重要作用。图12-6是我国1949～2005年粮食产量与化肥用量的关系变化图。从图12-6中可见，除少数年份外，粮食产量与化肥用量呈现比较明显的正相关关系，但从20世纪末这种关系发生了方向和斜率的改变。

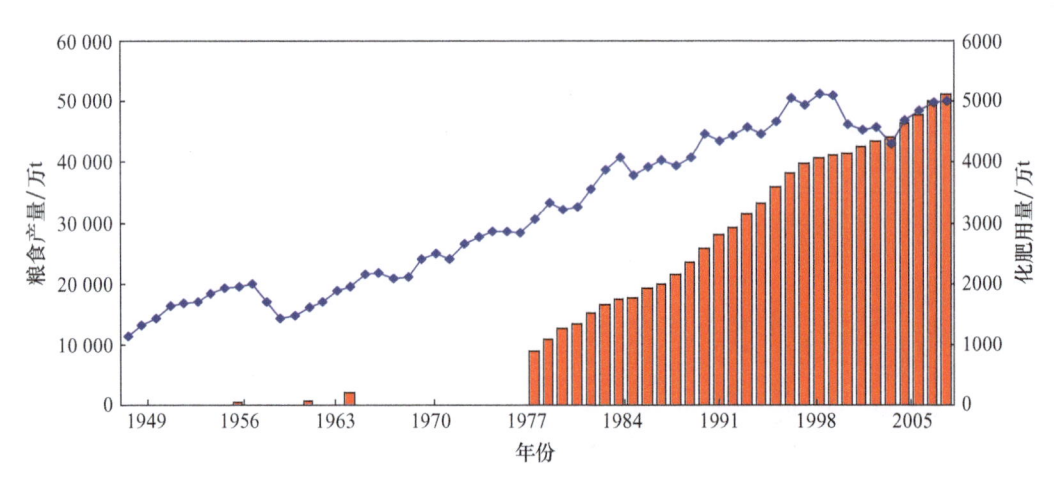

图12-6 我国1949～2005年粮食产量与化肥用量的关系变化图

■ 化肥用量　◆ 粮食产量

（资料来源：中国农业部种植业管理司耕地与肥料管理处）

从图12-6、图12-7可以看出，1978年以来我国化肥投入保证了粮食的增产、稳产。但是，自1997年水稻亩产量达到一定水平后，化肥投入的边际递减效应越来越明显，在更多的化肥施用并未导致水稻产量增加，近年甚至出现了下降局面，水稻总产量也并未增加。

然而，与化肥投入边际效应递减形成鲜明对比的是国际和国内化肥价格呈现明显的上扬态势（图12-8），使化肥投入成本呈明显上升趋势。

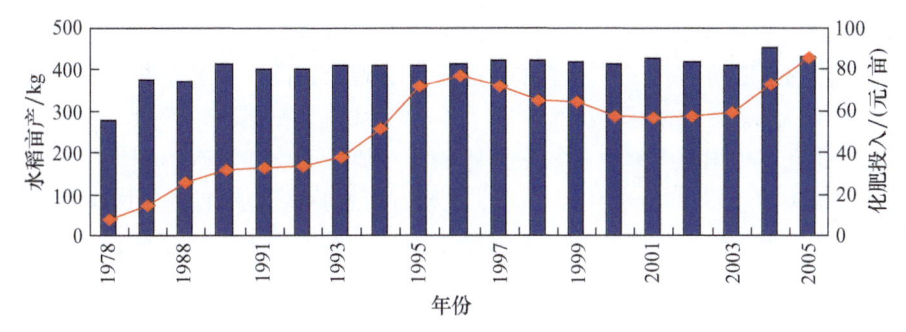

# 第12章 绿色超级稻的经济效益、生态效益、社会效益分析

图12-7 化肥投入与水稻亩产（1978～2005）

■ 亩产　◆ 每亩化肥投入

（国家发展与改革委员会价格司，2006）

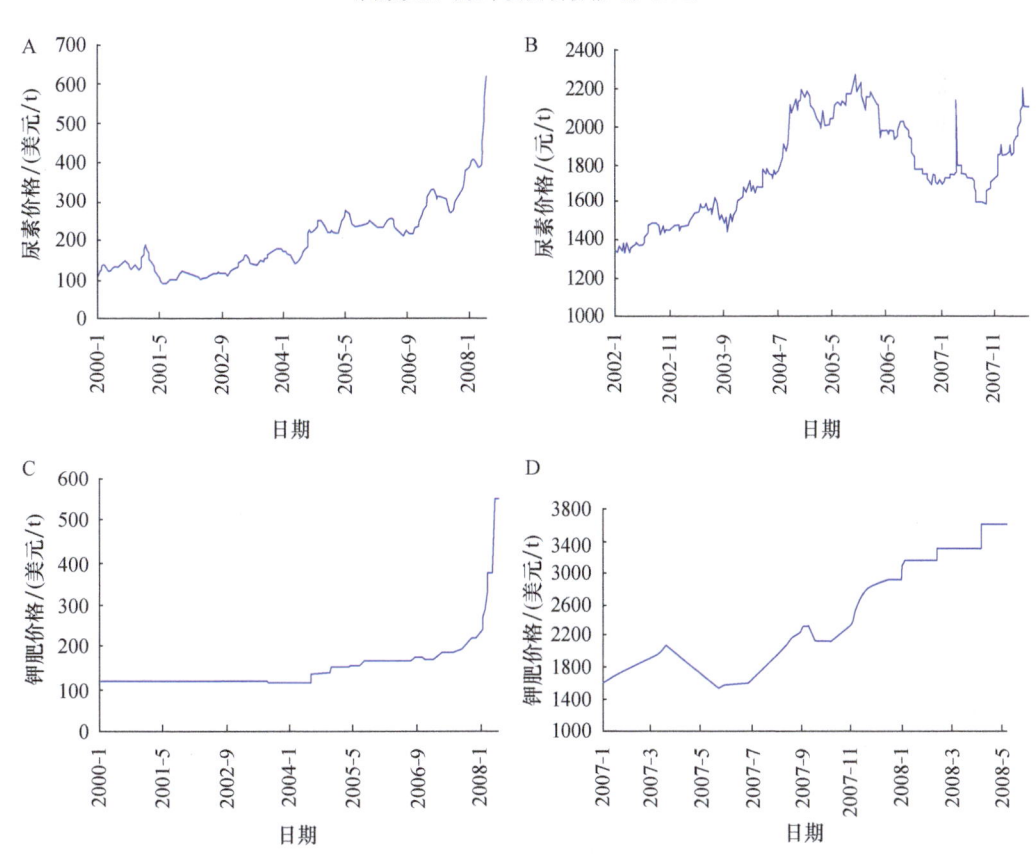

图12-8 国际、国内尿素、钾肥价格对比走势图

A. 国际尿素价格；B. 国内尿素价格；C. 国际钾肥价格；D. 国内钾肥价格

（海通证券，2008）

据价格监测，2008年与上年同期相比化肥零售价格大幅上涨：①尿素：大颗粒尿素零售价格为2300元/t，同比上涨19.7%；②碳酸氢铵：零售价格为800元/t，同比上涨53.8%；③过磷酸钙：磷肥零售价格为680元/t，同比上涨47.8%；④加拿大氯化钾：零售价格为3600元/t，同比上涨60%；⑤45%复合肥：零售价格为2950元/t，

同比上涨 51.2%。由于化肥成本投入的递增与化肥边际效用递减的"双重叠加效应"的同时作用，使化肥对粮食增产的贡献的相关系数明显下降，由显著转向不显著。这与国内相关学者们的研究结果是一致的：廖洪乐（2005）指出播种面积对水稻产量有显著正影响，劳动力和化肥投入对水稻产量的影响不显著；马文杰和冯中朝（2004）以湖北 2004 年固定观察点 900 个农户中 551 家种植水稻的农户的生产的投入产出的数据为基础，进行计量分析得出土地是水稻产量的重要因素，劳动投入、化肥投入已经过量。

#### 12.3.1.2 化肥施用过量的经验证据

近年来，由于受能源涨价和资源约束的影响，化肥、农药等农用物资的生产成本居高不下，化肥价格被持续推高，导致农户在化肥方面的投入成本不断增加（陈露，2008）。与化肥价格上升形成鲜明对比的是，我国化肥的利用率较低。我国是世界上单位化肥投入粮食产出率最低的国家之一。以氮肥为例，目前我国水稻种植的氮肥利用率仅为 30%~35%，与发达国家 50%~70% 的利用率存在较大差距，损失率高达 50% 以上（图 12-9），在水稻、玉米和小麦生产中，水稻氮肥损失率是最高的，这也从另外一个方面说明我国节约氮肥潜力最大的可能是水稻。据测算，20 世纪 50 年代我国每公斤化肥可生产粮食 15kg，目前仅 7kg 左右（中华人民共和国农业部，2005）。根据彭少兵等（2002）的结果，日本目前每公顷水稻施用的纯氮仅 75kg，而在我国却达 200kg，一些地方甚至高达 300kg。如果每公顷水稻纯氮使用量下降 50kg，全国农民一年在氮肥购买上就可少花 55 亿元。这说明节约氮肥的潜力与效益是非常巨大的。

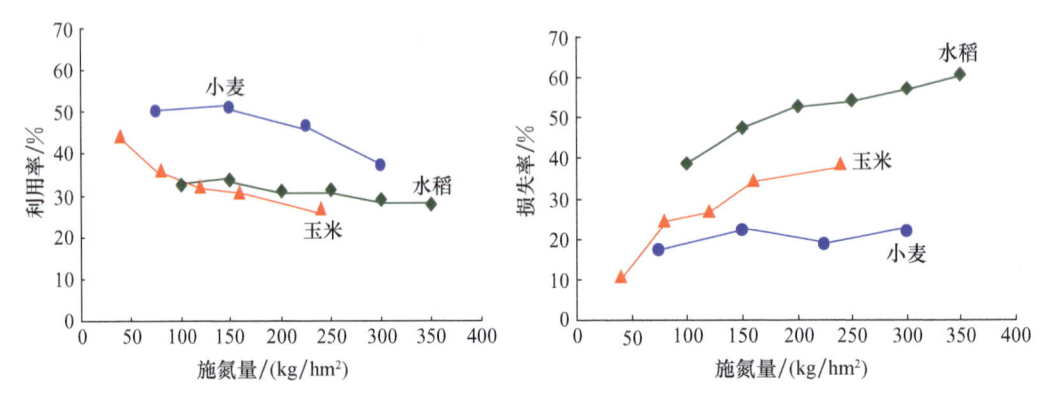

图 12-9 中国三大作物的氮肥利用率和损失率
（朱兆良，2000）

曹建敏等（2007）对稻谷产量和施氮量的相关关系进行了研究，从图 12-10 可以看出，随着施氮量的增加，稻谷产量呈先增后减的"倒 U"型曲线趋势。这说明在水稻生产中要科学、合理、适度施肥，才能使种植稻谷效益增加，但在实际种植中，普遍存在农民施肥过量问题。

陈庆根和廖西元（2001）选择了广东省的荔城镇、朱村镇和福镇宫 40 户农户和湖南长沙、株洲、衡阳、常德、岳阳等优质水稻生产县的 160 户农户作为研究对象，采用柯布-道格拉斯生产函数模型：

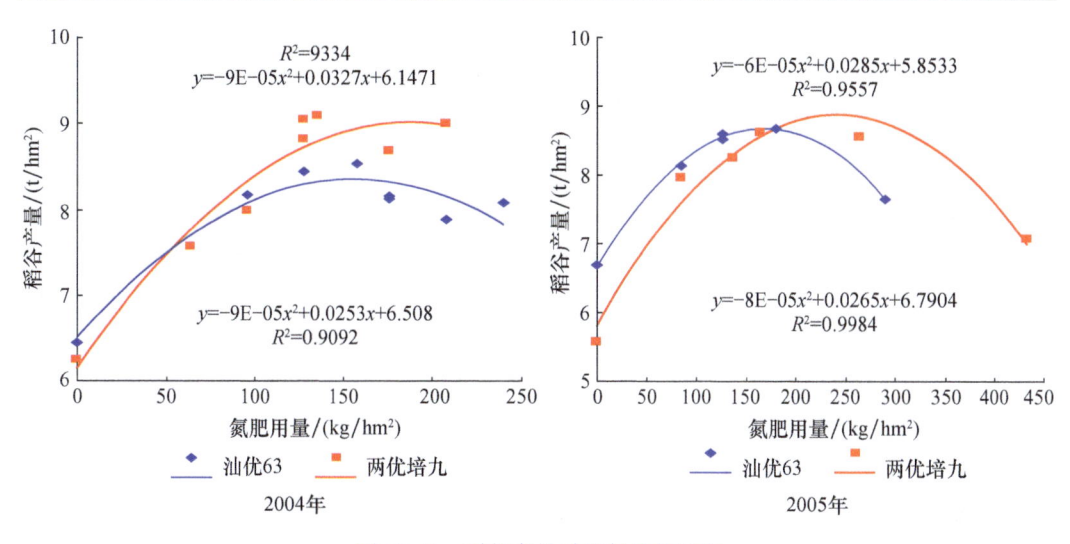

图 12-10  稻谷产量对施氮量的反应

$$\ln Y = a_0 + b_1 \ln lab + b_2 \ln fert + b_3 \ln org + b_4 N + b_5 K + b_6 \sum_{i=1}^{n} \alpha_i C_i + \sum_{j=1}^{M} \beta_j D_J$$

式中，$Y$ 表示每亩产量，$lab$ 表示每亩人工用量，$fert$ 表示每亩有效化肥使用量，$org$ 表示每亩有机肥有效肥料使用含量，$N$ 和 $K$ 分别表示有效氮肥和钾肥含量占总化肥使用量的比例，$C_i$ 和 $D_j$ 分别表示和第 $i$ 个优质水稻品种和第 $j$ 地区的虚变量。其他系数均为待估参数，因为水稻产量还受其他因素影响。

通过该模型对 200 户优质稻生产农户施用肥料的情况进行了分析，得出的结论为：化肥施用过量，有机肥施用不足。当每公顷有机肥的有效含量在肥料有效成分中的比重提高 10% 时，优质稻每公顷产量将增加 3.57%。10% 有效有机肥的费用为 127.5 元，它的投入能够带来每公顷产量的增量为 214.2kg，折合人民币为 360 元左右，产出投入比为 2.8 : 1。相反，在每公顷优质稻中每增加 1kg 有效化肥时，优质稻产量将减少 0.8kg。从价值来看，1kg 有效化肥的价值为 5 元，0.8kg 的稻谷价值为 1.36 元，即每增加 1kg 有效化肥，产值将少 6.36 元，既浪费了成本，又减少了产值。

#### 12.3.1.3 资源环境压力与绿色超级稻

我国水稻生产中粗放式的化肥投入，带来了越来越严重的资源与环境压力，突出表现在以下三个方面：

（1）化肥生产带来的资源压力日益凸现。生产化肥的资源如磷矿、钾盐、煤炭和天然气都是不可再生资源。例如，2006 年合成氨产量约为 4938 万 t，其原料结构比例为：煤占 76.3%（其中以无烟煤 70.5%，烟煤和褐煤 5.8%）、天然气占 21.3%、焦炉气占 0.4%、油占 2.0%；尿素原料结构比例，煤占 66.1%、天然气占 31.0%、焦炉气占 0.6%、油占 2.4%（顾宗勤，2007）。据估算，到 2010 年化肥生产大约需要煤炭 1 亿 t，天然气 150 亿 m³，电力 600 亿千瓦时，磷矿 6500 万 t，硫矿 1580 万 t，化肥铁路运输量 7000 万 t（顾宗勤，2007）。根据目前的趋势，到 2030 年我国化肥总用量将突破

6000万t，如何既满足日益增加的化肥需求又要节约资源实现可持续发展，无疑将成为巨大挑战。目前，我国生产化肥的原料仅有煤炭资源比较丰富。我国煤炭资源主产区主要集中在北方，而水稻产区主要集中在南方，北煤南运的运输压力与成本压力十分巨大。化肥生产还消耗了我国72%的硫资源，导致硫资源十分紧张，对外依存度已超过50%。我国钾矿资源非常缺乏，80%以上的钾肥需要进口，对外依存度高，受控于国际市场。我国磷资源紧张，磷资源储量虽然居世界第二，但品位大于30%的富矿仅为11.8亿t，占6.6%，我国化肥生产每年消耗的高品位磷矿石超过1亿t，富矿仅可用十年，磷矿石已经被列入国土资源部2010年后紧缺资源之列，磷矿也将由出口变成进口，资源压力日益尖锐（顾宗勤，2007）。

（2）化肥过量施用导致的环境压力日趋加大。由于我国化肥利用率低，不仅浪费了大量资源，增加了农民投入，而且也造成了环境污染。自"第一次绿色革命"以来，目前世界每年的化肥施用量约为1.35亿t，其中我国使用的化肥量约占世界的1/3，而我国的耕地面积只占世界的10%。由于大量使用化肥，导致土壤板结，土地肥力下降；施用的肥料量超过了土壤承载能力，就会流入周围的水中，形成农业面源污染，造成水体富营养化，诱发藻类滋生，继而破坏水环境。章力建和朱立志（2005）的研究结果表明，中国每年因不合理施肥造成1000多万t的氮素流失到农田之外，过量的肥料还会渗入20m以内的浅层地下水中，使得地下水硝酸盐含量增加。我国每年仅损失的氮素价值就达300多亿元，节省10%的氮肥可为农民节省104亿元。通过提高氮肥的施用效率不但可以节省成本而且可以减少环境污染。

（3）化肥过量施用还会降低作物生产能力和稻米品质。氮肥过量施用会使水稻的抗病虫能力减弱，易遭病虫侵染，继而增加消灭病虫害的农药用量，直接增加了农民投入，也直接威胁了食品的安全性，导致稻米品质降低，影响稻米的市场竞争力，也直接影响农民增效增收。因此，在保证稳产、高产的同时，降低肥料用量具有重要的经济、环境和社会效益。节肥技术将成为水稻技术发展的重要方向，而以节肥农艺性状特征的绿色超级稻具有明显的经济和生态效应。黄季焜和胡瑞法（2007）通过研究2002~2004年参加生产试验的17个自然村320户农户种植的584块稻田的调查数据，得出种植转基因抗虫稻每公顷可节省62kg化肥的结论。由于转基因水稻具有抗虫抗旱、增效节肥、优质高产等特性，种植转基因抗虫稻不仅直接减少了农民投入的经济成本、增加了经济效益，而且将间接地减少资源环境压力，具有明显的生态效益。

## 12.3.2　农药要素在水稻生产中投入情况

### 12.3.2.1　农药投入对粮食生产的影响

我国水稻病虫害常年发生面积在15亿亩次以上，损失率高达15%~30%，通过采取综合防治措施，每年挽回的稻谷损失近240亿kg（陈其志，2009）。特别是21世纪以来，受气候、种植制度、栽培方式、生态环境等因素的综合影响，水稻病虫害暴发频繁、危害程度加重，严重威胁水稻生产安全。2008年全国水稻病虫以迁飞性、钻蛀性害虫和流行性病害为主，稻飞虱、稻纵卷叶螟、二化螟等主要病虫仍呈严重发生态势，发生面积大约 14 亿～15 亿亩次，其中稻瘟病在西南、江南中西部和北方部分稻区中等发生，发生 8700 万亩次。水稻纹枯病在华南、江南、长江流域、江淮稻区偏重发生，发生 2.58 亿亩；条纹叶枯病在长江下游、华北和东北稻区发生 3000 万亩；稻飞虱在淮河流域及其以南大部稻区仍呈大发生态势，发生 4.44 亿亩次；稻纵卷叶螟在长江中下游、江南大部、华南北部、西南中东部稻区大发生，发生面积约 3.48 亿亩次；二化螟在江淮、长江下游大部、华南北部、江南东部、西南中北部以及东北部稻区发生 2.45 亿亩次；三化螟在华南大部、长江中游发生 5300 万亩次（中华人民共和国农业部，2008）。

表 12-1 数据表明，全世界由于使用农药防治病虫害挽回的农产品损失占世界粮食总产量的 30% 左右。我国粮食作物由于使用化学农药，每年挽回的粮食损失占总产量的 7% 左右，以 1987 年粮食总产量 4019 亿 kg 计算，其中 281 亿 kg 是农药的贡献，对我国这样一个在世界上人口最多、人均耕地最少的人口大国，农药无疑在缓解人口与粮食的矛盾中发挥了重要作用。根据湖北省农业厅植物保护总站（2006）所做的大型对比实验，如果不打农药，粮食收成仅为 20%，结果令人震惊。

表 12-1 世界粮食产量病、虫、草害损失估计（%）

| 作物 | 虫害损失 | 病害损失 | 草害损失 | 累计 |
| --- | --- | --- | --- | --- |
| 水稻 | 27.5 | 9 | 10.6 | 47.1 |
| 玉米 | 13 | 9.6 | 13.1 | 35.7 |
| 小麦 | 5 | 9.5 | 9.8 | 24.4 |
| 其他谷类作物 | 6.2 | 8.8 | 12.4 | 27.4 |
| 马铃薯 | 6 | 22.2 | 4.1 | 32.3 |

资料来源：http://jpk.nenu.edu.cn/2004jpk/huanjingkexuegailun/file

图 12-11 和图 12-12 反映农药投入量与粮食产量、农药投入成本与水稻亩产之间的关系。从图 12-11 中可以明显地看出，虽然农药投入对粮食生产具有重要作用，但过度使用农药并不能带来良好的经济效益。图 12-11 表明，在 1999 年前，农药施用量与粮

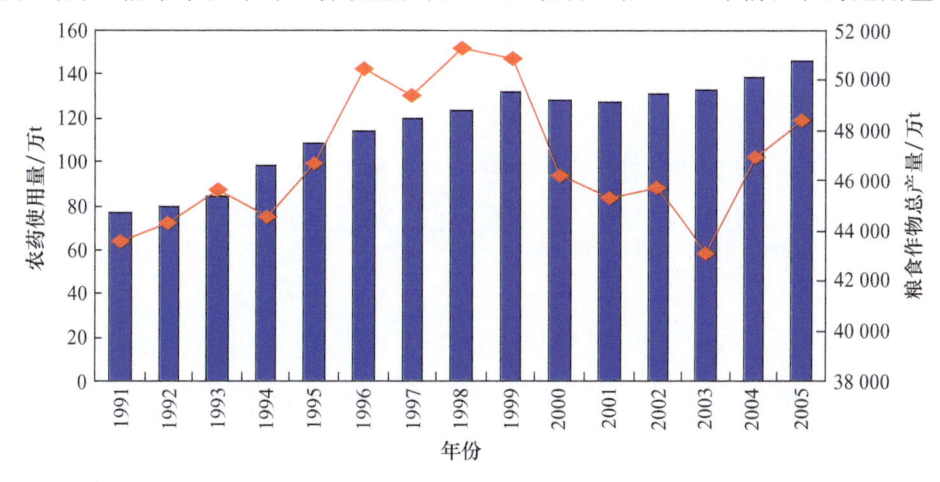

图 12-11 农药投入量与粮食生产之间的关系

农药使用量/万 t ——— 粮食作物总产量/万 t

（国家发展与改革委员会价格司，2006）

[图 12-12 农药投入与水稻亩产之间的关系]

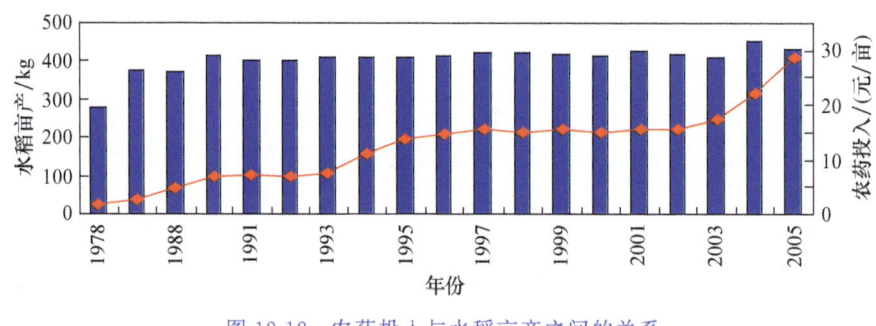

图 12-12 农药投入与水稻亩产之间的关系
■ 亩产  ◆ 每亩农药投入
(国家发展与改革委员会价格司，2006)

食产量之间呈正相关关系；但自 1999 年后，粮食产量并未随农药施用量的增加而增加，农药施用量与粮食产量之间甚至呈现负相关关系。

图 12-12 表明，我国在水稻亩产基本持平的情况下，农药投入成本却呈明显的上升趋势，这既增加了农民投入和负担，减少了农药投入的经济效益，还给环境带来了更大的胁迫与压力。

#### 12.3.2.2 过量施用农药的负效应

（1）过量施用农药增加生产成本。目前，水稻白叶枯病、稻瘟病、纹枯病是三种主要的破坏性较强的水稻病害，而稻飞虱、稻纵卷叶螟、二化螟是三类主要的水稻害虫（图 12-13）。

[图 12-13 2005 年我国水稻主要病虫害发生面积]

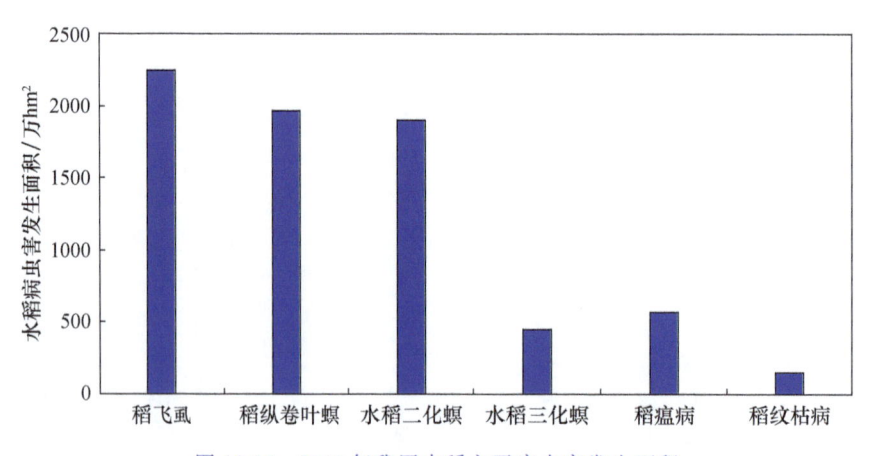

图 12-13 2005 年我国水稻主要病虫害发生面积
(倪汉祥和文丽萍，2006)

现阶段杀虫抗病主要依靠化学农药，但是喷施大量农药增加了农民投入成本，加重农民经济负担，降低了农民种粮收益。每年我国有 1500 万 $hm^2$ 水稻受螟虫危害（盛承发等，2003），在发病区每年喷药 2～3 次，防治面积 3800 万 $hm^2$（2～3 次），防治代价 50 亿元，残虫损失 65 亿元，总损失为 115 亿元。螟虫、稻飞虱等害虫对水稻生产危害严重，可导致水稻大幅度减产；我国每年用在水稻上的杀虫剂用量近 30 万 t，金额

50亿元以上，成本巨大。

(2) 过量农药严重破坏环境。大量事实证明，长期大剂量地使用农药不仅增加了农业生产成本，而且破坏了人类赖以生存的生态环境，其对环境和生态的危害不仅是巨大的而且往往是不可逆转的。据美国康奈尔大学调查，全世界每年使用的400多万t农药，实际发挥效能的仅1%，其余99%都散逸于空气、土壤及水体（地表水和地下水）之中。由于大气环境、海洋洋流和生物富集以及土壤吸附与降解作用、淋溶作用、水解作用、光解作用等综合作用，农药污染环境的范围将逐步扩散（孟繁英，2006）。印第安纳大学对从赤道到高纬度寒冷地区90个地点采集的树皮进行分析，无一例外都检测出DDT、林丹、艾氏剂等农药残留（邹喜乐，2007）。大量散失的农药挥发到空气中，流入水体中，沉降聚集在土壤中，污染农畜渔果产品，并通过食物链的富集作用转移到人体，对人体产生危害。高效剧毒的农药，毒性大，且在环境中残留的时间长，当人畜食用了含有残留农药的食物时，就会造成积累性中毒。

(3) 过量农药破坏生物多样性。大量使用农药，在杀死害虫的同时，也使许多其他食害虫的益鸟、益兽、鱼类、贝类以及家禽成了牺牲品，进一步破坏了生态平衡和生物多样性。有时杀虫剂不但没有杀死害虫，反而把这些害虫的天敌杀死了，导致害虫更加肆无忌惮地繁殖起来。此外，由于经常使用农药，使害虫产生了抗药性，导致用药次数和用药量的增加，既增加了农民生产成本，又加大了对环境的污染和对生态的破坏，由此形成滥用农药的恶性循环。在生产中，杀虫剂还毁灭着一个蛋白质的主要来源——鱼类。这是因为农药随排水或雨水进入水体，毒害水体生物的繁殖和生长，使淡水渔业水域和海洋近岸水域的水质受到损坏，影响鱼卵胚胎发育，鱼苗生长缓慢或死亡。随着农药用量的不断增加、渔业水质不断恶化，渔业污染事故时有发生，渔业生产受到严重威胁，往往造成渔业大幅度减产，直接造成经济损失。

(4) 农药给人类健康带来巨大危害。农药给人类健康带来的危害是巨大的，这种危害既有潜在慢性的又有显性急剧的。就前者来说，长期接触和食用含有农药的食品，可使农药在体内不断蓄积，对人体健康构成潜在威胁。1983年我国哈尔滨市医疗部门对70名30岁以下的哺乳期妇女调查，发现她们的乳汁中都含有微量的"六六六"和"DDT"。农药在人体内不断积累，虽然不会在短时间内引起明显急性中毒症状，但可产生慢性危害，如有机磷和氨基甲酸酯类农药可抑制胆碱酯酶活性，破坏神经系统的正常功能。在加拿大的因内特，由于食用杀虫剂污染的鱼类及猎物，致使儿童和婴儿表现出免疫缺陷症，他们的耳膜炎和脑膜炎发病率是美国儿童的30倍。美国科学家已研究表明，"DDT"能干扰人体内激素的平衡，影响男性生育力。农药的慢性危害虽不会直接危及生命，但可降低人体免疫力，并诱发其他疾病的患病率及死亡率上升，从而影响人体健康。

就农药的急性中毒危害来说，据世界卫生组织和联合国环境署报告，全世界每年有100多万人农药中毒，其中2万人死亡。仅我国每年农药中毒事故就达10万人次，占世界同类中毒事故的50%左右，死亡约1万多人。1989年据29个省统计，我国中毒人数9万多人，死亡16 000多人。据对广州市的中毒事故调查，80%的事故都源于农药使用不当所造成的。国际癌症研究机构根据动物实验确证，18种广泛使用的农药具有明显的致癌性，还有16种显示潜在的致癌危险性。据估计，美国与农药有关的癌症患者数约占全国癌症患者总数的 10%。为此，在 20 世纪 80 年代中期，中国政府下令停止使用"六六六"和"DDT"这两类有机氯用药，才使事故逐年下降，然而我国农药使用中的问题仍然十分突出。

（5）农药残留影响稻米品质与竞争力。目前，我国农药施用量近 130 万 t，不同程度遭受农药污染的农田面积达到 1.36 亿亩（中华人民共和国农业部，2005）。据何瑞玲等（2007）于 2005 年 11 月至 2006 年 4 月随机选取通辽市 6 个旗、县、区的水稻种植区，对市售稻米样品抽样，采用毛细管胶束电动色谱法检测稻米中水胺硫磷和灭多威。结果除科左后旗外，其余地区的稻米中均检出了农药，水胺硫磷残留量范围在 0.0928～0.1465mg/kg，灭多威残留量范围在 0.1102～0.2757mg/kg，水胺硫磷超标率为 33.3%，灭多威超标率为 66.7%。调查结果显示，通辽市绝大部分地区稻米中水胺硫磷和灭多威含量超标。稻米中的农药残留不仅严重危害人民身体健康，而且直接影响稻米品质与市场竞争力。

综上所述，一方面农药为防治病虫害、促进水稻生产发挥着重要作用，另一方面农药的过量施用又增加了农民投入成本，影响了生态环境与人体健康，还严重影响了我国稻米的品质与市场竞争力。因此，发展现代生物科技，增加水稻品种的抗病虫性，减少农药的施用量尤为迫切。

### 12.3.2.3 绿色超级稻将大大降低农药施用量

培育抗虫水稻新品种，增加农作物的抗虫性可以帮助人类在解决病虫害方面所面临的两难困境。截至 2006 年，我国国产抗虫棉年推广面积近 300 万 $hm^2$，已占国内抗虫棉市场份额的 82%，从 1999 年抗虫棉开始推广到 2006 年，国产抗虫棉累计种植面积已达 1134 万 $hm^2$，累计减少农药使用量 25.5 万 t，为棉农增加收入超过 238 亿元，受益农户累计超过 3000 万户。中国科学院农业政策研究中心研究了相关抗虫性水稻对农药施用、作物产量和农民健康效应方面的影响。黄季焜和胡瑞法（2007）对我国培育的在湖北、福建地区试种的转基因抗虫稻的调查结果表明：①抗虫性水稻大幅度降低了农民的农药使用量和降低农民的劳动强度。农民种植转基因水稻平均每公顷可节省 16.77kg（或 80%）的农药投入，节省施用农药用工 9 个工作日；②抗虫性水稻可以显著挽回水稻因受虫害所造成的产量损失，种植抗虫性水稻可以使水稻增产 6%～9%（Huang et al.，2005）。不仅每公顷可节省投入 600～1200 元，还可大大缓解由于外出打工、农村青壮年劳动力不足的矛盾；③抗虫性水稻将在未来保障我国粮食安全、增加农民收入、提高农民生活（健康）质量、改善生产和生活环境等方面产生积极的影响。因此，培育绿色超级稻产生的经济效益、生态效益和社会效益将是十分巨大的。

## 12.3.3 农业用水在水稻生产中的投入情况

### 12.3.3.1 水资源不足且分布不均衡

水是农业的命脉。水稻是耗水量最大的粮食作物，我国淡水资源不足已成为现实，进一步发展水稻生产的空间受到严重限制。我国水资源总体状况可以用"水资源总量多、人均占有量少、水资源空间和时间分布不匹配"来概括。以 1997 年人口统计，我国人均占有水资源约为 2200 m³，不及世界平均水平的 28%，每年农业生产缺水 300 多亿 m³，水资源分布不均衡，属于水资源非常缺乏的国家之一，位于世界贫水国家之列。目前，全国正常年份缺水量近 400 亿 m³，其中灌区缺水约 300 亿 m³，平均每年因旱受灾的耕地达 3 亿多亩，年均减产粮食 200 多亿 kg（中华人民共和国水利部，2003）。东北和黄淮海地区粮食产量占全国的 53%，商品量占全国的 66%，但是三江和华北平原很多地区是超采地区，地下水水位持续下降，华北平原甚至形成 9 万平方公里的世界最大的地下水开采漏斗区（中华人民共和国国家发展和改革委员会，2008）。更为严峻的是我国水资源总量呈现下降趋势。1997 年总量为 27 855 亿 m³，而 2004 年就降到 24 130 亿 m³（徐学江，2007）。水资源短缺意味着更少的水资源被分配到水稻生产中，培育抗旱品种的水稻迫在眉睫。

#### 12.3.3.2 水污染严重，严重影响粮食生产

我国水资源不仅稀缺，而且其污染程度和速度惊人，造成的环境和经济损失巨大。据对全国七大水系及内河的 110 个重点河段调查表明，符合"地面水环境质量指标"一类和二类标准的仅占 32%，属三类的占 29%，四类、五类的占 39%，全国近 2 亿人的饮用水受到不同程度的污染。经对全国 532 条河流监测，其中 432 条河流受到污染，污染率占 82%。全国 1/3 的水体不适宜鱼类生存，1/4 的水体不适宜灌溉。截止 2006 年，中国地表水总体水质属中度污染。海河、辽河、淮河、黄河、松花江等河流的污染较重，劣 V 类水质分别占 57%、43%、30%、25%、21%。图 12-14 为 2006 年我国七大水系水质类别比例、2006 年七大水系水质类别比例比较图。

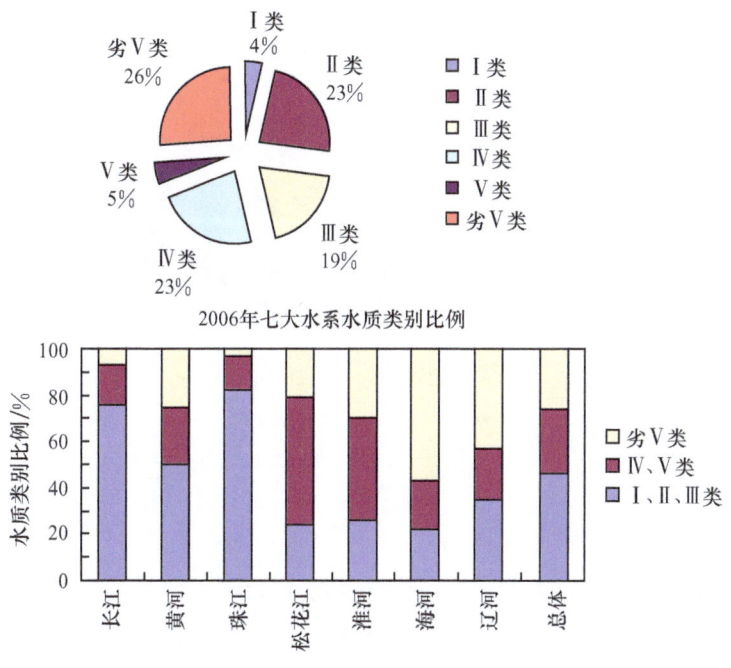

图 12-14 七大水系水质类别比例及其比较图
（中华人民共和国环境保护部，2007）

过量的化肥、农药大部分流入淡水湖泊中，造成我国大部分淡水湖泊严重富营养化。据 10 个大型湖泊统计，总磷、总氮污染分担率高达 31.93% 和 25.89%，总磷年均值超标倍数为 2.12~5.02，总氮超标倍数为 1.16~4.7。另据环保部门对 118 个大城市的调查表明，地下水污染严重的城市占 64%，轻污染的占 33%。目前中国有 3.6 亿人难觅安全饮用水（李利锋和邹蓝，2006）。根据 2007 年两会披露的材料，全国 70% 的江河水受到污染，40% 基本丧失使用功能，流经城市的河流 95% 以上受到严重污染（徐学江，2007）。农药、化肥的大量使用加重了水污染，我国的水污染已形成点源与面源污染共存、生活污染和工业排放叠加等复合态势。水污染加剧水资源短缺，污水对浅层地下水、土壤和农作物均造成污染，从而严重影响粮食生产。

### 12.3.3.3 水资源利用效率低、资源浪费严重

我国作为世界上最大的水稻种植大国，种植面积占全球水稻种植面积的 20%，产量占世界总产量的 35%（中华人民共和国农业部，2006）。然而，我国灌溉水利用率为 30%~40%，每年灌溉水资源至少浪费 1100 多亿 $m^3$，相当于 4 条黄河的有效供水量（邓楠，1999）。如果按现有的水土资源现有生产力水平测算，实现 2020 年的粮食增产任务，水资源的缺口高达 1200 亿 $m^3$。我国农业耗水占全国总耗水量的 70.4%（中华人民共和国水利部，1997），而水稻的用水约占整个农业耗水的 70%（唐登银等，2000），水资源短缺成为水稻生产的严重制约因素之一。

从图 12-15 可以看出，在农业产量基本保持不变的情况下，农业用水量从 1949~2000 年呈快速上升，2000 年以后粮食产量基本稳定，耕地面积大幅减少的情况下，而用水量还在高位逐步上升。如何面对水资源日益紧缺的严峻形势，依靠科技进步，节约用水，提高我国水稻的用水效率，培育节水耐旱水稻新品种，成为一个非常重大而紧迫的课题。

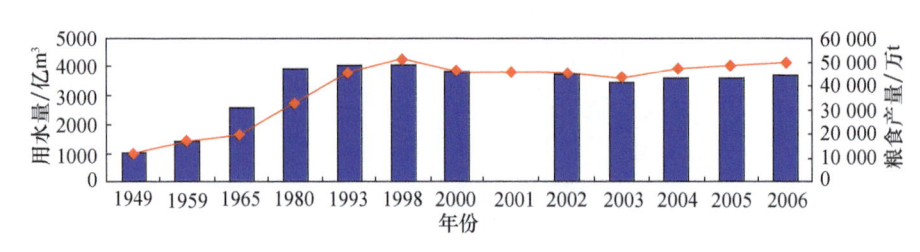

图 12-15 农业用水与粮食产量（1949~2006）

（国家发展与改革委员会价格司，2006）

### 12.3.3.4 干旱逆境影响传统水稻生产

据研究，我国每年由于干旱造成的国民经济损失达 2000 多亿元。春旱发生的概率在我国北方稻区为 60%~80%，长江流域以南地区为 40% 以上，伏旱发生的概率在西北稻区为 60%~70%，长江中下游、四川盆地、云贵高原为 40%~50%，秋旱则是普遍发生（高亮之等，1983）。这样的干旱天气往往造成水稻大面积减产甚至绝收。自 20

世纪 90 年代以来，我国平均每年农作物受旱面积 4.12 亿亩，约占全国农作物播种面积的 1/5，年均损失粮食 200 亿～300 亿 kg。以 2007 年为例，全国农田因旱受灾面积达 29 386 千 hm$^2$，成灾面积 16 170 千 hm$^2$，直接经济损失达 1093.7 亿元（中华人民共和国水利部，2007）。2009 年早春，我国北方粮食主产区遭遇到严重的干旱，旱情最终波及 15 个省市，受旱面积达 2.76 亿亩，严重的旱情立刻引起国内外粮食市场价格的上涨和波动，引起部分市民的心理恐慌而囤积粮食，这也从一个侧面说明培育节水抗旱良种对增强防御自然灾害能力的重要性与紧迫性。

#### 12.3.3.5　气候变化影响水稻生产

全球气候变化导致粮食生产的不稳定，对粮食生产的威胁性与波动性加大，正日益引起全球的广泛关注与普遍忧虑。2007 年中国发表的《气候变化国家评估报告》指出，气候变化对中国的农业生产产生重大影响，如果不采取任何措施，到 21 世纪后半期，中国主要农作物小麦、水稻、玉米的产量最多可下降 37%（新华社，2007）。气候变化将严重影响我国的粮食安全。国际水资源管理学院（IWMI）总裁科林认为，相对于食品危机来说，世界正面临着更为严峻的水资源危机。现实状况是在许多农业生产区，水资源已相当匮乏，而且随着全球气候变暖趋势将进一步恶化，这种水资源的匮乏将可能越来越严重。所以，如果仍然使用现在的耕作和种植方式，根据国际水资源管理学院（IWMI）的数据，这一农业用水量在 2030 年前将超过 20 000 亿 m$^3$，也就是将比现在的农业用水量高出 1/4 多，这无疑将是极为严峻的挑战（The Economist，2008）。

#### 12.3.3.6　绿色超级水稻的节水优势

综上所述，资源型缺水、结构性缺水及水质性缺水，加之不利的气候变化趋势，严重制约着我国水稻生产的可持续发展。目前，我国大面积推广的水稻品种受本身的遗传特性所致，既不节水也不抗旱。因此，在水资源日益短缺的今天，培育节水耐旱品种，降低水稻的用水，对于我国这样一个非常缺水的国家来说，发展节水抗旱型水稻技术成为水稻品种培育的重要方向，培育节水抗旱的绿色超级稻是水稻育种的必然发展趋势。上海市农业科学院罗利军研究员领导的研究团队培育出的节水抗旱"旱优 3 号"超级稻产量与杂交水稻持平，但节水达 50% 以上（任荃，2008），不仅可以节约水资源，而且有较强的抗旱性。华中农业大学张启发团队通过研究模式植物，已鉴定出一批耐旱基因，用其中一些基因培育的转基因水稻已表现出较强的抗旱性，预计在未来几年内，还将分离出一大批与抗旱有关的基因用于品种的培育（张启发，2005）。因此，节水抗旱的超级稻无疑具有极其广阔的推广价值。

### 12.3.4　人工要素在水稻生产中的投入情况

#### 12.3.4.1　劳动力投入对粮食生产的影响

水稻生长发育环境和技术措施复杂，耕作栽培细致，生产环节多，生长期长，用工量多，劳动强度大，农民种植水稻十分辛苦。但是，随着工业化和城镇化步伐的加快，使农村青壮年劳动力大量转移到非农产业，农村青壮年劳动力非常缺乏；同时，由于种植水稻比较效益低，农民种植水稻的积极性不高，也为水稻生产带来了严峻挑战。如何培育出省工省力、增收增效的水稻新品种，成为缺少劳动力农民的期盼。

为考察水稻生产中劳动力成本的变化情况，对1978~2005年以来人工成本与水稻亩产之间的关系、人工成本与家庭用工天数的关系进行了研究分析（图12-16，图12-17）。

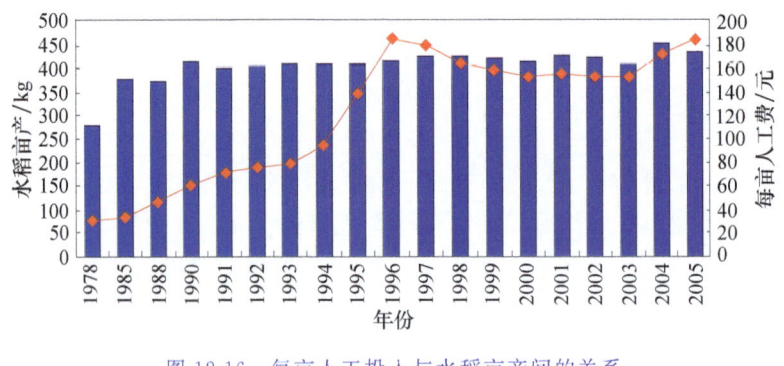

图12-16 每亩人工投入与水稻亩产间的关系
（国家发展与改革委员会价格司，2006）

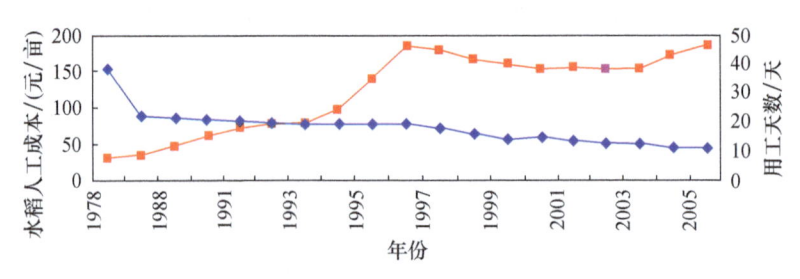

图12-17 每亩人工成本与家庭用工天数
（国家发展与改革委员会价格司，2006）

从图12-16中可以发现，劳动力成本上升较水稻亩产上升的趋势更加明显。从图12-17中可以看出，由于缺少劳动力，更多的家庭不得不雇佣劳动力，从而增加了劳动力成本与种田成本的投入。

从1978~1996年劳动力成本的投入呈现直线上升之趋势，而自1997~2005年劳动力成本的投入呈现缓慢上升之趋势，整体而言，劳动力成本投入在水稻生产中呈现先快后慢的增长趋势。传统水稻育种的品种改良及劳动生产率的提高并未能抵消劳动投入成本的升高，劳动力成本的过快上涨抑制了农民种粮积极性的提高。

#### 12.3.4.2 水稻生产中劳动力成本上升的经验证据

进入市场化的我国农民已经打破了传统的"以粮为纲"的单一生产与收入来源方式，农民收入呈现多元化趋势：农民不仅可以选择种植粮食，而且可以选择种植经济作物、从事养殖生产，还可以外出打工等。劳动力的机会成本不断加大，严重制约着粮食安全生产。在湖北省仙桃市郭河镇调查中发现，当地办起了大量的虾皮厂、醉鱼加工厂，在龙虾加工厂上班，月薪可以达到 1500 元。当地打零工每天也可赚到 70 元，户外工作每天 80 元也难找到人，这样的打工收入比种稻高得多。

国务院发展研究中心早在 2000 年就曾就对湖北襄阳、河南鄢陵、江西泰和三县的水稻人工成本做过深入的调查。泰和县每亩早籼稻平均生产需要 17.3 个劳动日，每个劳动工日作价 10.56 元，劳动成本达到 182.69 元，生产水稻平均每亩亏本 70.94 元；每亩晚籼稻的生产劳动工日为 16.8 个，平均每个工作日 10.56 元，劳动成本为 177.41 元，种植晚籼稻基本不赚钱（国务院发展研究中心，2003）。可见劳动力成本过高成为水稻生产发展的重要制约因素。

对 2008 年江苏省水稻生产情况进行调查，结果发现粳稻人工成本为 196.54 元，较上年增加 26.65%；籼稻人工成本为 192.01 元，较上年增加 19.92%（王恒周，2009），人工成本的大幅上升使水稻种植效益减少。

2008 年以来，非农产业劳动力价格快速上升，加剧农村劳动力非农转移步伐，以至于通过互换工从事关键农事活动形式日趋减少，而以 50 元/（天·人）完成栽秧等关键农事活动成为主流（收割一亩水稻的成本约需 250 元）。劳动力要素的不断上升使 2007 年种植一亩水稻只能获得 130 元收益，生产水稻的比较收益下降（綦江共青团委，2008）。人工成本大幅上升，种植水稻费工、费时、费力，劳动强度大，使得如何降低人工成本、减少劳动强度、提高农民种植水稻的比较效益成为水稻育种技术的重要发展方向。

#### 12.3.4.3 绿色超级稻与传统水稻在劳动力投入方面的对比

罗利军对他们培育的节水抗旱稻"旱优 3 号"进行了多年试验。实行免耕直播，不需要翻耕土地和人工插秧，首先减少了大量人工费用。实验数据显示，免耕栽培每亩成本为 375 元，比直播、机器插秧和普通水稻种植法每亩分别节省 144 元、107 元和 514 元。同时，除了苗期要灌溉浅水层，免耕直播的田块在其他时期都无需人工灌溉，大量节约用水量和人工成本（任荃，2008）。黄季焜和胡瑞法（2007）通过研究 2002~2004 年参加生产试验的 17 个自然村 320 户农户的 584 块田地的调查得出种植基因改良的水稻可以每亩降低 60%~80% 的农药施用量，每公顷节省 9 个施药用工的结论。可见，以省工省力为育种方向的绿色超级稻可以显著地减少劳动投入，从而将增加农民种植水稻经济收益，减少劳动强度。

## 12.4　绿色超级稻的投入产出期望效益

对水稻生产的经济效益、生态效益和社会效益的评价，不应只看其投入或只看其产出，低投入不一定低产出、低效益；高投入不一定是高产出、高效益；同样，产量高低也不能等同于效益高低。必须把投入与产出两个因素结合起来，分析水稻生产的效益。绿色超级稻生产的目标是基本不打农药、大量少施化肥、大量节水，其根本是如何少投入产生高效益，这样的最终投入产出效益比才能最大化。当前，虽然绿色超级稻还在研发阶段，距离规模化生产和大面积推广还尚需时日，但结合前文对水稻生产的关键要素

（化肥、农药、水和人工）的投入产出分析，采用对比研究的方法，可以对绿色超级稻生产的投入产出效益进行预测分析。

以黄季焜和胡瑞法（2007）通过研究 2002～2004 年参加生产试验的 17 个自然村 320 户农户种植的 584 块稻田的调查数据，得出种植转基因水稻每公顷可节省 62kg 化肥，农药投入节省 60%～80%，以此作为对比计算依据，对绿色超级稻的经济效益进行估算。通过公式 1 和公式 2，计算我国 2001～2005 年如果全部采用绿色超级稻能够节约的化肥投入、农药投入，即所产生的经济效益，结果见表 12-2。

$$节约化肥金额 = 每亩化肥投入 / 每亩化肥用量 \times 化肥节约量 \times 种稻面积 \quad (1)$$

$$节约农药金额 = 每亩农药投入 \times 种稻面积 \times 60\% \sim 80\% \quad (2)$$

表 12-2 我国水稻生产投入要素（化肥、农药）成本、播种面积以及节约收益估算

| 年 份 | 化肥量/(kg/亩) | 化肥投入/(元/亩) | 农药投入/(g/亩) | 种稻面积/khm² | 节省化肥/万元 | 节约农药/万元 |
|---|---|---|---|---|---|---|
| 2001 | 20.4 | 56.19 | 15.58 | 28 812 | 491 636 | 404 002～538 669 |
| 2002 | 21.1 | 57.10 | 15.50 | 28 202 | 472 797 | 393 418～524 557 |
| 2003 | 21.00 | 58.69 | 17.45 | 26 508 | 458 948 | 416 308～555 078 |
| 2004 | 19.52 | 72.80 | 22.22 | 28 379 | 655 677 | 567 523～756 698 |
| 2005 | 20.89 | 85.12 | 28.68 | 28 847 | 728 174 | 744 599～992 798 |

（国家发展与改革委员会价格司，2006）

结果显示，假如 2005 年全国种植绿色超级稻，仅在化肥和农药投入上，一年可以节约投入大概在 147 亿～172 亿元，当然由于地理气候实用性、品种多样化、推广体制、劳动者采用水稻品种意愿等条件约束，不可能所有稻田都能推广绿色超级稻。但由此估算，假如绿色超级稻推广面积占水稻播种总面积 10%，那么每年的节约农药、化肥投入 14.7 亿～17.2 亿元；假如绿色超级稻推广面积占水稻播种面积的 30%，那么每年节约农药及化肥投入 44 亿～51 亿元；假如绿色超级稻推广面积占水稻播种面积的 50%，那么每年节约农药及化肥投入 73 亿～86 亿元。

同时，绿色超级稻种植也可以大量节省人工费用和提高水资源利用率。仅以每公顷节省 9 个打药的劳动用工（胡瑞法和黄季焜，2007），劳动日工价 70 元（齐振宏，2008）和 50% 的农业用水（唐登银等，2000）计算，可以每年节省劳动力费用 182 亿元左右，节水 789 亿 m³。假如绿色超级稻的推广面积为水稻种植面积的 10%，则可节省劳动费用 18 亿元左右，节水 79 亿 m³；假如绿色超级稻的推广面积为水稻种植面积的 30%，则可节省劳动费用 55 亿元左右，节水 237 亿 m³；假如绿色超级稻的推广面积为水稻种植面积的 50%，则可节省劳动费 91 亿元左右，节水 395 亿 m³。由此可见，绿色超级稻将带来巨大的经济效益、环境效益与社会效益。

## 12.5 水稻投入性要素的变动趋势分析

### 12.5.1 水稻育种技术选择的理论分析

经济学家认为制度变迁的内在推动力就在于旧制度的执行与维护成本比新制度要高。因此，人们倾向于通过诱致性制度变迁或强制性制度变迁来降低成本，从而获得制

度性收益,进而推动制度不断演进。获得潜在收益是农业生产技术变迁的根本动因。使农业要素更加有效的配置,减少要素的投入成本,从而使制度改革主体获得额外的利益,这一规律推动着农业生产技术的不断变迁。因此,通过考察水稻生产中要素投入趋势,发现相对昂贵的投入要素组合和可能的相对低廉的要素投入组合,以此考察水稻的技术变迁路径。从前面图12-5中可以发现,人工、农药、化肥等要素成本投入呈现明显的上升趋势。如果能通过要素合理配置减少上述要素投入,则会大大减少经济成本、环境成本和社会成本。这种成本的节省(经济效益、环境效益和社会效益的提高)是水稻种植者所期待的,而替代这些要素的根本源于农业生物科技进步,因为科技才是第一生产力。通过开发绿色超级稻能使农业要素得到更加有效的配置,也能获得更多的经济、环境及社会效益。

### 12.5.2 绿色超级稻满足农户的技术需求

2008年对湖北省水稻主产区的荆州、黄冈及江夏等地进行了入户调查与深入访谈,主要调查农户对水稻品种的技术选择问题。回收的有效问卷114份,其中荆州市有39户占34%,黄冈市有37户占32%,江夏区有38户占34%。在调查中,我们把水稻品种的技术需求分为节肥技术、省工省力技术、省药技术、高产技术、改善品质技术、耐逆境技术(抗旱)、售价高技术等,其他品种技术需求被归入"其他类"。

利用SPSS 15.0软件分析水稻种植户对于水稻品种的总体技术需求情况。

从图12-18中可以发现,农户对于水稻品种的技术需求是节肥、省力、高产、优质、耐逆境等,这与绿色超级稻的研发目标相契合。

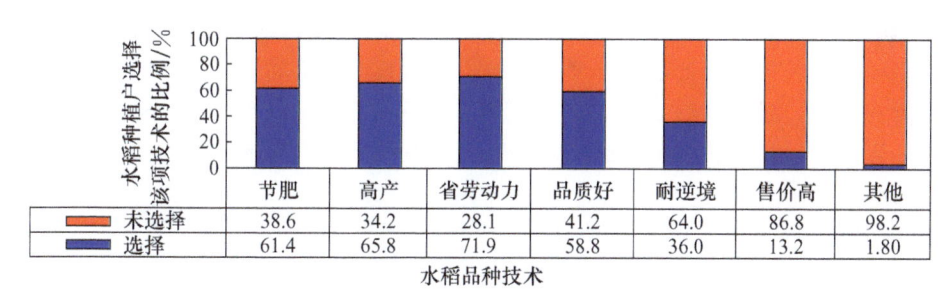

| 水稻品种技术 | 节肥 | 高产 | 省劳动力 | 品质好 | 耐逆境 | 售价高 | 其他 |
|---|---|---|---|---|---|---|---|
| 未选择 | 38.6 | 34.2 | 28.1 | 41.2 | 64.0 | 86.8 | 98.2 |
| 选择 | 61.4 | 65.8 | 71.9 | 58.8 | 36.0 | 13.2 | 1.80 |

图 12-18 水稻种植户对于水稻品种的总体技术需求

## 12.6 小 结

我国水稻育种和生产长期过分依赖化肥、农药和水资源的高投入,过分追求增产高产,水稻生产与资源环境之间的矛盾日益突出。日益严重的水稻病虫害,化肥农药过量使用造成的环境污染,水资源、制造化肥的硫磷钾等资源的日益匮乏等,严重影响了我国水稻产业的可持续发展。绿色超级稻生产将以少用农药、少施化肥、减少用水、高产、优质、注重资源节约、保护生态环境为基本目标,可望有效降低农民生产成本,提高农民种粮比较效益,提高资源利用效率,改善生态环境,变传统的"高投入、高浪费、高污染、低效益"的粮食发展模式为"少投入、少浪费、少污染、高效率"的粮食发展新模式,将从根本上缓解我国农业粮食发展与资源环境之间的尖锐矛盾。它对于落实科学发展观,促进农业、环境和社会的协调发展,具有显著的经济效益、生态效益和社会效益。

就经济效益来说,绿色超级稻可以达到基本不打农药,每公顷节约农药16.77kg,节约60%~80%,打药次数从7~8次下降到2~3次;大量节约化肥,每公顷可节省化肥62kg,有的甚至可以节肥50%左右;节水抗旱,每亩节水600t左右,节约用水50%左右,尤其将为70%缺水稻田提供增产增收的机会;省工省力,在人工方面,每公顷节省9个施药人工,每亩节约人工成本30%以上。仅以绿色超级稻的推广面积占水稻播种面积的30%计算,那么每年节约农药及化肥的投入达44亿~51亿元、节省劳动力成本55亿元、节约农业用水237亿m³,经济效益十分显著,市场应用前景非常广阔。

就生态效益来说,在少投入、高产出、节约资源、保护环境的理念下培育的绿色超级稻新品种,将大量减少化肥和农药对自然环境的破坏、减少对生物多样性的破坏、减少对江河湖泊的污染、减少粮食产品农药残留的危害,将提高农民生活质量和健康水平,在改善农民生产和生活环境等方面都将产生重大而深远的影响。这符合我国转变水稻生产方式,建设现代生态文明,追求人与自然和谐发展的科学理念与要求。

就社会效益来说,有利于推进绿色超级稻产业化和市场化进程,将不断解决人们对充足、优质、安全的粮食产品以及和谐生态环境的重大需求;有利于保障我国粮食安全、食品安全、生态安全;有利于减轻旱灾、虫灾等自然灾害,增强水稻抗自然灾害的风险防控能力;在农业生物技术良种培育与产业化方面有效地参与国际竞争,有利于提高我国水稻种子产业国际竞争力;有利于减少稻米农药残留危害,改善稻米品质,增强稻米市场竞争力,提高农民健康水平;有利于减轻农民劳动强度,改善生产、生活条件,减少农业投入,增加农民种粮比较收益,提高农民生活水平;有利于促进我国水稻产业化结构调整和升级,转变水稻产业发展方式,发展"资源节约型、环境友好型"水稻产业,保障我国水稻产业可持续发展。

(作者:齐振宏　喻宏伟　王培成)

## 参 考 文 献

陈炳松,张云华,李霞,焦德茂. 2002. 超级杂交稻两优培九生育后期的光合特性和同化产物的分配. 作物学报,11:777-782
陈露. 2008. 农产品深度研究报告. http://www.htsec.com
陈其志. 2009. 水稻病虫害综合防治及生态调控技术. 第一集. 中国农村教育远程网. http://www.ngx.net.cn
陈庆根,廖西元. 2001. 优质水稻生产投入与产出的经济效益评价. 中国农村经济,3:18-24
邓楠. 1999. 制定《农业科技发展纲要》推动农业科技革命. 管理现代化,4:4-6
迪乌夫. 2006. 粮农组织呼吁各国进行第二次"绿色革命". http://www.un.org
高亮之,李林,郭鹏. 1983. 中国水稻生长季节与稻作制度的气候研究. 农业气象,1:50-55

顾宗勤. 2007. 中国化肥行业形势分析. http://www.chinanpk.com
国务院发展研究中心. 2003. 传统农区农民增收问题研究——湖北襄阳、河南鄢陵、江西泰和三县调查. 改革, 3: 3-4
海通证券. 2008. http://www.p5w.net/stock/lzft/hyyj/200808/P020080822406102391994.pdf
何瑞玲, 齐景凯, 张玉芬, 孙福祥. 2007. 通辽地区大米农药残留量调查. 中国公共卫生管理, 5: 464-466
湖北省农业厅植物保护总站. 2006. 不打农药还能收获多少粮食. http://www.ipm.org.cn
黄辉. 2008. 化肥与种植业生产. 第九届国产高浓度磷复肥产销会议报告. http://www.china-npk.com/chanxh/9th/zhfw/1-1.htm
黄季焜, 胡瑞法. 2007. 转基因水稻生产对稻农的影响研究. 中国农业科技导报, 9: 13-17
李利锋, 邹蓝. 2006. 中国水危机. 中国网. http://www.china.com.cn
廖洪乐. 2005. 中国南方稻作区农户水稻生产函数估计. 中国农村经济, 6: 11-18
林铁钢. 2005. 加强农业综合生产能力建设 保持中国农业持续发展——访中央财经领导小组办公室副主任陈锡文. 中国金融, 9: 11-13
马文杰, 冯中朝. 2004. 湖北2004年度水稻生产影响因素实证分析. 湖北省人民政府第三届湖北科技论坛, 216-218
梅方权. 1995. 21世纪前期中国粮食发展分析. 中国软科学, 11: 98-101
孟繁英. 2006. 农村环境与健康. 吉林医学院学报, 3: 158-159
倪汉祥, 文丽萍. 2006. 2005年主要农作物病虫害发生现状分析. 见: 提高全民科学素质、建设创新型国家. 北京: 2006中国科协年会论文集
彭少兵, 黄见良, 钟旭华, 杨建昌, 王光火, 邹应斌, 张福锁, 朱庆森, Buresh R, Witt C. 2002. 提高中国稻田氮肥利用率的研究策略. 中国农业科学, 35: 1095-1103
齐振宏. 2008. 努力提高农民种植粮食的比较效益.《政府调研》. http://www.hbzyw.gov.cn/gcnk_zfdy.asp?id=9167
綦江共青团委. 2008. 对提高粮食综合生产能力的思考与建议. http://qijiang.cqyl.org.cn
任荃. 2008. 中国"绿色超级稻"吸引世界目光. 文汇报. http://wenhui.news365.com.cn
盛承发, 王红托, 盛世余, 高留德, 宣维健. 2003. 我国稻螟灾害的现状及损失估计. 昆虫知识, 4: 289-294
唐登银, 罗毅, 于强. 2000. 农业节水的科学基础. 灌溉排水, 19: 1-9
王恒周. 2009. 2008年江苏水稻生产情况回顾, 决策参考. http://www.jsgrain.gov.cn
新华社. 2007.《气候变化国家评估报告》: 气候变化将增加农业生产不稳. http://cn25028.chinaw3.com
徐学江. 2007. 水危机是中国的最大忧患之一. 新华网. http://news.xinhuanet.com
曾建敏, 崔克辉, 黄见良, 贺帆, 彭少兵. 2007. 水稻生理生化特性对氮肥的反应及与氮利用效率的关系. 作物学报, 33: 1168-1176
章力建, 朱立志. 2005. 我国"农药立体污染"防治对策研究. 农业经济问题, 2: 4-7
张启发. 2005. 绿色超级稻培育的设想. 分子植物育种, 5: 601-602
赵钦, 王晞. 2008.《国家粮食安全中长期规划纲要 (2008—2020)》点评. http://shequ2.tool.hexun.com
中国农业品牌网. 2008. 东非三国应对粮价高涨. http://www.zqppny.com
中华人民共和国国家发展和改革委员会. 2008. 国家粮食安全中长期规划纲要 (2008~2020) 全文. 中央政府门网. http://www.gov.cn

中华人民共和国国家发展和改革委员会价格司. 2006. 全国农产品成本收益资料汇编—2006. 北京: 中国统计出版社

中华人民共和国环境保护部. 2007. 2006中国环境状况公报. http://www.china.com.cn

中华人民共和国农业部. 2006. 农业部办公厅关于印发《全国水稻生产机械化十年发展规划（2006—2015)》的通知（农办机 [2006] 24号. http://www.agri.gov.cn

中华人民共和国农业部. 2007. 农业部关于印发全国农村沼气工程建设规划的通知. http://www.ahnw.gov.cn

中华人民共和国农业部. 2008. 2008年水稻重大病虫害防治方案. http://www.ahnw.gov.cn

中华人民共和国水利部. 1997. 1997年中国水资源公报. http://www.mwr.gov.cn

中华人民共和国水利部. 2003. 翟浩辉在全国大型灌区上的讲话. http://www.mwr.gov.cn

中华人民共和国水利部. 2007. 2007年全国水利发展统计公报. http://www.mwr.gov.cn

朱兆良. 2000. 农田中氮肥的损失与对策. 土壤与环境, 1: 1-6

邹喜乐. 2007. 论农药对环境的危害. 湖南农机, 7: 44-45

Huang J K, Hu R F, Rozelle S, Pray C. 2005. Insect-resistant GM rice in farmers' fields: assessing productivity and health effects in China. Science, 308: 688-690

The Economist. 2008. Water for farming running for dry. http://www.economist.com

Zhang Q F. 2007. Strategies for developing green super rice. Proc Natl Acad Sci USA, 104: 16402-16409

# 第 13 章 绿色超级稻发展展望

## 13.1 绿色超级稻的培育和应用均富有挑战性

我们提出了绿色超级稻的概念，即以农业和环境可持续发展为目标，培育集对多种主要病虫害具有良好抗性、氮磷养分高效吸收利用、抗干旱和多种逆境条件、优质、高产等诸多优良性状于一体的水稻新品种。

本书各章节对培育绿色超级稻需要改良的性状所涉及的生物学、基因资源和育种技术问题进行了广泛讨论，展示了相关领域所取得的研究进展、存在的困难和问题，描绘了相关各性状遗传改良的发展前景。一言以蔽之，绿色超级稻的培育从科学到技术关隘重重，充满挑战。总体看来，目前我们还缺乏能对一些重要的性状（如营养高效）进行遗传改良的基因资源，更缺乏对其调控机制的认识，绿色超级稻的培育还有待于各相关学科领域的研究进展。同样不可忽视的是，绿色超级稻的培育涉及众多的学科。如何实现多学科合作与联合攻关、将不同学科的研究成果在绿色超级稻中进行有机整合，本身就是一个挑战。

即使是在科学和技术上完全实现了既定的目标，绿色超级稻能否发挥预期的效果还有待于政策、经济、社会等方方面面环境的建设与支撑，其挑战性绝不亚于绿色超级稻培育的科学技术环节。因此，政策、经济、社会环境建设，从一开始就应该成为多学科结合进行绿色超级稻培育的一个极为重要的组成部分。只有整个社会真正形成了崇尚"资源节约、环境友好"的科学发展理念，营造出重视可持续发展的大氛围和大环境，绿色超级稻才能真正表现出极大的优越性和生命力。

## 13.2 功能基因组研究将为绿色超级稻提供基因、知识和技术基础

丰富基因资源，提升认识水平。近十年来，水稻功能基因组研究取得了重大进展，包括功能基因组研究体系的建立和为数众多的功能基因的分离克隆。预计在未来十年中，水稻功能基因组研究将鉴定和分离出控制重要农艺性状的全部基因，揭示基因的时空表达模式，清楚在性状形成中基因与基因的互作，并在此基础上形成对基因调控网络的整体认识。Wright（1968）曾用"网状结构"（net-like structure）来描述基因与性状的关系：多数性状受控于众多的基因，而多数基因又影响许多的性状。根据近年来功能基因组研究的结果，对这种网状结构不难理解：任何性状形成都是为数众多的基因共同发挥功能的结果，其中任何基因的变异都可能影响该性状的表现；在生化水平上，一个基因的产物往往会参与多种生长发育过程从而影响到多个性状的形成，因此该基因的结构变异或时空表达模式的改变往往会影响到多个性状的表现。可以说，所谓性状，实际上就是人们对生物体生长、发育和外部形态的观察、认识和描述的角度和窗口。理解了

这一点，在作物育种实践中，就可以从基因结构和基因表达调控两个方面对基因进行修饰，实现性状的遗传改良。其方式和途径可以多种多样，未来的作物育种也必将精彩纷呈。

提高选择效率。基因组研究将带给作物育种的另一个变化是选择效率的提高。随着大量稻种的测序和全基因组表达芯片数据的获得，覆盖全基因组的 SNP 正在被开发成育种选择标记。对大量基因功能的认识连同这些高通量标记技术的应用，将极大地提高选择的预见性和育种效率。现在要努力的重点是如何降低高通量 SNP 标记的成本、提高实用性、使其真正成为育种工作者的工具。

"设计育种"的境界。功能基因组最终目标应该是能够进行真正意义上的"设计育种"，其"理想境界"应包括以下 5 个层次的设计：①在一个特定的生态条件下，最大限度地利用日光的适宜群体结构；②能实现该群体结构的个体构型（理想株形）；③构成该个体构型的各种性状（包括绿色超级稻所要求的抗病虫、抗逆、营养高效利用和优质等）及其所涉及的生长发育过程；④决定这些性状的各种基因和调控网络；⑤针对各层次设计的基因组装程序。

## 13.3 绿色超级稻育种应充分利用种质资源的遗传潜力

地球上稻种自然资源极为丰富，各国及国际研究机构收集保存的栽培及野生稻遗传材料数量巨大。然而，世界各国目前大面积推广的优良品种的共性问题是遗传基础较窄，究其原因，是几十年来育种中实际利用的遗传资源较少。近年来，国际"挑战计划"和国家重大项目都在针对主要农作物建立核心种质，希望以较少量的材料代表尽可能多的遗传多样性。例如，我国水稻种质资源库收集了我国栽培稻资源共 61 479 份，建立了我国栽培稻资源的微核心种质，用 300 份材料覆盖了其中 67% 的遗传多样性。将此比例和方法推广到全球的品种资源，可以期望建立一个全球稻种微核心种质，用 1000～1500 份材料，代表稻种约 70% 的遗传多样性。在此基础上，应用新的 DNA 测序技术，揭示稻种基因组多样性。这样的微核心种质中所蕴藏的基因资源，将在很大程度上决定水稻育种所能达到的极限。

进一步的挑战是如何将如此丰富的品种资源应用于育种。近百年的杂交育种实践采用的基本办法是成对杂交，间或采用复交，如此循环往复。尽管种质资源库中的材料数以万计，但每一个杂交组合之遗传潜力却只取决于两个亲本。不仅如此，水稻属于自花授粉植物，杂交后代每自交一次，就有 50% 的位点纯合，几代以后就基本上全部纯合，杂交后代的迅速纯合使得来源于两个亲本的基因无法充分重组。其结果，两个亲本所能产生的遗传潜力在杂交育种中根本无法实现。因此，水稻育种的基本体系必须要有大的变革，以充分利用品种资源中所蕴藏的遗传潜力。

## 13.4 新的挑战

水稻的光合生产力。产量构成因子（穗数、粒数、粒重，统称"库"）均为受多基因控制的数量性状，过去一直认为对产量性状的遗传操作是困难的。近年的功能基因组研究揭示了很多控制产量构成因子的基因，在近等基因系的遗传背景下，这些基因也可表现出很大的效应，这些结果表明这些性状也可通过的遗传操作进行改良。可以预见的是，在绿色超级稻的培育中，水稻的生物学生产力（碳水化合物的合成，或称为"源"）终究会成为提高产量的限制因素。因为如果没有足够的"源"，库虽大却无法充实，产量潜力也就无法实现。多年来，国际上一直在进行 C4 水稻培育的尝试，并取得了一定的进展（Ku et al. 2000；Sheehy et al. 2008）。此外，还应该加强对稻种资源中光合产物相关性状（包括光合效率、群体结构、营养体建成、株型和绿叶功能期等）遗传变异的研究，探讨利用这类变异于提高产量的可能性。

气候变化。近年由于全球气候变化造成极端天气对水稻生产已产生较大的影响。例如，Peng 等（2004）的研究表明，温度的上升，尤其是夜晚温度上升，对水稻产量有不利影响。目前关于全球变暖对气候的影响已有很多预测，认为会导致干旱及其他自然灾害更频繁地发生，这些灾害必将对水稻的生长发育构成新的胁迫条件。随着全球气候变化所造成的效应的逐渐显现，人们对全球气候变化认识的加深，绿色超级稻的培育也应关注气候变化对水稻生产的影响，将其列为新的育种目标性状。

生物质能源。近年来，随着全球范围内矿物能源消耗的加剧，储量迅速减少，世界各国都加强了对生物质能源的关注。所提出的策略包括对能源作物的培育开发和农作物秸秆的利用。水稻秸秆（稻草）可以为生物质能源提供原料。按谷和草比例 1 : 1 计保守地估算，我国每年要产稻草 1.8 亿 t 以上，这是一个巨大的资源。这些稻草目前大部分于稻谷收获后直接在田间焚烧，除部分灰分还田外，大部分未被利用，且污染环境，成为我国的一大公害。如果要将这些稻草用作生物质能源（如生产乙醇），还有许多有待解决的难题，包括通过育种改变秸秆的组成和特性，使其易于降解和发酵；高效率将秸秆降解为单糖的酶类等。有关方面的研究，目前尚处于起步阶段，应该予以关注。

（作者：张启发）

## 参 考 文 献

Ku M S B, Cho D, Ranade U, Hsu T-P, Li X, Jiao D M, Ehleringer J, Miyao M, Matsuoka M. 2000. Photosynthetic performance of transgenic rice plants overexpressing maize C4 photosynthesis enzymes. *In*: Sheehy JE, Mitchell PL, Hardy B. Redesigning rice photosynthesis to increase yield. International Rice Research Institute, Manila Philippine, and Elsevier Science BV, Amsterdam, 193-204

Peng S B, Huang J L, Sheehy J E, Laza R C, Visperas R M, Zhong X H, Centeno G S, Khush G S, Cassman K G. 2004. Rice yields decline with higher night temperature from global warming. Proc Natl Acad Sci USA, 101: 9971-9975

Sheehy J E, Mitchell P E, Hardy B. 2008. Charting new pathways to C4 rice. World Scientific Publishing Company, Singapore, and International Rice Research Institute, Marnila Philippines

Wright S. 1968. Evolution and genetics of populations. Chicago: Chicago University Press